酒类工艺与技术丛书

黄酒

生产工艺与技术

HUANGJIU
SHENGCHAN GONGYI YU JISHU

何伏娟　林秀芳　童忠东　编

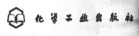

化学工业出版社

·北京·

本书收录了黄酒行业的最新技术和成果，对黄酒的酿造技术及原理做了详细介绍和论述，其中许多科研成果属于首次编入书中。《黄酒生产工艺与技术》主要内容分为：概论、黄酒酿造原料与辅料、黄酒酿造与微生物和菌种、黄酒制曲与制酒母生产工艺、黄酒生产工艺与实例、黄酒生产设备、现代黄酒生产新技术与新工艺、现代黄酒质量控制及检验分析、黄酒的感官与理化指标及评价、黄酒副产物的综合利用等。

本书可作为从业人员的参考用书、大专院校相关专业教材，以及晋升高级技师的职业技能培训教材。

图书在版编目（CIP）数据

黄酒生产工艺与技术/何伏娟等编.—北京：化学工业出版社，2015.2（2017.11 重印）
（酒类工艺与技术丛书）
ISBN 978-7-122-22754-6

Ⅰ.①黄…　Ⅱ.①何…　Ⅲ.①黄酒-酿酒　Ⅳ.①TS262.4

中国版本图书馆 CIP 数据核字（2015）第 007155 号

责任编辑：夏叶清　　　　　　　　　文字编辑：陈　雨
责任校对：王素芹　　　　　　　　　装帧设计：刘丽华

出版发行：化学工业出版社（北京市东城区青年湖南街 13 号　邮政编码 100011）
印　　装：北京七彩京通数码快印有限公司
710mm×1000mm　1/16　印张 23　字数 466 千字　2017 年 11 月北京第 1 版第 3 次印刷

购书咨询：010-64518888　　　　　　售后服务：010-64518899
网　　址：http://www.cip.com.cn

凡购买本书，如有缺损质量问题，本社销售中心负责调换。

定　　价：89.00 元

编 委 会

前言

　　我国是利用微生物酿酒最早的国家，中国的酒文化是中华优秀传统文化的重要内容。学习和研究我国古代酿酒微生物科技发展史，对弘扬中华优秀文化传统，振奋民族精神、增强民族自尊心和自信心，推动我国酿酒工业持久健康发展具有重大而深远的意义。

　　黄酒酿造历史悠久，产品优良，但是传统的酿酒方法十分陈旧。随着科学技术的进步，人们逐渐了解到酿酒的科学原理，开始对黄酒生产进行科学的研究和总结。

　　新中国的成立，使我国宝贵的民族遗产——黄酒工业得到快速发展。黄酒生产由浙江、福建、江西、江苏、上海逐渐扩大到安徽、陕西、山西、湖南、湖北、广东、广西、山东、北京、天津、辽宁、黑龙江、吉林等地，产量不断增长，质量不断提高，品种不断增加。从1952年开始，绍兴加饭酒、福建龙岩沉缸酒多次被评为全国名酒，并涌现出如绍兴女儿红、会稽山、花雕酒、古越龙山黄酒，九江陈年封缸酒、丹阳封缸酒、江苏老酒、无锡惠泉酒、福建老酒、山东即墨老酒、绍兴善酿酒等众多名优产品。

1932 年， 我国微生物学专家陈驹声在他的论文中谈到， 在南京等地酒药中分离出 15 株酵母菌及数种曲霉， 并对它们进行了形态和生理研究。 1935 年， 方心芳先生对酒曲、酒药和传统的酿酒技术做了大量的调查研究， 从各地酒药中分离出 40 株酵母， 并分别做了发酵力试验。 1937 年， 金培松先生对从中国各种酒曲中分离所得的曲霉、 根霉及酵母菌进行了观察和分类。 傅金泉先生编的《中国酿酒微生物研究与应用》 一书， 为中国酒的应用微生物和产业研究提供了丰富的资料， 这对中国酒的传承与创新起推动作用。

中国酒传承和创新是当前和今后中青年科技工作者与生产技术人员应遵循的一项原则，传承即是继承传统， 是中国酒数千年来文化沉淀的总结， 包括人文和技艺。 创新是以现代科技融入到传统工艺中， 更能体现中国酒的特有风格和现代科技水平。

本书共分为十章， 包括概论， 黄酒酿造原料与辅料， 黄酒酿造与微生物和菌种， 黄酒制曲与制酒母生产工艺， 黄酒生产工艺与实例， 黄酒生产设备， 现代黄酒生产新技术与新工艺， 现代黄酒质量控制及检验分析， 黄酒的感官与理化指标及评价， 黄酒副产物的综合利用。

本书的特点是： 主要介绍了黄酒酿造微生物基础知识、 黄酒的原料辅料、 黄酒制曲与制酒母生产工艺、 黄酒生产机理、 黄酒生产技术、 设备、 工艺与实例等。

本书适于从事黄酒生产、 科研的技术人员和工人阅读， 也可供相关院校的师生参考。可作为在校读博、 读研人员参考书和供政府相关管理部门的管理人员参考。

在编写过程中， 许多专家与学者如傅金泉、 傅建伟、 康明官、 于秦峰、 李家寿、周家骐、 李博斌、 蒋雁峰、 毛青钟、 汪建国、 高永强、 杨国军、 胡文浪、 张秋汀、刘屏亚、 谢广发、 潘兴祥、 王福荣等， 都给予了热情指导并提供宝贵资料。 本书还参考了许多专家与学者的文集与论文， 还有专家与学者赠予了我们丰富而有较高学术价值的优秀参考资料与论文， 在此一并表示感谢。 国家黄酒产品质量监督检验中心（ 国家级的重点食品实验室 ）、《酿酒科技》、《酿酒》、《中国酿造》、《华夏酒报》 等杂志社也给予热心支持。 在此， 我们表示衷心的感谢。

关苑、 张嘉涛等参加了本书的编写与审核工作。 王秀凤、 安凤英、 来金梅、 吴玉莲、 黄雪艳、 杨经伟、 王书乐、 高新、 周雯、 耿鑫、 陈羽、 董桂霞、 张萱、 杜高翔、 丰云、 王素丽、 王瑜、 王月春、 韩文彬、 周国栋、 陈小磊、 方芳、 高巍、 冯亚生、 周木生、 赵国求、 高洋等同志为本书的资料收集和编写付出了大量精力， 在此一并致谢！

由于编者水平有限， 加上时间紧迫， 如有不妥之处， 请各位专家和广大读者批评指正。

编者

2014. 11. 20

目录

第 **三** 章　黄酒酿造与微生物和菌种

第四章　黄酒制曲与制酒母生产工艺

第 五 章　黄酒生产工艺与实例

第七章　现代黄酒生产新技术与新工艺

第 八 章　现代黄酒质量控制及检验分析

第一章

概　论

第一节　黄酒的起源与发展

一、古代黄酒起源与酿造技术

1. 黄酒酿造技术的传承

我国黄酒的酿造历史悠久，其酿造技术主要可以分为两个阶段。

第一个阶段是自然发酵阶段。经历数千年，传统发酵的技术已经比较成熟，即使是在当代，天然的发酵技术也未完全消失。其中有些奥秘还等着人们去解开。那时人们主要是凭经验酿酒，生产规模一般不大，基本上手工操作就行。唯一不足的就是酒的质量没有检测指标。

第二个阶段是从民国时期开始的。那时候由于西方科技知识的引进，尤其是引入微生物学、生物化学和工程知识后，使得传统的酿酒技术发生了变化。人们也对酿酒知识了解得更多了。劳动强度大大降低，机械化水平提高，同时，酒的质量也有了保障。

我国是利用微生物酿酒最早的国家，中国的酒文化是中华优秀传统文化的重要内容。学习和研究我国古代酿酒微生物科技发展史，对弘扬中华优秀文化传统，振奋民族精神、增强民族自尊心和自信心，推动我国酿酒工业持久健康发展具有重大而深远的意义。

我国著名微生物学家方心芳先生，是我国应用微生物学研究传统发酵产品的先驱者，他著文全面系统地论述了我国古代酿酒曲蘖的起源与发展。程光胜总结了我国古代利用微生物的伟大成就。我国对酒曲微生物的研究始于 20 世纪 30 年代初，为我们留下了宝贵的科学文献，为现代酿酒微生物的研究开拓了道路并奠定了基础。

2. 自然酿酒

人类受自然现象启发，很早就知道了用水果酿酒。远古时代，农业还没兴起，原始人类在深山老林以采摘野食为生，那时的生活是女采野果男狩猎。大多数时候采摘的野果吃不完，夏秋季节，吃剩的果实随便丢弃，落在岩洞石隙中，自然发酵成酒。受此启发，而逐渐有意识地利用野果发酵酿造果酒，饮之香美异常，称之为"猿酒"。因为当时不能保鲜，所以野果与空气接触久了就会发酵，时间久了，便成了含有酒香的果子了。

另外，人类把多种野生动物驯养成家畜，家畜的奶也就开始被人类饮用了。在自然中，使奶中的乳糖发酵的酵母菌，比使水果中葡萄糖等发酵的酵母菌要少，但还是有足够的酵母菌使奶发酵成酒。人类饮用家畜乳汁后，有了剩余，喝剩的乳汁，先由乳酸菌发酵成酸奶，然后由酵母菌发酵为奶酒。所以，许多游牧民族都会酿造奶酒。用粮食酿酒比较复杂，须先将粮食中的淀粉水解为糖，然后酵母菌才能将糖发酵成酒。谷芽中水解淀粉的糖化酶含量丰富。谷芽浸泡于水中，谷芽中的糖化酶会使淀粉水解为糖，于是谷芽上存在的酵母菌就会起发酵作用，使之成为酒。这种谷芽酒，在自然条件下，各地都会普遍产生。所以，亚非各地区都有自己的谷芽酒——原始的啤酒。大概我们的祖先开始农业生产的年代，气候不同于现在，那时，天气炎热并且潮湿，适宜于霉菌的繁殖。人们储存的谷物，不但容易发芽，并且容易生霉。霉菌中多有糖化酶，能使淀粉水解为糖。天长日久人类就开始有目的地使谷物发霉，这种发霉谷物就是曲（对于发酵食品，曲也有独到之处）。曲泡在水中，能发酵成酒。

在新石器时代仰韶文化时期，黄河中游的居民已经开始从事农业生产，在谷物储存中发现粮窖内的谷物有发芽发霉现象；这种现象，使祖先知道了有发酵这一概念，日积月累，就积累了不少经验。虽然这算不上是黄酒，但也为以后黄酒的酿造提供了不少启示。

3. 粮食酿酒

大概 6000 年前的新石器时期，简单的劳动工具足以使祖先们衣可暖身，食可果腹，而且还有了剩余。但粗陋的生存条件难以实现粮食的完备储存，剩余的粮食只能堆积在潮湿的山洞里或地窖中，时日一久，粮食发霉发芽。霉变的粮食浸在水里，经过天然发酵成酒，这便是天然粮食酒。饮之，芬芳甘洌。又经历上千年的摸索，人们逐渐掌握了酿酒的一些技术。

晋代江统在《酒诰》中说："有饭不尽，委余空桑，郁结成味，久蓄气芳。本出于此，不由奇方。"说的就是粮食酿造黄酒的起源。

4. 曲药酿酒

中国是世界上最早用曲药酿酒的国家。曲药的发现、人工制作、运用大概可以追溯到公元前 2000 年的夏王朝到公元前 200 年的秦王朝这 1800 年的时间。

根据考古发掘，我们的祖先早在殷商武丁时期就掌握了微生物"霉菌"生物繁殖的规律，已能使用谷物制成曲药，发酵酿造黄酒。

到了西周，农业的发展为酿造黄酒提供了完备的原始资料，人们的酿造工艺，在总结前人"秫稻必齐，曲蘖必时"的基础上有了进一步的发展。秦汉时期，曲药酿造黄酒技术又有所提高，《汉书食货志》载："一酿用粗米二斛，得成酒六斛六斗"。这是我国现存最早用稻米曲药酿造黄酒的配方。《水经注》又载："酃县有酃湖，湖中有洲，洲上居民，彼人资以给，酿酒甚美，谓之酃酒"。那个时代，在人们心中已有了品牌意识——喝黄酒必首推酃酒，酃酒誉满天下，是曲药酿黄酒的代表。

据对《黄帝内经》、《素问》等古书的研究，在黄帝以前已有酿酒的传说，那时以米作为原料，不用曲，而是用麦芽（即"粟"），酿造的为酒味少的甜酒。后来人们因为不喜欢味薄的甜酒，殷商以后便不用粟而改用曲了。北魏时贾思勰所著的古农书《齐民要术》中载有酿酒专章，详细地记述了10多种酿酒方法和大量的麦曲制法；北宋朱翼中的《北山酒经》也是一本制曲酿酒的专著；李时珍的《本草纲目》中，仅酿酒方法和各种酒名就记叙了70多项，其中包括黄酒、白酒和药酒。

商周时代，国家很重视总结酿酒的经验、提高酿酒水平，设置了专门掌管酒的官职，颁发了有关酒的法令。如《礼记·月令》中记载："乃命大酋，秫稻必齐，曲蘖必时，湛炽必絜，水泉必香，陶器必良，火齐必得，兼用六物，大酋监之，毋有差贷"。

从现代酿酒工艺来看，上述记载已经提及酿酒过程中一些关键问题和注意事项，为现代黄酒工业的发展提供了宝贵的经验。

酿酒技术的发展主要表现在制曲技术的提高。最早是麦、谷经雨淋或久藏遇湿之后，发芽发霉而成的天然曲粟。随后，人们模仿天然曲粟的产生过程，进行人工制造，使谷物仅发芽或仅发霉，分别制得粟和曲，再进一步采用粉碎、蒸煮或焦炒等方法，对谷物预先加工，便制成品种多样的酒曲。汉朝前的酒曲主要是散曲，到了汉朝，人们开始较多地使用块曲，即饼曲。

到公元4世纪，制曲已由曲饼发展为大曲、小曲。由于南北地区气候、原料的差异，北方用大曲（麦曲），南方用小曲（酒药）。后晋嵇含在《南方草木状》中记述了当时人们在制曲原料中加入一些植物原料，这就是制酒药的开始。

唐代徐坚著的《初学记》是最初记载红曲的文献，说明汉末时我国陇西一带已有红曲。红曲中的主要微生物是红曲霉，它生长缓慢，在自然界很容易被繁殖迅速的其他霉菌所抑制。当时如果不是经过耐心细致的观察、总结，运用特殊技艺，是很难生产出红曲霉占优势的红曲的。因此，红曲的生产和使用是制曲酿酒的一项重大发明，标志着制曲技术的飞跃。

古代酿酒技术为现代黄酒工业奠定了基础，如制酒原料用糯米、粳米、黍米，制曲原料用麦、米以及多种多样的制曲方法，酿酒选择低温季节，酒药发酵和曲水浸后投米发酵技术等，都是祖先留下的宝贵经验和财富。

有了古代的酿酒技术作为基础才有今天黄酒的跨越发展。中国人独特的制曲方式、酿造技术被广泛流传到日本、朝鲜及东南亚一带。曲药的发明及应用，是中华民族的骄傲，是中华民族对人类的伟大贡献，被誉为古代四大发明之外的"第五大发明"。

有没有想过今天的酒在古代是如何酿造出来的？下面我们一起来揭秘古代的酿酒技术。

二、从远古酿酒器具与古老的酿酒工艺记载看酿酒技术的发展

1. 从远古时期酿酒器具看酿酒

在有文字记载之前的酿造技术，只能从其酿造器具加以分析。有幸的是，1979年，我国考古工作者在山东莒县陵阴河大汶口文化墓葬中发现了距今五千年的成套酿酒器具，为揭开当时的酿酒技术之谜提供了极有价值的资料。这套酿酒器具包括煮料用的陶鼎，发酵用的大口尊，滤酒用的漏缸，储酒用的陶瓮，同处还发现了饮酒器具，如单耳杯、觯形杯、高柄杯等，共计100余件。据考古人员分析，墓主生前可能是一职业酿酒者（王树明，大汶口文化晚期的酿酒，《中国烹饪》，1987年第9期）。

1974年和1985年，考古人员在河北藁城台西商代遗址中发现了一处完整的商代中期的酿酒作坊（见图1-1）。其中的设施情况类似于大汶口文化时期。

图1-1 远古时期，酿酒的基本过程

从酿酒具器的配置情况看，远古时期，酿酒的基本过程有谷物的蒸煮，发酵，过滤，储酒。经过蒸熟的原料，便于微生物的作用，制成酒曲，也便于被酶所分解，发酵成酒，再经过滤，滤去酒糟，得到酒液（也不排除制成的酒醪直接食用）。这些过程及这些简陋的器具是酿酒最基本的要素。

与古埃及第五王朝国王墓中壁画上所描绘的器具类型基本相同。由于酿酒器具的组合中，都有供煮料用的用具（陶鼎或将军盔），说明酿酒原料是煮熟后才酿造

的，进一步可推测在五千年前，用酒曲酿酒可能是酿酒的方式之一。因为煮过的原料基本上不再发芽，使其培养成酒曲则是完全可能的。根据酿酒器具的组合，当然也不能排除用蘖法酿醴这种方式。

《黄帝内经·灵枢》中有一段话，也说明远古时代酿酒，煮熟原料是其中的一个步骤。其文是："酒者，……，熟谷之液也。"在《黄帝内经·素问》中的"汤液醪醴论"中，"黄帝问曰：'为五谷汤液及醪醴奈何？'岐伯对曰：'必以稻米，炊之稻薪，稻米则完，稻薪则坚'。"这也说明酿造醪醴，要用稻薪去蒸煮稻米。

总之，用煮熟的原料酿酒，说明用曲是很普遍的。曲法酿酒后来是我国酿酒的主要方式之一。当然《黄帝内经》是后人所作，其中一些说法是否真的能反映远古时期的情况，还很难确认。

2. 商周的酿酒

（1）商代

商代贵族饮酒极为盛行，从已发掘出来的大量青铜酒器可以证实。当时的酒精饮料有酒、醴和鬯。

用蘖法酿醴（啤酒）在远古时期也可能是我国的酿造技术之一。商代甲骨文中对醴和蘖都有记载。这方面的内容可参考第一章酒的起源部分。

（2）《周礼》中的"五齐"、"三酒"

西周王朝建立了一整套机构对酿酒、用酒进行严格的管理。首先是这套机构中，有专门的技术人才，有固定的酿酒式法，有酒的质量标准。正如《周礼·天官》中记载："酒正，中士四人，下士八人，府二人，史八人"。"酒正掌酒之政令，以式法授酒材，……，辨五齐之名，一曰泛齐，二曰醴齐，三曰盎齐，四曰醍齐，五曰沈齐。辨三酒之物，一曰事酒，二曰昔酒，三曰清酒。"

"五齐"可理解为酿酒过程的五个阶段，在有些场合下，又可理解为五种不同规格的酒。

"三酒"，即事酒、昔酒、清酒。大概是西周时期王宫内酒的分类。事酒是专门为祭祀而准备的酒，有事时临时酿造，故酿造期较短，酒酿成后，立即就使用，无需经过储藏。昔酒则是经过储藏的酒。清酒大概是最高档的酒，大概经过过滤、澄清等步骤。这说明酿酒技术较为完善。因为在远古很长一段时间，酒和酒糟是不经过分离就直接食用的。

（3）《礼记》中的"六必"

反映秦汉以前各种礼仪制度的《礼记》作于西汉，现有东汉郑玄注本。其中记载了至今仍被认为是酿酒技术精华的一段话："仲冬之月，乃命大酋，秫稻必齐，曲蘖必时，湛炽必絜，水泉必香，陶器必良，火齐必得，兼用六物，大酋监之，毋有差贷。""六必"字数虽少，但所涉及的内容相当广泛全面，缺一不可，是酿酒时要掌握的六大原则问题。从现在来看，这六条原则仍具有指导意义。

（4）远古时期的酎酒

"酎"是远古时代的一种高级酒。《礼记·月令》中有："孟秋之月，天子饮酊"。按《说文解字》的解释，酊是三重酒。三重酒是指在酒醪中再加二次米曲呢，还是再加二次已酿好的酒呢？记载中并没有明确的解释，但酊酒的特点之一是比一般的酒更为醇厚，故两种可能性都有。从先秦时代《养生方》中的酿酒方法来看，在酿成的酒醪中分三次加入好酒，这很可能就是酊的酿法。

3. 最古老的酿酒工艺记载

商代的甲骨文中有关酒的字虽然有很多，但从中很难找到完整的酿酒过程的记载。对于周朝的酿酒技术，也仅能根据只言片语加以推测。

在长沙马王堆西汉墓中出土的帛书《养生方》和《杂疗方》中可看到我国迄今为止发现的最早的酿酒工艺记载。

其中有一例"醪利中"的制法共包括了十道工序。

由于这是我国最早的一个较为完整的酿酒工艺技术文字记载，而且书中反映的都是先秦时期的情况，故具有很高的研究价值。其大致过程如下：

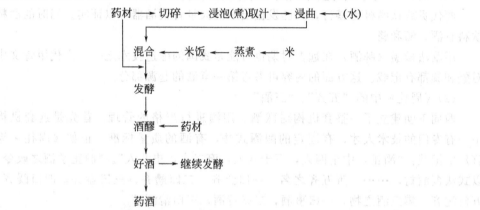

从上可以发现先秦时期的酿酒有如下特点：采用了两种酒曲，酒曲先浸泡，取曲汁用于酿酒。发酵后期，在酒醪中分三次加入好酒，这就是古代所说的"三重酒"，即"酊酒"的特有工艺技术。

三、汉代的画像与《齐民要术》专著看酿酒技术的发展

1. 汉代酿酒技术

秦汉以来，由于政治上的统一，社会生产力得到了迅速发展，农业生产水平得到了大幅度的提高，为酿酒业的兴旺提供了物质基础。

山东诸城凉台出土的一幅汉代的画像石有一幅庖厨图，图1-2中的一部分为酿酒情形的描绘，把当时酿酒的全过程都表现出来了。一人跪着正在捣碎曲块，旁边有一口陶缸应用作曲末的浸泡，一人正在加柴烧饭，一人正在劈柴，一人在甑旁拨弄着米饭，一人负责曲汁过滤到米饭中去，并进行发酵醪拌匀的操作。有两人负责酒的过滤，还有一人拿着勺子，大概是要把酒液装入酒瓶。下面是发酵用的大酒缸，都安放在酒垆之中。酒的过滤大概是用绢袋，并用手挤干。过滤后的酒放入小口瓶，进一步陈酿。

图 1-2　汉代画像石的庖厨图

根据此图可以整理出东汉时期酿酒工艺路线是：

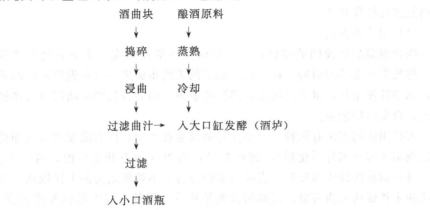

这一酿酒工艺路线，可以说是汉代及其以前很长一段历史时期酿酒的主要操作法。

新汉王莽当权，恢复西汉时期酒的专卖，为此，制定了详细的酿酒原料的配比，即一酿用粗米二斛，曲一斛，得成酒六斛六斗。出酒率220％，这个比例与现在的也很接近。从中也可看出，酒曲的用量很大（占酿酒用米的50％），这说明酒曲的糖化发酵力不高。

东汉末期，曹操发现家乡已故县令的家酿法（九酝春酒法）新颖独特，所酿的酒醇厚无比。将此方献给汉献帝。这个方法是酿酒史上，甚至可以说是发酵史上具有重要意义的补料发酵法。这种方法，现代称为"喂饭法"。在发酵工程上归为"补料发酵法"（feed-batch fermentation）。补料发酵法后来成为我国黄酒酿造的最主要的加料方法。《齐民要术》中的酿酒法就普遍采用了这种方法。

"九酝春酒法"就是在一个发酵周期中，原料不是一次性都加入进去，而是分为九次投入。《齐民要术》收录了此法，该法先浸曲，第一次加一石米，以后每隔三天加入一石米，共加九次。曹操自称用此法酿成的酒质量很好，故向当时的皇帝推荐此法。《齐民要术》中的补料法除了上述的"递减补料法"外，还有"递增补料法"。

汉代开始采用喂饭法，从酒曲的功能来看，说明酒曲的质量提高了。这可能与当时普遍使用块曲有关。块曲中根霉菌和酵母菌的数量比散曲中的相对要多。由于这两类微生物可在发酵液中繁殖，因此，曲的用量不必太多，只需逐级扩大培养就行了。故喂饭法在本质上来说也具有逐级扩大培养的功能。《齐民要术》中曲的用量很少，正说明了这点。

2. 《齐民要术》中的酿酒技术

北魏时期的贾思勰写下了不朽名著《齐民要术》，这是一部农业技术专著，作为农副业产品之一的酒的生产技术占有一定的篇幅。其中有八例制曲法，四十余例酿酒法。所收录的实际上是汉代以来各地区（以北方为主）的酿酒法，是我国历史上第一部系统的酿酒技术总结。酿酒技术路线与前面所总结的汉代酿酒路线大致相同。但是更为可贵的是《齐民要术》中总结了许多酿酒技术的原理，这些原理在现代仍然起着指导意义。

（1）用曲的方法

用酒曲酿酒是我国的特色，古人如何用曲值得研究。曲是糖化发酵剂，在古代，将其看作发酵的引物。在古时，酿酒的关键步骤之一就是先将酒曲制成这种引物，酒曲的使用是否得当往往决定酿酒的成败。因为古代的酒曲都是天然接种微生物的，极易污染杂菌。

古代用曲的方法有两种，一是先将酒曲泡在水中，待酒曲发动后（即待曲中的酶制剂都溶解出来并活化后），过滤曲汁，再投入米饭开始发酵，这称为浸曲法；另一种是酒曲捣碎成细粉后，直接与米饭混合，不妨称之为曲末拌饭法。浸曲法可能比曲末拌饭法更为古老。浸曲法大概是从蘖（谷芽）浸泡糖化发酵转变而来的。浸曲法在汉代甚至在北魏时期都是最常用的用曲方法，这可从《齐民要术》中广泛使用浸曲法得出这一结论。

古代懂得浸曲之水应根据不同的季节而分别处理。冬季酿酒取来的水可以直接浸曲；春天后，气温较高，水不干净，需将水煮沸，沸水也不能直接浸曲，需冷却后才能浸曲（沸水会将曲中的微生物烫死，酶也会失活）。

浸曲也有讲究，应根据季节、水温确定浸曲时间。以保证浸曲的效果。

（2）酸浆的使用

酿酒酵母菌喜欢在较酸的环境中生长，其生长最适 pH 值最好在 4.2～5.0。有些微生物如细菌则在中性的 pH 环境下较易生长。在较低的 pH 值环境下会受到抑制。米饭加水后，其 pH 值往往不在 4.2～5.0 的范围内。为克服这一矛盾，古人除了选择酿酒时间多在温度较低的冬季进行之外，还采用了既大胆，又明智的"以酸治酸"的策略：酸浆法。本来酿酒所忌讳的就是酒变酸了。但是古人巧妙地利用先酸化后酿酒的策略，使酒醅中的酸性环境有利于酵母菌生长，不利于腐败菌（细菌）生长，反而可以抑制酒的酸败。最早记载此法的是《齐民要术》。《齐民要术》

中有三例酿酒法采用了酸浆法。

（3）固态及半固态发酵法

我国黄酒酿造的重要特点之一是发酵醪液中固体物质的浓度较高。与国外的葡萄酒发酵、啤酒发酵相比，这一特点就更加明显。啤酒也是采用谷物作为原料，其糖化醪中麦芽与水之比为 1∶4.3 左右。威士忌的糖化醪则为 1∶5 左右。

《汉书·平当传》如淳注："稻米一斗得酒一斗为上尊，黍米一斗得酒一斗为中尊，粟米一斗得酒一斗为下尊。"一斗米出酒一斗，可见酿酒时原料米在发酵醪液中的浓度肯定是很高的。

新汉王莽时期规定的酿酒米曲酒之间的比例为 2∶1∶6.6。这一比例在我国是较为常见的。发酵醪中的固体物质浓度也大大高于啤酒的发酵醪。

《齐民要术》中的酿酒法的发酵醪液的固体物浓度大致可分为三种类型。第一种是浓度极高米酒，固体物质与水之比为 1∶（0.7～0.8）；第二种居中的是 1∶1 左右的；第三种最稀的则是夏鸡鸣酒，约为 1∶3，这种酒发酵时间不到 24h，晚间下酿，次日早晨出售，是比较淡泊的。但不管如何，绝大多数酒比啤酒要浓。

从《齐民要术》的记载来看，用水量最少的酒是米酒（一种法酒），但实际上加水量最少，浓度最高的应是几种酎酒。酎酒酿造的特点是，不是采用常见的浸曲法，原料也不是采用常见的蒸煮方式，而是先磨成粉末，再蒸熟。曲末与蒸米粉拌匀，入缸发酵，几乎近于固态发酵。酎酒酿法的又一特点是酿造时间长达七八个月，而且基本上是在密闭的条件下进行发酵的，即当米粉加曲末用少量的水调匀后，即装入瓮中，更加以密封，不使漏气。由于基本上隔绝了外来氧气的介入，发酵始终处于厌氧状态，有利于酒精发酵。这种方法酿造的酒，酒的颜色如麻油一样浓厚，"先能饮好酒一斗者，唯禁得升半，饮三升大醉，不浇，必死，凡人大醉酪酊无知，……，一斗酒，醉二十人。得者无不传饷"。

（4）温度的控制

古人与现代人在温度这个物理量上无非是表达方式的不同，确切地说古人不是用数值表示，而是用人的体温或沸水的温度作为参照，来大致确定酿造时应控制在什么温度范围内。我国人民在酿酒过程中已掌握了各关键环节的温度控制要点，这在《齐民要术》中得到了较完整的体现。这就是浸曲时温度的控制；摊饭时温度的控制；维持适当的发酵温度。

（5）酿酒的后道处理技术

到北魏时期，酿酒的后道处理技术仍然是比较简单的。从东汉的画像石上的庖厨图上可看出，酒的过滤是采用绢袋自然过滤后再加上用手挤压。

《齐民要术》中提到了"押酒"法。但如何"押"则不甚清楚。如在"粳米法酒"中是这样做的："令清者，以盆盖，密泥封之，经七日，便极清澄，接取清者，然后押之"。首先是任酒液自然澄清，取上清酒液后，下面的酒糟则用押的方法进一步取其酒液。在古汉字中，"押"通"压"，应是用重物从上往下压，才能把酒糟压干。可能会使用压板和某种过滤介质作为配合，把酒糟压下去，稍清的酒液又显示出来。不知当时是否有专用的木质压榨工具。

四、中国唐宋期间的酿酒技术

1. 文献资料简述

唐代和宋代是我国黄酒酿造技术最辉煌的发展时期。酿酒行业在经过了数千年的实践之后，传统的酿造经验得到了升华，形成了传统的酿造理论，传统的黄酒酿酒工艺流程，技术措施及主要的工艺设备最迟在宋代基本定型，唐代留传下来完整的酿酒技术文献资料较少，但散见于其它史籍中的零星资料则极为丰富。宋代的酿酒技术文献资料则不仅数量多，而且内容丰富，具有较高的理论水平。

在我国古代酿酒历史上，学术水平最高、最能完整体现我国黄酒酿造科技精华，在酿酒实践中最有指导价值的酿酒专著是北宋末期成书的《北山酒经》。

《北山酒经》共分为三卷，上卷为"经"，其中总结了历代酿酒的重要理论，并且对全书的酿酒，制曲作了提纲挈领的阐述。中卷论述制曲技术，并收录了十几种酒曲的配方及制法。下卷论述酿酒技术。《北山酒经》与《齐民要术》中关于制曲酿酒部分的内容相比，显然更进了一步，不仅罗列制曲酿酒的方法，更重要的是对其中的道理进行了分析，因而更具有理论指导作用。

如果说《北山酒经》是阐述较大规模酿酒作坊的酿酒技术的典范，那么与朱肱同一时期的苏轼的《酒经》则是描述家庭酿酒的佳作。苏轼的《酒经》言简意赅，把他所学到的酿酒方法在数百字的《酒经》中完整地体现出来了。苏轼还有许多关于酿酒的诗词，如"蜜酒歌"，"真一酒"，"桂酒"。

北宋田锡所作的《麴本草》中，载有大量的酒曲和药酒方面的资料，尤为可贵的是书中记载了当时暹罗（今泰国所在）的烧酒，为研究蒸馏烧酒的起源提供了宝贵的史料。

大概由于酒在宋代的特殊地位，社会上迫切需要一本关于酒的百科全书方面的书，北宋时期的窦苹写了一本《酒谱》，该书引用了大量与酒有关的历史资料，从酒的起源，酒之名，酒之事，酒之功，温克（指饮酒有节），乱德（指酗酒无度），诫失（诫酒），神异（与酒有关的一些奇异古怪之事），异域（外国的酒），性味，饮器和酒令这十几个方面对酒及与酒有关的内容进行了多方位的描述。

大概成书于南宋的《酒名记》则全面记载了北宋时期全国各地一百多种较有名气的酒名，这些酒有的酿自皇亲国戚，有的酿自名臣，有的出自著名的酒店、酒库，也有的出自民间，尤为有趣的是这些酒名大多极为雅致。

2.《北山酒经》中的酿酒理论

《北山酒经》借用"五行"学说解释谷物转变成酒的过程。

"五行"指水火木金土五种物质。中国古代思想家企图用日常生活中习见的上述五种物质来说明世界万物的起源和多样性的统一。在《北山酒经》中，朱肱则用"五行"学说阐述谷物转变成酒的过程。朱肱认为："酒之名以甘辛为义，金木间隔，以土为媒，自酸之甘，自甘之辛，而酒成焉（酴米所以要酸也，投所以要甜也）。所谓以土之甘，合水作酸，以水之酸，合土作辛，然后知投者，所以作辛也"。

"土"是谷物生长的所在地，"以土为媒"，可理解为以土为介质生产谷物，在此"土"又可代指谷物。"甘"代表有甜味的物质，以土之甘，即表示从谷物转变成糖。"辛"代表有酒味的物质，"酸"表示酸浆，是酿酒过程中必加的物质之一。整理朱肱的观点，可发现当时人们关于酿酒的过程可用下面的示意图表示之：

$$土→谷物→甘→辛$$
$$↓ \quad\quad ↑$$
$$水—酸$$

在这一过程中可明显地看到酿酒可以分成两个阶段，即先是谷物变成糖（甘），然后由糖转变成酒（甘变成辛）。

现代酿酒理论阐明了谷物酿酒过程的机理和详细步骤。从大的方面来说也是分为两个阶段，其一是由淀粉转变成糖的阶段，由淀粉酶、糖化酶等完成；其二是由糖发酵成酒精（乙醇）的阶段，由一系列的酶（也称为酒化酶）完成。

现代理论和古代理论二者是相通的，只不过前者是从分子水平和酶作用机理来阐述的，后者是从酒的口感推论出来的。

3. 《北山酒经》中的酿酒技术

《北山酒经》中的黄酒酿造技术是较为完善的。一方面，它继承并完善了远古的古遗六法（即《礼记》中的"六必"），继承了北魏《齐民要术》中酿酒科技的精华，另一方面，在经过广大劳动人民数百年的实践之后，人民又创造提出了许多新的技术，《北山酒经》对这些作了全面的总结。《北山酒经》虽然记载了一些酿酒的配方、方法。但这部著作的可贵之处在于阐述传统酿酒理论。不仅说明如何做，更为重要的是阐明为什么要这样做。

根据《北山酒经》的记载，可将主要的酿酒过程整理如下：

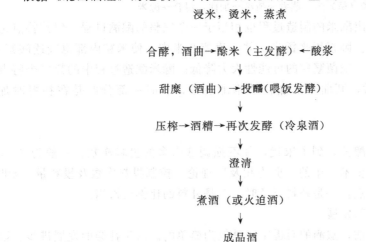

浸米，烫米，蒸煮
↓
合酵，酒曲→酴米（主发酵）←酸浆
↓
甜醩（酒曲）→投醹（喂饭发酵）
↓
压榨→酒糟→再次发酵（冷泉酒）
↓
澄清
↓
煮酒（或火迫酒）
↓
成品酒

《北山酒经》在阐明古代酿酒传统技术的同时，还反映了宋代酿酒的一些显著特点及技术进步：

(1) 酸浆的普遍使用

《齐民要术》中的四十例酿酒法，仅有三例提到了酸浆的使用。这说明那时酸浆的应用并不普遍。人们在认识上也没有把酸浆放在重要的位置上。《北山酒经》中，把酸浆的应用看作是酿酒的头等大事。酸浆的制法也有多种形式。《北山酒经》中总结了三种酸浆的制法。一种是用小麦煮粥而成的，效果最好；也有用水稀释醋制成的；最常用的是用浸米水煮沸后用葱椒煎熬后得到的。

(2) "酴米"，"合酵"与微生物的扩大培养技术

"酴米"和"合酵"是《北山酒经》中的两个专门术语。用现代的话来说，"合酵"就是菌种的扩大培养，相当于现在的一级种子培养和二级种子培养；"酴米"就是酒母，是三级种子。从《北山酒经》中的记述来看，这样精细的菌种扩大培养技术，早在八百多年前，就已达到炉火纯青的地步。但人们对微生物却仍然是浑然不知的。合酵制造及使用步骤全过程表示如下：

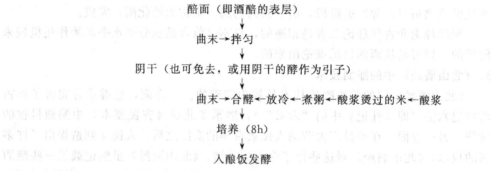

《北山酒经》中酴米的酿造过程如下：

卧浆→煎浆→浓浆　　　　　曲　合酵
　　　　　　　　　　　　　↓　↓
淘米→汤（烫）米→蒸煮→摊冷→加曲，混合→酴米

从上述过程可看出酴米的制造过程也相当于一个完整的酿酒过程，但其特点是突出了一个"酸"字。卧浆用来烫米，并一直留在米中，使米粒内部也吸透酸浆。因此酴米的酸度很大。杂菌繁殖的可能性大大降低。酴米酿造过程中的第二个特点是用曲量较大。有时，酒曲全部加在酴米酿造中，有时一部分曲是在补料时加入的。

(3) 投料

东汉时盛行的九酿法，到了宋代，并不强调这么多的投料次数，一般为 2～3 次，投料依据《齐民要术》中的"曲力相及"理论，控制投料次数及投料量。《北山酒经》中提出了两点：一是补料要及时，二是补料的比例要恰当。

(4) 压榨技术的新发展

在北魏时代及以前，酿酒的后道工序是较为简单的。由于社会的发展进步，酿酒的专用器具种类增加，对于提高黄酒的品质起到了重要的作用。

最迟在唐代，已有压榨酒用的专用设备。到了宋代，由于压榨设备的改进，压榨工艺技术的完善，压榨酒技术就基本成熟了。压榨设备有家庭用的，较为简单，也有较为复杂的，用于大型酒坊。

《北山酒经》中有"上槽"一节，专门论述压酒操作。对榨酒设备虽没有作详细的描述，但从所叙述的榨酒操作过程中可了解当时所采用的榨酒设备的一些基本结构。

榨具称为"槽"或"榨"。主体结构应是榨箱。酒醪置于其中。附件有"压板"，"砧"（捣衣石），"簟"（竹席）。酒醪可能是直接装入榨箱内，还未使用布袋盛酒醪，有可能使用滤布。

在《北山酒经》中对榨酒工艺技术进行了阐述。这在酿酒技术史上是不多见的。其要点有：酒醪的成熟度应适当。在不同季节，酒的成熟度应不同。

在压榨过程中可能会发热，导致酒的酸败。

压酒时，装料要均匀，压板上"砧"的位置要放正，所加压得均匀。这样可以最大限度地提高出酒率，减少损失。

压榨后的酒，先装入经过热汤洗涤过的酒瓮，然后还需经过数天的自然澄清，并去除酒脚。

4. 煮酒灭菌技术

黄酒是低度酿造酒，不宜长期保藏。古代一般选用冬天酿酒。夏天酿造的酒尽快饮掉或卖掉。在商品经济不发达的古代，加热杀菌技术并不是很迫切需要的。

古代加热杀菌技术的采用，可能经历了"温酒"、"烧酒"，再发展到目的明确的"煮酒"。可能在汉代以前，人们就习惯将酒温热以后再饮，在汉代，已有温酒樽这种酒器。温酒在一定程度上也有加热灭菌的功能。

"烧酒"一词，最初出现于唐人的诗句中。由于诗句中并没有说明烧酒的具体制法，具体含义不清，留下千古之谜。唐朝房千里所著的《投荒杂录》和刘恂的《岭表录异记》也提到烧酒，而且讲述了其制法。实际上所谓"烧酒"就是一种直接加热的方式，而并不是蒸馏的方式。这两本书所记载的大同小异，即"实酒满瓮，泥其上，以火烧方熟，不然不中饮"。

"火迫酒"的做法与上述的烧酒相同，在《北山酒经》中叙述得较为详细，其过程是在酒瓮底侧部钻一孔，先塞住，酒入内后，加黄蜡少许，密闭酒瓮，置于一小屋内，用砖垫起酒瓮，底部放些木炭，点火后，关闭小屋，使酒在文火加热的情况下放置七天。取出后，从底侧孔放出酒脚（浑浊之物）。然后供饮用。

唐代的烧酒和宋代的火迫酒，都不是蒸馏酒，人们采用这种做法的目的是通过加热，促使酒的成熟，促进酒的酯化增香，从而提高酒质。这种技术实际上还有加热杀菌，促进酒中凝固物沉淀，加热杀酶，固定酒的成分的作用。火迫酒的技术关键看来是文火缓慢加热，火力太猛，酒精都挥发了。火力太弱，又起不到上述所提的作用。从酒的质量来看，火迫酒胜于煮酒。书中说此酒"耐停不损，全胜于煮酒也"。

虽说火迫酒质量优良，但生产时较为麻烦，时间也较长（七天）。作为大规模生产，显然火迫酒的这一套做法不大合适。相比之下煮酒较为简便易行。

煮酒，可能就是从唐代的"烧酒"演变过来的。两者的主要区别是唐代的烧酒是采用明火加热，宋代的煮酒是隔水煮。明确记载的煮酒工艺早在《北山酒经》问世之前就被采用。《宋史》卷185"食货志"中有此记载。

《北山酒经》中较详细地记述了煮酒技术，其方法是：将酒灌入酒坛，并加入一定量的蜡及竹叶等物，密封坛口，置于甑中，加热，至酒煮沸。

煮酒的全套设备就是锅、甑和酒瓶。这说明是隔水蒸煮。这种配合是比较原始的。但与唐代的"烧酒"方式相比又有了进步。酒的加热总是在100℃的温度下进行，不至于突然升温，而引起酒的突然涌出。即使有酒涌出，也是少量的。

《北山酒经》中关于煮酒的目的是明确的，即为了更长时间地保藏酒，避免酒的酸败，尽管当时人们并不了解酸败的原因何在。煮酒技术的采用，为酒的大规模生产，为避免酒的酸败损失，提供了技术保障。对于生产环节和流通环节，其意义都是非常巨大的。

我国煮酒加热技术的采用比西方各国要早七百多年。西方的啤酒和葡萄酒的保藏问题，也有类似发生酸败的问题，但在古代一直未得到解决。19世纪中叶后，由于一些微生物学家的不懈努力，尤其是经过巴斯德的大量研究，发现引起酒酸败的根本原因是酒中除了能引起发酵的酵母菌外，还有杂菌存在。正是这些杂菌使酒发生酸败。通过多次试验，巴斯德发现只需将酒加热到60℃左右，并在此温度下维持一段时间，酒就不会酸败。此法用于啤酒也得到了同样的结果。此法后流行于各国，被称为巴斯德低温灭菌法。

宋代时人们还认识到热杀菌并非避免酒酸败、长期保存酒的唯一可行方法。《北山酒经》中说："大抵酒澄得清，更满装，虽不煮，夏月也可存留。"这个结论至今仍有现实意义。如现代所采用的超滤技术，用孔径极细微的膜，可将酒中的细菌过滤去除，从原理上来说，与古人的方法是相同的。

《北山酒经》中在煮酒工艺中还有一些至今仍有价值的技术，如加入黄蜡（也称为蜂蜡）。其目的是消泡，酒液冷却后，蜡在酒的表面形成一层薄膜，有隔绝空气的作用。

5. 黄酒的勾兑技术

勾兑技术就是将几种风格不同的酒按一定的比例混合，从而得到一种风味更佳的酒。南宋罗大经在《鹤林玉露》中有一篇短文——"酒有和劲"，是目前已知最早论述黄酒勾兑技术的文章。寥寥数语，将黄酒的勾兑技术描述得生动而具体。

其一，用于勾兑的原酒各有特色，但又都有所缺陷。合而为之，才能完美无缺。用较为柔和的酒，与酒度较高、口味较辛辣的酒混合，就得到了口味适中的酒。其二，两种原酒，要按一定的比例配合。

五、中国元明清时期的酿酒技术

1. 史料综述

传统的黄酒生产技术自宋代后有所发展，设备有所改进，以绍兴酒为代表的黄酒酿造技术精益求精，但工艺路线基本固定，方法没有较大的改动。由于黄酒酿造仍局限于传统思路之中，在理论上还是处于知其然不知其所以然的状况，因此一直到近代，都没有很大的改观。

元明清时期，酿酒的文献资料较多，大多分布于医书、烹饪饮食书籍、日用百科全书、笔记，主要著作有：成书于 1330 年的《饮膳正要》，成书于元代的《居家必用事类全集》，成书于元末明初的《易牙遗意》和《墨娥小录》。《本草纲目》中关于酒的内容较为丰富，书中将酒分成米酒、烧酒、葡萄酒三大类，还收录了大量的药酒方；对红曲较为详细地介绍了其制法。明代的《天工开物》中制曲酿酒部分较为宝贵的内容是关于红曲的制造方法，书中还附有红曲制造技术的插图。清代的《调鼎集》较为全面地反映了黄酒酿造技术。《调鼎集》本是一本手抄本，主要内容是烹饪饮食方面的内容，关于酒的内容多达百条以上，关于绍兴酒的内容最为珍贵，其中的"酒谱"，记载了清代时期绍兴酒的酿造技术。"酒谱"下设 40 多个专题。内容包含与酒有关的所有内容，如酿法、用具、经济。在酿造技术上主要的内容有：论水、论米、论麦、制曲、浸米、发酵、发酵控制技术、榨酒、作糟烧酒、煎酒、酒糟的再次发酵、酒糟的综合利用、医酒、酒坛的泥头、酒坛的购置、修补、酒的储藏、酒的运销、酒的蒸馏、酒的品种、酿酒用具等，书中罗列与酿酒有关的全套用具共 106 件，大至榨酒器、蒸馏器、灶，小至扫帚、石块，可以说是包罗万象，无一遗漏。有蒸饭用具系列，有发酵、储酒用的陶器系列，有榨具系列，有煎酒器具系列，有蒸馏器系列等。

清代许多笔记小说中保存了大量的与酒有关的历史资料，如《闽小记》记载了清初福建省内的地方名酒；《浪迹丛谈续谈三谈》中关于酒的内容多达十五条。

明清有些小说中，提到过不少酒名，这些酒应是当时的名酒，因为在许多史籍中都得到了验证。如《金瓶梅词话》中提到次数最多的是"金华酒"，《红楼梦》中的"绍兴酒"、"惠泉酒"。清代小说《镜花缘》中作者借酒保之口，列举了七十多种酒名，汾酒、绍兴酒等都名列其中。有理由相信所列的酒都是当时有名的酒。

2. 传统黄酒的酿制

传统的黄酒，分为四大类，以绍兴酒为例，以元红酒作为干酒的代表，以加饭酒作为半干酒的代表，以善酿酒作为半甜酒的代表，以香雪酒作为甜酒的代表。元红酒是最为常见的酒。加饭酒是因为在配料中加大了投料的比例，酒质较为醇厚，香气浓郁。善酿酒相当于国外的强化酒，是在发酵过程中加入黄酒（所谓以酒代水冲缸），故酒精度较高，因为酒精度的提高，发酵受到抑制，故残糖较高，因而为半甜酒。香雪酒则是在发酵过程中加入小曲白酒，酒精度比善酿酒更高，残糖浓度也更高。

（1）元红酒的酿造工艺流程（干黄酒类型）

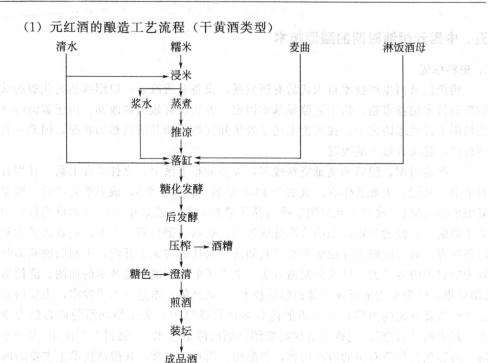

（2）福建红曲酒的传统酿造工艺（甜型黄酒）

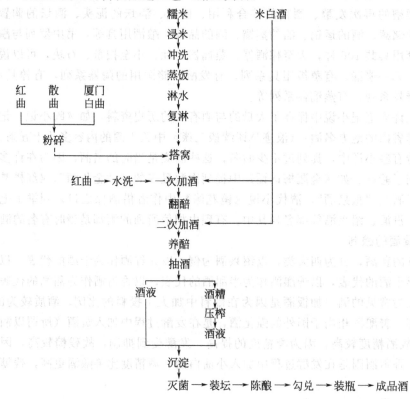

第二节 黄酒的功效与保健作用及用途

一、黄酒的功效

1. 黄酒功效之活血祛寒，通经活络

在冬季，喝黄酒宜饮。在黄酒中加几片姜片煮后饮用，既可活血祛寒，通经活络，还能有效抵御寒冷的刺激，预防感冒。需要注意的是，黄酒虽然酒精度低，但饮用时也要适量，一般以每餐 100～200g 为宜。

2. 黄酒功效之抗衰护心

在黄酒、葡萄酒、黄酒、白酒组成的"四大家族"中，当数黄酒营养价值最高，而其酒精含量仅为 15％～16％，是名副其实的美味低度酒。作为我国最古老的饮料酒，其蛋白质的含量较高，并含有 21 种氨基酸及大量 B 族维生素，经常饮用对妇女美容、老年人抗衰老较为适宜。我们都知道，人体内的无机盐是构成机体组织和维护正常生理功能所必需的，黄酒中已检测出的无机盐有 18 种之多，包括钙、镁、钾、磷等常量元素和铁、铜、锌、硒等微量元素。其中镁既是人体内糖、脂肪、蛋白质代谢和细胞呼吸酶系统不可缺少的辅助因子，也是维护肌肉神经兴奋性和心脏正常功能，保护心血管系统所必需的。人体缺镁时，易发生血管硬化、心肌损害等疾病。而硒的作用主要是消除体内过多的活性氧自由基，因而具有提高机体免疫力、抗衰老、抗癌、保护心血管和心肌健康的作用。已有的研究成果表明，人体的克山病、癌症、心脑血管疾病、糖尿病、不育症等 40 余种病症均与缺硒有关。

3. 黄酒功效之减肥、美容、抗衰老

黄酒的热量非常高，喝多了肯定会胖。但是适当的饮酒可以加速血液循环和新陈代谢，还有利于减肥。黄酒中含有大量糖分、有机酸、氨基酸和各种维生素，具有较高的营养价值。由于黄酒是以大米为原料，经过长时间的糖化、发酵制成的，原料中的淀粉和蛋白质被酶分解成为小分子物质，易被人体消化吸收，因此，人们也把黄酒列为营养饮料酒。黄酒的度数较低，口味大众化，尤其对女性美容、老年人抗衰老有一定功效，比较适合日常饮用。但也要节制，例如度数在 15°左右的黄酒，每天饮用量不超过 8 两（1 两＝50g）；度数在 17°左右的，每天饮用量不超过 6 两。

4. 黄酒功效之烹饪时祛腥膻、解油腻

黄酒在烹饪中的主要功效为祛腥膻、解油腻。烹调时加入适量的黄酒，能使造成腥膻味的物质溶解于热酒精中，随着酒精挥发而被带走。黄酒的酯香、醇香同菜肴的香气十分和谐，用于烹饪不仅为菜肴增香，而且通过乙醇挥发，把食物固有的香气诱导挥发出来，使菜肴香气四逸、满座芬芳。黄酒中还含有多种多糖类物质和各种维生素，具有很高的营养价值，用于烹饪能增添鲜味，使菜肴具有芳香浓郁的滋味。在烹饪肉、禽、蛋等菜肴时，调入黄酒能渗透到食物组织内部，溶解微量的有机物质，从而令菜肴更可口。

5. 黄酒功效之促进子宫收缩、舒经活络

黄酒又称米酒，是水谷之精，性热。产后少量饮用此酒可祛风活血、避邪逐秽、有利于恶露的排出、促进子宫收缩、对产后受风等有舒经活络之用。除此之外，利用黄酒还可以做出味美并具有一定医疗作用的食品，例如黄酒和桂圆或荔枝、红枣、核桃、人参同煮，不仅味美，而且具有一定益补气血之功效，对体质虚弱、元气损耗等有明显疗效，这种功能优势更是其它酒类饮品无法比拟的。但饮用过量容易上火，并且可通过乳汁影响婴儿。饮用时间不宜超过 1 周，以免使恶露排出增多，持续时间过长，不利于早日恢复。

6. 黄酒功效之辅助医疗

黄酒多用糯米制成。在酿造过程中，注意保持了糯米原有的多种营养成分，还有它所产生的糖化胶质等，这些物质都有益于人体健康。在辅助医疗方面，黄酒不同的饮用方法有着不同的疗效作用。例如凉喝黄酒，有消食化积、镇静的作用，对消化不良、厌食、心跳过速、烦躁等有显著的疗效，烫热喝的黄酒，能驱寒祛湿，对腰背痛、手足麻木和震颤、风湿性关节炎及跌打损伤患者有益。

7. 黄酒的保健功效

经现代科学研究证明，苏里玛酒（黄酒）含有 20 多种氨基酸和多种维生素，其中 8 种是人体必需氨基酸，氨基酸的含量是黄酒的 11 倍，葡萄酒的 2 倍，其发热量是黄酒的 5 倍，葡萄酒的 1.5 倍。产品经华中农业大学生命科学院进行的保健功能检测实验证实，苏里玛酒除含有丰富的氨基酸和有机酸外，还含天然的双歧因子，通过小白鼠的喂养实验，证明苏里玛酒在增强抗疲劳、增强性能力和抑制肿瘤方面有明显效果。

营养学家已经证实：饮用苏里玛酒具有通经络、厚胃肠、养脾扶肝、增进食欲、消除疲劳等诸多益处，长饮者会感到胃口舒适，食欲振作，睡眠香甜，周身发热，气色红润，头发黑，光亮有神。

二、黄酒的保健作用

1. 含丰富的蛋白质

黄酒中含丰富的蛋白质，每升绍兴加饭酒的蛋白质为 16g，是啤酒的 4 倍。黄酒中的蛋白质经微生物酶的降解，绝大部分以肽和氨基酸的形式存在，极易为人体吸收利用。

肽除传统意义上的营养功能外，其生理功能是近年来研究的热点之一。到目前为止，已经发现了几十种具有重要生理功能的生物活性肽，这些肽类，具有非常重要和广泛的生物学功能和调节功能。

氨基酸是重要的营养物质，黄酒含 21 种氨基酸，其中有 8 种人体必需氨基酸。所谓必需氨基酸是人体不能合成或合成的速度远不适应机体需要，必须由食物供给的氨基酸。缺乏任何一种必需氨基酸，都可能导致生理功能异常，发生疾病。每升加饭酒中的必需氨基酸达 3400mg，半必需氨基酸达 2960mg。而啤酒和葡萄酒中的必需氨基酸仅为 440mg 或更少。

2. 含较高的功能性低聚糖

低聚糖又称寡糖类或少糖类，分功能性低聚糖和非功能性低聚糖，功能性低聚糖已日益受世人瞩目。由于人体不具备分解、消化功能性低聚糖的酶系统，在摄入后，它很少或根本不产生热量，但能被肠道中的有益微生物双歧菌利用，促进双歧杆菌增殖。

黄酒中含有较高的功能性低聚糖，仅已检测的异麦芽糖、潘糖、异麦芽三糖三种异麦芽低聚糖，每升绍兴加饭酒就高达 6g。异麦芽低聚糖，具有显著的双歧杆菌增殖功能，能改善肠道的微生态环境，促进维生素 B_1、维生素 B_2、维生素 B_5（烟酸）、维生素 B_6、维生素 B_{11}（叶酸）、维生素 B_{12} 等 B 族维生素的合成和 Ca、Mg、Fe 等矿物质的吸收，提高机体新陈代谢水平，提高免疫力和抗病力，能分解肠内毒素及致癌物质，预防各种慢性病及癌症，降低血清中胆固醇及血脂水平。因此，异麦芽低聚糖被称为 21 世纪的新型生物糖源。

自然界中只有少数食品中含有天然的功能性低聚糖，目前已面市的功能性低聚糖大部分是由淀粉原料经生物技术即微生物酶合成的。黄酒中的功能性低聚糖就是在酿造过程中微生物酶的作用下产生的，黄酒中功能性低聚糖是葡萄酒、啤酒无法比拟的。有关研究表明，每天只需要摄入几克功能性低聚糖，就能起到显著的双歧杆菌增殖效果。因此，每天喝适量黄酒，能起到很好的保健作用。

3. 丰富的无机盐及微量元素

人体内的无机盐是构成机体组织和维护正常生理功能所必需的，按其在体内含量的多少分为常量元素和微量元素。黄酒中已检测出的无机盐有 18 种之多，包括钙、镁、钾、磷等常量元素和铁、铜、锌、硒等微量元素。

镁既是人体内糖、脂肪、蛋白质代谢和细胞呼吸酶系统不可缺少的辅助因子，也是维护肌肉神经兴奋性和心脏正常功能，保护心血管系统所必需的。人体缺镁时，易发生血管硬化、心肌损害等疾病。黄酒含镁 200～300mg/L，比红葡萄酒高5 倍，比白葡萄酒高 10 倍，比鳝鱼、鲫鱼还高，能很好地满足人体需要。

锌具有多种生理功能，是人体 100 多种酶的组成成分，对糖、脂肪和蛋白质等多种代谢及免疫调节过程起着重要的作用，锌能保护心肌细胞，促进溃疡修复，并与多种慢性病的发生和康复相关。锌是人体内容易缺乏的元素之一，由于我国居民食物结构的局限性，人群中缺锌病高达 50%，并且大量出汗也可导致体内缺锌。人体缺锌可导致免疫功能低下，食欲不振，自发性味觉减退，性功能减退，创伤愈合不良及皮肤粗糙、脱发、肢端皮炎等症状。绍兴酒含锌 8.5mg/L，而啤酒仅为0.2～0.4mg/L，干红葡萄酒为 0.1～0.5mg/L。健康成人每日约需 12.5mg 锌，喝黄酒能补充人体锌的需要量。

硒与人类疾病、健康的关系一直是国内外生物学和医学研究的热点问题。硒是谷胱甘肽过氧化酶的重要组成成分，有着多方面的生理功能。最近的研究还揭示，硒具有解除重金属中毒、降低黄曲霉素 B1 的损伤、保护视觉器官等新的生理功能。据中国营养学会调查，目前我国居民硒的日摄入量约为 $26\mu g$，与世界卫生组织推荐日摄入量 $50\sim200\mu g$ 相差甚远，每升绍兴酒含 $10\sim12\mu g$ 硒，约为水果蔬菜的 2 倍。黄酒虽称不上富硒食品，但在酒中是最高的，比红葡萄酒高约 12 倍，比白葡萄酒高约 20 倍，且安全有效，极易被人体吸收。

4. 黄酒中的多种生理活性成分

黄酒中含多酚物质、类黑精、谷胱甘肽等生理活性成分，它们具有清除自由基、防止心血管病、抗癌、抗衰老等多种生理功能。

多酚物质具有很强的自由基清除能力。黄酒中多酚物质的来源有两方面，即来自原料（大米、小麦）和经过微生物（米曲霉、酵母菌）转换。特别是由于黄酒发酵周期长，小麦带皮发酵，麦皮中的大量多酚物质溶入酒中，因而黄酒中的多酚物质含量较高。

类黑精是美拉德反应的产物。美拉德反应是在仪器加工和储藏过程中经常发生的反应，生成类黑精的量取决于还原糖和氨基酸的浓度。黄酒中的还原糖和氨基酸的含量高，且储存时间长，因而生成较多的类黑精。黄酒在储存过程中色泽变深，也与美拉德反应生成的类黑精有关。类黑精是还原性胶体，具有较强的抗突变活性。有的研究认为，其抗突变机理是清除致突变自由基和通过与致突变化学物结合而减小其致突变毒性。

谷胱甘肽在人体内具有重要的生理功能。当人体摄入食物中含不洁净或药物等有毒物时，在肝脏中谷胱甘肽能和有毒物质结合而解毒。谷胱甘肽过氧化酶是一种含硒酶，能消除体内自由基的危害。黄酒中的谷胱甘肽是发酵过程中酵母分泌和自溶产生的。酵母是提取谷胱甘肽最常用的原料，一般干酵母含 1% 左右的谷胱甘肽。黄酒发酵周期长，酵母自溶产生的谷胱甘肽也较多。

5. 黄酒中的维生素

除维生素 C 等少数几种维生素外，黄酒中其它种类的维生素含量比啤酒和葡萄酒高。

酒中维生素来自原料和酵母的自溶物。黄酒主要以稻米和小麦为原料，除含丰富的 B 族维生素外，小麦胚中的维生素 E（生育酚）含量高达 $554mg/kg$。维生素 E 具有多种生理功能，其中最重要的功能是与谷胱甘肽过氧化酶协同作用清除体内自由基。酵母是维生素的宝库，黄酒在长时间的发酵过程中，有大量酵母自溶，将细胞中的维生素释放出来，可成为人体维生素很好的来源。

6. 黄酒的药用价值

黄酒是很好的药用必需品，它既是药引子，又是丸散膏丹的重要辅助材料，《本草纲目》上说："诸酒醇不同，唯米酒入药用"。米酒即黄酒，它具有通曲脉、厚肠胃、润皮肤、养脾气、扶肝、除风下气等治疗作用。

黄酒不仅能将药物的有效成分溶解出来，易于人体吸收，还能借以引导药效到达需要治疗的部位。在唐代,我国第一部药典《新修本草》规定了米酒入药。

三、黄酒用途

在酒类中,黄酒用途最为广泛,不仅具有一般酒的饮用功能,还有着其它多方面的用途。

1. 饮用

黄酒香气浓郁,酒性温和,营养丰富,各地的黄酒种类繁多,名称各异,均有特殊风格,很受人们的欢迎。

绍兴酒饮法多样:冬天多用温饮,放在热水中烫热或隔火加热后饮用;夏天多用冷饮,即不作处理,开瓶倒入杯中饮用;也有采用冰镇法,在玻璃酒杯中放些冰块,注入少量绍兴酒,再加水稀释后饮用;还有将绍兴酒冲入 4 倍左右的汽水等饮料中作为汽酒饮用的。

如果选配不同的菜饮不同的酒,则可领略绍兴酒的特有风味,通常元红酒(干酒类)配蔬菜类、海蚕皮等冷盘,加饭酒(半干酒)配肉类、大闸蟹,善酿酒配鸡鸭类,香雪酒、古越醉酒(甜酒)配甜菜类.

2. 调料

黄酒香味浓郁,富含呈味物质,在烹调荤菜时加入少许,不仅可以去腥,而且可以增加鲜美的风味。

3. 药用

黄酒有"百药之长"的美称,是医药上很重要的辅佐料或"药引子"。中药处方中常用黄酒浸泡、烧煮某些中草药,或调制人参再造丸等中药丸及各种药酒。黄酒还具有药用价值和保健作用。

第三节 黄酒的定义、分类与特点

一、黄酒的定义

黄酒是中国汉族的民族特产,属于酿造酒,在世界三大酿造酒(黄酒、葡萄酒和啤酒)中占有重要的地位。酿酒技术独树一帜,成为东方酿造界的典型代表和楷模。其中以浙江绍兴黄酒为代表的麦曲稻米酒是黄酒历史最悠久、最有代表性的产品。它是一种以稻米为原料酿制成的粮食酒。不同于白酒,黄酒没有经过蒸馏,酒精含量低于 20%。不同种类的黄酒亦呈现出不同的颜色(米色、黄褐色或红棕色)。山东即墨老酒和河南双黄酒是北方粟米黄酒的典型代表;福建龙岩沉缸酒、福建老酒是红曲稻米黄酒的典型代表。

二、按酒的产地命名

根据黄酒的产地来命名。

① 按绍兴酒、金华酒、丹阳酒、九江封缸酒、山东兰陵酒等。这种分法在古代较为普遍。

② 按某种类型酒的代表作为分类的依据，如"加饭酒"，往往是半干型黄酒；"花雕酒"表示半干酒；"封缸酒"（绍兴地区又称为"香雪酒"），表示甜型或浓甜型黄酒；"善酿酒"表示半甜酒。

③ 按酒的外观（如颜色、浊度等），如清酒、浊酒、白酒、黄酒、红酒（红曲酿造的酒）。

再就是按酒的原料，如糯米酒、黑米酒、玉米黄酒、粟米酒、青稞酒等。古代还有煮酒和非煮酒的区别。

④ 根据销售对象来分的，如"京装"，清代销往北京的酒。

⑤ 根据酒的习惯称呼，如江西的"水酒"、陕西的"稠酒"、江南一带的"老白酒"等。除了液态的酒外，还有半固态的"酒娘"。

这些称呼都带有一定的地方色彩，要想准确知道黄酒的类型，还得依据如下现代黄酒的分类方法。

三、按含糖量分类

根据黄酒的含糖量的高低可分为以下 4 种：

① 干黄酒　"干"表示酒中的含糖量少，总糖含量低于或等于 15.0g/L。口味醇和、鲜爽、无异味。

② 半干黄酒　"半干"表示酒中的糖分还未全部发酵成酒精，还保留了一些糖分。在生产上，这种酒的加水量较低，相当于在配料时增加了饭量，总糖含量在 15.0～40.0g/L，故又称为"加饭酒"。我国大多数高档黄酒，口味醇厚、柔和、鲜爽、无异味，均属此种类型。

③ 半甜黄酒　这种酒采用的工艺独特，是用成品黄酒代水，加入到发酵醪中，使糖化发酵的开始之际，发酵醪中的酒精浓度就达到较高的水平，在一定程度上抑制了酵母菌的生长速度，由于酵母菌数量较少，发酵醪中产生的糖分不能转化成酒精，故成品酒中的糖分较高。总糖含量在 40.1～100g/L，口味醇厚、鲜甜爽口，酒体协调，无异味。

④ 甜黄酒　这种酒一般是采用淋饭操作法，拌入酒药，搭窝先酿成甜酒娘，当糖化至一定程度时，加入 40%～50% 的米白酒或糟烧酒，以抑制微生物的糖化发酵作用，总糖含量高于 100g/L。口味鲜甜、醇厚，酒体协调，无异味。

四、按原料和酒曲分类

根据黄酒的原料和酒曲划分：

① 糯米黄酒　以酒药和麦曲为糖化、发酵剂。主要生产于中国南方地区。

② 黍米黄酒　以米曲霉制成的麸曲为糖化、发酵剂。主要生产于中国北方地区。

③ 大米黄酒　为一种改良的黄酒，以米曲加酵母为糖化、发酵剂。主要生产于中国吉林及山东。

④ 红曲黄酒　以糯米为原料，红曲为糖化、发酵剂。主要生产于中国福建及浙江两地。

五、按生产工艺分类

这是按酿造生产工艺方法对黄酒分类时的称呼。按这种方法分类，可将黄酒分成三类。

① 淋饭酒　淋饭酒是指蒸熟的米饭用冷水淋凉，然后，拌入酒药粉末，搭窝，糖化，最后加水发酵成酒。口味较淡薄。这样酿成的淋饭酒，有的工厂是用来作为酒母的，即所谓的"淋饭酒母"。

② 摊饭酒　是指将蒸熟的米饭摊在竹篦上，使米饭在空气中冷却，然后再加入麦曲、酒母（淋饭酒母）、浸米浆水等，混合后直接进行发酵。

③ 喂饭酒　按这种方法酿酒时，米饭不是一次性加入，而是分批加入。

六、黄酒的种类与特点

在我国比较著名的黄酒主要有：绍兴酒、加饭酒、福建沉缸酒、山东即墨老酒等。

1. 绍兴酒

绍兴酒因产于浙江绍兴而得名。绍兴酒是我国最古老的黄酒品种之一，由于绍兴酒越陈越香，所以又叫做"老酒"。绍兴酒酒液黄亮有光，香气芬芳馥郁，滋味鲜甜醇厚，越陈越香，久藏不坏，不变质，无异味，酒度在15°以上。

加饭酒是绍兴酒的代表，酒度在16°以上，糖度为0.8%～1%，属半干型黄酒。加饭酒在生产时增加了制作原料（糯米或糯米饭）而得名"加饭酒"，并视加入饭量的多少又分为"双加饭"和"特加饭"。加饭酒的酿造发酵期长达90天以上，其酒体优美，风味醇厚，酒液黄亮有光，滋味鲜甜，香气芬芳馥郁，因酒坛外雕有彩图，又称"花雕酒"。

2. 福建沉缸酒

福建沉缸酒原产于福建省龙岩县（现龙岩市）龙岩酒厂，主要以优质糯米为原料，以红曲、白曲（药曲）为糖化发酵剂，在发酵工艺上采取了两次加米烧酒入酒醅的方法酿造而成。沉缸酒的酒度为14.5°，糖度27%。

沉缸酒酒体清澈透明，呈红褐色，有琥珀的光泽，气味芳香，口味醇和，协调性好。

3. 山东即墨老酒

即墨老酒产于山东省即墨市，主要原料是黍米，酒度为12°，含糖较高，是一种甜型黄酒，陈酿储存1年以上的风味更加醇厚甘美。

即墨老酒酒色墨褐而略带紫红，晶明透亮，浓厚挂杯，口味、滋味香馥、醇和、甘甜、爽口，十分独特。

中国黄酒虽然都是以大米为主的五谷为主要原料，但由于原料、配方、工艺、地域不同，又形成了不同品种及风味的产品。

4. 元红酒

旧时称"状元红"，是因在坛壁外涂朱红色而得名，是绍兴酒的代表品种和大宗产品。

5. 彩坛花雕酒

该酒从古时"女儿酒"演变而来。东晋嵇含所著的《南方草木状》中第一次提到，南方人有了女儿，才几岁就大做其酒，做好就泸清，等到冬天埋在山坡底下。待女儿将要出嫁时，才将酒取出，款待贺喜的宾客，称谓"女酒"或"女儿酒"，滋味非常之美。当生子之年，选酒数坛，请人刻字彩绘，以兆吉祥，然后泥封窖藏。生儿子称"状元红"，生女孩美其名曰"女儿红"、"女儿香"、"女儿贞"。

目前，彩坛花雕已发展成一种包装别具一格的传统名产，内储加饭陈酒或香雪酒，坛壁外塑画五彩缤纷的山水、人物、花鸟或历史神话故事。

此外，在黄酒系列品种中，尚有众多的传统花色品种，如鲜酿酒、竹叶青酒、补药酒、福橘酒、鲫鱼酒、桂花酒等，但目前很少生产。近年开发的又有八仙酒、枣酒、黑米花雕酒、青梅酒等。这些花色酒大都将嫩竹叶、福橘、活鲫鱼等主物用高度糟烧浸泡，取其浸液，在元红、加饭酒杀菌灌坛时，按配比加入，或直接用热酒冲泡，泥封库存，过月余，各物鲜香气味融于酒液内，形成各种特有的香醇风味，故以各物名字命名为酒名。

6. 竹叶青

又名"孝贞酒"，该酒以嫩绿竹叶浸出的绿色素作为酒的色泽，故称"竹叶青"。又传是明代正德皇帝即位前游历江南时，饮用竹叶青酒后，御笔亲题"孝贞"二字，故称为"孝贞酒"。此酒选用当年的淡笋竹中的新鲜嫩绿竹叶，用70°镜面糟烧浸泡半年左右，浸提出翠绿色素汁作为酒的色泽，酒液淡青透明，清香沁人，酒味鲜爽清洁，独树一帜。最适宜在夏季饮用，饮罢使人有舒适的清凉感。

7. 福橘酒

该酒以福建产的柑橘在黄酒中冲泡而成，故称"福橘酒"。此酒选用福建产的、成熟度好、个大、无烂变的柑橘装入坛内，每坛 2～4 只，再将刚煎酒（杀菌）后的热黄酒立即冲入盛有福橘的坛内，密封储存 3～6 个月后，即可饮用。此酒色泽橙黄晶亮，橘香浓郁，酒味甘润微苦而爽口，是一种果型花色酒。

8. 鲫鱼酒

该酒以鲜活的鲫鱼在黄酒中冲泡而成，故称"鲫鱼酒"。此酒选用绍兴淡水河流中自然生养的鲜活鲫鱼，每尾重 0.5kg 左右，先将鲜活鲫鱼（未去鳞剖肚）放入70°糟烧中浸泡（杀菌）片刻后装入坛内，每坛两尾，后将刚煎酒（杀菌）后的热黄酒立即冲入坛内，密封储杯 3～6 个月后即可饮用。其酒液橙黄清亮，酒香浓郁略带腥气，酒味鲜洁而略有鱼腥味，是一种独特的花色品种。

9. 桂花酒

此酒选用刚采摘的新鲜桂花，经盐渍处理后用 70°镜面糟烧浸泡 3~6 个月后，提取浸出液，用于煎酒（杀菌）后的热黄酒中，每坛放入桂花浸出液 0.5~1kg。密封储存半年至 1 年后，酒液浅黄，清亮透明，桂花香浓郁而幽雅，酒味甘润香醇，独具一格。

第二章
黄酒酿造原料与辅料

黄酒是用谷物作为原料，用麦曲或小曲做糖化发酵剂制成的酿造酒，其主要原料是酿酒用的大米、酿造用的水，辅料是制曲用的小麦。在一些地区，也有用玉米、黍米等作为酿酒原料的。

下面我们就来一起看看黄酒的酿造原料。

第一节 黄酒原料

一、大米分类与质量等级标准

我国市售大米可以依据企业标准、地方标准和国家标准确定大米等级。当企业标准和地方标准中大米质量等级标准低于国家标准时，则依据国家标准确定大米等级。依据国家标准，我国大米根据稻谷的分类方法分为三类。籼米：包括早籼米、晚籼米；粳米：包括晚粳米；糯米：包括籼糯米、粳糯米。

我国各类大米主要按加工精度划分等级。加工精度是指糙米加工成白米时的去皮程度。不同等级的大米，加工时的去皮程度不同。国标 GB 1354—86 将各类大米分为四个等级。就加工精度而言，特等米：背沟有皮，粒面米皮基本去净的占85％以上；标准一等米：背沟有皮，粒面留皮不超过 1/5 的占 80％以上；标准二等米：背沟有皮，粒面留皮不超过 1/3 的占 75％以上；标准三等米：背沟有皮，粒面留皮不超过 1/2 的占 70％以上。

各类大米划分等级还参考下列指标：

① 不完善粒：包括未熟粒、虫蚀粒、病斑粒、生霉粒、完全未脱皮的完整糙米粒。

② 杂质：包括糠粉、矿物质（砂石、煤渣、砖瓦及其它矿物质）、带壳稗粒、

稻谷粒、其它杂质（无食用价值的大米粒、异种粮粒及其它物质）。晚粳米各等级大米允许含杂总量低于其它各类大米允许含杂总量。

国际还对各类大米中所含的黄粒米（胚乳呈黄色，与正常米粒色泽明显不同的颗粒），碎米（包括大碎米、小碎米）水分，色泽、气味、口味（指大米固有的综合色泽、气味、口味）提出了要求，对同一品种、不同等级的大米，上述四项指标等同。

目前我国粮食市场销售的大米，主要是标准一等米和特等米。

二、大米（糯米、粳米、籼米）的种类与成分比较

中国的优质大米品种较多，根据栽培稻分类和稻米成分比较，将食用优质大米分籼米、粳米和糯米三类。如大米以肥瘦而分为两种：粳米与籼米。粳米短而宽，人称肥仔米，常见的有珍珠米、水晶米、东北大米等；而籼米则外形修长苗条，常见的有泰国香米、丝苗米、中国香米、猫牙米等；这两种米在直链淀粉含量上有很大的差异，前者米质胀性较小而黏性较强，适合熬粥，后者米质胀性较大而黏性较弱，适合煲仔饭、焖饭、蒸饭。

据资料介绍，大米中含有 90% 的淀粉质量，而淀粉包括直链淀粉和支链淀粉两种，淀粉的比例不同直接影响大米的蒸煮品质，直链淀粉黏性小，支链淀粉黏性大。大米的蒸煮及食用品质主要从稻的直链淀粉含量、糊化温度、胶稠度、米粒延伸度、香味等几个方面来综合评定。

大米的淀粉、蛋白质、脂肪含量及碎米率等除与大米品种有关外，还与大米的精白度有关。从酿酒工艺角度看，应尽量除去糙米的外层和胚，应将大米精白（将糙米碾成白米）。大米精白度用精米率 [（白米/糙米）×100%] 来衡量，精米率越低，精白度越高。

随大米的精白度提高，大米淀粉的比例增加，蛋白质、脂肪、粗纤维及灰分等相应减少，碎米率也相应增加。

如从黏性程度上分，大米有籼米、粳米和糯米三种，糯米黏性最强、籼米最弱，粳米居中，所以喜欢吃粳米的人最多，也即是我们平常主食的米饭或煲粥的大米了。

1. 籼米

籼米米粒呈长椭圆形或细长形，直链淀粉含量较高，一般为 23%～28%，有的高达 35%。杂交晚籼米可用来酿制黄酒。国内杂交晚籼米如军优 2 号、汕优 6 号等品种，直链淀粉含量在 24%～25%，蒸煮后米饭黏湿而有光泽。但过熟会很快散裂分解。这类杂交晚籼米既能保持米饭的蓬松性，又能保持冷却后柔软性，其品质特性偏向粳米，较符合黄酒生产工艺的要求。一般的早、中籼米酿酒性能要差一些，因其胚乳中的蛋白含量高，淀粉充实度低，质地疏松，碾轧时容易破碎；蒸煮时吸水较多，米饭干燥蓬松，色泽较暗，冷却后变硬；淀粉容易老化，出酒率较低。老化淀粉在发酵时难以糖化，成为产酸菌的营养源，使黄酒酒醪升酸，风味变

差。故一般的早、中籼米酿酒性能要差一些。

籼米（中国台湾人叫在莱米）：属籼型非糯性稻米，根据它们的栽培种植季节和生育期，又可分为早籼米、中籼米和晚籼米。

籼米：用籼型非糯性稻谷制成的米。米粒一般呈长椭圆形或细长形。米质较轻，黏性小，碎米多，胀性大，出饭率高，蒸出的米饭较膨松。按其粒质和籼稻收获季节分为以下两种。早籼米：腹白较大，硬质颗粒较少；晚籼米：腹白较小，硬质颗粒较多。

2. 粳米

用粳型非糯性稻谷制成的米，米粒一般呈椭圆形。黏性大，胀性小，出饭率低，蒸出的米饭较黏稠。按其粒质和粳稻收获季节分为以下两种。早粳米：腹白较大，硬质颗粒较少；晚粳米：腹白较小，硬质颗粒较多。

粳米因直链淀粉含量较高，质地较硬，浸米时的吸水率较低，蒸饭技术要求较高，用作酿黄酒原料也有不少优点，即糖化分解彻底，发酵正常而出酒率较高，酒质量稳定等，加上粳米亩产量较糯米高，因而，粳米已成为江苏、浙江两省生产普通黄酒的主要用米，部分粳米黄酒产品可以达到高档糯米黄酒的水平。

粳米（中国台湾人叫蓬莱米）：属粳型非糯性稻米，按种植季节和生育期也可分为早粳米、中粳米和晚粳米。这类型的优质大米主要产于中国长江以北一带稻区。

3. 糯米

糯米在北方也称江米，由糯性稻谷制成，乳白色，不透明，也有的呈半透明，黏性大，分为籼糯米和粳糯米两种：籼糯米由籼型糯性稻谷制成，籼糯米粒较长，一般呈长椭圆形或细长形，所含淀粉绝大多数是支链淀粉，直链淀粉只有 $0.2\%\sim$ 4.6%。粳糯米由粳性稻谷制成，米粒一般呈椭圆形，粳糯米粒较短，所含淀粉几乎全部都是支链淀粉。

选用糯米生产黄酒，应尽量选用新鲜糯米。陈糯米精白时易碎，发酵较急，米饭溶解性差；发酵时所含的脂类物质因氧化或水解转化为含异臭味的醛酮化合物；浸米浆水常会带苦而不宜使用。尤其要注意糯米中不得含有杂米，否则会导致浸米吸水、蒸煮糊化不均匀，饭粒返生老化，沉淀生酸，影响酒质，降低酒的出率。

因此，糯米由于所含淀粉几乎都是支链淀粉，在蒸煮过程中很容易完全糊化成黏稠的糊状；直链淀粉结构紧密，蒸煮时消耗的能量大，但吸水多，出饭率高。一般糖化发酵后酒中残留的糊精和低聚糖较多，酒味香醇，是传统的酿制黄酒的原料，也是最好的原料，尤其以粳糯的酿酒性能最优。现今的名优黄酒大多都是以糯米为原料酿造的，如绍兴酒即是以品质优良的粳糯酿制的。

三、大米（糯米、粳米、籼米）的酿造特点与结构和理化分析

1. 大米的酿造特点

酿造黄酒的原料首选大米中的糯米。用粳米、籼米作为原料，一般难以达到糯

米酒的质量水平。因此大米的酿造特点要根据大米的质量要求，确定黄酒酿造用米，应选择淀粉含量高，蛋白质、脂肪含量少，米粒大，饱满整齐，碎米少，精白度高，米质纯，糠秕等杂质少的米。另外，应尽量使用新米，陈米对酒的质量有不利影响。

直链淀粉含量是评定大米蒸煮品质的重要指标，应尽量使用直链淀粉含量低、支链淀粉含量高的大米品种。

如上所述，黄酒的主要原料是大米，包括糯米、粳米和籼米，也有用黍米和玉米的。

对米类原料的要求是：①淀粉含量高，蛋白质、脂肪含量低，以达到产酒多、酒气香、杂味少、酒质稳定的目的；②淀粉颗粒中支链淀粉比例高，以利于蒸煮糊化及糖化发酵，产酒多，糟粕少，酒液中残留的低聚糖较多，口味醇厚；③工艺性能好，吸水快而少，体积膨胀小。

籼米、粳米都是营养丰富的主食，含有多种营养成分。

每百克粳米中，约含蛋白质 6.7g，脂肪 0.9g，碳水化合物 77.6g，粗纤维 0.3g，钙 7mg，磷 136mg，铁 2.3mg，维生素 B_1 0.16mg，维生素 B_2 0.05mg，烟酸 1mg 以及蛋氨酸 125mg，缬氨酸 394mg，亮氨酸 610mg，异亮氨酸 251mg，苏氨酸 280mg，苯丙氨酸 394mg，色氨酸 122mg，赖氨酸 255mg 等多种营养物质。粳米品种不同，营养成分也不同，但是差异微小。

籼米的营养成分与粳米相比，差异极小。习惯上将籼米与粳米统称为大米，大米的营养成分因品种不同而略有差异。同一品种大米的营养成分变化规律是：糙米＞标二米＞标一米＞特等米。这是因为糙米皮层含有丰富的营养素，而在精白米加工过程中，部分皮层被碾磨掉，大米加工精度越高，碾去的皮层越多，大米的营养也随之降低。

糯米一般不作为主食，更多的是作为小吃食品、地方风味食品的原料。这是由于籼米、粳米和糯米的直链淀粉、支链淀粉含量不同，造成三者在口感上有一定差异，即籼米米饭黏性小，胀性大；粳米米饭黏性偏大，胀性偏小；而糯米的黏性最大，胀性很小。

糯米与籼米、粳米的营养成分差异甚小。但是祖国医学认为：与籼米、粳米相比，糯米性偏于温，是重要的滋补食物。《本草纲目》里把糯米的功效归纳为四种：一是温脾胃，二是止腹泻，三是缩小便，四是收自汗。主治：胃寒痛、消渴、夜多小便、小便频数、脾胃气虚泄泻、气虚自汗、妊娠腰腹坠胀、劳动后气短乏力、体弱。

有色米（黑米、紫米、红米等）的营养价值比普通大米高。有色米富含蛋白质、赖氨酸、植物脂肪、纤维素和人体必需的矿物质铁、锌、铜、锰、钼、硒、钙、磷等，以及丰富的维生素 B_1、B_2、B_6、B_{12}、D、E 和烟酸，花青素、叶绿素及黄酮类和强心苷等药用成分。尤其是含有一般大米缺乏的维生素 C、胡萝卜素等。有色米的蛋白质含量，比普通早籼米的蛋白质含量相对提高 10.4% 以上，比普通的晚籼米高 22.1%。

有色米中含有强心苷、生物碱、植物甾醇等多种生理活性物质，具有促进机体代谢、抗衰老等医疗保健功能。医学临床试验证实有色米及其产品可显著提高孕妇血中的血红蛋白和血清铁含量，防止妊娠时血红蛋白下降，减少妊娠贫血病的发生率。有色米可治疗营养不良、水肿、贫血、肝炎、缺乏维生素 B_1 引起的脚气病等。有色米及有色米酒可以防治慢性肾炎、风湿及胃病等，对老年人缩尿有明显疗效。

2. 大米结构和理化性质

（1）米粒的构造

稻谷加工脱壳后成为糙米，糙米由四部分组成。

① 谷皮　由果皮、种皮复合而成，主要成分是纤维素、无机盐，不含淀粉。

② 糊粉层　与胚乳紧密相连。糊粉层含有丰富的蛋白质、脂肪、无机盐和维生素。糊粉层占整个谷粒的质量分数为 4%～6%。常把谷皮和糊粉层统称为米糠层，米糠中含有 20% 左右的脂肪。

③ 胚乳　位于糊粉层内侧，是米粒最主要的部分，其质量约为整个谷粒的 70% 左右。

④ 胚　是米的生理活性最强的部分，含有丰富的蛋白质、脂肪、糖分和维生素等。

（2）大米的物理性质

① 外观、色泽、气味　正常的大米有光泽，无不良气味，特殊的品种，如黑糯、血糯、香粳等，有浓郁的香气和鲜艳的色泽。

② 粒形、千粒重、相对密度和体积质量　一般大米粒长 5mm，宽 3mm，厚 2mm。籼米长宽比大于 2，粳米小于 2。短圆的粒形精白时出米率高，破碎率低。大米的千粒重一般为 20～30g，谷粒的千粒重大，则出米率高，加工后的成品大米质量也好。大米的相对密度在 1.40～1.42，一般粳米的体积质量为 800kg/m³，籼米约为 780kg/m³。

③ 心白和腹白　在米粒中心部位存在乳白不透明部分的称心白，若乳白不透明部分位于腹部边缘的称腹白。心白米是在发育条件好时粒子充实而形成的，故内容物丰满。酿酒要选用心白多的米。腹白多的米强度低，易碎，出米率也低。

④ 米粒强度　含蛋白质多、透明度大的米强度高。通常粳米比籼米强度大，水分低的比水分高的强度大，晚稻比早稻强度大。

（3）大米的化学性质

① 水分　一般含水在 13.5%～14.5%，不得超过 15%。

② 淀粉及糖分　糙米含淀粉约 70%，精白米含淀粉约 80%，大米的淀粉含量随精白度提高而增加。大米中还含有 0.37%～0.53% 的糖分。

③ 蛋白质　糙米含蛋白质 7%～9%，精米含蛋白质为 5%～7%，主要是谷蛋白。在发酵时，一部分氨基酸转化为高级醇，构成黄酒的香气成分，其余部分留在酒液中形成黄酒的营养成分。蛋白质含量过高，会使酒的酸度升高和储酒期发生浑

浊现象，并有害于黄酒的风味。

④ 脂肪　脂肪主要分布在糠层中，其含量为糙米质量的 2% 左右，含量随米的精白而减小。大米中脂肪多为不饱和脂肪酸，容易氧化变质，影响风味。

⑤纤维素、无机盐、维生素　精白大米纤维素质量分数仅为 0.4%，无机盐 0.5%～0.9%，主要是磷酸盐。维生素主要分布在糊粉层和胚中，以水溶性 B 族维生素 B_1、B_2 为最多，也含有少量的维生素 A。

第二节　其它原料

黄酒的酿造原料除了大米、糯米、粳米、籼米外还有黍米、粟米、玉米等。

黍米是我国北方人喜爱的主食之一，且能用来酿酒和制作糕点。

黍米俗称大黄米，色泽光亮，颗粒饱满，米粒呈金黄色。黍米的淀粉质量分数为 70%～73%，粗蛋白质质量分数为 8.7%～9.8%，还含有少量的无机盐和脂肪等。

黍米以颜色来区分大致分黑色、白色和黄色三种，其中以大粒黑脐的黄色黍米品质最好。这种黍米蒸煮时容易糊化，是黍米中的糯性品种，适合酿酒。白色黍米和黑色黍米是粳性品种，米质较硬，蒸煮困难，糖化和发酵效率低，并悬浮在醪液中而影响出酒率和增加酸度，影响酒的品质。

一般黍米亩产量较低，供应不足，现在我国仅少数酒厂用黍米酿制黄酒。代表性的黍米黄酒有山东省的即墨黍米黄酒和兰陵美酒，以及辽宁省的大连黄酒等。

除黍米外，我国北方以前还曾用粟米酿造黄酒。粟米又称小米，主要产于华北和东北各省，虽播种面积较广，但亩产量很低。现由于供应不足，酒厂很少使用。

一、黍米原料

黍为一年生草本。秆直立，单生或少数丛生，高 60～120cm，有节，节上密生髭毛。叶鞘松弛，被疣毛；叶舌长约 1mm，具长约 2mm 的纤毛；叶片线状披针形，长 10～30cm，宽 1.5cm，具柔毛或无毛，边缘常粗糙。圆锥花序，开展或较紧密，成熟则下垂，长约 30cm，分枝具角棱，边缘具粗糙刺毛，下部裸露，上部密生小枝与小穗；小穗卵状椭圆形，长约 4～5mm。

黍，是中国古代主要粮食及酿造作物，列为五谷之一。黍米是我国北方地区特有的品种，而品质当属山西省北部地区的最好。当地民间百姓将黍米制成面粉，再制成炸糕，无论是逢年过节，还是男婚女嫁，都要用"油炸糕"来款待亲友和客人，从而成了本地最有特色的传统风味食品。

1. 化学成分

去壳黍米含灰分（ash）2.86%，精纤维（crudefiber）0.25%，粗蛋白（crude

protein) 15.86%，淀粉（starch）59.65%，含油 5.07%，其中饱和脂肪酸为棕榈酸（palmiticacid），二十四烷酸（carnaubic acid）、十七烷酸（daturic acid）、不饱和脂肪酸主要有油酸（oleic acid）亚油酸（linoleic acid）、异亚油酸（isolinoleic aced）等。蛋白质（protein）主要有：白蛋白（albumin），球蛋白（globulin），谷蛋白（glutelin），醇溶谷蛋白（prolamine）等种类。黍米又含黍素（miliacin）、鞣质（tannin）及肌醇六磷酸（phytate）等。

2. 主要价值

黍米颗粒大于小米，呈金黄色，黏度很大。据分析：每 100g 黍米含蛋白质9.6%、脂肪 0.9%、糖 16.3%、热量 1515kJ，以及人体需要的多种维生素。除食用外还可入药，在中医中药中被列为"补中益气"的具有食疗价值的食品。中医认为：黍米具有滋补肾阴、健脾活血的作用，还有治疗杖疮疼痛和小儿鹅口疮的功能。中医还指出：黍米黏性大而难以消化，忌过量食用，尤其老弱病人和胃肠功能欠佳者更要少食，心血管病人、血脂过高者，最好不食，以防止胆固醇、血脂的升高。

除此之外，黍米是酿造黄酒最好的原材料。

二、粟米原料

粟米俗称小米，去壳前称谷子。糙小米需要经过碾米机将糠层碾除出白，成为可供食用或酿酒的粟米（小米），由于它的供应不足，现在酒厂已很少采用了。

生产粟米油的原料是人们以前很少吃但却亟须补充的粗粮之一——玉米，更确切地讲粟米油是由玉米胚芽加工制成的。吃起来清香爽口的玉米，其胚芽中含有对人体有益的高质量油脂，普通玉米籽粒含油仅占 4%，大约有 85% 的油分富集于玉米种胚之中，也就是说 1 瓶 5L 装的粟米油需要 60 万～80 万个上等玉米胚芽才能炼成。由玉米胚加工制成的植物油，主要由不饱和脂肪酸组成。其中亚油酸是人体必需脂肪酸，是构成人体细胞的组成部分，在人体内可与胆固醇相结合，具有防治动脉粥样硬化和高血压病等心血管病的功效。粟米油中的谷固醇具有降低胆固醇的功效，富含维生素 E，有抗氧化作用，可防治干眼病、夜盲症、皮炎、支气管扩张等多种功能，并具有一定的抗癌作用。

另外，粟米油中富含的亚油酸和亚麻酸还可以减缓人类前列腺病症和皮炎的发作，同时对视网膜和大脑皮质的发育很有益处。

1. 营养成分

粟米油独特的营养成分和优势主要表现在以下三个方面：第一，粟米油很容易被人体吸收，它的吸收率高达 97%；第二，粟米油本身不含胆固醇，而且其脂肪酸酯组成是以油酸和亚油酸为主的不饱和脂肪酸，长期食用粟米油对于预防心血管疾病有极好的效果；第三，粟米油含有丰富的维生素 E 等，作为一种天然的抗氧化剂，维生素 E 对于人体细胞分裂、延缓衰老有一定的作用。

2. 主要价值

医学专家也指出，不饱和脂肪酸对于人体机能的平衡，高血压、高血脂、脂肪肝以及其它一系列心脑血管疾病的预防具有显著的作用；同时，作为名副其实的"美容酸"，不饱和脂肪酸对于人体肌肤的滋养也有突出的功效，与高级化妆品有着异曲同工之妙。

粟米油很适合快速烹调和煎炸，能够很好地保持蔬菜的色泽与香味，对食物的营养价值也不造成损失。

三、玉米原料

近年来，国内有的厂家开始用玉米为原料酿制黄酒，一方面开辟了黄酒的新原料，另一方面为玉米的深加工找到了一条很好的途径。

近年来出现了以玉米为原料酿制黄酒的工艺。玉米淀粉质量分数为 65%～69%，脂肪质量分数为 4%～6%，粗蛋白质质量分数为 12% 左右。玉米直链淀粉占 10%～15%，支链淀粉为 85%～90%，黄色玉米的淀粉含量比白色的高。玉米与其它谷物相比含有较多的脂肪，脂肪多集中在胚芽中，含量达胚芽干物质的 30%～40%，酿酒时会影响糖化发酵及成品酒的风味。故酿酒前必须先除去胚芽。

玉米与大米相比，除淀粉含量稍低于大米外，蛋白质和脂肪含量都超过大米，特别是脂肪含量丰富。淀粉中直链淀粉占 10%～15%，支链淀粉为 85%～90%；黄色玉米的淀粉含量比白色的高。玉米所含的蛋白质大多为醇溶性蛋白，不含 p-球蛋白，这有利于酒的稳定。玉米所含脂肪多集中于胚芽中（胚芽干物质中脂肪含量高达 30%～40%），它给糖化、发酵和酒的风味带来不利的影响，因此，玉米必须脱胚，加工成玉米碴后才适于酿制黄酒。

另外，与糯米、粳米相比，玉米淀粉结构致密坚硬，呈玻璃质的组织状态，糊化温度高，胶稠度硬，较难蒸煮糊化。因此，要十分重视对颗粒的粉碎度、浸泡时间和水温、蒸煮温度和时间的选择，防止因没有达到蒸煮糊化的要求而老化回生，或因水分过高、饭粒过烂而不利发酵，导致糖化发酵不良和酒度低、酸度高的后果。

第三节 小麦（辅料）

小麦是黄酒酿造原料中重要的组成部分，黄酒生产重要的辅料，主要用来制备麦曲。小麦中含有丰富的碳水化合物、淀粉和蛋白质，以及适量的无机盐和生长素等营养成分；小麦的蛋白质含量比大米高，大多为麸胶蛋白和谷蛋白，麸胶蛋白的氨基酸中以谷氨酸为最多，它是黄酒鲜味的主要来源。小麦的淀粉质量分数为 61% 左右，蛋白质质量分数为 18% 左右。小麦富含面筋等营养成分，淀粉量较高，黏着力强，氨基酸种类达 20 种，维生素含量丰富，是微生物生长繁殖的良好天然培养基。小麦有较强的黏延性以及良好的疏松性，适宜霉菌等微生物的生长繁殖，使之产生较高活力的淀粉酶和蛋白酶等酶类，并能给黄酒带来一定的香味成分。

一般制曲前先将小麦轧成片。小麦片疏松适度，很适合微生物的生长繁殖，它的皮层中还含有丰富的β—淀粉酶。小麦的糖类中含有2％～3％糊精和2％～4％蔗糖、葡萄糖和果糖。如若粉碎适度、加水适中，则制成的曲坯不易失水和松散，也不至于因黏着力过大而存水过多。制曲小麦应尽量选用皮层薄、胚乳粉状多的当年产的红色软质小麦。一般要求麦粒完整、饱满、均匀、无霉烂、无虫蛀、无农药污染。要求干燥适宜，外皮薄，呈淡红色，两端不带褐色的小麦为好，青色的和还未成熟的小麦都不适用。另外，还要求尽量不含秕粒、尘土和其它杂质，并要防止混入毒麦。大麦由于皮厚而硬，粉碎后非常疏松，制曲时，在小麦中混入10％～20％的大麦，可改善曲块的透气性，促进好氧微生物的生长繁殖，有利于提高曲的酶活力。

第四节 酿造用水

在酿酒过程中，水是最重要的原料，也是成品酒中最重要的成分，特别是黄酒这种低度酒。黄酒中含水达80％以上，水质好坏直接影响酒的品质和风味，故常将水称为"酒之血"，所以在选择酿酒地时，其酿酒用水的优劣，应是首选，所谓"名酒必有佳泉"。宋代欧阳修在《醉翁亭记》中有"酿泉为酒，泉香而酒洌"的名句，成了世人酿酒择水的座右铭。当前的名酒都可以说有着优质的水源，甚至有着许多关于水的美丽传说，如郎酒之于郎泉水、杜康酒之于杜康泉、泸州酒之于陇泉古井、汾酒之于神井等。当然最为人所乐道的则是绍兴酒与鉴湖水了。鉴湖水之所以成为出名的酿造用水，确有其科学的道理。

一、酿酒用水的要求

要酿好酒，需得好水，那么，何种水质才适合于酿酒呢？一般来说酿造用水首先应符合国家卫生标准的要求，符合《生活饮用水标准》，另外还有如下选择原则：

① 应首选无污染源的洁净水源为酿造用水，现代人由于江河泉水水质污染的原因，一般都用自来水作为酿酒用水，也应选择用优质水源作为源头水，同时应考虑水中含氯和铁等情况，用水中含氯量高，可能使酒质变深，口味粗糙。

② 水的软硬度及pH值：水的软硬程度，是指单位体积水中所含钙、镁盐的数量，它分暂时硬度及永久硬度，前者是由碳酸氢钙或碳酸氢镁引起的，煮沸后，水中所含的碳酸氢钙、碳酸氢镁分解成不溶于水的碳酸钙与碳酸镁，这些物质沉淀析出后水的硬度可降低，从而使水得到软化，而后者是由含钙、镁的碳酸盐或氯化物引起的，无法用加热的方法软化，一般黄酒酿造中，水质要求偏软，水质过硬不利于发酵，如水中硫酸镁、氯化镁含量较多的水多属苦水，氯化钠、氯化钙含量较

高的水多属咸水，这些对发酵都有阻碍作用，特别是氯化钠的阻碍作用最大，在北魏科学家贾思勰的《齐民要求》中就有"收水法，河水第一好。远河者，取极甘井水。小咸则不佳"的说法，可见，古人就有咸水不宜做酒的体会。但太软的水酿酒又可能使糖化发酵菌生长过快而提前衰老造成酒味不甘洌而有涩味，一般黄酒酿造用水的软硬度要求在 4°～8° 为最佳。而 pH 值表示水的酸碱度，即水中氢离子浓度，作为酿造用水，一般要求 pH 值为 6.5～7.8，即中性水，偏酸或偏碱的水都不利于糖化发酵。

③ 含铁量低，含铁量高时酒的颜色会变深甚至变红、口感粗糙或有铁腥味，铁含量高时也易引起酒体沉淀。

④ 水中的有害成分少，有机物成分不可过高，如重金属、氨态氮、生酸菌等应不得检出，而水中有机物含量高则一般表明水质被污染。

基于这些要求，在古代的酿酒用水选择中一般选择干净、流动量大的湖水或泉水为水源，如鉴湖水因其软硬度适中（为 5° 左右）、pH 值为中性（7.2），且水的流动性好（平均 7.5 天更换一次），水质清洌，水中的有益成分如钼、锶等含量高，且河底有吸附层作用使水质清澈，故特别适合于黄酒酿造，也成就了绍兴酒这一千古名酒。

二、酿酒用水的处理

水是黄酒酿造原料中不可或缺的部分。黄酒生产用水包括酿造水、冷却水、洗涤水、锅炉水等。酿造用水直接参与糖化、发酵等酶促反应，并成为黄酒成品的重要组成部分，水在黄酒成品中占 80% 以上。故首先要符合饮用水的标准，其次从黄酒生产的特殊要求出发，应达到以下条件：

① 无色、无味、无臭、清亮透明、无异常。

② pH 在中性附近。

③ 硬度 2°～6° 为宜。

④ 铁质量浓度 < 0.5mg/L。

⑤ 锰质量浓度 < 0.1mg/L。

⑥ 黄酒酿造水必须避免重金属的存在。

⑦ 有机物含量是水污染的标志，常用高锰酸钾耗用量来表示，超过 5mg/L 为不洁水。不能用于酿酒。

⑧ 酿造水中不得检出 NH_3。氨态氮的存在表示该水不久前曾受到严重污染。

⑨ 酿造水中不得检出 NO_2^-，NO_3^- 质量浓度应小于 0.2mg/L。NO_2^- 是致癌物质，NO_3^- 是由动物性物质污染分解而来的，能引起酵母功能损害。

⑩ 硅酸盐（以 SiO_3^{2-} 计）< 50mg/L。

⑪ 细菌总数大肠菌群的量应符合生活饮用水卫生标准，不得存在产酸细菌。

第三章
黄酒酿造与微生物和菌种

第一节 主要微生物与细菌

一、霉菌

酒曲中的霉菌主要有以下几种。

1. 曲霉菌

发酵工业和食品加工业的曲霉菌种已被利用的近60种。2000多年前，我国就将其用于制酱，也是酿酒、制醋曲的主要菌种。现代工业利用曲霉生产各种酶制剂（淀粉酶、蛋白酶、果胶酶等）、有机酸（柠檬酸、葡萄糖酸、五倍子酸等），农业上用作糖化饲料菌种。

曲霉是酿酒业所用的糖化菌种，是与制酒关系最密切的一类菌。麦曲、米曲中的曲霉菌，在黄酒酿造中起糖化作用，其中以黄曲霉为主，还有较少的黑曲霉等微生物。黄酒生产中一般应以黄曲霉为主，适当添加少量黑曲霉或食品级糖化酶，以提高糖化能力，进一步提高出酒率。

（1）曲霉菌种

曲霉的菌体是由许多菌丝组成的。有些菌丝在营养物质的表面并向上生长，叫做直立菌丝；有些菌丝蔓延到营养物质的内部，叫做营养菌丝。由于菌丝上有横隔，所以曲霉是多细胞个体。曲霉的每个细胞中都有细胞核。不是所有霉菌都是多细胞个体。

（2）曲霉分布

曲霉广泛分布在谷物、空气、土壤和各种有机物品上。生长在花生和大米上的曲霉，有的能产生对人体有害的真菌毒素，如黄曲霉毒素 B_1 能导致癌症，有的则引起水果、蔬菜、粮食霉腐。

（3）生长过程

曲霉菌丝有隔膜，为多细胞霉菌。在幼小而活力旺盛时，菌丝体产生大量的分生孢子梗。分生孢子梗顶端膨大成为顶囊，一般呈球形（见图3-1）。顶囊表面长满一层或两层辐射状小梗（初生小梗与次生小梗）。最上层小梗瓶状，顶端着生成串的球形分生孢子。以上几部分结构合称为"孢子穗"。孢子呈绿、黄、橙、褐、黑等颜色（见图3-2）。这些都是菌种鉴定的依据。分生孢子梗生于足细胞上，并通过足细胞与营养菌丝相连。曲霉孢子穗的形态，包括分生孢子梗的长度、顶囊的形状、小梗着生是单轮还是双轮，分生孢子的形状、大小、表面结构及颜色等，都是菌种鉴定的依据（见图3-3）。曲霉属中的大多数仅发现了无性阶段，极少数可形成子囊孢子，故在真菌学中仍归于半知菌类（见图3-4）。

图 3-1　曲霉放大

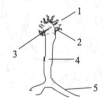

图 3-2　曲霉的形状

1—分生孢子；2—小梗；3—顶囊；

4—分生孢子梗；5—足细胞

图 3-3　曲霉

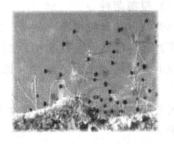

图 3-4　曲霉的结构

（4）科学应用

因为曲霉具有分解蛋白质等复杂有机物的绝招，从古至今，它们在酿造业和食品加工方面大显身手。早在2000多年前，我国人民已懂得依靠曲霉来制酱；民间酿酒造醋，常把它请来当主角。我国特有的调制品豆豉，也是曲霉分解黄豆的杰作。现代工业则利用曲霉生产各种酶制剂、有机酸以及农业上的糖化饲料。

然而，曲霉家族中也有一些"败类"。例如长期放在阴暗处的大豆或花生往往长出"黄毛"，这是一种含毒素的黄曲霉。黄曲霉毒素不仅会造成家禽和家畜中毒甚至死亡，而且还可以诱发肝癌。因此，久置发霉的豆子或花生绝不能食用，也不能当饲料。

2. 根霉

根霉菌是黄酒中主要糖化菌。其糖化力强，几乎使淀粉全部水解生成葡萄糖，还能分泌乳酸、琥珀酸和延胡索酸等有机酸，降低培养基的 pH 值，抑制产酸菌的侵袭，并使黄酒口味鲜美丰满。

根霉在自然界分布很广，它们常生长在淀粉基质上，空气中也有大量的根霉孢子。孢子囊内囊轴明显，球形或近球形，囊轴基部与梗相连处有囊托。根霉的孢子可以在固体培养基内保存，能长期保持生活力（见图3-5）。

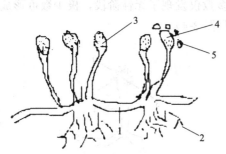 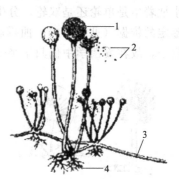

图 3-5　根霉的形态
1—匍匐菌丝；2—假根；3—孢囊柄；
4—囊轴；5—孢子

图 3-6　黑根霉
1—孢子囊；2—孢囊孢子；
3—匍匐枝；4—假根

（1）根霉菌种

黑根霉也称匍枝根霉，分布广泛，常出现于生霉的食品上，瓜果蔬菜等在运输和储藏过程中的腐烂及甘薯的软腐都与其有关。黑根霉（ATCC6227b）是目前发酵工业上常使用的微生物菌种（见图3-6）。黑根霉的最适生长温度约为28℃，超过32℃不再生长。

图3-6中除了上述四种，有性生殖时还可以产生接合孢子囊，无性生殖时产生芽孢子。

（2）根霉特征

米根霉在分类上属于接合菌亚门（Zygomycota），接合菌纲（Zygomycetes），毛霉目（Mucorales），毛霉科（Mucoraceae），根霉属（*Rhizopus*）。菌落疏松或稠密，最初呈白色，后变为灰褐色或黑褐色。菌丝匍匐爬行，无色。假根发达，分枝呈指状或根状，呈褐色。孢囊梗直立或稍弯曲，2～4株成束，与假根对生，有时膨大或分枝，呈褐色，长 210～2500μm，直径 5～18μm，囊轴呈球形或近球形或卵圆形，呈淡褐色，直径30～200μm，囊托呈楔形。孢子囊呈球形或近球形，老后呈黑色，直径 60～250μm。孢囊孢子呈椭圆形、球形或其它形状，呈黄灰色，直径5～8μm。有厚垣孢子，其形状、大小不一致，未见接合孢子。该菌于37～40℃能生长。

（3）根霉用途

根霉在自然界分布很广，用途广泛，其淀粉酶活性很强，是酿造工业中常用糖化菌。我国最早利用根霉糖化淀粉（即阿明诺法）生产酒精。根霉能生产延胡索酸、乳酸等有机酸，还能产生芳香性的酯类物质。根霉亦是转化甾族化合物的重要菌类。与生物技术关系密切的根霉主要有黑根霉、华根霉和米根霉。

3. 红曲霉

红曲霉是生产红曲的主要微生物。红曲霉菌不怕湿度大，耐酸，最适温度32～35℃，最适 pH 值为 3.5～5.0，在 pH 3.5 时，能抑制其它霉菌而旺盛生长，红曲霉菌所耐最低 pH 值为 2.5，能耐 10％的酒精，能产生淀粉酶、蛋白酶等，水解淀粉最终生成葡萄糖，并能产生柠檬酸、琥珀酸、乙醇，还分泌红色素或黄色素等。

红曲霉的用途很广，我国早在明朝就用它培制红曲，作为药用和酿制红酒和红醋。近代发酵工业用它们生产葡萄糖、拮抗素、酒精发酵和生产红曲色素，也可以称之为我国古代的一个发明。国外红曲霉主要应用于肉品加工及其它食品着色方面。红曲霉的次级代谢中的功能性物质的应用在我国由来已久，尤其是在食品、传统酿酒行业的应用。红曲霉因能产生多种功能性物质而得到了国内的广泛应用和深入研究。

红曲霉是腐生真菌，它属真菌门、子囊菌纲、真子囊菌亚纲、曲霉目、曲霉科、红曲霉属。红曲霉嗜酸，特别是乳酸，耐高温、耐乙醇，它们多出现在乳酸自然发酵基物中。大曲、制曲作坊、酿酒醪液、糟醅等都是适于它们繁殖的场所。

红曲酒中含有多种人体所必需的氨基酸以及维生素，经常饮用黄酒能够增强自身的抵抗力，还能在一定程度上抗衰老；对于那些处于亚健康的人们，以及经常腰酸背痛和患有风湿性关节炎的人，红曲黄酒能够帮助驱寒祛湿，对人体有很大益处；饮用红曲黄酒能够通过降低胆固醇以及血脂来改善血液的循环；红曲黄酒还能够抑制癌细胞的生长以及新陈代谢活动，所以说具有预防癌症的功效。

二、酵母

传统法黄酒酿造中使用的酒药中含有许多酵母，有些起发酵酒精的作用，有些起产生黄酒特有香味物质的作用。

新工艺黄酒使用的是优良纯种酵母菌。AS2.1392 是常用的酿造糯米黄酒的优良菌种，发酵力强，能发酵葡萄糖、半乳糖、蔗糖、麦芽糖及棉籽糖，产生酒精并形成典型的黄酒风味，而且抗杂菌能力强，生产性能稳定，现已在全国机械化黄酒生产厂中普遍使用。

酵母菌是一类由真核细胞所组成的单细胞微生物。由于发酵后可形成多种代谢产物及自身含有丰富的蛋白质、维生素和酶，可以广泛用于医药、食品及化工等生产方面，从而在发酵工程中占有重要的地位。

1. 酵母菌的形态

酵母菌的菌体是单细胞的，个体大小的差异较大，其形态也是多种多样的。由酵母菌的单个细胞在适宜的固体基上所长出的群体称为菌落，用肉眼一般能看见，不同的菌种，菌落的颜色、光滑程度等有所不同。

2. 酵母菌的细胞结构

酵母细胞的结构由细胞壁、细胞膜、细胞质及其内含物（有明显的液泡）、细胞核等组成（见图3-7）。

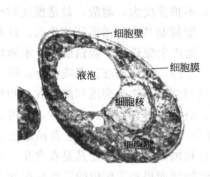
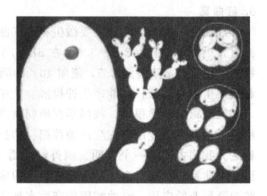

图 3-7　显微镜下的酵母菌的形态结构　　　图 3-8　酵母菌的出芽生殖和孢子生殖

3. 酵母菌的营养方式

① 酵母菌不含叶绿体，靠分解现有的有机物维持生活，营腐生生活。

② 酵母菌获取能量的方式　在有氧存在时，葡萄糖被彻底分解成二氧化碳和水，释放出大量能量；没有氧的情况下，葡萄糖的分解不彻底，产物是酒精和二氧化碳，同时释放出少量能量。总之酵母菌在有氧和无氧的条件下都能生活。

4. 酵母菌的生殖方式

① 出芽生殖　成熟的酵母菌细胞，向外生出的突起，叫做芽体。芽体逐渐长大，最后与母体脱离，成为一个新的酵母菌（见图3-8）。

② 孢子生殖　酵母菌发育到一定阶段时，一个酵母菌的细胞里会产生几个孢子（通常是四个）。每个孢子最终都能发育成一个新个体。

5. 黄酒生产常见酵母菌

黄酒酵母是酵母菌大家族中的一员，酵母菌属真菌，呈圆形、卵形或椭圆形，内有细胞核、液泡和颗粒体物质。通常以出芽繁殖；有的能进行二等分分裂；有的种类能产生子囊孢子。广泛分布于自然界，尤其在葡萄及其它各种果品和蔬菜上更多，是重要的发酵素，能分解碳水化合物产生酒精和二氧化碳等。生产上常用的有面包酵母、饲料酵母、酒精酵母和葡萄酒酵母等，有些能合成纤维素供医药使用，也有用于石油发酵的。酵母菌在自然界分布广泛，主要生长在偏酸性的潮湿的含糖环境中，而在酿酒中，它也十分重要。

黄酒酵母是从黄酒发酵醪中分离出来的，目前国内能独立分离的黄酒企业不是很多，主要是受技术和分离条件的限制，如古越龙山、东风会稽山都能自己分离黄酒酵母并在大生产中广泛使用。

目前国内市面上销售的一种黄酒干酵母是由安琪酵母股份有限公司从绍兴酒醪分离出的优良酵母菌种，通过筛选、复壮、培养、生产而成。安琪黄酒高活性干酵母一般具有使用简单、发酵力强等特征，是黄酒生产的优良酒化剂，能取代传统黄酒生产中的自培酒母，它的出现使传统的黄酒生产迈进了一大步。

黄酒高活性干酵母特点：①该产品耐酸（pH 2.5）、耐乙醇（15％）；②大幅降低工人劳动强度；③能有效防止黄酒酸败；④稳定酒质；⑤提高出酒率。

6. 酵母菌与酿酒等方面的应用

黄酒酵母主要是在黄酒生产中配合麦曲、红曲等共同作用生产黄酒，它的主要作用是将糖转换成酒。

黄酒干酵母无论是在传统的黄酒还是机械化黄酒大生产中都得到了广泛的应用并取得了可观的经济效益和社会效益。

表 3-1 是细菌和酵母菌在形态结构、营养和生殖方面主要的异同点。

表 3-1　形态结构、营养和生殖方面的异同点

项　　目		形　　态	结　　构	营　　养	生　　殖
不同点	细菌	球形、杆形、螺旋形	没有成形的细胞核	寄生或腐生	分裂生殖
	酵母菌	卵形	有成形的细胞核、大液泡	腐生	出芽生殖孢子生殖
相同点		都是单细胞个体；细胞中无叶绿素，为异养；都是无性生殖			

三、细菌

细菌是一类由原核细胞所组成的单细胞生物。所谓原核细胞是指其核无核膜与核仁。细菌在自然界里分布最广、数量最大，白酒生产中存在的醋酸菌、丁酸菌和己酸菌等就属于这一类。

1. 细菌的形态

细菌的个体形态与大小：由于细菌的种类和环境不同其变化形态很大。其基本形态有球状、杆状与螺旋状，除此以外还有一些难以区分的过渡类型。

2. 细菌的细胞结构

细菌细胞一般由细胞壁、细胞质膜、细胞质、核及内含物质等构成。有些细胞还有荚膜、鞭毛等。

3. 细菌的繁殖

细菌可以以无性或者遗传重组两种方式繁殖，最主要的方式是以二分裂法这种无性繁殖的方式：一个细菌细胞细胞壁横向分裂，形成两个子代细胞。并且单个细胞也会通过如下几种方式发生遗传变异：突变（细胞自身的遗传密码发生随机改变），转化（无修饰的 DNA 从一个细菌转移到溶液中另一个细菌中），转染（病毒的或细菌的 DNA，或者两者的 DNA，通过噬菌体转移到另一个细菌中），细菌接合（一个细菌的 DNA 通过两细菌间形成的特殊的蛋白质结构，接合菌毛，转移到另一个细菌中）。细菌可以通过这些方式获得 DNA，然后进行分裂，将重组的基因组传给后代。许多细菌都含有包含染色体外 DNA 的质粒。

处于有利环境中时，细菌可以形成肉眼可见的集合体，例如菌簇。

细菌以二分裂的方式繁殖，某些细菌处于不利的环境，或耗尽营养时，形成内生孢子，又称芽孢，是对不良环境有强抵抗力的休眠体，由于芽胞在细菌细胞内形成，故常称为内生孢子。

芽孢的生命力非常顽强，有些湖底沉积土中的芽孢杆菌经 $500\sim1000$ 年后仍有活力，肉毒梭菌的芽孢在 pH 7.0 时能耐受 100℃ 煮沸 $5\sim9.5h$。芽孢由内及外由以下几部分组成：

① 芽孢原生质（spore protoplast）：含浓缩的原生质。

② 内膜（inner membrane）：由原来繁殖型细菌的细胞膜形成，包围芽孢原生质。

③ 芽孢壁（spore wall）：由繁殖型细菌的肽聚糖组成，包围内膜。发芽后成为细菌的细胞壁。

④ 皮质（cortex）：是芽孢包膜中最厚的一层，由肽聚糖组成，但结构不同于细胞壁的肽聚糖，交联少，多糖支架中为胞壁酐而不是胞壁酸，四肽侧链由 L-Ala 组成。

⑤ 外膜（outer membrane）：也是由细菌细胞膜形成的。

⑥ 外壳（coat）：芽孢壳，质地坚韧致密，由类角蛋白（keratinlike protein）组成，含有大量二硫键，具疏水性特征。

⑦ 外壁（exosporium）：芽孢外衣，是芽孢的最外层，由脂蛋白及碳水化合物（糖类）组成，结构疏松。

4. 黄酒生产的常见细菌

一般黄酒生产中常见的细菌菌种：乳酸菌、球菌与杆菌、醋酸菌、丁酸菌、己酸菌。

乳酸菌：自然界中数量最多的菌种之一。黄酒生产中曲和酒醅中都存在乳酸菌。乳酸菌能使发酵糖类产生乳酸，它在酒醅内产生大量的乳酸，乳酸通过酯化产生乳酸乙酯。乳酸乙酯使黄酒具有独特的香味，因此黄酒生产需要适量的乳酸菌。但乳酸过量会使酒醅酸度过大，影响出酒率和酒质，酒中含乳酸乙酯过多，会使酒带闷。

球菌与杆菌：一般黄酒生产糖化期中，乳酸球菌以肠球菌属、明串珠菌属、片球菌属、乳球菌属、酒球菌属等属的菌株为主，且有极少量乳酸杆菌。

一般黄酒生产静止期中，升酸幅度较大，酵母增殖迅速。生产搅拌期中，酵母快速产酒精，乳酸球菌数迅速下降，乳酸杆菌数大量增加达到高峰期，醪液 pH 值又降至最低，是酵母、乳酸菌（乳酸球菌、乳酸杆菌）变化最剧烈的时期；此期间拟内孢霉酵母的作用已小。

淋饭酒母制作过程中乳酸球菌、乳酸杆菌起到非常重要的作用，把酒药、曲、熟地上接入的酵母和乳酸杆菌顺利培养成酒母。乳酸球菌、乳酸杆菌是保障淋饭酒母制作正常进行、顺利完成的关键。

醋酸菌：黄酒生产中不可避免的菌类。黄酒生产是开放式的，操作中势必感染一些醋酸菌，成为黄酒中醋酸的主要来源。醋酸是黄酒主要香味成分之一。但醋酸含量过多会使黄酒呈刺激性酸味。

丁酸菌、己酸菌：是一种梭状芽孢杆菌，生长在黄酒生产中常见的使用的窖泥中，它利用酒醅浸润到窖泥中的营养物质产生丁酸和己酸。正是这些窖泥中的功能菌的作用，才产生出了窖香浓郁、回味悠长的曲酒。

5. 黄酒酿造的有害细菌

黄酒在酿造的过程中，会经过自然的发酵，而在前期发酵的时候主要是高温乳酸菌生长、繁殖、发酵。在后面的时候，主要是低温乳酸菌的生长、繁殖、发酵。在其中有厌氧乳酸菌的繁殖，代谢产生较多的乳酸，使酒醪酸度上升，从而有效地抑制了其它部分杂菌的代谢活动。

同时在乳酸菌生长代谢过程中，会产生一些具有抗微生物活性的物质，如有机酸、过氧化氢、二氧化碳等。这些物质均在体外表现出抑菌活性，而且很多乳酸菌都能产生细菌素，如乳链菌素、嗜酸菌素、乳酸杆菌素等，这些物质在保持和改善黄酒酿造微生态环境的稳定与协调中发挥着重要的调节作用。而且在后发酵中由于醪温降低，形成部分高温乳酸菌死亡、自溶，给酵母和低温乳酸菌发酵提供了丰富的营养物质。

但是黄酒发酵又是霉菌、酵母、细菌的多菌种发酵。如果发酵条件控制不当和消毒不严格等，会造成有害细菌的大量繁殖，导致黄酒发酵醪的酸败。常见的有害微生物主要有醋酸菌、乳酸菌和枯草芽孢杆菌。它们大多来自曲和酒母及原料、环境、设备。

第二节　酿酒微生物中的酶及其作用

一、概述

早在数千年前人们就把微生物和酶应用于酿造、制糖等工业。例如利用曲蘖酿酒、麦芽制饴等。当时对酶的作用一无所知。直至19世纪以后，从麦芽的淀粉糖化、酵母的酒精发酵的研究中逐渐形成酶的概念。20世纪以来，由于搞清楚了一些酶的作用原理，从而加快了酶工业的发展。

虽然中国人民与曲蘖打了几千年的交道，知道酿酒一定要加入酒曲，但一直不知道曲蘖的本质所在。直到现代科学解开了其中的奥秘。酿酒加曲，是因为酒曲上生长有大量的微生物，还有微生物所分泌的酶（淀粉酶、糖化酶和蛋白酶等），酶具有生物催化作用，可以加速将谷物中的淀粉、蛋白质等转变成糖、氨基酸。糖分在酵母菌的酶的作用下，分解成乙醇，即酒精。蘖也含有许多这样的酶，具有糖化作用。可以将蘖本身的淀粉转变成糖分，在酵母菌的作用下再转变成乙醇。同时，酒曲本身含有淀粉和蛋白质等，也是酿酒原料。

酒曲酿酒是中国酿酒的精华所在。酒曲中所生长的微生物主要是霉菌。对霉菌的利用是中国人的一大发明创造。日本有位著名的微生物学家坂口谨一郎教授认为这甚至可与中国古代的四大发明相媲美，这显然是从生物工程技术在当今科学技术的重要地位推断出来的。随着时代的发展，我国古代人民所创立的方法将日益显示其重要作用。

二、酿造黄酒离不开酒药与微生物

酒药中有酵母菌、细菌、霉菌三大类数十种微生物，黄酒酿造专家毛青钟专门做过此项研究，现与大家共同探讨与交流。

1. 酒药微生物的来源

大部分微生物是从加入的陈酒药粉中接入的，尤其是优良微生物品种就是这样一代一代传下来的，少部分从原料微生物系中接入，也有一部分从熟地上微生物系中接入。

上述微生物系经过酒药制作过程的筛选，如酒药制作工艺过程及温度、湿度等，使适宜于酒药环境的优良菌种被保存下来，而许多无益的微生物被淘汰。

2. 酒药制作过程微生物的变化

（1）酒药保温、保湿培养过程中，第一批菌丝主要是霉菌菌丝生长

首先是第一批菌丝的第一小批：根霉、犁头霉、毛霉、曲霉等霉菌菌丝的生长，菌丝白色，较长，在 20～30mm 左右，它们分解原料中少部分淀粉、蛋白质等，给以后微生物的生长提供一定的营养。而后是第一批菌丝的第二小批：念珠霉菌丝的快速、匍匐生长，气生菌丝少或无，菌丝白色；念珠霉菌丝交叉编织成网状，致密，并很快长满酒药球表面，呈现一层白色菌丝膜包裹着酒药。而念珠霉菌丝的生长会强力抑制根霉、犁头霉、毛霉、曲霉、青霉等的生长能力，使它们的菌丝收缩而倒伏，为以后酵母菌丝、酵母菌、细菌的生长铺平道路，不至于因根霉、犁头霉、毛霉、曲霉、青霉等菌丝的大量生长，而使酵母菌丝无法生长，又可以防止外界其它微生物的接入。念珠霉菌丝少量生入酒药内部，并分解米粉中部分淀粉、蛋白质等物质，提供给酵母、细菌生长所需的一定营养。此时期，酒药内部的细菌和酵母有少量生长繁殖，拟内孢霉菌丝和芽细胞也有少量生长。内部的根霉、犁头霉、毛霉、曲霉、青霉等霉菌因缺氧受到抑制，很少有生长繁殖。

（2）酒药入保温室培养过程中，第二批菌丝主要是拟内孢霉菌丝的生长

因酒药水分的逐渐下降，念珠霉菌丝减少，"酵母状"个体大量增加，也即我们所看到的白色粉状物。由于营养充足，拟内孢霉酵母在酒药表面大量生长繁殖，

菌丝短而密，布满整个酒药表面，如一层菌丝薄膜包裹着酒药。拟内孢霉不断地向内部生长，长满整个酒药为止。它分解淀粉等物质，提供其它酵母和细菌生长繁殖所需的营养，并产生独特的酒药香气。另外，糖化酵母、部分细菌、丝孢酵母等也分解淀粉、蛋白质、脂肪等物质，提供部分营养。

（3）晒药过程

由于水分不断下降，各种菌丝体收缩而脱落。念珠霉以"酵母状"个体（有些是厚垣孢子）为主保存下来，拟内孢霉也以芽细胞状态为主，内部和外部菌丝都减少，因此，成品酒药表面为白色粉层，主要以拟内孢霉的芽细胞（尖头卵圆形和尖头椭圆形）、念珠霉的"酵母状"个体和干燥米粉组成，尚有少量菌丝体（霉菌、酵母）和多量细菌等。

3. 成品酒药中微生物的测定、分析和作用

我们测定了成品酒药中的酵母和细菌数量，而霉菌的数量引自日本高桥桢造的测定数据，酒药中微生物的菌落数见表 3-2。

表 3-2　酒药中微生物的菌落数　　　　　　单位：个/g

菌　　名	整个酒药平均数	菌　　名	整个酒药平均数
拟内孢霉属	1.06×10^9	根霉	1.278×10^3
酵母属		毛霉	1.278×10^3
丝孢酵母属		犁头霉	1.493×10^5
汉逊氏酵母属	合计　1.04×10^6	红曲霉	1.278×10^3
假丝酵母属		念珠霉	1.278×10^3
细菌	6.68×10^8		

酒药中微生物以拟内孢霉酵母为最多，酒药表面白粉中更多，其次是细菌，而后是霉菌。

（1）酵母

酒药中有拟内孢霉属、酵母属、汉逊氏酵母属、假丝酵母属、丝孢酵母属酵母等。

① 拟内孢霉属酵母　以尖头卵圆形、尖头椭圆形的芽细胞和真菌丝形式存在，菌丝分枝、分节，节有隔膜。我们已分离出十余株在玉米汁琼脂培养基上产不同子囊孢子的菌株。拟内孢霉属酵母在酒药中数量多、品种多，是酒药香气的主要产生菌；是淋饭酒母搭窝糖化期、静止期、搅拌期饭的主要糖化分解菌之一；是甜酒酿香气的主要产生菌；是淋饭酒母独特风味的贡献菌之一，具有边生长边糖化淀粉的能力。

② 酵母属酵母　酒药中酵母属酵母数量不多，但品种丰富。我们已分离出许多菌株。酒药中酵母属酵母有酿酒酵母、果酒酵母、糖化酵母等，以酿酒酵母和果酒酵母为主，是淋饭酒母、摊饭酒母主要发酵菌之一；糖化酵母能直接同化淀粉、糊精发酵产酒精。

③ 汉逊氏酵母　它们在淋饭酒母制作和摊饭酒发酵过程中主要是发酵产酯、

乙醇和其它风味物质。

④ 假丝酵母　有些假丝酵母具有直接同化淀粉、糊精发酵产生酒精或其它风味物质的能力，另外一些假丝酵母作用尚不详。

⑤ 少量丝孢酵母　有些丝孢酵母分解脂肪的能力强，在淋饭酒母制作和摊饭酒发酵过程中可能与分解脂肪有关，有些丝孢酵母的耐酒精度在17%（体积）以上。酵母属中的糖化酵母、假丝酵母属中能同化淀粉、糊精的酵母、丝孢酵母等是淋饭酒母搭窝糖化期的主要糖化分解菌之一。酒药中尚有另外一些酵母未分离鉴定。

（2）细菌

酒药中细菌数仅次于拟内孢霉酵母数，在有些酒药中细菌数超过酵母数。经检测分析，酒药中细菌包括乳酸球菌、乳酸杆菌、醋酸菌、丁酸菌、枯草杆菌等。

① 乳酸球菌　酒药中乳酸球菌包括肠球菌属、乳球菌属、片球菌属（主要是糊精片球菌和戊糖片球菌等）、明串珠菌属、酒球菌属（主要是酒药类球菌）等。乳酸球菌在淋饭酒母搭窝糖化期对饭起糖化分解作用，尤其是对蛋白质（朊、胨、多肽）的分解起重要作用，并发酵产乳酸等，使饭和窝中糖液的＋快速降低到—左右，并产生和累积乳酸球菌素。多量乳酸、低pH值、乳酸球菌素、高糖度、H_2O_2等抑制腐败、有害细菌的生长繁殖，确保淋饭酒母搭窝糖化期和静止期、搅拌期的正常、顺利进行。而糊精片球菌等能直接同化淀粉、糊精产酸。当乳酸杆菌增加时，乳酸球菌数减少较快。

② 乳酸杆菌　酒药中乳酸杆菌的数量很少，通过淋饭酒母的制作而选择性地筛选、培养出优良的、有益于发酵过程的乳酸杆菌（有部分乳酸杆菌是从麦曲、熟地中接入淋饭酒母的），经淋饭酒母加入发酵醪而接入其中（有部分乳酸杆菌从生麦曲、熟地上接入）。乳酸杆菌就是淋饭酒母后发酵期和摊饭酒发酵过程朊、胨、多肽的主要分解菌之一；摊饭酒醪蛋白质主要由曲中根霉等所产生的酸性蛋白酶分解成朊、胨、多肽、乳酸杆菌，把朊、胨、多肽分解成氨基酸，并发酵产生乳酸和乳酸杆菌素。有些乳酸杆菌参与淀粉、糊精等物质的分解作用，尤其在后发酵期，是淀粉、糊精的主要分解菌之一。乳酸杆菌是确保淋饭酒母后发酵期和摊饭酒发酵过程正常发酵和顺利完成的关键菌，乳酸杆菌在发酵产乳酸等的同时产生肽聚糖，不同的乳酸杆菌产生不同类型的肽聚糖，高密度的乳酸杆菌发酵产生大量的肽聚糖，是形成黄酒风味的成分之一。

③ 醋酸菌　发酵糖、乙醇等产醋酸，是酒药制作、淋饭酒母制作、摊饭酒发酵过程的有害菌，低pH值、乳酸杆菌素、高糖度、快速生成的酒精能抑制其生长。

④ 枯草杆菌　枯草杆菌能产生中性和碱性蛋白酶，分解米粉中的蛋白质为氨基酸，提供给酵母一定的营养；而在淋饭酒母制作和摊饭酒发酵过程中是有害菌，醪液中适量乳酸就能抑制枯草杆菌的生长，并致其死亡。

⑤ 丁酸菌　丁酸菌的作用尚不详，另外尚有一些细菌未检测和鉴定。

（3）霉菌

酒药中霉菌种类较多，分离鉴定困难，又因许多霉菌的菌丝也能长成菌落，因此，在平板上的菌落数并不能代表酒药中霉菌的真正数量。

① 根霉　酒药中存在一定数量的根霉，有些根霉的生料糖化力、液化力非常之高。酒药中有优良的根霉品种，而在酒药制作过程中生长期短，很快就被念珠霉所抑制。根霉在熟料中生长缓慢且酶活低，在酒药制作时生长期短，在淋饭酒母搭窝糖化期饭上生长很少，糖化作用小。

② 犁头霉　酒药中有一定数量的犁头霉。日本山田健一郎报道，犁头霉在米上的增殖特性和酶活与爪哇根霉相同，即在熟料中生长缓慢，在酒药后淋饭酒母中的作用同根霉。

③ 毛霉　酒药中有一定数量的毛霉，毛霉对米粉蛋白质分解起一定作用，而在淋饭酒母搭窝糖化期，它的糖化、分解作用小。

④ 曲霉　酒药中有一定数量的红曲霉、曲霉（黄曲霉、米曲霉等），它们的作用小。

⑤ 青霉　酒药中青霉数量极少，对制酒药有害。

⑥ 念珠霉　我们对酒药中念珠霉菌的"酵母状"个体（有些是厚垣孢子）进行了测定，结果表明，酒药表面（新制好的成品酒药表面有白粉层且厚，粉层基本无脱落）念珠霉的"酵母状"个体为 1.65×10^6 个/g 酒药。有的酒药中念珠霉的"酵母状"个体平均数达 1.0×10^7 个/g 酒药。酒药中尚有少量念珠霉菌丝存在。念珠霉是淋饭酒母搭窝糖化期的主要糖化、分解菌之一，并产生独特的清香（念珠霉香），抑制其它霉菌在饭上生长繁殖；搭窝糖化期缸内的香气有清香（含珠霉香）、甜酒酿香、淡淡的酒药香和酒香；在淋饭酒母静止期、搅拌期也起一定的糖化、分解作用。酒药中除有优良的念珠霉菌外，尚有共头霉、丛梗孢等另外一些霉菌。

总之，我们对酒药中主要微生物及作用进行了分析，其它尚有一些微生物无法分离、鉴定，有待于进一步研究。我们对淋饭酒母搭窝糖化期进一步研究发现，淋饭酒母搭窝糖化期的主要糖化、分解菌为拟内孢霉酵母，念珠霉菌，乳酸球菌，能同化淀粉、糊精的酵母（拟内孢霉以外的酵母，如糖化酵母等），而根霉、犁头霉、毛霉等菌起次要作用。

第三节　酿造黄酒离不开微生物与乳酸菌

目前，已发现的乳酸细菌有 50 种。主要有霉菌类、酵母菌类、细菌类。其中，以细菌较为常见。一般乳酸菌以代谢产物命名，是利用碳水化合物发酵成乳酸的一类菌群的统称。乳酸菌发酵分为两类：一类是同型发酵，其发酵过程中只产生乳酸，进行同型乳酸发酵的菌群类有链杆菌、链球菌、德氏杆菌、保加利亚杆菌、酪乳杆菌等；另一类为异型发酵，异型乳酸发酵的微生物有肠膜状明珠菌、短乳杆菌、番茄乳杆菌、甘露乳杆菌、真菌中的根霉和毛霉等，这类乳酸菌在发酵过程中除了产生乳酸外，还能生成微量乙酸、琥珀酸、富马酸、丙酮酸等有机酸以及乙醇、二氧化碳等。

因此，要酿制名优黄酒就必须先了解米浆水和发酵中的乳酸菌体系，掌握乳酸菌的体系和作用有助于控制工艺条件，促进酿酒有益菌生长，提高黄酒产品质量。乳酸菌具有促进酿酒的发酵，维护与保持酿酒微生态环境的作用；乳酸菌代谢产物具有多样性，其主要代谢产物乳酸与其它有机酸具有调整发酵醪 pH 值、抑制杂菌生产、维护正常发酵、提高出酒率的作用。同时，乳酸菌是形成乳酸乙酯及其它香味成分的重要基础物质，具有矫正香气和口味、增加浓厚感、稳定香气、柔和酒体和提高黄酒质量的作用。

一般传统高浓液态法黄酒是开放式与半开放式和抑制式的生产方式。通过浆水、曲、淋饭酒母、酿造用水等进入酒醪中。由于麦曲、浆水、淋饭酒母、酿造用水及发酵容器内微生物群落存在差异，其物质代谢、能量代谢的方面不同，导致黄酒特征风味的差异。乳酸菌不仅是黄酒酿造中主要微生物，也是浆水中重要功能菌。

黄酒酿造专家汪建国归纳过乳酸菌在黄酒发酵过程中的关系、功能与作用，值得黄酒行业的同行共同探索。

一、乳酸菌与黄酒酿造的关系

酿造黄酒离不开乳酸菌参与生化反应，在一定程度上由乳酸菌代谢产生的乳酸与酵母发酵生成的酒精反应生成乳酸乙酯的含量，决定了黄酒的风味。因此，要酿制名优黄酒就必须先了解米浆水和发酵中的乳酸菌体系，掌握乳酸菌的体系和作用有助于控制工艺条件，促进酿酒有益菌生长，提高黄酒产品质量。

1. 黄酒米浆水中分离乳酸菌的选育和研究

黄酒工艺中的浸米不仅便于蒸煮，而且在浸米过程中产生的乳酸存在于米浆水中，应用于黄酒酿造具有现实的作用。由于传统浸米过程时间较长，米的淀粉损失多。通过厌气培养，从米浆水中分离出乳酸菌，在浸米时将所选育出的乳酸菌按 2%～3%接入到浸米水中，浸米时间为 9 天，使乳酸菌量上升到 1 亿个/L 以上，酸度为 13.8g/L，基本达到要求。

从生产试验结果看，符合绍兴加饭黄酒标准，并且风味比传统原样加饭酒略有提高。

2. 乳酸菌在黄酒发酵过程中的作用

传统高浓液态法黄酒是开放式与半开放式和抑制式的生产方式。通过浆水、曲、淋饭酒母、酿造用水等进入酒醪中。由于麦曲、浆水、淋饭酒母、酿造用水及发酵容器内微生物群落存在差异，其物质代谢、能量代谢的方面不同，导致黄酒特征风味的差异。乳酸菌不仅是黄酒酿造中主要微生物，也是浆水中重要功能菌。

（1）乳酸菌能调整酒醪 pH 值，抑制杂菌生长繁殖，起到以酸制酸作用

乳酸菌群与酵母菌、曲霉菌共同参与黄酒发酵，俗称"三边发酵"。毛青钟在《黄酒发酵过程中乳酸杆菌的功与过》一文中认为，乳酸杆菌能耐低 pH 值，发酵糖产生大量乳酸。在黄酒发酵过程中，降低和维持低 pH 值，形成黄酒中有效成分乳酸。黄酒为开放式发酵，而乳酸杆菌的大量生长，能够产生并累积乳酸杆菌素以及维持低 pH 值，抑制其它细菌的生长繁殖，而对酵母无抑制作用。

为适应发酵醪液的环境，酵母菌自身进行特定的染色体适度重排，酵母菌种本身能够适应低 pH 值或有乳酸杆菌等黄酒发酵醪液的环境。

（2）为黄酒发酵微生物提供营养物质，促进酿酒微生物的生长繁殖

乳酸菌群在黄酒酿造生产过程中正常发挥代谢活性，能直接为其它微生物提供生长繁殖可利用的必需氨基酸和各种维生素，还能提高矿物元素的生物学活性。

（3）促进黄酒酿造中酶系的糖化与发酵，有些乳酸菌能够自溶产生活性成分

乳酸菌本身所产生的酸性代谢物质，维持和保证了酿酒发酵微酸性环境，有利于黄酒酿造酶系糖化与发酵的顺利进行，提高原料利用率。

（4）有利于保持和改善黄酒酿造中的微生态环境

在黄酒前发酵与主发酵期间，主要是高温乳酸菌生长、繁殖、发酵。而在酿酒发酵的后期，主要是低温乳酸菌群的生长、繁殖、发酵。由于厌氧乳酸菌的繁殖，代谢产生较多乳酸，使酒醪酸度上升，有效地抑制了其它部分杂菌的代谢活动。同时在乳酸菌生长代谢过程中，会产生一些具有抗微生物活性的物质，如有机酸、过氧化氢、二氧化碳等。这些物质均在体外表现出抑菌活性，而且很多乳酸菌都能产生细菌素，如乳链菌素、嗜酸菌素、乳酸杆菌素等，这些物质在保持和改善黄酒酿造微生态环境的稳定与协调中发挥着重要的调节作用。而且在后发酵中由于醪温降低，形成部分高温乳酸菌死亡、自溶，给酵母和低温乳酸菌发酵提供了丰富的营养物质。

（5）促进酿酒的香味物质及香味的前驱物质的生成

乳酸菌在黄酒发酵中除主要产生乳酸外，还产生少量醋酸、琥珀酸、富马酸、甲酸、丙酸、二氧化碳及其它微量醇、醛、酸等。乳酸通过酯化生成乳酸乙酯等。

在不同条件作用下，不同的乳酸菌种类产生乳酸与其它有机酸比例不同，同样生成 D-乳酸、L-乳酸、DL-乳酸的数量不同。因此，以乳酸为前体物质可生成黄酒的多种香味物质，提高了黄酒风味的复杂性和完美性。

（6）多种乳酸菌混合生长繁殖，有利于提高黄酒酿造中微生物的生物活性

传统黄酒酿造生产过程中多种微生物共存，各种酿酒微生物之间关系密切，多种乳酸菌混合生长与繁殖，厌氧的菌株与非严格厌氧菌株进行共同培养，可以提高黄酒在整个发酵期间特别是后期的厌氧菌的数量和存活率，可延长黄酒发酵过程中微生物的存活时间，提高酿酒发酵微生物的活性。其中乳酸、琥珀酸就有促进醋酸

菌生长的作用。

二、乳酸菌代谢产物在黄酒中的含量与作用

1. 乳酸在有机酸中的地位和产生途径

乳酸菌在黄酒发酵中除产生乳酸外，还能生成多种微量有机酸。以乳酸为底物，还可以生成丙酸、丁酸等其它有机酸。而以上这些有机酸通过酯化反应生成相应的乙型酯，是黄酒的重要香味来源。黄酒中有机酸主要以乳酸为主，在绍兴加饭酒中乳酸含量最高为4642.8mg/L，最低为2952.4mg/L，占绍兴加饭酒4种有机酸含量的40%～60%。在以前文献报道中柠檬酸的含量一般并不高，但是在新的研究中，含量为1306.3～3709.9mg/L，占酒样中总酸的20.14%～46.96%。

乳酸在黄酒中产生途径主要是米饭搭窝培养制淋饭酒母时，以酒药、毛霉作用生成乳酸为主和其它琥珀酸、反丁烯二酸，其余在清浆水和黄酒酒醪中由于乳酸杆菌、链球菌的作用生成乳酸等有机酸。

2. 乳酸是代表各种类型黄酒特征的有机酸

在各类型黄酒中的主要酸类有乳酸，其次是磷酸、琥珀酸、苹果酸、柠檬酸、酒石酸等。在黄酒四大酸中，乳酸含量最高。

在干型上海甲黄酒中乳酸占总酸量的70.71%～83.52%，半干型花雕酒中乳酸含量占总酸量的76.55%，甜型封缸酒中乳酸含量占总酸量的73.47%，江苏老酒中乳酸含量占总酸量的71.95%，长春玉米酒中乳酸含量占总酸量的67.97%。

3. 乳酸乙酯在黄酒芳香酯中的含量与地位

黄酒中部分乳酸乙酯是由乳酸在酵母酯化作用下生成乳酸乙酯：$CH_3CHOHCOOH+C_2H_5OH \longrightarrow C_2H_4OHCOOC_2H_5+H_2O$，即每100mg乳酸乙酯折合乳酸76.18mg。黄酒中乳酸乙酯含量为341.29～917.50mg/L，折合乳酸为260～698.9mg/L。因此，有一定数量的乳酸在酵母酯化作用下生成乳酸乙酯；并且黄酒经陈酿后乳酸和乳酸乙酯含量都有所增加。

乳酸乙酯的含量在黄酒酯类物质中具有重要地位，其含量占总酯的70.73%～83.18%；正是由于乳酸乙酯在黄酒特征香味成分中含量的不同，才形成了多种类型黄酒的浓郁香气。

三、乳酸菌代谢产物在黄酒风味中的功能与作用

1. 乳酸在黄酒风味中的作用与地位

（1）乳酸的性能与特征

乳酸菌的主要代谢产物为乳酸，又称α-羟基丙酸，含有一个羟基和一个羧基。发酵的乳酸多是L型，熔点16.8℃，沸点高达122℃，相对密度1.249。乳酸达高浓度时缩合成酯，成平衡状态。由两分子乳酸缩合而成的酯称为乳酰乳酸，再脱水则成丙交酯。

乳酸风味特征在0.007～0.016g/100mL时，呈柔和有浓厚感，过量发涩。

（2）乳酸能减轻黄酒的活性感，增加酒体的醇和度

乳酸分子量小，含有羟基和羧基，很容易与水分子、乙醇分子形成氢键。正是由于乳酸在酒中具有较强的附着力，意味着与口腔的味觉器官作用时间长。同时乳酸可以通过氢键与酒体中的易挥发的小分子结合，在小分子与大分子之间充当桥梁与纽带作用，使酒体中的大分子、小分子及微量元素更易形成胶体。乳酸本身口味具有微酸、微涩、柔和、有浓厚感等特点。

（3）乳酸能调和口味，柔和酒体，稳定香气

由于黄酒中的乳酸含量高，使酒质柔和浓醇，给黄酒带来良好的风味。同时与其它有机酸相互融合就显得比较柔和顺滑，对酒的口味起到缓冲平衡作用，使酒质调和，减少辛辣味。而且乳酸具有黏度大、沸点高、易凝固的特点，所以能改变酒中气味分子的挥发速度，起到调和体系口味，稳定酒质香气的功能。

（4）乳酸是新黄酒老熟的有效催化剂和稳定剂

长期以来，对于新黄酒催陈老熟的问题，黄酒行业中使用了多种方法，但效果并不明显。

其实黄酒中的有机酸本身就是很好的老熟催化剂，而乳酸更特别，从乳酸的分子结构来看，其水溶性、醇溶性、酯溶性更好，在酒体中是与酒中的香与味成分的纽带和连接剂，形成胶体，能有效地缓解酒中的酯类水解，促进酒体稳定，同时也有利于新酒的老熟，改善酒体中各风味物质的融合程度，增加酒体香气的复合性，显出乳酸稳定老熟剂的作用。

2. 乳酸乙酯在黄酒风味中的作用与地位

（1）乳酸乙酯的性状与特征

乳酸乙酯为无色挥发性液体，具有特殊的朗姆酒、水果和奶油香气。沸点154℃，闪点46℃。混溶于水、醇类、酮类、醚类和油脂。

（2）增加黄酒的醇甜感

乳酸乙酯的风味特征是香味弱、味微甜，适量的乳酸乙酯有醇厚感。

黄酒中含有较多的乳酸乙酯，可以增加酒体的协调性和醇甜感，同时，还可以增加黄酒酒体的醇和度。

（3）延长黄酒余味，丰富味感

乳酸乙酯由于它的分子构成，与乙醇、酯类、水都具有较好的互溶性，这一性状决定了它是一种不挥发性酯类，其总酯规律是乳酸乙酯＞乙酸乙酯＞丁二酸二乙酯＞甲酸乙酯。

正是由于含量高及恰当的含量与比例，能延长酒体丰富的味感，协调香气，增加余味。

（4）增加黄酒的香气和柔和温润

乳酸乙酯在酒体中与各成分的分子间形成胶体溶液，具有较柔和的味觉，其以适当的比例和含量存在于酒体中，能减轻酒体的刺激感，而且还能更好地体现黄酒的柔和温润及香气的醇和度。

第四节　黄酒酵母菌种的保藏、扩培、制作与生产性状

黄酒酵母生产性状关系到黄酒正常发酵与产品质量的稳定问题。保持黄酒酵母的良好性状应注意菌种保藏、酵母扩培、酒母制作等。菌种保藏以液体石蜡保藏法最为经济方便；酵母扩培尽量减少转接代数；酒母制备要做到以酸抑酸，这对黄酒质量的影响最大。

黄酒酵母菌是黄酒发酵的灵魂和命脉，黄酒质量的好坏与黄酒酵母菌的质量有着密切关系。酵母菌种生产性状的稳定性是保证黄酒正常生产的关键因素。

为了保持黄酒酵母良好的生产性状，应做好菌种保藏、酵母扩培、酒母制作三个主要环节的工作。会稽山公司高永强、徐大新就保藏、扩培、制作三个环节研究黄酒酵母的生产性状，作过详尽的叙述；另外专家对黄酒菌种的退化现象及原因作过专项课题；上述都值得黄酒行业的同行共同探讨。

一、菌种保藏

1. 菌种保藏方法

菌种保藏是根据菌种的生理、生化特性，创造条件使菌种的代谢活动处于不活泼的状态。菌种保藏条件应是低温、干燥和无氧。目的是保持酵母菌种长期存活、不衰老、不退化、不变异。

（1）斜面低温保藏法

利用低温对菌种的新陈代谢活动能力的抑制作用，当菌体生长丰满以后放在4℃冰箱中冷保藏，一般 3～6 个月移接一次。在保存期内要注意冰箱温度，不能波动太大，切忌保存在 0℃以下，否则培养基会结冰脱水，造成菌种性能的衰退和迅速死亡。该方法因移接次数多，菌种易退化、突变，而且污染的机会较多。所以，保存时间较短，菌种性状保持也不佳。

（2）石蜡保藏法

往培养成熟的菌种斜面上，倒上一层湿热杀菌后的石蜡油，用量要高出斜面1cm，然后直立保存在 4℃冰箱中。这种保藏方法，既可以防止培养基水分蒸发，又能使菌种与空气隔绝，达到无氧的保藏要求，适用于不能利用石蜡油作为碳源的酵母菌种。

利用石蜡油保藏法对黄酒酵母的保藏具有设备简单、操作方便、存活率高、变异少、菌种优良性能保持期较长的优点，故值得推广使用。

（3）真空冷冻干燥保藏法

此方法应具备低温、干燥、缺氧条件，可长时间防止酵母性状的退化。但是细胞存活率较低，且需要一定的设备，操作比较烦琐，故使用较少。

2. 菌种分离、纯化和选育

黄酒酵母和其它微生物一样，在长期的移接转管和保藏的过程中，因受到外界环境的影响而常常发生变异、混杂或衰老，造成菌种的退化。为了保证黄酒质量的稳定，需对黄酒酵母定期进行分离、纯化和复壮。

分离纯化采用稀释平板法，根据培养皿中菌落的生长情况，结合镜检，观察酵母的形态和出芽方式，测定菌落大小，选出典型的单菌落酵母菌株。

酵母的选育是通过做酵母的特性实验，用TTC法筛选出产酒精能力强的酵母。测定各酵母菌株的发酵力、死亡温度、耐酒精度，再以小样试验等选育优良的菌株。

3. 菌种选择

黄酒酵母不仅需要具备酒精发酵酵母的特性，而且要适应黄酒发酵的特性。所以选择的菌种应具备以下条件：

① 含有较强的酒化酶，发酵能力强，而且产酒迅速；

② 繁殖速度要快，应具备很强的增殖能力；

③ 耐酒精能力要强，可以在较高的酒精度发酵醪中进行发酵和长期生长、繁殖；

④ 耐酸能力也要强，对杂菌有较强的抵抗能力；

⑤ 耐温性能好，可以在较高或较低的温度下进行发酵和生长繁殖；

⑥ 发酵产生的酒应具备黄酒特有的香味；

⑦ 用于大罐发酵的酵母产生的泡沫要少。

生产上用的酵母菌种一般不能频繁更换。因为生产用菌株很大程度上反映和决定了一个黄酒品牌的品质和产品特色。倘若在生产中频繁更换菌种，不仅不利于菌种性状的保持，而且对产品质量稳定性的保持危害性很大。

二、酵母扩培

黄酒生产都选用优良的黄酒酵母菌种，进行纯种扩大培养，过程一般经过斜面试管培养、液体试管培养和三角瓶培养三个阶段。

1. 斜面试管培养

取12°Bx米曲汁或麦芽汁，用磷酸调节pH值至5.0左右，加入2%琼脂，加热熔化后分装于试管内，塞上棉塞，121℃湿热杀菌30min，放置成斜面，恒温空白培养3～5天。无菌条件下接种，置28℃恒温箱内培养2天完成。

2. 液体试管、三角瓶培养

取12°Bx米曲汁，用磷酸调节pH值至4.0～4.5，分装于试管和三角瓶内，塞上棉塞并用牛皮纸扎口，121℃湿热杀菌30min，冷却。无菌条件下，用接种环挑取斜面试管一环，接入液体试管内，置于28～30℃恒温培养箱内培养24h。然后再用液体试管培养液接入三角瓶内，接种比例为3%～5%左右，同样温度条件下培养24h。

3. 扩大培养需注意事项

（1）培养成分和培养条件

扩培中使用的培养基是酵母增殖的主要营养源，对保证酵母正常增殖、保持良好生产性状起着十分重要的作用。一般来说，米曲汁、麦芽汁中的碳源、氮源、无机盐和生长素等各种成分都非常丰富，完全能满足黄酒酵母的需要；黄酒酵母的最适 pH 值为 $4.5 \sim 6.0$、最适温度为 $30 \sim 32℃$。

（2）移接时间的选择

在酵母的生长过程中，经历了缓慢期、对数生长期、稳定期和衰亡期几个生长时期，而移接的最佳时机是对数生长期，此时的酵母出芽率最低。移接过早，酵母生长缓慢，对抑制杂菌不利，而移接过迟，酵母则容易衰老、自溶。

（3）无菌操作

试管、三角瓶、培养基都应严格灭菌，接种操作应在无菌情况下进行，各种仪器、设备使用前后，必须清洗干净、不留残物，并经常消毒杀菌。严格执行工艺卫生制度。

（4）转接代数

原则是尽量减少转接代数，以利于酵母性状的稳定。

三、酒母制备

酒母，原意为"制酒之母"。黄酒是一种含酒精的发酵原酒，需要大量酵母的发酵作用，酵母的数量和质量对于黄酒的酿造显得特别重要。掌握酵母菌的生长特性，创造一定的环境条件，通过逐步的繁殖、培养，生产上称为酒母的制备。酒母质量的好坏，对黄酒发酵和酒的质量影响极大。

在制作酒母的过程中，必须严格控制醪液的 pH 值，保持在 $3.8 \sim 4.2$。这是因为酸度对细菌生长有着明显的抑制作用，当 pH 值在 $3.8 \sim 4.2$ 范围内时，才可能使酵母在一种没有杂菌的条件下进行生长繁殖和发酵。

1. 酒母的生产工艺流程

大米→浸米→蒸饭→落罐→开耙发酵→成熟→成品

原料：水、块曲、纯种曲、菌种。

2. 操作要点

① 浸米　一般将大米浸泡 $4 \sim 6$ 天，米浆水酸度达到 $10g/L$ 以上。实际操作根据糯米的性质、气温及水温等具体情况而定。

② 蒸饭　将浸好的米捞起装入蒸桶，沥干，将米面扫平，通入蒸汽。要求蒸好的米饭熟而不烂。

③ 落罐　将蒸好的饭用鼓风机适当降温，使饭、水、块曲、纯种曲、菌种按一定比例混合进入酒母罐。同时用米浆水或乳酸调节醪液 pH 值为 $3.8 \sim 4.2$。控制醪温为 $27 \sim 28.5℃$，搅拌均匀后加盖。

④ 开耙发酵　一般经过 $14 \sim 15h$ 的自然发酵。可以发现醪液品温达到 $28 \sim$

31℃，这时需要"开头耙"，以降低品温。以后根据发酵情况，每隔 2～4h 开耙一次。

⑤ 根据酒母发酵情况，最后开冷却水降温。一般从落罐后经 48h 培养成为成品。

总之，机械化黄酒具有无可比拟的先天优势，代表了黄酒发展的方向。从自然培养微生物发酵到纯粹培养微生物发酵是科技进步的必然产物。我们可以通过混合菌种发酵来改善黄酒风味，采用混合菌种发酵，不但可以改善黄酒的风味，而且还达到了取长补短、克服单一菌种性能不足的目的。

四、黄酒菌种的退化现象及原因

近年来，我国加大了对黄酒生产工艺的研究，已经研究出很多用来提高黄酒品质的好菌种，并且已经在黄酒的生产实践中得到了验证。但是，由于黄酒中的酒精含量超低，在酿造过程中很容易感染细菌而发生酸败现象，这个问题一直困扰着生产厂家。

一般黄酒菌种会突然或逐渐丧失原有的生活力和丰产性能，主要表现为菌丝生长速度减缓，如经常注意选种育种，减少转接次数，改善保藏条件，可以有效地克服菌种的退化。

目前，国内在研制黄酒优良菌种的退化现象及原因方面仍需进一步探索，对黄酒风味的改善也需要更深一步的研究。

1. 菌种的退化现象

随着菌种保藏时间的延长或菌种的多次转接传代，黄酒菌种本身所具有的优良的遗传性状可能得到延续，也可能发生变异。变异有正变（自发突变）和负变两种，其中负变即菌株生产性状的劣化或有些遗传标记的丢失均称为菌种的退化。但是在生产实践中，必须将由于培养条件的改变导致菌种形态和生理上的变异与菌种退化区别开来。因为优良菌株的生产性状是和发酵工艺条件紧密相关的。如果培养条件发生变化，如培养基中缺乏某些元素，会导致产孢子数量减少，也会引起孢子颜色的改变；温度、pH 值的变化也会使发酵产量发生波动等。所有这些，只要条件恢复正常，菌种原有性能就能恢复正常，因此这些原因引起的菌种变化不能称为菌种退化。常见的菌种退化现象中，最易觉察到的是菌落形态、细胞形态和生理等多方面的改变，如菌落颜色的改变，畸形细胞的出现等；菌株生长变得缓慢，产孢子越来越少直至产孢子能力丧失，例如放线菌、霉菌在斜面上多次传代后产生"光秃"现象等，从而造成生产上用孢子接种的困难；还有菌种的代谢活动，代谢产物的生产能力或其对寄主的寄生能力明显下降，例如黑曲霉糖化能力的下降，抗生素发酵单位的减少，枯草杆菌产淀粉酶能力的衰退等。所有这些都对发酵生产不利。因此，为了使菌种的优良性状持久延续下去，必须做好菌种的复壮工作。即在各菌种的优良性状没有退化之前，定期进行纯种分离和性能测定。

2. 菌种退化的原因

菌种退化的主要原因是有关基因的负突变。当控制产量的基因发生负突变，就会引起产量下降；当控制孢子生成的基因发生负突变，则使菌种产孢子性能下降。一般而言，菌种的退化是一个从量变到质变的逐步演变过程。开始时，在群体中只有个别细胞发生负突变，这时如不及时发现并采用有效措施而一味移种传代，就会造成群体中负突变个体的比例逐渐增高，最后占优势，从而使整个群体表现出严重的退化现象。因此，突变在数量上的表现依赖于传代，即菌株处于一定条件下，群体多次繁殖，可使退化细胞在数量上逐渐占优势，于是退化性状的表现就更加明显，逐渐成为一株退化了的菌体。同时，对某一菌株的特定基因来讲，突变频率比较低，因此群体中个体发生生产性能的突变不是很容易，但就一个经常处于旺盛生长状态的细胞而言，发生突变的概率比处于休眠状态的细胞大得多，因此，细胞的代谢水平与基因突变关系密切，应设法控制细胞保藏的环境，使细胞处于休眠状态，从而减少菌种的退化。

第五节 机械化黄酒米曲霉菌种的培养与作用举例

黄酒是世界上最古老的酒种，其独特的发酵工艺在世界酿酒工艺中独树一帜，加上悠久的历史底蕴，被誉为"天下一绝"。

黄酒自古以来就有"欲酿酒必先制曲"的说法。绍兴酒酿造中更是把曲形象地称为"酒之骨"。可见曲对酒质具有极其重要的作用。

曲的主要作用有三个方面：一是为酒母和醪提供酶源，使原料中的淀粉、蛋白质和脂肪等溶出和分解；二是在曲菌繁殖和产酶的同时，产生葡萄糖、氨基酸、维生素等成分，这是酵母的营养来源，并生成有机酸、高级醇及酯类成分；三是曲香及曲的其它成分作为酒的前体物质赋予酒以独特的风味。

一般认为，米曲霉菌种的培养条件对种曲质量是有一定影响的，本节以会稽山公司米曲霉菌种为培养对象，验证米曲霉菌种的培养条件与种曲产孢子数的关系。应用结果表明：米曲霉菌种的培养时间和加水量对种曲产孢子数影响最大。

如下以会稽山公司技术中心保藏的米曲霉为菌种，验证了培养条件与种曲产孢子数的关系，与黄酒同行共同探讨、学习。

一、材料和方法

1. 保藏的菌种

会稽山公司技术中心保藏的机械化黄酒酿造用米曲霉菌种，采用麸皮试管形式保藏。

2. 主要仪器

　　显微镜　JNO EC XS-212-201　上海医用光学仪器厂

　　血球计数板　XB-4-25　上海医用光学仪器厂

　　超净工作台　SB-JC-1A　上海博迅实业有限公司

　　湿热灭菌锅　YXQ-SG46-280SA　上海佳胜实验设备有限公司

　　霉菌培养箱　MJX-250B　Ⅰ型　上海博迅实业有限公司

二、培养基

　　① 分离培养基：蛋白胨 1.75g；琼脂粉 5g；可溶性淀粉 7.5g；水 250mL。

　　② 米曲汁斜面培养基：10°～12°Bx 米曲汁 500mL；琼脂 10g。

　　③ 麸皮试管培养基：采用麸皮为原料，加水 55%～60%，每支装入试管的 1/4，121℃灭菌 30min。

三、培养及分析方法

1. 米曲霉菌种的分离、纯化

　　培养所用菌种为上一年保藏的菌株，性能可能发生衰退，活性减弱，因而必须对其进行纯化复壮。使其保持较强的生长繁殖能力和较高的酶活力。采用透明圈法挑选性能优良的菌种，转接入米曲汁斜面试管，30℃恒温培养 4 天，待孢子浓密时，置 4℃冰箱中，备用。

2. 米曲霉种曲的培养及分析

　　将麸皮用 20 目筛过筛，筛去粉末。否则经蒸煮后会出现结块现象，造成培养时透气性不好。按培养设计进行配料，装入 500mL 三角瓶中，扎牛皮纸包口于湿热灭菌锅内 121℃灭菌 30min。取出后趁热摇散培养基，以防结块。自然冷却至室温。

　　取培养好的米曲汁斜面试管 1 支，无菌条件下接种到 500mL 三角瓶培养基中，充分摇匀。放入 30℃培养箱恒温培养，经 16～20h，麸皮上略长白色菌丝，根据生长情况每隔 4h 左右摇瓶一次，若干次后根据生长情况将麸皮平摊在瓶的底部。再经 10h 左右麸皮连接成饼状，要求能扣则扣瓶。轻扣轻放后继续培养。每隔 12h 复扣一次。至接种后取出进行分析。

　　分析方法：取干燥种曲 0.2g，用 100mL 无菌水稀释，充分振荡摇匀，取中间液层，用血球板记数法测其孢子数，每瓶重复两次。

四、测定结果与分析

1. 菌种的分离纯化

　　透明圈法是常用的菌种分离纯化方法。对米曲霉菌落的透明圈比值进行测定，结果见表 3-3。

　　由表 3-3 可以看出，当菌落稀释到 10^{-4}～10^{-7}，菌落彼此分离，为单孢子菌落。挑选透明圈比值较大的分离出的菌落为优质纯化菌落。

表 3-3　透明圈法测菌落直径值

稀释倍数	R/mm	r/mm	比值 R/r
10^{-4}	1.9	1.3	1.46
10^{-5}	1.9	1.3	1.46
10^{-6}	2.4	1.6	1.50
10^{-7}	2.3	1.5	1.53

注：透明圈比值＝透明圈直径 R(mm)/菌落直径 r(mm)。

将单孢子菌落转接于米曲汁斜面试管中，于 30℃恒温条件下培养 4 天，待孢子浓密时取出，置于 4℃冰箱中备用。

2. 加水量对种曲质量的影响

水是一切生物活动的载体，种曲培养过程中米曲霉需以体外吸收养分，而养分又必须先被水所溶解，在其生长过程中又需耗掉大量的水分。本实验设计含水量为 70%、75%、80%、85%、90%五个梯度，接种孢子后于 30℃恒温培养 72h。

一般可知，加水量对种曲质量有显著的影响，随着培养基料中加水量的增大，种曲产孢子数呈现先增大后下降的趋势。加水量为 80%～85%时，曲料比较松散，米曲霉生长旺盛，产孢子数为最高，是适宜的加水量。曲料中加水量过少（＜80%），曲料缺乏水分，米曲霉对原料利用不够充分，繁殖能力降低，因而产孢子数较少；但曲料中的水分过多（＞85%），曲料就会黏结成团块，引起局部散热困难，造成曲料温度不均匀，导致米曲霉生长不理想，从而影响种曲质量。

3. 培养时间对种曲质量的影响

种曲培养时间对种曲质量有影响，过筛的新鲜麸皮 80%左右的水充分拌匀，分装于 500mL 的三角瓶中，上棉塞包扎牛皮纸，0.1MPa 湿热杀菌 30min，趁热摇散瓶中热块，冷却后在无菌条件下接入试管斜面米曲霉孢子，充分摇匀。

随着培养时间的延长，米曲霉产孢子数呈增大趋势。在 72h 后孢子数趋向平稳。

五、黄酒种曲结果与分析论证

根据上述黄酒种曲培养过程中，培养基中的加水量和培养时间对种曲产孢子数的影响，确定在黄酒种曲生产过程中培养基含水量和培养时间对生产有很大的帮助。其余麸皮的质量等因素尚有待于进一步论证。

第六节　机制加饭酒发酵过程与微生物变化的举例

毛青钟对传统工艺加饭酒的发酵过程是糖化与多品种、高密度酵母和乳酸杆菌

（细菌）发酵协同作用的混合发酵并行的过程，即"三边发酵"理论作了规律性的研究；并通过对酵母菌总数、酵母形态、细菌总数、细菌形态、还原糖、总酸、挥发酸、酒精度、pH 值等理化和微生物指标的定期观察、检测研究及发酵结束部分微量成分的测定，并对细菌进行初步鉴定，得出乳酸杆菌是传统工艺加饭酒发酵醪细菌类中的优势菌群。

本节根据毛青钟等人的报告整理分析了"机制加饭酒发酵过程与微生物变化的举例"如下。

一、发酵过程与微生物变化规律测定

绍兴加饭酒是绍兴黄酒的最佳品种，生产量最大，是绍兴黄酒的代表，属半干型黄酒。由于加饭量增加，醪液浓度大，成品酒度和醇厚度高，酒质特别醇厚。它色泽橙黄清澈，香气浓郁，滋味鲜爽醇厚，具有越陈越香，久藏不坏的特点。

为了全面了解传统加饭酒发酵过程中微生物的变化规律，通过对酵母菌总数、酵母形态、细菌总数、细菌形态、还原糖、总酸、挥发酸、酒精度和 pH 值等生化指标的定期观察、检测研究及发酵结束部分微量成分的测定，并对细菌进行初步鉴定，结果表明：乳酸杆菌是传统加饭酒醪细菌类中的优势菌群，传统加饭酒的发酵过程是糖化与多品种、高密度酵母和乳酸杆菌发酵协同作用的混合发酵并行的过程。

二、试验材料与分析仪器

（1）试验材料

① 选择正常的机制加饭酒发酵醪。麦芽、配培养基和理化分析用的试剂外购。

② 培养基：麦芽汁培养基、麦芽汁琼脂培养基、MRS 培养基、MRS 培养液是 MRS 培养基中不加琼脂经灭菌即得。

③ 气相色谱分析用标准样试剂：异戊醇、异丁醇、仲丁醇外购。

（2）主要仪器

无菌操作室、超净工作台、生化培养箱、光学显微镜、0.01g 电子天平、电子分析天平、恒温水浴箱、不锈钢手提式蒸汽灭菌器、岛津气相色谱仪 GC-14 系统（柱温 70℃，汽化，检测 200℃，进样量 0.5μm/L）、AT. LZP-930（18×0.53）白酒分析专用柱、国产精密 pH 试纸、计数板、分析用仪器等。

三、取样方法与理化分析

（1）机制加饭酒发酵醪取样方法

搅拌期搅拌后直接取样，后酵期罐上部搅匀后取样，发酵结束整罐搅匀后取样。取样后先测出总醪液体积，而后用一层纱布挤出，挤出后的滤液作为分析试样，并测定体积。需无菌操作，防止其它微生物的污染；取样工器具需灭菌。从 3天开始，微生物测定后，用澄清液进行理化测定。

（2）微生物计数

显微镜直接镜检观察酵母和细菌形态，稀释后计数板计数；用麦芽汁培养基检测酵母和用 MRS 培养基检测细菌（乳酸杆菌）。

（3）理化分析

醪液中酒精度测定按《黄酒 GB/T 13662—2008》，酵母数、杆菌数、总酸（以乳酸计）、糖度（还原糖以葡萄糖计）、挥发酸（以乙酸计）测定按参考文献，pH值用国产精密 pH 试纸快速测定；仲丁醇、异丁醇、异戊醇等微量成分的测定是用发酵醪液 100mL 加水 100mL 在蒸馏器上蒸馏出 100mL 蒸馏液，蒸馏液在气相色谱仪上测定值。

四、测定结果与分析论证

1. 测定结果

机制加饭酒发酵过程理化和微生物数量动态变化与酵母和细菌形态变化的测定结果：根据加饭发酵醪中微生物特殊性，用双氧水氧化酶法进行检测。初步鉴定结果：在加饭酒发酵过程中有大量的乳酸杆菌存在，乳酸杆菌在加饭发酵过程中的作用大，是机制加饭发酵醪的细菌类中的优势菌群，也有少量其它细菌存在。

2. 分析论证

（1）酵母和细菌（乳酸杆菌）

发酵醪中酵母数和细菌（乳酸杆菌）数与前几年有所不同；发酵醪中细菌的种类也增加不少，如单生、对生椭圆形杆菌，两端稍大的对生杆菌等以前是极少见或未见的，现今已有发现，这与环境大气候和原料、曲的改变有关。发酵醪中酵母菌和乳酸杆菌主要是从速酿酒母和生麦曲中接入，乳酸杆菌主要从生麦曲中接入，酵母菌和乳酸杆菌只有极少量从工器具和环境中接入，优良和有益乳酸杆菌种类比传统加饭发酵醪少，因此，机械化发酵醪不能长时间（40 天）以上进行发酵；发酵醪中酵母和乳酸杆菌（细菌）随着酒精度上升，酵母和乳酸杆菌（细菌）数量逐渐减少，形态也有所变化。酵母发酵产酒精；乳酸杆菌（细菌）发酵产乳酸等有机酸，发酵醪中乳酸主要是在发酵过程中由乳酸杆菌发酵产生，它们同时保障发酵的顺利进行。

而从曲中加入的大量芽孢杆菌的芽孢，发酵醪的低 pH 值、乳酸杆菌及乳酸杆菌素、累积的酒精抑制，只能使其不萌发，而不能致其死亡，发酵醪中芽孢杆菌的芽孢大量存在；发酵醪的其它细菌（非乳酸杆菌）也有少量存在，它们受到低 pH 值、乳酸杆菌及乳酸杆菌素、累积的酒精抑制，生长少，产酸小。

（2）霉菌

发酵醪中的霉菌（根霉、犁头霉、毛霉、米曲霉等）由于受低 pH 值 4.0 以下、快速上升的酒精、乳酸杆菌素等的抑制作用，霉菌孢子不能萌发，并对发酵醪上面的饭层进行镜检，也没发现有霉菌菌丝存在。因此，发酵醪中霉菌主要以孢子形式存在。

（3）理化指标的变化

从加饭酒发酵过程可知，酒精度增加快，而且在搅拌期增加很快；总酸也是逐渐上升，但上升幅度小；还原糖减少快，在搅拌期减少很快；挥发酸变化不确定。一般微量成分随着发酵的推进，高级醇（异戊醇、异丁醇、仲丁醇等）是逐渐增加的。

（4）酵母和细菌（乳酸杆菌）的形态

随着发酵的推进，酵母个体逐渐变小，不规则形增加，个体大小不均匀增加，细胞不清晰。细菌（乳酸杆菌）个体变细，长的增加，种类减少，不耐高酒度的被淘汰，发酵醪中杆菌（乳酸杆菌）都不运动。机械化黄酒生产中的发酵醪中正常有益乳酸杆菌种类在2～3种左右，形态为：单生、对生连接，八字形连接少或未见，短链状，细而短的直杆菌，不运动。比传统工艺加饭酒发酵醪中少。

（5）对不同车间、不同罐的检测

由于受到气温、操作手法等因素的影响，不同车间、不同批次、不同罐发酵醪的理化和微生物测定值有所不同，因此，需对不同时期（前期、中期、后期）、不同批次、不同罐等不同的发酵醪进行全面检测研究，以更加全面揭示发酵机理。

五、发酵过程变化与作用验证

1. 发酵过程变化论述

① 机制加饭酒的发酵过程是以曲的糖化和多品种、高密度的酵母和乳酸杆菌（细菌）协同作用的混合发酵并行的过程［即：边糖化与边酵母发酵、边乳酸杆菌（细菌）发酵同时协同进行的三边发酵］；乳酸杆菌（细菌）也能直接糖化、液化部分淀粉为多糖等功能性物质和非功能性物质；细菌对加饭酒风味的贡献程度大。

② 机制加饭酒发酵过程也具有绍兴酒发酵醪的所有特点：开放式发酵；糖化、分解与发酵并行［即边糖化与边酵母发酵、边乳酸杆菌（细菌）发酵同时进行的三边发酵］；多品种酵母发酵产酒精与多品种乳酸杆菌（细菌）发酵产有机酸的混合发酵；前期发酵温度较高；酒醪的高浓度；后期的较低温、较长时间发酵；是不同种类的酵母、乳酸杆菌（细菌）消长的过程；是高密度酵母数和高密度乳酸杆菌（细菌）数的共存；是酵母和乳酸杆菌（细菌）的协同发酵作用；是自身微生物系的变化和产物来保障发酵的正常进行和顺利完成的过程；生成高浓度酒精；风味前体物质的继续发酵。

③ 机制加饭酒的发酵醪中正常有益乳酸杆菌种类在2～3种左右，形态为：单生、对生连接，八字形连接少或未见，短链状，细而短的直杆菌，不运动。比传统工艺发酵醪中种类少。

④ 随着发酵的推进，发酵醪中高级醇（异戊醇、异丁醇、仲丁醇等）是逐渐增加的。

2. 检测方法与鉴定

① 用于检测加饭酒发酵醪中微生物的培养基和抑制剂的检测设备、方法有待

于进一步研究，以便快速检测加饭酒醪中的微生物。加饭酒醪中乳酸杆菌（细菌）的详细种类有待于进一步鉴定。

② 黄酒发酵醪（不论是传统黄酒发酵醪，还是大罐黄酒发酵醪）中微生物（酵母、细菌、霉菌等）的检测有一定难度，麦曲中有大量的霉菌孢子和细菌芽孢一并加入发酵醪中，由于黄酒发酵醪只能致部分霉菌孢子死亡和少量细菌芽孢死亡，而部分霉菌孢子和大部分细菌芽孢都有活性，我们用培养基检测发酵醪微生物时，在培养基中生长的是发酵醪中的菌体，还是从曲中带入的霉菌孢子和细菌芽孢，无法区分；黄酒发酵醪（不论是传统黄酒发酵醪，还是大罐黄酒发酵醪）中有一部分乳酸杆菌不能在 MRS 和改良 MRS 等培养基上生长，但用另外的方法检测到了，检测黄酒发酵醪中乳酸杆菌的培养基需进一步确定检测方法。

第七节　典型的新曲酿造机制黄酒成果的举例

黄酒，作为世界三大古酒之一，因其所含营养成分居各酒种之首而日益受到广大消费者的青睐。然而，其传统的生产方式却在一定程度上制约了黄酒业的发展。绍兴黄酒企业早在十几年前就已经意识到这一问题，他们在研制优良菌种、寻找酒醪成熟关键指标等方面，做了大量应用工作，并大力改进生产方式，已取得了较好的效果。

《华夏酒报》报道过胡周祥、谢广发的文章，对新曲酿造机制黄酒的完善，主要是采取优良糖化、发酵剂。部分或全部采用纯粹培养麦曲和采用纯粹培养酒母作为糖化发酵剂，保证糖化发酵的正常进行，缩短了发酵周期，且防止酸败。

一、酒母

传统酿制黄酒，采用自然培养的淋饭酒母发酵。淋饭酒母的优点是含有多种酵母菌，由于多种酵母菌的代谢产物丰富，有利于酒的香气和口感。但淋饭酒母无法满足机械化黄酒生产要求，机械化黄酒生产改用纯粹培养的酒母。由于菌种单一，影响了酒的风味。我们采用从淋饭酒母中筛选出的 2 株酵母菌混合培养的酒母进行生产酿酒试验，酿成的酒经多名国家级黄酒评酒委员品评，认为口感比淋饭酒母酿成的酒协调、舒愉、鲜爽，后口苦味较轻，评分高于淋饭酒母酿成的酒。因此，我们认为完全可以通过混合菌种发酵来解决。但是试验的 3 个组合中的另外 2 个组合的得分低于淋饭酒母酿成的酒，说明并不是只要采用混菌发酵就能达到改善风味的作用，需要酵母菌种酿酒性能优良，菌种组合得当。采用混合菌种发酵不但可以改善黄酒风味，而且可以达到取长补短、克服单一菌种性能不足的目的。葡萄酒行业已普遍使用活性干酵母，绍兴黄酒是否可以将优良菌种制成活性干酵母使用，也是今后研究的课题。

二、麦曲

传统绍兴黄酒酿造的糖化剂为自然培养的生麦曲。生麦曲中含有多种微生物，酶系丰富，它们协同作用的代谢产物赋予黄酒独特的风味，它的缺点是需要在夏末秋初季节统一制作，需要很大的制曲储曲场地，工人高温作业且劳动强度大，酶活力较低，质量不稳定。自然培养生麦曲难以满足机械化黄酒生产的要求，需与纯粹培养的熟麦曲混合使用。熟麦曲采用通风培养法生产，控制便利，质量稳定，酶活力高，但熟麦曲由于菌种单一，酿制的黄酒口味较淡薄，香气较差，特别是由于以熟小麦制成，虽然酿酒时用量较少，仍会使黄酒产生一股特殊的风味，影响黄酒原有风格。为解决这一问题，我们从自然培养的生麦曲中筛选出优良糖化菌，以混合菌种通风培养法制备生麦曲应用于机械化黄酒酿造。以此新曲代替熟麦曲与自然培养的生麦曲混合使用，酿制机械化黄酒发酵正常，并由于酶活力高，前酵实现自动开耙，无需压缩空气开耙，酿成的酒风味质量明显提高，尤其是解决了原酿制机械化黄酒普遍存在的苦味问题。

三、新曲酿造机制黄酒成果

现国内采用的新曲酿造机制黄酒项目，至今已应用了10多年。该成果获省科技进步奖，并列入绍兴市科技成果推广项目计划。

经多名国家级黄酒评酒委员品评，认为风味优于以自然培养的生麦曲添加部分熟麦曲和全部以自然培养的生麦曲酿造机制黄酒。此外，国内还试验全部采用新曲造机制黄酒，并使用曲量减少19％。试验结果表明，以新曲代替生麦曲和熟麦曲用于机械化黄酒酿造也是完全可行的。由于纯粹培养的麦曲酶活力高，适当减小麦曲用量，以适应消费者风味爱好的变化，也是值得尝试的。

对于生麦曲和熟麦曲用于机械化黄酒酿造内容我们将在第六章中介绍。

第四章
黄酒制曲与制酒母生产工艺

虽然中国人民与曲蘖打了几千年的交道，知道酿酒一定要加入酒曲，但一直不知道曲蘖的本质所在。直到通过现代科学才解开其中的奥秘。酿酒加曲，是因为酒曲上生长有大量的微生物，还有微生物所分泌的酶（淀粉酶、糖化酶和蛋白酶等），酶具有生物催化作用，可以加速将谷物中的淀粉、蛋白质等转变成糖、氨基酸。糖分在酵母菌的酶的作用下，分解成乙醇，即酒精。蘖也含有许多这样的酶，具有糖化作用。可以将蘖本身的淀粉转变成糖分，在酵母菌的作用下再转变成乙醇。同时，酒曲本身含有淀粉和蛋白质等，也是酿酒原料。

酒曲酿酒是中国酿酒的精华所在。酒曲中所生长的微生物主要是霉菌。对霉菌的利用是中国人的一大发明创造。日本有位著名的微生物学家坂口谨一郎教授认为这甚至可与中国古代的四大发明相媲美，这显然是从生物工程技术在当今科学技术中的重要地位推断出来的。随着时代的发展，我国古代人民所创立的方法将日益显示其重要的作用。

纵观世界各国用谷物原料酿酒的历史，可发现有两大类：一类是以谷物发芽的方式，利用谷物发芽时产生的酶将原料本身糖化成糖分，再用酵母菌将糖分转变成酒精；另一类是用发霉的谷物，制成酒曲，用酒曲中所含的酶制剂将谷物原料糖化发酵成酒。从有文字记载以来，中国的酒绝大多数是用酒曲酿造的，而且中国的酒曲法酿酒对于周边国家，如日本、越南和泰国等都有较大的影响。因此在讲述中国黄酒制曲与制酒母生产工艺之前，有必要对中国的酒曲作一个较详细的了解。

第一节　酒曲酿酒概述

在经过强烈蒸煮的白米中，移入曲霉的分生孢子，然后保温，米粒上即茂盛地生长出菌丝，此即酒曲。在曲霉的淀粉酶的强力作用下糖化米的淀粉，因此，自古以来就把它和麦芽同时作为糖的原料，用来制造酒、甜酒和豆酱等。用麦类代替米者称麦曲。

一、酒曲的起源

1. 酒曲的演变

酒曲的起源已不可考，关于酒曲的最早文字可能就是周朝著作《书经·说命篇》中的"若作酒醴，尔惟曲糵"。从科学原理加以分析，酒曲实际上是从发霉的谷物演变来的。

酒曲的生产技术在北魏时代的《齐民要术》中第一次得到全面总结，在宋代已达到极高的水平。主要表现在：酒曲品种齐全，工艺技术完善，酒曲尤其是南方的小曲糖化发酵力都很高。现代酒曲仍广泛用于黄酒、白酒等的酿造。在生产技术上，由于对微生物及酿酒理论知识的掌握，酒曲的发展跃上了一个新台阶。

原始的酒曲是发霉或发芽的谷物，人们加以改良，就制成了适于酿酒的酒曲。由于所采用的原料及制作方法不同，生产地区的自然条件有异，酒曲的品种丰富多彩。大致在宋代，中国酒曲的种类和制造技术基本上定型。后世在此基础上还有一些改进。

2. 原始的酒曲

中国最原始的糖化发酵剂可能有几种形式：即曲、糵、或曲糵共存的混合物。

在原始社会时，谷物因保藏不当，受潮后会发霉或发芽，发霉或发芽的谷物就可以发酵成酒。因此，这些发霉或发芽的谷物就是最原始的酒曲，也是发酵原料。

可能在一段时期内，发霉的谷物和发芽的谷物是不加区别的，但曲和糵起码在商代是有严格区别的。因为发芽的谷物和发霉的谷物外观不同，作用也不同，人们很容易分别按照不同的方法加以制造，于是，在远古便有了两种可以用来酿酒的东西。发霉的谷物称为曲，发芽的谷物称为糵。

（1）散曲到块曲

从制曲技术的角度来考察，中国最原始的曲形状应是散曲，而不是块曲。

散曲，即呈松散状态的酒曲，是用被磨碎或压碎的谷物，在一定的温度、空气湿度和水分含量情况下，微生物（主要是霉菌）生长其上而制成的。散曲在中国几千年的制曲史上一直都沿用下来。例如古代的黄子曲、米曲（尤其是红曲）。

块曲，顾名思义是具有一定形状的酒曲，其制法是将原料（如面粉）加入适量的水，揉匀后，填入一个模具中，压紧，使其形状固定，然后再在一定的温度、水分和湿度情况下培养微生物。

东汉成书的《说文解字》中有几个字，都注释为"饼曲"。东汉的《四民月令》中还记载了块曲的制法，这说明在东汉时期，成型的块曲已非常普遍。

到北魏时代，以《齐民要术》中的制曲、制糵技术为代表，中国的酒曲无论从品种上，还是从技术上，都达到了较为成熟的境地。主要体现在：确立了块曲（包括南方的米曲）的主导地位；酒曲种类增加；酒曲的糖化发酵能力大大提高。中国的酒曲制造技术开始向邻国传播。散曲和块曲不仅仅体现了曲的外观区别，更主要的是体现在酒曲的糖化发酵性能上的差异。其根本原因在于酒曲中所繁殖的微生物的种类和数量上的差异。

（2）制曲技术

从制曲技术上来说，块曲的制造技术比较复杂，工序较长，而且制曲过程中还要花费大量的人力。酿酒前，还必须将块状的酒曲打碎。古人为何多此一举，其中的道理是块曲的性能优于散曲。从原理上看，中国酒曲上所生长的微生物主要是霉菌，有的霉菌菌丝很长，可以在原料上相互缠结，松散的制曲原料可以自然形成块状。酒曲上的微生物种类很多，如细菌、酵母菌、霉菌。这些不同的微生物的相对数量分布在酒曲的不同部位的分布情况也不同。有专家认为，酿酒性能较好的根霉菌在块曲中能生存并繁殖，这种菌对于提高酒精浓度有很重要的作用。块曲的使用更适于复式发酵法（即在糖化的同时，将糖化所生成的糖分转化成酒精）的工艺。

（3）西汉的饼曲

西汉的饼曲，只是块曲的原始形式。其制作也可能是用手捏成的。到了北魏时期，块曲的制造便有了专门的曲模，《齐民要术》中称为范，有铁制的圆形范，有木制的长方体范，其大小也有所不同。如《齐民要术》中的神曲是用手团成的，直径2.5寸，厚9分的圆形块曲，还有一种被称为笨曲的则是用1尺见方，厚2寸的木制曲模，用脚踏成。当时块曲仅在地面放置一层，而不是像唐代文献中所记载的那样数层堆叠。使用曲模，不仅可以减轻劳动强度，提高工作效率，更为重要的是可以统一曲的外形尺寸，所制成的酒曲的质量较为均一。采用长方体的曲模又比圆形的曲模要好，曲的堆积更节省空间，更为后来的曲块在曲室中的层层叠置培菌奠定了基础。用脚踏曲，一方面是减轻劳动强度，更重要的是曲被踏得更为紧密，减少块曲的破碎。总之，从散曲发展到饼曲，从圆形的块曲发展到方形的块曲，都是人们不断总结经验、择优汰劣的结果，都是为了更符合制曲的客观规律。

二、酒曲种类

1. 酒曲的分类体系

按制曲原料来分主要有小麦和稻米，故分别称为麦曲和米曲。用稻米制的曲，种类也很多，如用米粉制成的小曲，用蒸熟的米饭制成的红曲或乌衣红曲，米曲（米曲霉）。

按原料是否熟化处理可分为生麦曲和熟麦曲。

按曲中的添加物来分，又有很多种类，如加入中草药的称为药曲，加入豆类原料的称为豆曲（豌豆、绿豆等）。

按曲的形体可分为大曲（草包曲、砖曲、挂曲）和小曲（饼曲），散曲。

按酒曲中微生物的来源，分为传统酒曲（微生物的天然接种）和纯种酒曲（如米曲霉接种的米曲，根霉菌接种的根霉曲，黑曲霉接种的酒曲）。

2. 酒曲的分类

现代大致将酒曲分为五大类，分别用于不同的酒。它们是：

麦曲，主要用于黄酒的酿造。

小曲，主要用于黄酒和小曲白酒的酿造。

红曲，主要用于红曲酒的酿造（红曲酒是黄酒的一个品种）。

大曲，用于蒸馏酒的酿造。

麸曲，这是现代才发展起来的，用纯种霉菌接种以麸皮为原料的培养物，可用于代替部分大曲或小曲。目前麸曲法白酒是我国白酒生产的主要操作法之一。其白酒产量占总产量的70％以上（注：大曲及麸曲一般酿造以白酒为主体的，以下作简单的介绍）。

三、麦曲制造技术的发展过程

汉代以来，麦曲一直是北方酿酒的主要酒曲品种，后来传播到南方。《齐民要术》中所记载的制曲方法一直沿用至今，后世也有少量的改进。

1. 古代的九例酒曲制法

在《齐民要术》中共有九例酒曲制法的详细记载。其中八种是麦曲，有一种是用谷子（粟）制成的。从制作技术及应用上分为神曲、白醪曲、笨曲三大类。其中神曲的糖化发酵力最高。

（1）三斛麦曲制造工艺流程（神曲类）

见图4-1。

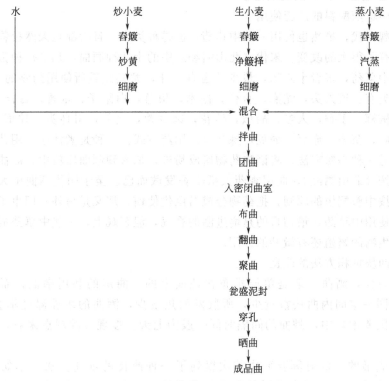

图4-1　制曲工艺流程图

小麦

炒黄

簸择

磨

水 → 溲曲(刚)

聚

作曲(方范)

刺孔

培菌(罨)

曝干

储藏

图 4-2　制曲工艺
流程图

（2）秦州春酒曲（笨曲类）的制作工艺流程

见图 4-2。

麦曲是我国酿酒工业上用得较为普遍，以小麦为原料，破碎后加水成型，经培养而成的一种多菌种复合糖化发酵剂。麦曲主要含有米曲霉、黄曲霉、根霉、毛霉和少量酵母、细菌等，麦曲在黄酒酿造中主要起糖化和产香增色作用，使黄酒具特殊的曲香和醇厚的酒味。依据麦曲的制作方法不同，又分为踏曲、挂曲、草色曲、爆麦曲和纯种生麦曲、纯种熟麦曲等。黄酒生产中也用到麦曲。

在《齐民要术》中神曲和笨曲的糖化发酵能力有很大的差别。曲的用量占酿酒原料的 2.5%～3.3%，笨曲为 15% 左右。神曲用量这样少，在历史上也是罕见的，因为即使在现代，黄酒酿造时，麦曲的用量也在 8%～10% 左右。只有小曲的用量才可能这样低。这说明《齐民要术》中所记载的神曲，曲中的根霉菌和酵母菌较丰富。作为麦曲来说，用曲量如此少，有许多其它原因，如曲的形体较小，制曲原料磨得较细，培养温度也较低。

2. 中草药促进麦曲技术的发展过程

（1）中草药配料的广泛使用

在北魏时代，虽然也使用一些中草药，但是种类少，且大都是天然植物。宋代的酒曲则有了很大的改变。宋代《北山酒经》中的十几种酒曲，几乎每种都加了为数不等的中草药，多者十六味，最少的也有一味，尤其注重所使用药物的芳香性。用药的种类有：道人头，蛇麻，杏仁，白术，川芎，白附子，木香，官桂，防风，天南星，槟榔，丁香，人参，胡椒，桂花，肉豆蔻，生姜，川乌头，甘草，地黄，苍耳，桑叶，茯苓，赤豆，绿豆，辣蓼等。用药方式：一种是煮汁法，用药汁拌制曲原料；另一种是粉末法，将诸味药物研成粉末，加入到制曲原料中。酒曲中用药的目的，按《北山酒经》，曲用香药大抵辛香发散而已。至于明代酒曲中大量加中成药，并按中医配伍的原则，把药物分成君臣佐使信，那又是另外一回事了。古人在酒曲中使用中草药，最初目的是增进酒的香气，但客观上，一些中草药成分对酒曲中的微生物的繁殖还有微妙的作用。

（2）曲块堆积方法的改良

北魏时代，酒曲一般是单层排布在地面上的，曲房的利用率低，而且客观上，由于同一空间内曲块数量少，所散发的热量少，酒曲的培养温度不会很高，故在《齐民要术》中，翻曲的间隔时间一般为七天。按现代的观点来看，应属于中温曲。

唐末成书的《四时纂要》中首次提到了一种改良的堆曲方法，不妨称之为品字形堆曲法，即原书中所说的竖曲如隔子眼。显然，采用这种堆曲法，在同一空间内所堆的曲块数量有明显增加。同一空间内，曲块数量增加，则散发的热量和水分都会大量增加，使密闭的空间内温度和湿度上升的速度加快，酒曲中微生物的生态环境也就随之发生变化，进而影响微生物的种类及其数量。从原理上来推测，高温曲的形成就具备了条件。高温曲对酒的风味会产生显著的作用。

宋代后，块曲的种类越来越多，出现了挂曲、草包曲等。这些曲至今仍在一些名酒厂使用。现代以来，对机械化制曲也进行过实验。传统酒曲技术中的精华得以保留，发展了纯种制曲。从酒曲中分离到大量的微生物，经过挑选，将优良的微生物接入培养基中，使酒曲的用量进一步降低，酒质得到提高。

四、小曲制造技术的发展过程

除了北方的麦曲外，最迟在晋代南方已出现了团状的米曲。晋人嵇含在《南方草木状》中记载了南方的草曲，也即米曲，这是关于南方米曲的最早记载。

小曲一般是南方所特有，从晋代第一次在文献中出现以来，名称繁多，宋代《北山酒经》中共有四例。其制法大同小异：采用糯米或粳米为原料，先浸泡蓼叶或蛇麻花，或绞取汁。取其汁拌米粉，揉团。

因此，小曲也称酒药、白药、酒饼等，是用米粉或米糠为原料，添加少量中药材或辣蓼草，接种曲母，人工控制培养温度而制成。因为颗粒小，习惯上称它为小曲。小曲中主要含有根霉、毛霉、酵母等微生物。其中根霉的糖化能力很强，并具有一定的酒化酶活性，它常作为小曲白酒和黄酒的糖化发酵剂，例如生产小曲白酒用的邛崃米曲、广东酒饼等都是优良的黄酒酿造用小曲品种。由于小曲制作方法代代相传，小曲中的微生物经过反复的筛选，使小曲得以保持优良的品质。

在小曲制作过程中，以往还常添加一些中药材，目的是促进酿酒微生物的生长繁殖，并增加酒的香味，但经研究为了节约成本，防止盲目使用中药材。目前已减少甚至不加中药材，制成无药小曲（无药糠曲），同样获得满意的效果。

用小曲酿造的白酒酒味醇净、香气幽雅、风格独特。由于小曲白酒以米为原料，发酵过程中所形成的乳酸乙酯、乙酸乙酯、β-苯乙醇等是它的主体香味物质，决定了小曲白酒的典型风格，桂林三花酒、广西湘山酒、广东长乐烧等都是小曲白酒中的上品，董酒也部分采用小曲酿造。

同时，人们还常利用小曲来酿制营养丰富的黄酒或制备绍兴酒的淋饭酒母，以及生产甜型、半甜型的封缸酒、香雪酒、沉缸酒等，依靠根霉所含的糖化型淀粉酶作用，可使甜型黄酒的葡萄糖含量达到20％以上。

1. 传统小曲的生产与制法

原料组成：陈酒药、水、米粉等。辣蓼草末→拌料→打实→切块→滚角→接种→入缸保温培养→入匾培养，换匾，并匾→装笼，出笼→晒干。

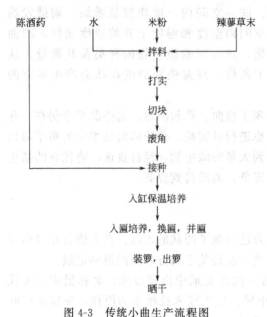

图 4-3　传统小曲生产流程图

传统小曲的生产流程见图 4-3。

2. 天然接种微生物的传统方式

传统的麦曲，完全采用天然接种微生物的方式。小曲的接种在宋代以前也不例外。但在《北山酒经》中则记载了一种人工接种的方式，即团成饼子，以旧曲末逐个为衣。也就是说把新制成的曲团在陈曲粉末上滚动一下，陈曲末便粘在新曲团的表面，陈曲末中有大量的根霉孢子，可以在曲团上迅速繁殖，形成生长优势。由于可以人为地选择质量较好的陈曲作为曲种，这就可以择优汰劣。通过年复一年的人工选育，自然淘汰，质量优越的曲种（实际上是微生物菌种）就保留下来了。而天然接种的酒曲，酒曲中微生物的来源主要是水源、原料本身、或者制曲场所及用具，性能优良的菌种无法代代相传，酒质也就无法恒定。

3. 小曲制造技术的发展方向

明清时期，小曲中加入种类繁多的中草药，成为这一时期的特点。明《天工开物》中说："其入诸般君臣与草药，少者数味，多者百味，则各土各法，亦不可殚述"。这种传统做法一直延续至现代。周恒刚先生在 1964 年搜集的四川邛崃的药曲配方中，有一例，其配方中用药达 72 味，合计 50 多千克，可配 1460kg 的原料（《糖化曲》，1964 年，中国财经出版社）。但小曲也有少加甚至不加药的。如明代的东阳酒曲中只加辣蓼。宁波白药也是如此。故明代以来，小曲向药小曲和无药小曲两个方向发展。

小曲中的微生物主要是根霉，据有关科技工作者分离鉴定，在分离到的 828 株毛霉科的霉菌中，其中根霉占 643 株。根霉不仅具有糖化作用，还含有酒化酶，故具有酒化作用。小曲中还有许多其它微生物，现代工业微生物从中得到不少有益的菌种，继续为人类做出贡献。

五、大曲制造技术的发展过程

元代以来，蒸馏烧酒开始普及，很大一部分麦曲用于烧酒的酿造。因而传统的麦曲中分化出一种大曲，虽然在原料上与黄酒用曲基本相同，但在制法上有一定的特点。到了近现代，大曲与黄酒所用的麦曲便成为两种不同类型的酒曲。明清时期，河南，淮安一带成了中国大曲的主要生产基地。

大曲是以小麦、大麦和豌豆等为原料，经破碎加水拌料压成砖块状的曲坯，在人工控制的温度、湿度下培养而成。大曲含有霉菌、酵母、细菌等多种微生物，是一种多菌的混合（酶）制剂，它所含微生物的种类和数量，受到制曲原料、制曲温度和环境等因素的影响。由于大曲含有多种微生物，所以在酿酒发酵过程中形成了种类繁多的代谢产物，组成了各种风味成分。目前，我国各种名白酒、优质白酒大都使用传统的大曲法酿造。

鉴于大曲酒生产用曲量大、发酵周期长、耗粮较多、劳动强度大等问题，所以人们致力于对大曲微生物的研究，探索制曲过程中微生物的消长和分布规律，寻找大曲与酒体风味之间的关系，试制纯种大曲和强化大曲并应用机械制曲来减轻劳动强度和改善工作条件。

一般大曲是从麦曲中分化出来的，故在古代酒的文献资料中大曲的概念并不明确，一般指曲的形体较大的麦曲。这里所说的大曲，是指专门用于蒸馏酒酿造所用的麦曲。大曲与黄酒所用的麦曲的主要区别在于制曲原料、曲型和培养温度三个方面。

1. 制曲原料

大曲的原料为豌豆、小麦和大麦。其配比也随各地而有所不同。豌豆在原料中占 30％～50％。因此豆类原料的广泛使用，对于大曲中的微生物种类、相对数量、曲香、酒香都具有重要的意义。

2. 曲型

大曲的形体较大。如《天工开物》所描述的当时淮郡所造的曲是打成砖片。这种曲型延续至今。

大曲的生产工艺流程如下：

小麦→润水→堆积→磨碎→加水拌和→装入曲模→踏曲→入制曲室培养→翻曲→堆曲→出曲→入库储藏→成品曲

砖块式的大曲，是由专门的制曲工人踏制的。踏曲是一项既辛苦又有趣的工作，颇有讲究。首先是其严密的组织形式及相互配合的工作方式，往往有一监工，由曲坊主人或有经验的人担任。制曲工人有严格的分工，有人专门量原料和水，有的专门拌料，有的专事搬运，曲面装入木模，由踏曲工踏实。踏曲工有十几人甚至数十人之多。每人规定踏几脚，如第一人连踏三脚，第二人接过去，同时翻一面，再踏三脚，第三人又接下去，最多时一块曲需经过 60 人的踏制。然后由专人取出木模，还有专门的人从事曲块边边角角部位的踏制，有人负责修曲，使曲块平滑。由数人搬至曲室。这样严密的踏曲组织系统，其目的是为了踏制高质量的块曲。踏曲最重要的是要使曲块紧密，一方面是为了减少曲块在搬运过程中破碎，更重要的是曲块的紧密程度直接或间接地影响酒曲中所繁殖的微生物。制块曲所用的曲模，采用砖形，这大概也是数百年的经验积累下来的，人们认为这是一种最佳的几何形状。前面说过，较原始的曲模较小，有圆形、扁方形，而长方体的砖形则是综合了各种因素之后所确定的最佳几何形状。这些因素大致包括：曲面的黏性，曲块水分的蒸发需要，散热的需要，踏制时的力量大小，曲块堆积的需要，搬运的需要。

3. 培养温度

曲块成型后，送入曲房，微生物菌体是由多种渠道自然接种的。在密闭的曲房内，微生物开始繁殖，并散发热量，温度的升高又加速水分的蒸发，使整个曲房内温度和湿度都上升。从培菌过程的操作来说，大曲与黄酒麦曲并无显著差异，翻曲、通风、堆曲等仍是必要的操作步骤。但关键的区别是培菌温度。大曲向高温曲方向变化。

大曲的培养温度可达50～60℃。各地的做法也有所不同。如民国时期唐山地区的培养温度为52℃，茅台酒的酒曲培菌温度可达60℃。翻曲的工人往往裸体进入曲房进行操作，也不免汗流浃背。

大曲向高温曲的方向发展，客观原因之一，可能是曲室内堆积的曲块数量增加，导致曲房内温度上升速度快，幅度大（前面已说过，这是由于品字形堆曲法的采用所造成的），明清时期，制曲成为一门手工业，曲坊专门从事酒曲生产，为尽量利用空间，曲房内的块曲数量有可能尽量增加。另外一个重要原因则是人们意识到高温曲所酿造的酒香气较好。其机理虽未完全阐明，但有一条是较为肯定的，即酒曲上生长的高温菌与低温菌的比例随培养温度而变，高温菌代谢产物对酒的香气成分具有一定的作用。

不同类型的大曲，培养时期的最高温度有所不同。大致有三种类型：中温曲、高温曲和超高温曲。中温曲以清香型白酒汾酒所用的大曲为代表，最高温度为50℃以下。其培养过程的特点是：制曲着重于曲的排列，曲房的窗户昼夜两封两启，温度则两起两落。控制热曲和凉曲温度较为严格，热凉升降幅度较大，小热大凉，适合于多数中温性微生物生长，以白色曲较多。中温曲的糖化力、液化力和发酵力最高。高温曲以浓香型白酒所用的大曲为代表。制曲时期最高温度大于50℃，制曲期间，以曲的堆积为主，覆盖严密，以保潮为主。培养期间温度的掌握主要靠翻曲来实现，只有当最高温度超过工艺要求的极限时，才进行翻曲，放潮降温。工艺特点为多热少凉。曲的糖化力、液化力和发酵力均不及中温曲。超高温曲以酱香型白酒所用大曲为代表。如茅台酒所用的大曲，制曲时着重于曲的堆积，覆盖严密，以保温保潮为主，每当曲温升至60～65℃时，才开始翻曲。超高温曲的糖化力、液化力和发酵力均最低。故曲的用量最大，茅台酒用曲，曲粮比高达11。

现代的白酒生产，优质酒和国家名酒都采用传统法制作的大曲。为减轻制曲工人的劳动强度，曾应用过机械化制曲。

六、麸曲制造技术的发展过程

麸曲以麸皮为主要原料，接种霉菌扩大培养而成，它主要应用于麸曲白酒的生产，作为糖化剂使用。利用麸曲代替大曲和小曲来生产白酒，是新中国成立后推行的一种新的生产方法，其主要优点是麸曲的糖化力强，原料淀粉利用率高达 80%以上，在节粮方面有显著的效果，麸曲法白酒发酵周期短，原料适用面广，易于实现机械化生产。目前，该法已逐步由固态法生产发展为液态法生产，并用液体曲或酶制剂取代麸曲的作用。

七、红曲生产技术的进展与发展过程

红曲，顾名思义，其色泽红艳，在古代除了用于酿酒外，还广泛用于食品色素、防腐剂。现代还发现红曲中有一些药用成分，如可用于治疗高血压、腹泻。

红曲是我国黄酒酿造的一种特殊曲种，它用大米为原料，经接种曲母培养而成。红曲主要含有红曲霉菌和酵母等微生物，具有糖化与发酵的双重作用。用红曲酿成的酒称为红曲酒，它具有色泽鲜艳，酒味醇厚的特点。因红曲霉菌能分泌红色素 （$C_{23}H_{24}O_5$） 及黄色素 （$C_{17}H_{24}O_4$），故也常用于腐乳、中药、食品等方面，红曲还具有一定的抗菌防腐能力。其中乌衣红曲是红曲霉、黑曲霉和酵母共生而制成的曲。黄衣红曲是红曲霉、黄曲霉和酵母共生而制成的曲。它们耐温抗酸，具有比红曲更强的糖化发酵力。在浙江、福建一带常用它来生产黄酒。

红曲的主产地历来在南方，尤其是浙江、福建、江西等省。又以福建的古田为最著名。红曲的品种又分为库曲、轻曲和色曲三大类。库曲的单位体积较重，多用于酒厂酿酒；轻曲体轻，一般用于酿酒或用作色素；色曲曲体最轻，色艳红，多用于食品的染色。

1. 红曲的由来

红曲在宋初有记载。但详细制法在元代及以后的文献中才得以见到。如元代的《居家必用事类全集》、明代的《本草纲目》、《天工开物》等。

2. 红曲的传统制法及技术进步

古代制红曲，必先造曲母。曲母实际上就是红酒糟。该红酒糟是用红曲酿成的。红曲相当于一级种子，红酒糟是二级种子。曲母的酿法与一般酿酒法相同。现代可以直接采用红曲粉或纯培养的红曲霉菌种接种。

3. 福建红曲传统制法技术

曲种（曲粉＋醋）
↓
洗米→蒸饭→摊饭→拌曲→入曲房培养→堆积→平摊→浸曲→堆积→翻拌→第一次喷水→第二次喷水→出曲→晒干→成品曲→包装

红曲所生长的微生物属于红曲霉菌，其种类很多。其生长特点是耐酸。从古代起，人们就掌握了这一规律，在接种时及培养过程中，加入醋酸或明矾水调节酸度。红曲培养的好坏与否，还与温度有关，故在培养过程中，堆积或摊开就是一种调节温度的方法（这和其它制曲时的方法相同）。培养过程中，湿度和水分含量更是非常关键的。水分太高或太低均不利，调节水分或湿度的方法有多种，如喷水或短时间的浸曲。红曲的培养过程是一个非常有趣的过程。开始时还是雪白的米饭，培养数天后，米饭粒上开始出现红色的斑点，随着培养时间的延续，米饭上的红斑点逐渐扩大，一般在 7 天左右，全部变红，如果继续培养，颜色会变成紫红色。

现代除了传统的制曲方法外，还发展了厚层通风法制红曲工艺和红曲的液态法培养工艺。厚层通风法制曲可以减轻工人的劳动强度，节约空间。液态法制曲，可以利用更为廉价的原料，如玉米制红曲。原料的利用率也得以提高。

除了红曲外，中国一些地区还有乌衣红曲和黄衣红曲。乌衣红曲中的微生物除了红曲霉菌外，还有黑曲霉菌；黄衣红曲中的微生物不仅有红曲霉菌，还有黄曲霉菌。这些曲可以酿制各种不同风格的酒。

第二节 黄酒生产的糖化发酵剂

酿制黄酒是以糯米、粳米、籼米、黍米、粟米、小麦等为原料，经酵母、细菌、霉菌共同作用酿造而成的发酵原酒，黄酒生产中以麦曲（或红曲）、酒药（小曲）为糖化剂，以酒母（有些为酒药）、干酵母为发酵剂。

一、黄酒曲的制造

制作黄酒曲的主要原料是全麦面，或麸皮及花色草。制作方法是采夏伏天新鲜花色草，净水浸至发黏后将草取出，用浸过花色草的水拌料，以能捏合为宜，将料放入模子内压成砖块状，俗称"踩曲"。将做好的曲块覆盖发酵至散酒香味，取出晾干即成。黄酒曲以存放时间越长越好。

酿酒原料有糯米、糯粟米、玉米等，以糯米为佳。因拌曲方式不同，分过曲酒、混曲酒两种。做法如下：取糯米少量，将其蒸熟，夏天晾冷拌曲，冬天趁热拌曲，拌曲前先将砖曲砸碎放入净水中浸泡数小时，过滤后用曲水拌料，凉瓮，封口，半月后开瓮，酒香扑鼻，即成黄酒。黄酒一年四季均可酿制，以农历 9 月 9 日隔年的腊水酿制为最佳。

黄酒曲随各地的习惯和制作方法不同而种类繁多。按生产原料分类有麦曲和米曲两类。

（一）麦曲

一般麦曲是指在破碎的小麦上培养繁殖糖化菌而制成的黄酒糖化剂。麦曲在黄酒酿造中占有极为重要的地位，它为黄酒酿造提供了各种酶类，主要是淀粉酶和蛋白酶；同时在制曲过程中，形成各种代谢产物，以及由这些代谢产物相互作用产生的色泽、香味等，赋予黄酒以独特的风味。麦曲根据制作工艺的不同可分为块曲和散曲。块曲主要是踏曲、挂曲、草包曲等，经自然培养而成；散曲主要有纯种生麦曲、爆麦曲、熟麦曲等，常采用纯种培养而成。

麦曲在黄酒的酿造过程中起着非常重要的作用。它是在一定的地理环境和生长条件下，通过制曲工艺的驯化，其中的微生物不断发生着有序的消长和变化，逐步形成稳定的微生物区系。目前分析微生物在麦曲中的区系分布和其中微生物菌群的系统发育，对于理解制曲过程中的微生物和周边环境的相互关系，建立麦曲微生物生态数据库，实现麦曲微生态系统的人工模拟和异域再现具有重要的指导意义。

我国目前对黄酒麦曲中的微生物尤其是真菌从筛选产酶的角度进行过应用，通过传统的分离培养方法对真菌的种类进行分类鉴定，逐步形成对鉴定要求较高的操作方法。而对于麦曲中的微生物群落结构以及微生物种群之间相互影响的关系，即微生物生态有清晰的认识。

目前，微生物生态学的应用有两个主要趋势：

① 结合传统应用方法和各种分子生物学技术对不同环境的微生物群落进行应用，使人们能更加客观地认识环境中微生物的自然存在状况；

② 加强对各种复杂环境微生物的应用，希望从中发现更多新的微生物及基因资源，了解微生物对特定环境的适应机制，为合理利用和保护微生物资源奠定基础。

因此，目前国内采用不同的培养基对黄酒麦曲中可培养真菌进行系统分离和初步研究，同时比较不同培养基的分离能力。通过大规模的平板稀释分离，将得到的不同种的真菌采用扩增真菌的内转录间隔区（internal transcribed spacer，ITS）保守序列，测定其序列组成，然后通过序列比对的方式对未知真菌进行鉴定。另外，采用免培养的方法对麦曲中的真菌进行分离鉴定，通过比较，以综合利用这两种方法，更加客观准确地了解和掌握麦曲中真菌的群落结构。

目前国内麦曲是以小麦为原料制成，是比较重要的黄酒生产糖化剂。麦曲可用于干黄酒、半干黄酒、半甜黄酒、甜黄酒和浓甜黄酒各类黄酒的生产，不仅广泛用于大米黄酒的生产，还用于黍米黄酒、玉米黄酒的生产。产地主要分布在浙江、江苏一带和北方地区。传统的麦曲生产采用自然培育微生物的方法制造，目前已有不少工厂采用纯粹培养的方法制造纯种麦曲。

传统法生产麦曲通常在夏季、秋初进行，生产的麦曲主要是块曲，包括踏曲、挂曲和草包曲等。其中主要的微生物有黄曲霉（或米曲霉）、根霉、毛霉和少量的黑曲霉、灰绿曲霉、青霉、酵母菌等。用这些曲酿成的酒，一般质量较好，但是也存在缺点，如糖化力较低，用曲量大；制曲时间长且受季节限制；淀粉出酒率和酒质不很稳定；劳动强度大不易实现机械化操作等。

以下例一：传统法生产生麦曲一般是轧碎的小麦加水制成（可拌入少量优质陈曲作为母种）块状，（或包上稻草）自然发酵制成。一般在农历8～9月制作，此时正当桂花盛开之季，故习惯上把这时生产的麦曲称为"桂花曲"。用量为原料糯米的1/6，对酒的风味影响极大，要求严格。它不但有一些糖化菌及酵母，其本身也是糖化剂，是发酵原料及香气成分的来源之一。

以下例二：（麦曲的制造）纯种麦曲则采用纯粹的黄曲霉（或米曲霉）进行培养而制成，为散曲，种类包括生麦曲、爆麦曲、熟麦曲等。按培养方法不同，可分为地面曲、帘子曲和通风曲。与自然培育麦曲相比，纯种麦曲具有酶活力高、液化力强、用曲量少和适合机械化新工艺黄酒生产的优点，其不足之处是酶类及其代谢产物不够丰富多样，不能像自然培养麦曲那样赋予黄酒特有的风味。例二重点介绍通风培养纯种熟麦曲的制法。一般麦曲制造多数已采用了厚层通风制曲法，实现了机械化生产，改善了制曲的条件，提高了生产效率。

总之，一般麦曲中生长最多的是黄曲霉、米曲霉、根霉和毛霉，此外，尚有数量不多的黑曲霉、灰绿曲霉及青霉等，在一般正常的麦曲中，主要是黄曲霉和米曲霉。黄曲霉和米曲霉是制造麦曲的重要糖化菌。

1. 例一　麦曲的制造

下面仅以绍兴踏曲（闹箱曲）生产为例介绍传统法麦曲生产工艺流程。

（1）工艺流程

小麦→过筛→轧碎（3～5片）→加水拌曲（20%）→踏曲→切开→叠曲→培养→拆曲→干燥→成品

最高温度可达 50～55℃，共发酵 30 天。

（2）工艺操作说明

① 过筛轧碎　原料小麦经筛选除去杂质并使制曲小麦颗粒大小均匀。过筛后的小麦入轧麦机破碎成 3～5 片，呈梅花形，麦皮破裂，胚乳内含物外露，使微生物易于生长繁殖。

② 加水拌曲　轧碎的麦粒放入拌曲箱中，加入 20%～22% 的清水，迅速拌匀，使之吸水，要避免白心或水块，防止产生黑曲或烂曲。拌曲时也可加进少量的优质陈麦曲作为种子，稳定麦曲的质量。

③ 踏曲成型　将曲料在曲模木框中踩实成型，压到不散为度，再用刀切成块状。

④ 入室堆曲　在预先打扫干净的曲室中铺上谷皮和竹簟，将曲块搬入室内，侧立成丁字形叠成两层，再在上面散铺稻草保温，以适应糖化菌的生长繁殖。

⑤ 保温培养　堆曲完毕，关闭门窗，经 3～5 天后，品温上升到 37℃左右，麦粒表面菌丝繁殖旺盛，水分大量蒸发，要及时做好降温工作，取下保温覆盖物并适当开启门窗。继续培养 20 天左右，品温逐步下降，曲块随水分散失而变得坚硬，将其按井字形叠起，通风干燥后使用或入库储存。

为了确保麦曲质量，培菌过程中的最高品温可控制在 50～55℃，使黄曲霉不易形成孢子，有利于菌丝内淀粉酶的积累，提高麦曲糖化力。并且对青霉之类的有害微生物起到抑制作用。避免产生黑曲和烂曲现象，同时加剧美拉德反应，增加麦曲的色素和香味成分。

成品麦曲应具有正常的曲香味，白色菌丝均匀密布，无霉味和生腥味，无霉烂夹心，含水量为 14%～16%，糖化力较高，在 30℃时，每克曲每小时能产生 700～

1000mg 葡萄糖。

2. 例二　麦曲的制造

纯种麦曲采用纯粹的黄曲霉（或米曲霉）进行培养而制成。

（1）制造工艺过程略。

（2）操作方法

① 菌种选择　制造麦曲的菌种都选用黄曲霉或米曲霉，应该具备以下的条件：

a. 香气好；

b. 淀粉酶活力强而蛋白酶活力较弱；

c. 不产生霉菌毒素；

d. 孢子生成良好，在小麦上能迅速繁殖；

e. 对杂菌的抵抗力强；

f. 用于机械通风制曲，孢子柄要短。

目前，黄酒厂用的黄曲霉菌种有苏 16 号和中国科学院 3800 号，这些菌种具有糖化力强、容易培养和不产生黄曲霉毒素等特点，其中苏 16 号是从自然培养麦曲中分离出的优良菌株，用该菌种制成的麦曲来酿造黄酒，有原来的黄酒风味特色。另外，为了提高酒质和出酒率，可以将不同特点的菌株进行适当的混合，如黄曲霉和根霉，达到取长补短的目的。

纯种麦曲按原料处理方法的不同可分为纯种生麦曲、熟麦曲和爆麦曲；多数采用厚层通风制曲法，其制造工艺过程为：

原菌→试管培养→三角瓶扩大培养→种曲扩大培养→麦曲通风培养

试管菌种的培养：一般采用米曲汁为培养基，在 28～30℃培养 4～5 天，要求菌丝健壮、整齐，孢子丛生丰满，菌丝呈深绿色或黄绿色，不得有异样的形状和色泽，无杂菌。

三角瓶种曲培养：以麸皮为培养基（亦有用大米或小米作为原料进行培养的），操作与根霉曲相似。要求孢子粗壮、整齐、密集，无杂菌。

帘子曲培养：操作与根霉帘子曲相似。

通风培养：纯种的生麦曲、熟麦曲和爆麦曲，主要在原料处理上不同，其它操作基本相同。生麦曲在原料小麦轧碎后直接加水拌匀接入种曲，进行通风扩大培养。爆麦曲是先将原料小麦在爆麦机里炒熟，趁热破碎，冷却后加水接种，装箱通风培养。熟麦曲是先将原料小麦破碎，然后加水配料，在常压下蒸熟，冷却后接入种曲，装箱通风培养。

② 纯种熟麦曲的通风培养操作程序如下：

配料→蒸料→冷却接种→装箱→静止培养→间断通风培养→连续通风培养→出曲

a. 配料　用滚筒机将小麦轧碎，每粒小麦轧成 3～5 瓣，要求轧碎而无粉末。加入 40％～50％的水，视季节和原料的粗细不同而决定。拌匀后堆积润料 1h。

b. 蒸料　常压蒸煮约 45min。

c. 冷却接种　将蒸料用扬渣机打碎团块，并降温至 38～40℃进行接种，种曲用量约为原料的 0.3%，按种曲质量和气候变化而定，接种时为防止孢子飞扬和使接种均匀，可先将种曲混入部分曲料，以手搓碎拌和，然后分几次加入曲料中，充分拌匀装箱堆积。

d. 装箱　曲箱形状多为长方形，一般宽度为 2m 左右，曲箱材料可用水泥和钢材或木材。装料要求疏松，装料厚度为 20~25cm，料层较厚可起堆积时的保温作用；并且增加设备的生产能力，但要防止料层过厚，造成上下层温差太大，曲霉菌生长繁殖不均匀。

e. 培养　可分成静止、间断通风和连续通风三个过程。

静止培养：装箱后曲料品温为 30℃ 左右，为了给孢子迅速发芽创造条件，要注意保温保湿。此时曲室温度控制在 30℃ 左右，相对湿度在 90% 以上。装箱后经过 5~8h，品温升至 33~34℃，就开始间断通风。

间断通风：这个时候曲霉菌刚刚形成幼嫩的菌丝，呼吸不旺盛，产生的热量少，必须注意以下几点：

幼菌丝不耐高温，品温过高易产生烧曲，当品温升到 38℃，就开始通风，降到 30℃ 就停风，如此间断通风 3~4 次。每次通风时，风量要小些，通风时间要稍长一点，风要吹透，使箱内上、中、下层曲料和不同部位的品温都均匀一致后再停风。

注意保潮：由于菌丝刚形成，尚未开始结块，曲料透气性好，不易保潮，因此开始通风量要很小，随着品温上升逐渐加大风量，做到调温保潮兼顾。

温差要小，逐渐升温：前期曲霉菌菌丝弱和嫩，通风前后温差不能太大以免菌丝不适应。此阶段温度最好保持在 30~34℃ 的范围内，而且品温逐渐往上提。

在这个时期为了做到调温和保潮，有空调装置的应通入温度较高和湿度大的风。无空调装置的采用循环通风。

连续通风：间歇通风 3~4 次以后，菌丝大量生成，呼吸十分旺盛，发热量大，品温上升快，应开始连续通风。由于菌丝的迅速蔓延生长，发生结块，曲料收缩，为了防止风从曲箱周围逃逸，要及时进行压板。要获得淀粉酶活力高的麦曲，品温应保持在 38~40℃，高于 40℃，对黄曲霉的生长和产酶也不利。

在制曲后期，曲霉菌的生命活动过程逐步停滞，开始生成分生孢子柄及分生孢子，此时曲料中已积累了较多的酶，要注意及时出曲，若再延长，会生成孢子，反而降低淀粉酶活力，为了阻止孢子的形成和成品曲便于储存保管，在出曲前几小时，可通入干热风或提高曲室的温度及降低湿度，除去曲料的水分。从进箱到出曲约经过 36h。

成品曲质量要求是：菌丝稠密粗壮，不能有明显的黄绿色，应具有曲香，不得有酸味及其它的霉臭味。曲的糖化力在 1000 单位以上，含水质量分数在 25% 以下。制成的麦曲应及时使用，尽量避免存放。

制成的麦曲，应立即投入生产使用，尽量避免存放，这是因为在储藏过程中，曲容易升温，生成大量孢子，造成淀粉的损失和淀粉酶活力下降，而且易感染杂菌，影响酒的质量和出酒率；同时储存要占相当大的面积，也不经济，所以主张用新曲而不用陈曲。一般为了生产上的安全，总要储存一定量的曲，但数量不宜太多，并将麦曲存放在通风阴凉处，堆得薄一些，要经常检查和翻动，使麦曲的水分蒸发和热量散失。

（二）米曲

米曲是在整粒熟米饭上培养微生物而制成的（酒药则是在米粉生料上培养微生物而制成的）。黄酒生产中常用的米曲有红曲、乌衣红曲和黄衣红曲等几类。

1. 红曲

红曲是以大米为原料，配以曲种和上等醋，在一定的温度、湿度下培养而成的紫红色米曲，可分为库曲、轻曲和色曲三个品种。红曲中主要含有红曲霉和酵母菌等微生物。红曲除作为糖化发酵剂用于酿酒外，还可用作食品着色剂、酿造红腐乳、配制酒类和中医药等方面。我国红曲主要产地在福建、浙江、台湾等省，其中以福建古田县的红曲最为有名。红曲黄酒主要产于福建省和浙江省南部地区，以福建产的糯米红曲黄酒和粳米红曲黄酒比较有名，福建老酒是红曲酒中之优品，它属于半甜黄酒，酒呈红褐色。

红曲的纯种培养和机械制曲已取得了一定的成功，但目前主要还是采用传统法生产红曲。

2. 乌衣红曲

乌衣红曲以粒米为原料，接入黑曲霉及红糟（又名"糟娘"，是红曲霉和酵母菌的扩大培养产物），经一定培养过程而制成。乌衣红曲中，主要含有红曲霉、黑曲霉和酵母菌等微生物。乌衣红曲具有糖化发酵力强、耐高温、耐酸等特点，与红曲一样是我国黄酒酿造中特有的糖化发酵剂。用乌衣红曲酿酒出酒率高，色泽鲜红，酒味醇厚，但苦涩味较重。

乌衣红曲制曲方法相当烦琐，管理复杂，不易实现机械化生产，故未能被各地酒厂所推广。目前，用乌衣红曲酿制黄酒仅局限在浙江省南部和邻近的福建省部分地区。

二、酒药

酒药又称小曲、酒饼、白药等，主要用于生产淋饭酒母或以淋饭法酿制甜黄酒（如丹阳封缸酒和九江封缸酒、福建沉缸酒、绍兴香雪酒等）。

酒药作为黄酒生产的糖化发酵剂，它含有的主要微生物有根霉、毛霉、酵母菌及少量的细菌和犁头霉等，其中以根霉和酵母菌最为重要。酒药具有药粒制造简单、储存使用方便、糖化发酵力强而用量少的优点。目前，酒药的制造方法有传统法和纯种法两种，酒药种类包括传统的白药（蓼曲）和药曲，以及根霉曲等几种。

（一）白药（蓼曲）

酒药是我国古代保藏优良菌种的独创方法，它是酿制淋饭酒的酵母及糖化菌制剂，酒药有白药和黑药两种，目前，各地酒厂都使用白药，故在此仅介绍白药的制造情况。

酒药如绍兴酒厂酒药制作方法一般是用早米粉和辣蓼草为原料，自然发酵而成（接母种），主要微生物是根霉、毛霉、酵母等。

1. 例一绍兴酒厂酒药制作方法

（1）工艺流程

鲜辣蓼草→拣净去杂→洗净→晒干→去茎→复晒→椿碎→过筛→装坛密封

新早谷→破糙→磨粉→过筛→加水→拌匀→上臼→过筛→上箱压平→切药→打药→接种→摆药→保温→发酵→出窝→上蒸房→翻匾→搬箩→晒药→成品

（2）原料选择

辣蓼草要在末伏期选割小水辣蓼草，去掉黄叶、杂草、洗净、晒干备用。

早米粉在制药前一天磨好，过 50 目筛，要求碾一批、磨一批、生产一批，务必使米粉新鲜，保证酒药质量，磨后摊凉，以防发热、变质。

酿药粉的选择（母种），要在生产中发酵正常，温度容易控制，生酸量小，黄酒质量好的酒药。

稻草要去衣、根，日晒干燥，谷皮要用新鲜早谷糠。

（3）制作过程

原料配比为糙米粉：辣蓼草：水＝40：0.25：20，充分拌匀。上捣桩压成块状取出搓碎，每臼分 3 次入箱，箱长 2.2 尺（3 尺＝1m），宽 1.5 尺，高 0.3 尺，覆软席，用脚踏实，切成正方颗粒，倒入篮内滚成圆形入木桶放入酿药 1.2kg/40kg，打匀、过筛、摆药。缸内放入谷皮，离缸沿 0.8 尺、铺上稻草，将药分行距摆开，然后加盖和麻袋，室温 30～32℃，14～16h 后品温 37～38℃，去麻袋 6～8h，移开缸盖一些，等根霉菌丝长满直至看不到辣蓼草，手捞菌丝不粘手后再揭开缸盖，过 3h 冷至室温出窝。3～4 缸上一匾，上蒸房室温 36～38℃，品温 38～40℃，上下翻动 2 天，边培养边风干，自生产至第 6 天可晒药，正常天气需晒 3 天，冷至室温入坛密封保存。

感官质量为口咬松脆，表面白色，有香味，成品率为原料的 85％。酒药的质量很重要，各地都选用自己习惯的酒药，这与其中的微生物区系有一定关系。

（4）酒药中主要微生物

酒药中的霉菌一般包括根霉、毛霉、黄曲霉、黑曲霉等，其中主要是根霉，酒药中常见的根霉见表 4-1。

表 4-1　酒药中常见根霉的特征

菌名	生长适温/℃	作用适温/℃	最适 pH	一般特征
河内根霉	25～40	45～50	5.0～5.5	菌丝白色，孢子囊较少，糖化力较强，具有液化力，产酸能力较强，特别能生成乳酸等有机酸

续表

菌名	生长适温/℃	作用适温/℃	最适 pH	一般特征
白根霉	30～40	45～50	4.5～5.0	菌丝白色，呈棉絮状，有极少数的黑色孢囊孢子，糖化力较强，微弱的发酵能力，产酸能力强，但适应能力差
米根霉	30～40	50～55	4.5～5.0	菌丝灰白色，呈黑褐色，孢子囊柄 2.5μm，孢子囊褐色，球形，50～200μm，孢子黑白色，长球形，8.5～10μm，糖化能力强，能产生乳酸，使小曲酒中含乳酸乙酯
中国根霉	37～40	45～50	5.0～5.5	菌丝纯白色至灰黑色，孢子囊柄长(100～450)μm×(7～10)μm，假根短小，孢子囊细小，孢子鲜灰色，卵圆形，8μm×10μm，糖化力强，产乳酸及有机酸能力强
黑根霉	30～37	45～50	5.0～5.5	菌丛疏松、粗壮，孢子囊大、黑色，能产生反丁烯二酸
爪哇根霉	37	50～55	4.5～5.5	菌丝黑色、孢子囊较多，糖化力强

　　根霉含有丰富的淀粉酶，一般包括液化型和糖化型淀粉酶，两者比例约为1：3.3，而米曲霉则为1：1，黑曲霉为1：2.8。可见小曲根霉中糖化型淀粉酶特别丰富，尽管由于液化型淀粉酶的活性较低而使糖化反应速率降低，但它的最大特点是糖化型淀粉酶丰富，能将大米淀粉结构中的 α-1,4 键和 α-1,6 键切断，最终较完全地转化为可发酵性糖，这是其它霉菌无法相比的。

　　根霉细胞中还含有酒化酶，具有一定的酒化酶活性，能边糖化边发酵，这一特性也是其它霉菌所没有的。这样使小曲酒发酵作用较彻底，淀粉出酒率进一步得到提高。

　　根霉能产生乳酸及有机酸等，对提高小曲酒的风味和保证小曲酒的独特风格起着重要作用。

　　当然小曲中还含有种类多、数量大的酵母，如酒精酵母、汉逊酵母和假丝酵母，以及乳酸菌等对提高出酒率、改善酒的风味都是必不可少的物质。以上传统工艺至今仍在有些地方使用。由于自然发酵法不能避免杂菌污染，所以产品质量得不到保证。为此中国科学院微生物所对我国百余种小曲进行了菌种分离，选出 5 株根霉菌种，这为我国甜米酒药和小曲生产的纯种化、良种化创造了条件，也冲破了自古以来自然发酵的桎梏，向现代化的培养方法迈进了一大步。所用根霉菌种有根霉3866、3851 等，以及各单位自己分离的根霉菌种。

2. 例二白药的制造工艺

　　（1）工艺流程

陈酒药
↓

辣蓼草末┐
　米粉　┤→拌料→打实→切块→滚角→接种→入缸保温→入圃→换圃→并圃→装笼→并笼→
　水　　┘

出笼→晒干→成品

（2）制造工艺

制造白药主要分为成型和保温培养两个过程，一般来说必须注意以下几点：

① 制造白药的节气，一般在立秋前后，此时气温在 30℃ 左右，适于微生物的生长。同时早籼稻刚收割完，辣蓼草的采取和加工也已完成。

② 酒药原料习惯用早籼糙米，富含蛋白质和灰分等营养成分。有利于糖化菌的生长。辣蓼草中含有丰富的生长素，还附带有疏松的作用，所以在米粉中加入少量的辣蓼草粉末，能促进酵母和根霉等微生物的生长发育。

③ 酒药是含有根霉、毛霉和酵母等多种微生物的混合糖化发酵剂，生产上每年选择部分好的酒药留下来，作为下一次的种子。有的工厂选用优良的根霉菌和酵母菌进行接种培养，制造纯种酒药。进一步提高了酒药的糖化和发酵能力，有助于提高出酒率。

④ 酒药的成品率约为原料的 85%。成品酒药质量鉴定可用感官和化学分析的方法。一般好的酒药表面白色，口咬质地松脆，无不良香气，糖化力和发酵力高。此外，还可采用简易的鉴别法做小型的酒酿试验，糖液浓度高，味甜香的为好酒药，为了保证正常的生产，工厂在酿造黄酒开始前，要安排新酒药的酿酒试验，通过生产实践，鉴定酒药质量的好坏。

⑤ 酒药的制造，还存在着受生产季节的限制，操作烦琐，劳动强度大，劳动生产率低和不易实现机械化生产等缺点。生产上，可以考虑采用液体培养的方法，制备酒药。如最近上海酒药厂用液体深层培养根霉制造浓缩甜酒药获得成功，为提高酒药质量和机械化生产开创了一条新路子。

3. 例三白药（蓼曲）的制造工艺

白药是用新收获的早籼米粉、辣蓼草粉末和水为原料，用质量好的上一年酒药作为种母接种，经过自然培育繁殖而制成的。

（1）工艺流程

白药制造工艺分成成型、保温培养和晒药入库等几个过程，流程同（例二）白药制造工艺流程。

（2）制造工艺与操作

① 制造 白药一般在立秋前后制造，此时环境气温 30℃ 左右，适合发酵微生物的生长繁殖，另外，此时早籼稻谷也收割登场，辣蓼草的采集和加工也已完成。

② 配方 糙米粉：辣蓼草粉：水＝20：（0.4～0.6）：（10.5～11）。

③ 上臼、过筛 将称好的米粉及辣蓼粉倒入石臼内，充分拌匀，加水后再充分拌和，然后用石槌捣拌数十下，以增强它的可塑性。取出，在谷筛上搓碎，移入打药木框内。

④ 打药 每臼料（20kg）分 3 次打药。木框长 70～90cm，宽 50～60cm，高 10cm，上覆盖软席，用铁板压平，去框，再用刀沿木条（俗称划尺）纵横切开成方块，分 3 次倒入悬空的大竹匾内，将方形滚成圆形，然后加入 3% 的种母粉（娘药），再行回转打滚，过筛使药粉均匀黏附在新药上。

⑤ 摆药培养　培养采用缸窝法，即先在缸内放入新鲜谷壳，距离缸口沿边约0.3m，铺上新鲜稻草芯，将药粒分行，留出一定间距，摆上一层，然后加上草盖，盖上麻袋，进行保温培养。气温在30～32℃时，经14～16h品温升到36～37℃时，可以去掉麻袋。再经6～8h手摸缸沿有水汽，并放出香气，可将缸盖揭开，观察此时药粒是否全部、均匀地长满白色菌丝。如还能看到辣蓼粉的浅草绿色，这说明药胚还嫩，不能将缸盖全部打开，应逐步移开，使菌丝继续繁殖生长。用移开缸盖大小的方法来调节品温，以促进根霉的生长，直至药粒菌丝用手摸不粘手，像白粉小球一样，方将缸盖揭开以降低温度。再经3h可出窝，晾凉至室温，再经4～5h使药胚结实，即可出窝并匾。

⑥ 出窝并匾　将酒药移至匾内，每匾盛药约3～4缸的数量，不要太厚，防止升温过高而影响质量。主要应做到药粒不重叠而粒粒分散。

进保温室：将竹匾移入不密闭的保温室内。室内有木架，每架分档，档距为30cm左右，并匾后移在木架上。气温在30～34℃，品温保持在32～34℃（不得超过35℃）。装匾后经4～5h进行第一次翻匾（翻匾是将药胚倒入空匾内），至12h，上下调换位置。再经7h左右，做第二次翻匾和调换位置。再经7h后倒入竹簟上先摊2天，然后装入竹箩内，挖成凹形，并将箩搁高通风以防升温，早晚倒箩各一次，2～3天移出保温室，随即移至空气流通的地方，再培养1～2天，每天早晚各倒箩一次。自投料开始培养6～7天即可晒药。

⑦ 晒药入库　正常天气在竹簟上须晒3天。第一天晒药时间为上午6～9点，品温不超过36℃，第二天上午为6～10点，品温为37～38℃，第三天晒药时间和品温与第一天一样。然后趁热装坛密封备用。坛要先洗干净晒干，坛外要粉刷石灰。

⑧ 酒药生产中添加各种中药制成的小曲称为药曲。中药的加入可能提供了酿酒微生物所需的营养，或能抑制杂菌的繁殖，使发酵正常并带来特殊的香味。但大多数中药对酿酒微生物具有不同程度的抑制作用，不应盲目添加。

4. 例四以甜米酒药纯种培养的方法

（1）固体生产方法

根霉斜面试管 $\xrightarrow{30℃（3～4天）}$ 三角瓶 $\xrightarrow{30℃（2～3天）}$ 含水酒药 $\xrightarrow{38℃（干燥）}$ 成品

（200g/5000mL）　（0.5%的接种量）

斜面试管培养基一般为麦芽汁或米曲汁。三角瓶为鼓皮及50%的水，米粉为普通米粉（30～410目筛）于130℃干热灭菌60min。

（2）液体培养法

根霉斜面菌种 $\xrightarrow{30℃（2～3天）}$ 茄瓶斜面培养（或500mL三角瓶）$\xrightarrow{30℃（2～3天）}$ 5000mL

三角瓶液体培养 $\xrightarrow{30℃（24h）}$ 种子罐 $\xrightarrow{30℃（20h）}$ 拌米粉

液体培养基为玉米粉70%和豆饼粉30%，三角瓶装量为500mL/5000mL三角瓶，振荡培养，当根霉形成菌丝团并且pH值下降至3.5时，以1%～2%接种量接入种子罐，培养好后进行过滤或者离心，菌丝：米粉＝1：3拌入米粉中在38℃进行干燥，即为成品。

由于根霉酒精发酵能力很弱，也可以在酒药中适当加一些酵母。

（二）药曲

在酒药生产中还有一种生产方式是添加中药，添加中药的酒药称为药曲。酒药中加入的中药对酿酒菌类的营养和杂菌的抑制都起到一定的作用，能使酿酒过程发酵正常并产生特殊香味。

药曲生产遍及江南各省，所用原料和辅料各不相同，如有的用米粉或稻谷粉，有的添加粗糠或白土。所用中药配方各不相同，有的 20 多味，有的 30 多味，无统一的配方。在生产方式上，有的在地面稻草窝中培养，有的在帘子上培养，还有的用曲箱培养。

（三）纯种根霉曲

以上的传统酒药采取自然培养制造而成，除了培育较多的根霉和酵母菌外，其它多种菌（包括有益的和有害的）同时生长，故是多种微生物的共生体。而纯种根霉曲则是采用人工培育纯粹根霉菌和酵母菌制成的小曲。用它生产黄酒能节约粮食，减少杂菌污染，发酵产酸低，成品酒的质量均匀一致，口味清爽，还可提高 5%～10% 的出酒率。

1. 纯种根霉曲的生产工艺流程

纯种根霉曲生产工艺流程详见第五章。

2. 纯种根霉曲生产工艺操作

① 试管斜面培养基和菌种　采用米曲汁琼脂培养基，使用的根霉菌种有 Q303、3.866 等。

② 三角瓶种曲培养　培养基采用麸皮或早籼米粉。麸皮加水量为 80%～90%；籼米粉加水量为 30% 左右，拌匀，装入三角瓶，料层厚度在 1.5cm 以内，经灭菌并冷至 35℃ 左右接种，28～30℃ 保温培养 20～24h 后长出菌丝，摇瓶一次以调节空气，促进繁殖。再培养 1～2 天出现孢子，菌丝布满培养基表面并结成饼状，即进行扣瓶，继续培养直至成熟。取出后装入灭菌过的牛皮纸袋里，置于 37～40℃ 下干燥至含水 10% 以下，备用。

③ 帘子曲培养　麸皮加水 80%～90%，拌匀堆积半小时，使其吸水，经常压蒸煮灭菌，摊冷至 34℃，接入 0.3%～0.5% 的三角瓶种曲，拌匀，堆积保温保湿，促使根霉菌孢子萌发。经 4～6h，品温开始上升，进行装帘，控制料层厚度 1.5～2.0cm。保温培养，控制室温 28～30℃，相对湿度 95%～100%，经 10～16h 培养，菌丝把麸皮连接成块状，这时最高品温应控制在 35℃，相对湿度 85%～90%。再经 24～28h 培养，麸皮表面布满菌丝，可出曲干燥。

④ 通风制曲　用粗麸皮作为原料，有利于通风，能提高曲的质量。麸皮加水 60%～70%，应视季节和原料粗细进行适当调整，然后常压蒸汽灭菌 2h。摊冷至 35～37℃，接入 0.3%～0.5% 的种曲，拌匀，堆积数小时后装入通风曲箱内。要

求装箱疏松均匀，控制装箱后品温为 30～32℃，料层厚度 30cm，先静止培养 4～6h，促进孢子萌发，室温控制 30～31℃、相对湿度 90%～95%。随着菌丝生长，品温逐步升高，当品温上升到 33～34℃时，开始间断通风，以保证根霉菌获得新鲜氧气。当品温降低到 30℃时，停止通风。接种后 12～14h，根霉菌生长进入旺盛期，品温上升迅猛，曲料逐渐结块，散热比较困难，需要进行连续通风。最高品温可控制在 35～36℃，这时要尽量加大风量和风压，通入的空气温度应在 25～26℃左右。通风后期由于水分不断减少，菌丝生长缓慢，逐步产生孢子，品温降到 35℃以下，可暂停通风。整个培养时间为 24～26h。培养完毕，可通入干燥空气进行干燥，使水分下降到 10%左右。

⑤ 麸皮固体酵母制备　传统的酒药是根霉、酵母和其它微生物的混合体，能边糖化边发酵，故在培养纯种根霉曲的同时，还要培养酵母，然后混合使用。

以米曲汁或麦芽汁作为黄酒酵母菌的固体试管斜面、液体试管和液体三角瓶的培养基，在 28～30℃下逐级扩大，保温培养 24h，然后以麸皮为固体酵母曲的培养基，加入 95%～100% 的水经蒸煮灭菌，接入 2% 的三角瓶酵母成熟培养液和 0.1%～0.2% 的根霉曲，使根霉对淀粉进行糖化，供给酵母必要的糖分。接种拌匀后装帘培养。装帘时要求料层疏松均匀，料层厚度为 1.5～2cm，在品温 30℃下培养 8～10h 后，进行划帘，继续保温培养，当品温升高至 36～38℃时，再次划帘。培养 24h 后品温开始下降，待数小时后，培养结束，进行低温干燥。将培养成的根霉曲和酵母曲按一定的比例混合成纯种根霉曲，混合时一般以酵母细胞数 4 亿个/R 计算，加入根霉曲中的酵母曲量以 6% 最适宜。

三、酒母

现代酒母虽然从本质上来说与古代的酒母是相同的，但最根本的区别在于现代酒母是纯种培养的酵母菌，而古代的酒母（如《北山酒经》中所提到的）实际上是用作种子的酒醅。

酒母的培养也是一个纯种逐级扩大培养的过程。先采用试管培养，然后是烧瓶培养，再用卡氏罐培养，最后是种子罐培养。

一般制造酒母是为了获得大量强壮的优良酵母细胞。制造酒母时要有一定数量的酸存在，酿造黄酒以乳酸最好，因乳酸的抗菌力比其它酸类强，对糖化的阻碍很小，以及成品酒中含有适量的乳酸还可以改善风味。

按乳酸的来源不同，酒母可大致分成两个品种，一种是由酒药中根霉和毛霉生成乳酸的淋饭酒母，另一种是人工添加食用乳酸的速酿酒母和高温糖化酒母。

淋饭酒母主要用于传统操作法的绍兴酒和喂饭酒制造，大罐发酵新工艺酿造黄酒，为了实现机械化生产，都采用速酿酒母和高温糖化酒母。

1. 淋饭酒母工艺及操作简介

淋饭酒母又称酒酿，因是将蒸熟的米饭采用冷水淋冷的操作而得名。

制造工艺如下：

米→浸米→蒸煮→淋水冷却→落缸搭窝→糖化→加曲冲缸→发酵开耙→后发酵→酒母
　　　　　　　　　　　　　　↑　　　　　　　↑
　　　　　　　　　　　　　酒药　　　　　麦曲

主要操作方法如下：

① 落缸搭窝　将淋冷后的米饭，沥去水分，放入大缸中。缸使用前经日晒和石灰水、沸水灭菌清洗。米饭落缸温度一般控制在 27～30℃，视气温而定，在寒冷的天气可以高至 32℃。在米饭中拌入酒药，分两次加入，要拌得均匀，搭成倒放的喇叭形状的凹窝，上面再撒上一些酒药末，这个操作俗称搭窝。搭窝的目的：一是增加米饭和空气的接触面积，有利于好气性的糖化菌生长繁殖；二是便于观察和检查糖液的发酵情况。

② 糖化、加曲冲缸　搭窝后应及时做好保温工作以进行糖化。酒药中的糖化菌、酵母菌在米饭的适宜温度、湿度下迅速生长繁殖。根霉菌等糖化菌类分泌淀粉酶将淀粉分解成葡萄糖，使窝内逐渐积聚水解糖液，此时酵母菌得到营养和氧气也进行繁殖。一般经过 36～48h 糖化以后，饭粒软化，糖液满至酿窝的 4/5 高度，此时糖液浓度约 35％左右，还原糖为 15％～25％，酒精含量在 3％以上，而酵母由于处在这种高浓度、高渗透压、低 pH 值的环境下，细胞浓度仅在 0.7 亿个/mL 左右，基本上镜检不出杂菌。

③ 加曲冲缸　待甜液在窝中已达到饭堆的 4/5 高处时，就可加入麦曲和入水冲缸，搅拌均匀。这样使醪浓度稀释，增加了氧气，进一步促进酵母的大量繁殖。这时酿窝已成熟，可以加入一定比例的麦曲和水进行冲缸，充分搅拌，酒醪由半固体状态转为液体状态，浓度得以稀释，渗透压有较大的下降，但醪液 pH 值仍能维持在 4.0 以下，并补充了新鲜的溶解氧，强化了糖化能力，这一环境条件的变化，促使酵母菌迅速繁殖，24h 以后，酵母细胞浓度可升至 7 亿～10 亿个/mL，糖化和发酵作用得到大大的加强。冲缸时品温约下降 10％，应根据气温冷热情况，及时做好适当保温工作，维持正常发酵。

④ 发酵开耙　加曲冲缸之后，由于酵母的大量繁殖，进行强烈的酒精发酵，使醪温迅速上升，约经 8～15h 品温达到一定值，米饭和部分曲漂浮于液面上形成泡盖，泡盖内温度更高，当达到所规定温度时，这时用木耙搅拌，俗称开耙。开耙的目的：一方面是为了降低品温，使缸中品温和发酵成分上下一致；另一方面是排出积聚在饭盖下的大量 CO_2，同时供给新鲜空气，促进酵母菌的繁殖。这是酿造黄酒的关键。通常依据气温和品温的变化，在第一次开耙后，每次隔 3～5h 就进行第二、第三和第四次开耙，使醪的温度保持在 26～30℃。

⑤ 后发酵　第一次开耙以后，酒精含量增长很快，冲缸 48h 后酒精含量可达10％以上，糖化发酵作用仍在继续进行。为了降低醪液品温，减少酒醪与空气的接触面，提高酒母质量，在落缸后第七天左右，即可将发酵醪灌入酒坛，在低温下进行后发酵（俗称灌坛养醪）。经过 20～30 天的后发酵，酒精含量达 15％以上（对酵母的驯化有一定的作用），再经挑选，优良者可用来酿制摊饭黄酒。

2. 淋饭酒母的优缺点简介

淋饭酒母还可直接酿成淋饭酒，作为商品酒出售，俗称快酒，又名新酒，但风味比较单调。淋饭酒母的优缺点如下。

优点：①由于乳酸等有机酸的生成，调节了醪液的 pH，抑制了杂菌的生长，使酵母能很好繁殖和发酵，酒精浓度达 90％以上，达到了纯粹培养酒母的目的；②能集中在酿造绍兴酒前生产酒母，供给整个冬酿时期酿造绍兴酒的需要；③酒母可以自由选择使用，通过尝味和化学分析的方法进行挑选；④淋饭酒母提供了根霉菌产生的糖化酶，糖化能力很强，有助于提高出酒率。

缺点：①制造酒母的时间长；②操作复杂，劳动强度大和不易实现机械化；③由于酒母在酿季开始集中制成，供给整个冬酿时期生产需要，这样在酿酒前后期使用的酒母质量不一样，前期较嫩，而后期较老。

3. 淋饭酒母配料举例简介

淋饭酒母主要是培养大量健壮成熟的酵母，用作黄酒发酵剂。

（1）配料

米 125kg，麦曲 19.5kg，酒药 187～250g，饭水总重量 375kg。

（2）操作

将淋冷后的米饭，沥去水分放入大缸中（水缸事先用石灰水和开水消毒、洗涤），米饭落缸温度一般控制在 27～28℃。冷天可高至 32℃，酒药分两次投入，接种均匀后搭成"V"形的凹圆窝；上面再撒上一些酒药粉（称为搭窝）。这样有利于通气均匀，有利于糖化菌的生长，也便于观察糖液的情况。一般品温保持在 26～28℃，39～48h 窝内出现甜液，待甜液在窝中达到饭堆的 4/5 高处时就可加入麦曲粉和水（称为冲缸），这样稀释了醪液，增加了营养及氧气，酵母大量繁殖，酒精发酵旺盛进行，使醪液温度迅速上升，到达一定温度时用木耙搅拌，浴称"开耙"，一方面是为了降低品温，使缸中上中下温度一致，另一方面是排出在发酵过程中积聚在饭盖下的大量 CO_2，使饭盖下沉，在第一次开耙后每隔 3～5h 进行一次开耙，使品温保持在 26～30℃。自落缸起约经 7 天即可灌坛。以利于厌氧发酵，提高酒度的同时也可以提高酒母的质量。后发酵也可在缸中进行，经过 20～30 天，醪中酒精含量达 15％以上，便可做酒母了。

淋饭酒母还可直接酿成淋饭酒，作为商品出售，俗称快酒，又名新酒，但风味比较单调，淋饭酒母通过品尝及化学分析可进行选择，味厚清口，酒度在 15％以上，总酸在 0.4％以下，酒母老嫩适中为好。

第三节　酒母的种类与制酒母生产工艺

酒母，原意为"制酒之母"。黄酒发酵需要大量酵母菌的共同作用，在传统的绍兴酒发酵时，发酵醪中酵母细胞数高达 6 亿～8 亿个/mL，发酵醪的酒精体积分数可达 18％以上，因而酵母的数量及质量对于黄酒的酿造显得特别重要，直接影响到黄酒的产率和风味。

目前，黄酒酒母的种类可分为两大类：一是用酒药通过淋饭酒醅的制造自然繁殖培养酵母，这种酒母称为淋饭酒母；二是由试管菌种开始，逐步扩大培养，增殖到一定程度而称之为纯种培养酒母。

一般淋饭酒母集中在酿酒前一段时间酿造，利用酒药中根霉和毛霉生成的乳酸等酸类物质，使酒母在较短时间就形成低于 pH 4.0 的酸性环境，从而发挥驯育酵母及筛选、淘汰微生物的作用，使淋饭酒母仍能做到纯粹培养；特别是酵母菌以外的微生物生成的糖、酒精、有机酸等成分，赋予成品酒浓醇的口味；还可以对酒母择优选用，质量较差的酒母可加到黄酒后发酵醪中做发酵醅用，以增加后发酵的发酵力。但淋饭酒母培养时间长，与大罐发酵的黄酒生产周期相当，操作复杂，劳动强度大，不易实现机械化；在整个酿酒期内，所用酒母前嫩后老，质量不一，影响黄酒发酵速度和质量。

纯种培养酒母操作简便，劳动强度低，占地面积少，酿造过程较易控制，可机械化操作。但由于使用单一酵母菌，培养时间短，成熟后的酒母香气较差，口味淡薄，影响成品酒浓醇感。因此，除部分传统黄酒仍保留淋饭酒母工艺外，一般黄酒都用纯种酒母。为了改进纯种酒母酿酒的风味，也有采用多种风味好、发酵力强、抗污染力强的优良黄酒酵母混合使用的方法。

一、淋饭酒母

淋饭酒母俗称"酒娘"，因将蒸熟的米饭用冷水淋冷的操作而得名。制作淋饭酒母，一般在摊饭酒生产以前约 20～30 天开始。酿成的淋饭酒醅，挑选质量上乘的作为酒母，其余的掺入摊饭酒主发酵结束时的酒醪中，以增强和维持后发酵的能力。

1. 工艺流程

水　　水　　酒药　水、麦曲
↓　　↓　　↓　　↓
糯米→浸米→蒸饭→淋水→落缸搭窝→糖化→加曲冲缸→发酵开耙→灌坛养醅→酒母

2. 操作方法

① 配料　制备淋饭酒母以每缸投料米量为基准，根据气候不同有 100kg 和 125kg 两种，酒药用量为原料米的 0.15％～0.2％，麦曲用量为原料米的 15％～18％，控制饭水总重量为原料米量的 3 倍。

② 浸米、蒸饭、淋水　在洁净的陶缸中装好清水，将米倒入缸内，水量以超过米面 5～6cm 为宜。浸米时间根据米的质量、气候、水温等不同控制在 42～48h。捞出冲洗，淋净浆水，常压蒸煮，要求饭粒松软、熟而不糊、内无白心。将热饭进行淋水，一般每甑饭淋水 125～150kg，回淋 45℃左右的淋饭水 40～60kg。淋后饭温应控制在 31℃左右。

③ 落缸搭窝　将发酵缸洗刷干净，用石灰水和沸水泡洗，用时再用沸水泡缸一次。然后将淋冷后的米饭沥去水分，倒入发酵缸，米饭落缸温度一般控制在27～30℃，并视气温而定。在寒冷天气可高至32℃。在米饭中撒入酒药粉末，翻拌均匀，在米饭中央搭成倒置的喇叭状的凹圆窝，缸底窝口直径约10cm。再在上面撒一些酒药粉，这个操作称搭窝。搭窝时，要掌握饭料疏松程度，窝搭成后，用竹帚轻轻敲实，但不能太实，以饭粒不下落塌陷为度。同时，拌药时要捏碎热饭团，以免出现"烫药"，影响菌类生长和糖化发酵的进行。

④ 糖化、加水加曲冲缸　搭窝后应及时做好保温工作。酒药中的糖化菌、酵母菌在米饭适宜的温度、湿度下迅速生长繁殖。根霉菌等糖化菌分泌淀粉酶，将淀粉分解成葡萄糖，逐渐积聚甜液，此时酵母菌得到营养和氧气，开始繁殖。一般落缸后，经36～48h，饭粒软化，香气扑鼻，甜液充满饭窝的4/5高度，此时甜液浓度在35°Bx左右，还原糖为15～25g/100mL，酒精体积分数在3%以上，酵母细胞数达0.7亿个/mL。此时酿窝已成熟，可以加入一定比例的麦曲和水，俗称冲缸，搅拌均匀，使酒醅浓度得以稀释，渗透压有较大的下降，并增加了氧气，同时由于根霉等糖化菌产生乳酸、延胡索酸等酸类物质，调节了醪液的pH，抑制了杂菌的生长，这一环境条件的变化，促使酵母菌迅速繁殖，24h后，酵母细胞数可升至7亿～10亿个/mL，糖化和发酵作用大大加强。冲缸后，品温由34～35℃下降到22～23℃，应根据气温冷热情况，及时做好适当的保温工作，使发酵正常进行。

⑤ 发酵开耙　加曲冲缸后，由于酵母的大量繁殖，酒精发酵开始占据主要地位，醪液温度迅速上升，约8～15h后，当达到一定温度时，可用杀过菌的双齿木耙进行搅拌，俗称开耙。开耙温度和时间的掌握十分重要，应根据气温的高低和保温条件灵活掌握。酒母开耙温度和时间，具体如表4-2所示。

表 4-2　酒母开耙温度和时间

项　目	经过时间/h	温度/℃	备　注
头耙	5～10	28～30	继续保温，适当裁减保温物
	11～15	27～29	
	16～20	27～29	
二耙	5～10	30～32	耙后3～4h灌坛
	11～15		耙后2～3h灌坛
	16～20		耙后1～2h灌坛

⑥ 后发酵　第一次开耙以后，酒精含量增长很快，冲缸48h后可达10%以上，糖化发酵作用仍继续进行。必须及时降低品温，使酒醅在较低温度下继续缓慢发酵，生成更多的酒精。在落缸后第七天左右，将发酵醪灌入酒坛，装至八成满，进行后发酵，俗称灌坛养醅。经过20～30天的后发酵，酒精含量达到15%以上，经认真挑选，优良者可用来酿制摊饭黄酒。

3. 酒母挑选

采用理化分析和感官鉴定相结合的方法，从淋饭酒醅中挑选品质优良的酒醅作为酒母，称为"拣娘"。其感官要求酒醅发酵正常，口味老嫩适中，爽口无异杂气味，香气浓郁。理化指标要求酒精体积分数在16%左右，酸度在0.4g/100mL以下，还原糖0.3%左右，pH 3.5～4.0，酵母总数大于5亿个/mL，出芽率大于4%，死亡率小于2%。

二、纯种酒母

目前纯种酒母有两种制备方法：①仿照黄酒生产方式的速酿双边发酵酒母，因制造时间比淋饭酒母短，又称速酿酒母；②高温糖化酒母，是采用55～60℃高温糖化，糖化完毕经高温杀菌，使醪液中野生酵母和酸败菌死亡，这样可以提高酒母的纯度，减少黄酒酸败因素，目前为较多的黄酒厂所采用。

1. 速酿酒母

速酿酒母和高温糖化酒母都属于纯种培养酵母。酵母的纯粹培养原则上把选择的优良黄酒酵母，逐步经过扩大培养而成为酒母。

纯种培养酒母选择优良的黄酒酵母十分重要。优良的黄酒酵母应具备香味好、繁殖快、发酵力强、耐高浓度酒精、泡沫少和对杂菌污染的抵抗能力强等性能。

近年来各地酒厂从淋饭酒和发酵醅等中分离出一些性能优良的黄酒酵母。目前用于生产的有723号、501号、1340号、醇2号和白鹤酵母等菌株。

速酿酒母是在醅中添加适量乳酸，调节pH，抑制杂菌的繁殖，使酵母得到纯粹培养。因其制造时间短，故称为速酿酒母。

① 投料配比　一般制造酒母用米量为发酵投米量的5%～10%，米和水的比例在1：2以上，麦曲用量为原料大米的12%～14%，比发酵醅的用曲量多些。投料时将水、米饭和麦曲加入罐内，混合后，加乳酸调节pH值为4左右。再接入三角瓶或卡氏罐培养的酵母，充分拌匀。

② 温度管理　落罐品温为26～30℃，视气温高低而定。当品温升至31～32℃，进行开耙搅拌，使品温保持在28～30℃，培养时间为1～2天。

酒母质量要求是酵母粗壮整齐，酵母细胞数在$3×10^8$个/mL以上，杂菌很少。

2. 高温糖化酒母

先将醪在糖化适温下进行短时间的糖化，糖化后添加乳酸调节pH，作为酵母培养基。

为了使高温醪能迅速冷却，醪浓度比速酿酒母更稀，一般大米和水的比例控制在1：3以上。在罐内加入温水和米饭，使混合后的温度约为60℃，加入麦曲，用量约为原料的15%，搅匀。在55～60℃静止糖化4～6h，糖化结束，加入乳酸调节pH值为4左右，冷却后接种培养。有的工厂为了进一步减少醪液中的杂菌，将糖化后的醪液先升温至85～100℃，保持5～10min，然后冷至60℃左右，加入乳酸调节pH值为4左右，继续冷至28～30℃，接入用三角瓶培养的酵母。培养温度

26～30℃，培养时间为 16～20h，检验后即可使用。

高温糖化酒母质量标准是酵母健壮，细胞数约 $1.5×10^8$ 个/mL，出芽率为 20％左右，杂菌很少。

工厂的实践证明，使用高温糖化酒母，因其纯度高，发酵比较安全可靠。

使用速酿酒母和高温糖化酒母，虽然有操作简单、所需的设备和劳动力少及易实行机械化制造等优点，但因其制造时间短和主要是纯种酵母的单一作用，故制成的酒母香味淡薄，多少影响到成品酒的质量。为了使酒的风味能接近于淋饭酒母酿造的黄酒，采用纯种根霉和酵母进行混合培养的阿米诺酒母法是今后努力的方向，利用此法不仅可以提高酒母质量，也可以实行机械化生产。

3. 速酿酒母培养新工艺

① 配比　制造酒母的用米量为发酵大米投料量的 5％～10％，米和水的比例在 1∶3 以上，纯种麦曲用量为酒母用米量的 12％～14％，如用踏曲则为 15％。

② 投料方法　将水、米饭和麦曲放入罐内，混合后加乳酸调节 pH 3.8～4.1，再接入 1％左右的三角瓶酒母，充分拌匀，保温培养。

③ 温度管理　落罐品温视气温高低决定，一般在 25～27℃。落罐后 10～12h，品温可达 30℃，进行开耙搅拌，以后每隔 2～3h 搅拌一次，使品温保持在 28～30℃，最高品温不超过 31℃，培养时间 1～2 天。

④ 成熟酒母质量要求具有正常的酒香、酯香，酵母细胞粗壮整齐，细胞数 2 亿个/mL 以上，芽生率 15％以上，酸度 0.3g/100mL 以下（以琥珀酸计），酒精体积分数 9％～13％，杂菌数每个视野不超过 2 个。

4. 高温糖化酒母新工艺

（1）糖化醪配料

以糯米或粳米作为原料，使用部分麦曲和淀粉酶制剂，每罐配料如下：大米 600kg，曲 10kg，液化酶（3000U）0.5kg，糖化酶（15000U）0.5kg，水 2050kg。

（2）操作要点

先在糖化锅内加入部分温水，然后将蒸熟的米饭倒入锅内，混合均匀，加水调节品温在 60℃，控制米∶水＞1∶3.5，再加一定比例的麦曲、液化酶、糖化酶，搅拌均匀后，于 55～60℃静止糖化 3～4h，使糖度达 14°～16°Bx。

糖化结束后，将糖化醪品温升至 85℃，保持 20min。

冷却至 60℃，加入乳酸调节 pH 值至 4.0 左右，继续冷至 28～30℃。转入酒母罐内，接入酒母醪容量 1％的三角瓶培养的液体酵母，搅拌均匀，在 28～30℃培养 12～16h，即可使用。

（3）成熟酒母质量要求

酵母细胞数＞1 亿～1.5 亿个/mL，芽生率 15％～30％，酵母死亡率＜1％，酒精体积分数 3％～4％，酸度 0.12～0.15g/100mL，杂菌数每个视野＜1.0 个。

三、酒母的品质鉴定

能使醪液健康发酵，抑制杂菌、产生充分的乳酸酸性、培养多数的纯粹优良酵母的酒母可以说是优良的酒母。但是，即使说是优良酒母，也没有绝对的标准，如以下所述，只不过是作为健康酒母的大致标准。以前就有酒母的培养方法（种类）和醪的发酵形式（低温长期、高温短期等）连贯起来的倾向，酒母的培育方法从酵母的驯养观点来看，对其性质可能会有一些影响。在酿酒现场，比较用固体酵母投料和使用生酒母投料的时候，应屡次确认低温时波美度的发展进度以及醪液后半段时波美度的快慢速度的差别，至于为何要屡次确认的原因并不明了。

现在，在酿酒开始之际，酵母投料已被广泛利用，从酒母培育相关的操作性、稳定性、营业性等方面来进行各种酒母的培养。酿酒不仅仅是人为控制环境，还被相对的气象条件所左右，所以寒冷地区或温暖地区，生产出符合各自环境的酒母（酵母的选择和培育法）是合理的。

1. 健康的酒母

能够同时满足以下三个条件的是健康的酒母。

① 优良酵母是纯粹的多数培养，没有杂菌以及野生酵母。酿酒时，使用清楚了解其性质的酵母，开始是可以管理的。可以调查目标所做的酵母是否经过纯粹的培养。

② 含有大量的乳酸。酒母本身能防止杂菌污染，同时可以确保容易被杂菌感染的醪初期的安全。有关酸度因培育法而不同，一般标准是普通速酿酒母为 7.0～7.5，山废酒母为 10～11.5，酸度不足时应该补充酸度。

③ 使用时因醪而发酵，并具有所有可以得到的活性。如果一味地延长枯干时间，好不容易培养好的酵母就会死亡大半，所以起不了什么作用。重要的是应该参考培育法以及波美度的数据等来决定使用的时间。

2. 不健康的酒母

上述健康的酒母在枯干的状态时：散发出酵母特有的芳香，大多呈甜、酸、辛、苦、涩味平衡的良好口味，不过反应时散发出阴沟臭等异味，酸味极端强烈的酒母很可能被野生酵母以及喜酸菌（酸败的乳酸菌）污染。野生酵母的污染程度可用 TTC 法调查，有关喜酸菌（酸败的乳酸菌）的存在可根据醪的测量方法测量，所不同的只是将醪换成酒母，放入酒母一滴，经测定这个细菌酸度就可知道。细菌酸度在 2.0mL 以上时就要怀疑被生酸菌污染了。培养酵母的纯度以及细菌酸度值到何种程度可以使用或者不能使用，很难划出一条确定的线。波美度的发展快慢、酸度的生成、培育过程中的状态变化等具体事项只能凭经验来个别判断。

3. TTC 调查法

① 取 TTC 下层培养基（日本酿造协会销售）2g，用 100mL 温开水溶化，加热，在沸腾水中使其完全溶解。

② TTC 下层培养基冷到 50℃ 左右时，分别注到 7 个经过杀菌的玻璃器皿里（一个器皿相当于约 15mL），马上盖上盖子冷却。

③ 下层培养基冷却结块后，把酒母稀释到五万分之一。

④ 涂好后的玻璃器皿重新返回放在醪室的 25～30℃ 处 48h。

⑤ 从醪室拿出来的玻璃器皿表面出现酵母聚集，所以把 TTC 下层培养基的水溶液（40℃）约 15mL 按照①一样的方法分别注到这个上面，再在醪室里放置 2~3h。

⑥ 培养酵母被染成红色，而野生酵母则是"粉红色"或"白色"，所以计算一下"红色"占全部的比率是多少，就可得出其纯度。

第四节 酶制剂和黄酒活性干酵母

传统的酒曲，其本质之一就是粗酶制剂。但传统酒曲的最大缺点是酶活较低。现代，由于酶制剂工业的发展，在酒的生产过程中，适当加入一部分酶制剂以代替部分传统酒曲。迄今所使用的酶制剂主要是液化酶和糖化酶两大类。酶制剂的使用可降低酒的生产成本，但所产生的问题是酒的香味受到一定的影响。因此在一些名酒厂，传统的酒曲仍是必不可少的。

一、酶制剂

目前，应用于黄酒生产的酶制剂主要是糖化酶、液化酶等，它能替代部分麦曲，减少用曲量，增强糖化能力，提高出酒率和黄酒质量。糖化酶最适温度 58~62℃，最适 pH 4.3~5.6。用酶量一般按每克淀粉用 50 个单位计算。中温液化型淀粉酶，最适温度 60~70℃，最适 pH 6.0~6.5，钙离子使酶活力的稳定性提高，用量一般按每克淀粉用 6~8 个单位计算，Ca^{2+} 浓度为 150mg/L。高温液化型淀粉酶最适温度 85~95℃，最适 pH 5.7~7.0，用量为 0.1%。

二、黄酒活性干酵母

黄酒活性干酵母（Y—ADY）是选用优良黄酒酵母菌为菌种，经现代生物技术培养而成。黄酒活性干酵母的质量指标：水分≤5%，活细胞率≥80%，细菌总数≤$1×10^5$个/g，铅≤10mg/kg。活性干酵母必须先经复水活化后才能使用，复水活化的技术条件如下：活性干酵母的用量 0.05%~0.1%，活性干酵母与温水的比例为 1:10；活化温度 35~40℃；活化 20~30min 后投入发酵。

第五节 黄酒发酵基本原理

黄酒发酵的基本原理与其它饮料酒的发酵一样，主要是酵母的糖代谢过程：酵母消耗还原糖，一部分通过异化和同化作用，合成酵母本身物质，而大部分通过代谢后释放出能量，作为酵母生命活动的原动力，并排出二氧化碳、乙醇等代谢产物。作为工艺上特殊点，与黄酒酒精发酵同时进行的还有淀粉的糖化。

一、黄酒发酵过程的主要特点

无论是传统工艺还是新工艺生产黄酒，其酒醅（醪）的发酵都是开放式发酵、边糖化边发酵、高浓度醪液和低温长时间发酵，这些均为黄酒发酵过程中最主要的特点。

开放式发酵黄酒的发酵实质上是霉菌、酵母、细菌的多菌种混合发酵过程。发酵醅是不灭菌的开放式发酵，即使新工艺生产，虽然使用纯种酒母和纯种曲，但曲、水和各种工具仍存在着大量杂菌，空气中的有害微生物也随时有侵袭的危险。所以，整个黄酒发酵过程是一个带菌的敞口式发酵过程。为了减轻和消除有害微生物的危害，人们采取各种科学措施，确保发酵的顺利进行，防止酒醪酸败。

首先，黄酒生产必须在低温环境下进行，有效地减轻了各种有害杂菌的干扰。同时在生产淋饭酒或淋饭酒母时，通过搭窝操作，使酒药中的有益微生物根霉、酵母等在有氧条件下很好繁殖，并在初期就生成大量有机酸，合理地调节了酒醅的值，有效地控制了有害杂菌的侵袭，并净化了酵母菌，一旦加曲冲缸进入酒醪发酵，酵母菌就迅速繁殖，使发酵顺利进行。在传统的摊饭酒发酵中，不仅选用优良的淋饭酒母作为发酵剂，并且以酸浆水作为发酵醪的配料，调整了酒醪酸度，使产酸菌受到抑制，浆水中所含的生长素更促进了酵母菌的迅速繁殖，很快占据绝对优势，保证了酒醪的正常发酵。在喂饭酒发酵中，由于分批加饭，使醪液酸度和酵母浓度不致一下稀释得太低，同时使酵母能多次获得新鲜养分，保持继续发酵的旺盛状态，阻碍了杂菌的繁衍。

在黄酒醪发酵中，进行合理开耙是保证正常发酵的重要一环。它起到调节醪液品温、混匀醪液、输送溶解氧、平衡糖化发酵速度等作用，强化了酵母活性，控制了有害菌的生长。黄酒醪发酵虽然是敞口式发酵，通过各种科学的工艺措施来保证这种开放式发酵的稳妥完成，但不管是传统工艺发酵还是新工艺发酵，保持生产环境的清洁卫生，做好生产设备的消毒灭菌工作还是至关重要的，这样可以大幅度地减轻黄酒发酵的杂菌污染。

边糖化边发酵酵母糖代谢的各种酶绝大多数是胞内酶，低糖分子必须渗透过细胞膜才能参与代谢活动。酵母细胞膜是具有选择性渗透功能的生物膜，溶液渗透压的高低对细胞影响甚大，在黄酒醅发酵时，降低醪液的渗透压是关系到发酵成败的重要因素，而黄酒醪渗透压的高低主要与它所含的低糖分子浓度有关。

理论上讲，当淀粉转化为可发酵性糖分时，醪液的渗透压会上升数千倍甚至1万倍以上。黄酒发酵结束时，酒精含量常在14％以上，它大约由20％以上的可发酵性糖转化而来，这么多的糖分所产生的渗透压是相当高的，将严重地抑制酵母的代谢活动。而边糖化边发酵的代谢形式，能使淀粉糖化和酒精发酵巧妙配合，相互协调，避免了高糖分和高渗透压局面的出现，保证了酵母细胞的代谢能力，使糖逐步发酵产生16％以上的酒精。为了保持糖化与发酵的平衡，不使任何一方过快或过慢，在生产上通过合理的落罐条件和恰当的开耙进行调节，保证酒醪的正常发酵。

酒醪的高浓度发酵黄酒醪发酵时，醪浓度是所有酿造酒中最高的。大米与水的质量比为1∶2左右，这种高浓度醪液，发热量大，流动性差，散热极其困难。因此，发酵温度的控制就显得特别重要，关键是掌握好开耙操作，尤其是头耙影响最大。另外，在传统的黄酒发酵中，习惯用缸进行主发酵，用酒坛进行后发酵，酒坛容积小有利于促进酒醪热量散失，从而避免形成高温，防止酒醪酸败。

相对的降低醪液浓度和渗透压有利于发酵，在一定范围内增加给水量对提高出酒率有利。根据成品酒精含量标准为15％，以及榨酒、煎酒损耗酒精含量的规律计算，一般酿制干黄酒，采用新工艺发酵投料时，原料干米形成的饭重、麦曲、投料用水等总重可控制在每100kg干米为320kg左右。

低温长时间的后发酵和高酒精度形成的黄酒是饮料酒，不仅要求含有一定的酒精，而且更需要协调的风味。

黄酒发酵有一个低温长时间的后发酵阶段，短的20～25℃，长的80～100℃左右。由于此阶段酒醪品温较低，淀粉酶和酵母酒化酶活性仍然保持较高的水平，还在进行缓慢的糖化发酵作用，酒精及各种副产物，如高级醇、有机酸、酯类、醛类、酮类和微生物细胞自身的含氮物质等还在形成，低沸点的易挥发性成分逐步消散，使酒味变得细腻柔和。一般低温长时间发酵的酒比高温短时间发酵的酒香气足，口味更好。

由于在高浓度下进行低温长时间的边糖化边发酵，并且酒醪的酵母浓度高达5亿～10亿个/mL，醪液形成了15％左右的酒精含量，黄酒发酵醪的酒精含量是所有酿造酒中最高的。

1. 开放式发酵

黄酒发酵是不专门进行灭菌的开放型发酵。发酵中，曲、水和各种用具都存在着大量的杂菌，空气中的有害微生物也会侵入酒醪。但传统的操作法却能保证黄酒的安全酿造，其措施主要有：①在低温发酵，可有效地减轻各种有害杂菌的干扰；②在生产传统的淋饭酒或淋饭酒母时，通过搭窝操作，使酒药中大量有益微生物（如根霉、酵母等）在有氧的条件下迅速繁殖，并在初期就生成大量的有机酸，合理地提高了酒醪的pH值，有效地抑制了有害杂菌的生成；③在传统的摊饭法发酵中，除选用优良的淋饭酒醪作为酒母外，还可用浆水作为配料，既可调节酸度，抑制产酸菌的繁殖生长，又增加了生长素，促使酵母迅速繁殖；④在喂饭酒发酵中，采用分批加饭，醪液酸度和酵母浓度不至于一下稀释得太低，同时还可使酵母多次获得新鲜养分，保持发酵的旺盛状态，阻碍了杂菌的繁衍；⑤合理的开耙在传统工艺中也是做好黄酒的关键，合理的开耙除能调节品温、混匀醪液外，更重要的是输送了溶解氧，强化了酵母的活性，阻止了产酸杂菌的生长。

2. 典型的边糖化边发酵工艺

在黄酒酿造过程中，淀粉糖化和酒精发酵是同时进行的。为使酒醪中酒精体积分数最终达到16%以上，就必须要有约30%可发酵性糖分。若醪中一开始就含这么高的糖分，酵母则很难在此环境中进行发酵。只有采用边糖化边发酵，才能使糖液浓度不至于积累太高，而逐步发酵产生酒精。为保持糖化与发酵的平衡，不使任何一方过快或过慢，在生产上通过合理的落罐条件和恰当的开耙进行调节，保证酒醪的正常发酵。

3. 酒醪的高浓度发酵

黄酒发酵时，酒醪中的大米与水之比为1：2左右，是所有酿酒中浓度最高的。这种高浓度的醪液，发热量大，流动性差，同时由于原料大米是整粒的，发酵时易浮在上面形成醪盖，热量不易散发。所以，对发酵温度的控制就显得很重要，关键是要掌握好开耙调节温度的操作，尤其是第一耙的迟早对酒质的影响很大。适当降低醪液浓度是有利于发酵的，也有利于出酒率的提高。新工艺黄酒发酵有增大醪液给水量的趋势。

4. 低温长时间发酵和高酒精度醪液的形成

黄酒酿造中不仅需要产生乙醇，而且还要产生多种香味物质，并使酒香协调，因此必须经过长时间的低温后发酵。在此阶段进行缓慢的糖化发酵作用，酒精及各种副产物，如高级醇、有机酸、酯类、醛类、酮类、含氮物等还在继续形成，有些挥发性成分逐步消失，酒味变得柔和细腻。一般低温长时间发酵的酒比高温短时间发酵的酒香气和口味都好。由于在高浓度下进行低温长时间的边糖化边发酵，并且酒醪中酵母的浓度高达6亿～8亿个/mL，以及其它因素的影响，形成了醪液16%左右的高酒精含量。

二、发酵过程中的物质变化

酒醪在发酵过程中的物质变化主要是指淀粉的水解、酒精的形成，并伴随着其它副产物的生成。

1. 淀粉的分解

淀粉的分解是在淀粉酶、糖化酶的作用下将淀粉转化为糊精和可发酵性糖。在发酵中，淀粉大部分被分解为葡萄糖。随着酵母的酒精发酵，糖含量逐步降低，到发酵终了时还残存少量的葡萄糖和糊精，使黄酒具有甜味和黏稠感。还有一部分糖被分解为麦芽三糖、异麦芽糖和潘糖等非发酵性低聚糖，增加了酒的醇厚性。淀粉酶经长时间的发酵，活性降低，其中耐酸性的糖化型淀粉酶的活性仍部分保存下来，经压榨大部分进入酒液，起到较弱的后糖化作用，但酶的存在也能引起蛋白质浑浊。可通过煎酒将酶破坏，以稳定酒质。

2. 酒精发酵

黄酒发酵分为前发酵、主发酵和后发酵三个阶段。在前发酵阶段，大约下缸或下罐10～12h，主要是酵母增殖期，发酵作用弱，温度上升缓慢。当醪中的溶解氧基本被消耗完，酵母细胞浓度相当高时，则进入主发酵期，此阶段酒精发酵旺盛，酒醅温度和酒精浓度上升较快，而酒醅中的糖分逐渐减少。经主发酵，醪液中代谢产物积累较多，酵母的活性变弱，即开始进入缓慢的后发酵阶段，后发酵主要是继续分解残余的淀粉和糖分，发酵作用微弱，温度逐渐降低。待发酵结束榨酒时，酒醅中的酒精体积分数可达 16% 以上。

3. 有机酸的变化

黄酒中的有机酸部分来自原料、酒母、曲和浆水，但大部分是在发酵过程中由酵母的代谢产生的，如琥珀酸等；也有些是因杂菌污染所致，如醋酸、乳酸、丁酸等。这些酸都是由可发酵性糖转化而成。在正常的黄酒发酵醪中，有机酸以琥珀酸和乳酸为主，此外尚有少量的柠檬酸、延胡索酸和醋酸等。这些有机酸对黄酒的香味和缓冲作用很重要。因此，在生产过程中要有目的地加以控制。酸败变质的酒醅含醋酸和乳酸特别多，而琥珀酸等减少。黄酒的总酸控制在 0.35g/100mL 左右较好，过高或过低都会影响酒的质量。

4. 蛋白质的变化

大米和小麦都含有一定量的蛋白质，在发酵过程中，蛋白质受曲和酒母中蛋白酶的分解作用，形成肽和氨基酸。还有一部分氨基酸是从微生物菌体中溶出的。黄酒酒醅中的氨基酸可达 18 种以上，且含量居各类酒之首。形成的氨基酸一部分被酵母同化，成为合成酵母蛋白质的原料，同时生成高级醇，再加上氨基酸本身的滋味，这些物质给予黄酒特有的醇香和浓厚感。

5. 脂肪的变化

原料中的脂肪在发酵过程中，被微生物中的脂肪酶作用，分解成甘油和脂肪酸。甘油给予黄酒甜味和黏稠性。脂肪酸受到微生物的氧化作用而生成低级脂肪酸。脂肪酸是形成酯的前体物质，酯与高级醇一起形成黄酒特有的芳香味。

第六节 黄酒生麦曲的生化性能及发酵过程的举例

麦曲作为黄酒生产的配料，其中含有多种微生物及其代谢产物，是一种复合酶制剂，其主要功用是给黄酒的酿造提供多种需要的酶，其品质对出酒率和酒质都有很大的影响，"曲是酒之骨"就是多年酿酒实践的精辟总结。

黄酒发酵是一种开放性的发酵过程，因此麦曲中各种微生物及酶在发酵中作用机理的研究易受外界的影响，给黄酒酿制的基础研究带来了极大的困难。

目前，国内对于麦曲的研究大多集中在制曲工艺的改进及纯种曲在制曲中的应用，而对其在发酵过程中的生化反应动态研究得不多。对麦曲在酿造中的作用进行研究，不仅具有重要的学术意义，而且对黄酒的生产实际也具有指导意义。

为此，江南大学食品科学与技术国家重点实验室毛健、姬中伟通过测定不同麦

曲的 α-淀粉酶、总淀粉酶、糖化力、蛋白酶、酯化力等活力及在发酵过程中的主要指标，对不同地域生产的生麦曲及其发酵动态进行了研究。结果表明，不同麦曲的理化性质存在较大差别，但这些差异性没有在发酵过程以及成品酒中理化指标方面得以显著表现，实验所得黄酒的各项理化指标均符合国家标准。

一、黄酒生麦曲的材料与制备方法

1. 黄酒生麦曲的材料

（1）曲样

以江、浙等地不同黄酒生产企业生产的生麦曲为研究对象，分别编号为 1～5。

（2）培养基

细菌培养基（肉膏蛋白胨培养基），酵母培养基（YPD），霉菌培养基（察氏培养基）。

（3）主要仪器

粉碎机（DJ-02 型，上海淀久中药机械制造有限公司），电子天平（FA2004N，上海精密科学仪器有限公司），分光光度计（722S，上海精密科学仪器有限公司），恒温水浴锅（HH-S2 系列，江苏金坛市环宇科学仪器厂），pH 计（PHS-3C，上海精密科学仪器有限公司雷磁仪器厂），恒温培养箱（HG303 系列，南京盈鑫实验仪器有限公司）。

2. 制备方法

（1）曲样制备

整块麦曲粉碎后，用四分法取样。

（2）麦曲理化分析

淀粉酶活力测定参照余荣珍等的方法，总淀粉酶活力与 α-淀粉酶活力平行测定。糖化力和水分测定参照傅金泉的方法测定。蛋白酶活力用甲醛法测定，酶解时间 3h。酯化力参照王福荣所述方法测定。

（3）麦曲中的微生物分析

采用稀释平板技术法。细菌平板 37℃ 倒置培养 2 天后计数，酵母菌和霉菌平板 28℃ 培养 3～5 天，长出菌落后计数。

（4）实验室发酵实验

按绍兴酒生产工艺在实验室条件下进行发酵实验。大米投料量 1500g，酿酒用活性干酵母 1.5g（用前以 2% 葡萄糖溶液在 37～40℃ 活化 1h），曲 240g。在 30℃ 培养箱培养发酵 5 天，然后在 12～16℃ 发酵 30 天。5 种曲的酿酒实验在同样工艺操作下进行，酒液与曲的编号一样分别标记为 1～5。醪液经离心去糟后测定上清液的 pH 值、酒精度和还原糖。

pH 值直接用 pH 计测定。酒精度用酒精比重计测定馏出液中的酒精浓度的方法测定（傅金泉）。还原糖采用铁氰化钾滴定法测定（傅金泉）。成品酒的理化指标参照黄酒国标（GB/T 13662—2000）测定。

二、酶活分析结果与理化指标

（1）酒样的酶活分析

曲样淀粉酶活测定结果如表4-3所示，由表4-3可见，各曲样的α-淀粉酶活和淀粉酶总酶活差别都很大，淀粉酶总酶活差别在10倍以上，并且α-淀粉酶活在总淀粉酶活中所占比例很小。按余荣珍等计算方法，各曲样总淀粉酶活中β-淀粉酶占主要部分。

表4-3　曲中的淀粉酶活

曲块编号	1	2	3	4	5
α-淀粉酶活/U	7.37	10.1	17.93	3.2	2.77
淀粉酶总酶活/U	1456	730.9	218.2	115.6	235.7

（2）曲样的其它理化指标

曲样水分及其它部分理化指标测定结果如表4-4所示。各曲样的水分含量在11.9%～13.9%，糖化力差别不大。1号曲样蛋白酶活力达2217U，4号曲样蛋白酶活力仅256U，二者大小相差近10倍。各曲样的酯化力在1.3～5.6U，也存在较大差别。

表4-4　曲样的部分理化指标

曲块编号	1	2	3	4	5
水分/%	12.4	13.9	11.9	12.8	12
蛋白酶活力/U	2217	1092.2	789.1	256.1	1163.3
糖化力/U	139.1	148.5	177.4	177.5	138.8
酯化力/U	5.645	1.382	5.126	4.928	5.244

（3）曲样中微生物分析

表4-5　曲样的微生物种类和数量

曲样编号	1	2	3	4	5
细菌总数/(10^5cfu/g)	6	11	11	3	5
酵母菌总数/(10^5cfu/g)	63	356	37	137	118
霉菌总数/(10^7cfu/g)	47	32	14	42	72

由表4-5可看出，各曲样中的微生物在数量上有差别，其主要微生物有霉菌、细菌和酵母。从数量上来看，曲中微生物以霉菌为主，酵母菌次之，这是与麦曲兼具液化剂、发酵剂两项功能相联系的。

（4）发酵实验

① pH值　从发酵实验所示黄酒发酵中pH值的曲线变化，醪液发酵初始pH值为5.7左右，在发酵初期特别是在前24h内，由于酵母菌生长繁殖处于迟滞期，

原料带入的产酸微生物代谢产生的有机酸使 pH 值迅速下降，此后随酵母成为发酵体系中的优势菌群，直到发酵结束黄酒醪液的酸度稳定在 3.7～4.1。

② 酒精度　发酵初期醪液的酒精度存在差异，一般 2、4 号醪液酒精度较高，而曲样中微生物分析结果显示 2、4 号中酵母菌的数量较大（表 4-5），表明曲中的酵母菌也参与了酒精发酵，具体情形有待进一步研究。6 天后，各曲样的酵母菌发酵受到产物一定程度的抑制，酒精度增长缓慢。

③ 还原糖　一般不同曲样在黄酒发酵中相应的还原糖含量变化规律为，发酵起始 24h 内还原糖达到最大值，此后还原糖显著降低，在发酵时间约 3 天后还原糖基本稳定，保持在 20～30g/L 的水平。参考各曲样的淀粉酶和糖化力大小（表4-3、表 4-4），发酵过程中醪液的残糖和曲样的酶活间并没有表现出稳定的对应关系。

④ 成品酒理化指标　发酵结束后测定了所得黄酒的理化指标，同时对色泽进行了评价，结果如表 4-6 所示。从表 4-6 可看出，不同麦曲所酿制黄酒的各项指标存在一定差异，由于所用原料（除麦曲外）和酿造工艺是相同的，很明显，这种差异主要来自于麦曲的不同。

各实验组氨基酸态氮指标大于国标优质的要求，总糖指标高于国标而符合绍兴酒的国家标准。

表 4-6　黄酒理化指标分析

理化指标	1	2	3	4	5
pH	4.03	3.77	3.81	3.62	3.95
酒精度	10.4	11.9	11.0	11.5	10.8
总糖/(g/L)	33.84	45.45	23.33	37.93	21.56
总酸/(g/L)	4.58	6.35	5.45	6.79	4.81
氨基酸态氮/(g/L)	0.673	0.762	0.937	1.109	0.844
色泽	黄色	淡黄色	深黄色	黄色	深黄色

三、麦曲及发酵动态与黄酒发酵过程讨论

目前黄酒酿造仍沿用生麦曲操作工艺，而黄酒的生产直到现在许多机理仍处于探索阶段，麦曲在酿造中的作用就是其中的主要问题之一。

本节对不同地域生产的麦曲及其发酵动态进行了分析，为进一步阐述黄酒发酵过程中麦曲的作用机制打下基础。

① 麦曲中的微生物是多菌种的混合物，来自制曲环境、原料以及工具等，而气候的变化、污染造成环境中微生物的变异等问题都有可能对传统黄酒的生产造成不可预测的影响，这就需要弄清麦曲在黄酒酿造过程中的作用机理，为黄酒酿造技术的改进提供基础。

② 由于 α-淀粉酶与 β-淀粉酶共存于麦曲中，大多数测定 β-淀粉酶的方法是将混合酶液加热使热敏感性的 β-淀粉酶先失活，然后从总淀粉酶活中减去 α-淀粉酶

活。范文来等曾提出了β-淀粉酶在曲中是否占有很重要地位的疑问，按上述计算法，可对此疑问作出肯定的回答。但发现发酵4天后黄酒醪液的酒精度和还原糖趋于稳定，表明4天后曲的液化、糖化和酵母的发酵活力都已显著下降，这与已有上述论断是一致的。王宇光认为酒精发酵是典型的产物抑制型发酵反应，在一般的发酵实验中7天后醪液的酒精度已趋于稳定，变化缓慢，此后醪液中的生化反应主要是风味物质形成和积累的过程。

③ 黄酒麦曲的微生物种群、数量和酶类活性等指标是反映曲质量的参考指标之一，受原料、工艺和生产环境的影响，因而不同厂家生产的曲，其微生物种群、数量和酶类活性均存在较大差异（表4-3～表4-5），表明曲的理化指标与发酵液理化指标之间并没有稳定的对应关系，但曲中一些未知微生物种群在发酵中对黄酒风格等影响是很显然的。曲本身具有催化能力，这种能力在发酵过程中的表现仍然受到多种因素的制约。在酿酒过程中曲的差异在对酒的风格、口感等有决定因素的微量成分上的影响显然很重要。

④ 黄酒属于发酵酒，都必须做微检。《其他酒生产许可证审查细则》中规定，酒精度小于等于20％的蒸馏酒配制酒必须有微生物指标。在GB/T 17204的1998年版本中，曾将发酵酒的酒精度确定为小于等于24％，蒸馏酒的酒精度确定为18％～60％，但在08年版本中这一点被删去了。

⑤ 在发酵初期，酒精度提高到10％～12％对发酵就有明显的抑制作用，要终止发酵，酒精度应加到18％～20％，看使用的酵母是什么酵母而有所差异。

第七节　黄酒传统生麦制曲的特征与工艺操作的举例

为了充分认识我国黄酒传统生麦制曲的操作技艺，本节简叙了传统生麦制曲的基本定义、生麦制曲培养机理、微生物种群、来源和性质、生麦曲的三系和真菌组成、化学成分、功能、作用、特征等，在此基础上对生麦制作工艺及麦曲质量要求作进一步研究探讨。

酒曲：包括小曲、米曲（红曲、乌衣红曲、黄衣红曲）、麦曲、大曲、麸曲等糖化发酵剂。

本节单就黄酒中使用的传统生麦曲的制作技艺和特征等作一简叙。

一、生麦曲的基本定义

传统生麦曲一般采用红皮或黄皮小麦为原料，经轧碎破粒，加入生水或接入母种拌匀后，入箱踏制提浆，黏结成型，脱箱切块，制成形状较大的曲坯。利用自然温度入房培养，控制一定的温湿度，在制作过程中依靠从自然界带入的多种微生物（包括原料自身、水、器具、稻草覆盖物）在营养丰富的小麦原料中进行繁殖、生长、发酵、代谢。并保藏了多种对酿酒有益的微生物、酶类和生香增味物质，经风干后形成块曲，每块生麦曲的质量为 2.5～3kg。一般储存 3 个月左右称为陈曲，方可使用。

生麦曲是多种微生物的混合载体，所含的微生物谱系极为丰富。在麦曲制备中带入的微生物主要有霉菌、细菌、酵母菌。由于微生物之间存在着互生、共生、寄生和拮抗作用，经过千百年的驯化，逐步形成一个异常复杂并与环境相适应的微生物区系，这些微生物在制曲和酿酒过程中，形成错综复杂、种类繁多的代谢产物，进而赋予各种类型黄酒独特的风味和特色，这是其它酒曲所不能相比的，也是我国名优黄酒应用传统生麦曲的奥妙所在。

二、麦制曲培养机理

一般麦曲是指将破碎的小麦粒踩成方砖型，然后入房培养繁殖糖化菌而形成（培养最高温度控制在 60℃ 左右，时间 30～35 天左右，水分在 13％ 以下，糖化率 500～900 个单位）。

麦曲是黄酒生产糖化剂。它为黄酒提供各种酶类，主要是淀粉酶和蛋白酶，促使原料所含的淀粉、蛋白质等高分子物质水解；同时在制曲过程中形成各种代谢物，以及由于这些代谢产物相互作用产生的色泽、香味等，赋予黄酒酒体独特的风味。传统的麦曲生产采用自然培育微生物的方法，目前已有很多的工厂采用纯种培育的方法制得纯种麦曲。

三、传统生麦曲中微生物种类

传统黄酒工艺以固态制麦曲、酒药搭窝米饭制淋饭酒母、液态浓醪发酵著称于世。固态制麦曲是全开放的，由此引入麦曲中的微生物群系也是极其复杂的。目前已知麦曲中的微生物最多的有以下几种。

（1）霉菌

霉菌不仅在酿造中作用大，生活中也常见其功过。麦曲的制作原理就是最大限度地让适合于发酵的或叫有益的霉菌着生繁殖。由于霉菌的结构和形态独特，因而在麦曲的培养过程中使麦曲形成不同颜色的菌丝和孢子，并在很大程度上，麦曲的质量是由其曲心及曲层面的颜色来判定的。

霉菌在麦曲菌类中分布有 7 种：

① 曲霉　是麦曲中最多的菌，菌丝生长的颜色有黑、褐、黄、绿、白五色。曲霉作用于麦曲后可形成糖化力、液化力、蛋白分解力和产生多种有机酸及微量酒精。

② 根霉　根霉又分为黑根霉、米根霉、中华根霉、无根根霉几种。除具有假根特征外，主要和毛霉、酵母菌共存。麦曲中的根霉主要以米根霉为主。米根霉除

具有较强的糖化力外，还兼有一定的发酵力，另外还产生相当量的乳酸，对黄酒风味有利。

③ 毛霉　与根霉极相似，所以霉的生长温度也差不多。适应于麦曲刚培养的"低温培菌期"，特别是温高湿大，两曲相靠时，更易生长。毛霉作用于培养基后所代谢的产物和自身积累的酶系又具有蛋白质分解力或可产生乙酸、草酸、琥珀酸、甘油等。

④ 青霉菌　青霉在麦曲或酿酒生产上完全属于有害菌。青霉系列菌都喜好在低温潮湿的环境中生长，它对麦曲中其它有益微生物有抑制作用。因此在制作麦曲时要注意清洁防湿，加强管理。

⑤ 红曲霉　红曲霉的菌落初为白色，成熟后转为淡红色或紫红色，一般呈现红色。红曲霉的特性是可以利用糖液为碳源，产生淀粉酶、麦芽糖酶、蛋白酶、柠檬酸、琥珀酸、乙酸等，对黄酒风味有利。麦曲中心有时呈现红、黄色点，这是红曲霉作用的结果。

⑥ 犁头霉　任何一种麦曲都含有犁头霉，在麦曲中占有一定的比例。

⑦ 念珠霉　在麦曲中的作用尚不清楚，可以保护曲坯不裂口，念珠霉作用于麦曲后形成的糖化力、液化力较弱。

（2）细菌

无论是麦曲培制和酿酒都离不开细菌。在酿酒行业将麦曲含有这几种菌类作用说成：糖化动力→霉菌；发酵动力→酵母菌；生香动力→细菌。中外驰名的酱香型贵州茅台酒就是采用细菌高温大曲酿制、蒸馏、储存而成的。麦曲中的细菌主要是球菌和杆菌，最多的是乳酸菌。

麦曲中的乳酸菌有一个显著特点：一是既有纯型（同型）的又有异型的；二是球菌居多，占70%；三是所需温度偏低，在28～32℃，并具有厌气和好气双重性。麦曲中乳酸含量生成区域是在麦曲培养高温转化时由乳酸菌作用于己糖同化成乳酸，其量的大小往往取决于麦曲中乳酸菌的数量和麦曲生产发酵时对品温的控制，特别是顶点品温不足，热曲时间短时，更会使乳酸大量生成。乳酸含量的多少是反映麦曲质量的一个方面。在白酒生产中对麦曲的要求是"增己降乳"提高优质白酒的比例。但在黄酒生产中保持一定的乳酸有利于酸、醇反应，增加香气，对黄酒风味有好处。醋酸杆菌、醋酸菌的形态各异，在麦曲中以杆菌居多，且是典型的好气菌，它的作用主要是氧化葡萄糖生成醋酸和少量酒精。醋酸的功过取决于其含量的多少，在一定量时，它是与醇合成酯的必要成分；但当其量大时，会使酒味变异，更主要的是会抑制酵母菌生长和作用。枯草芽孢杆菌在麦曲细菌中占有一定的数量。它有厌气和好气两种类型，一般最适生长温度为37℃，适应于微酸、湿度大的环境。枯草芽孢杆菌具有分解蛋白质和水解淀粉的能力，它能生成酒体的芳香类物质。

（3）酵母菌

传统麦曲中的酵母菌含量极微。但制生麦曲并不是单一地追求在发酵中有哪一种微生物，而是综合性地取得微生物菌群的数量及其相应代谢产物。麦曲中酵母菌有酒精酵母、产酯酵母和假丝酵母等。

酒精酵母是麦曲中的主要酵母，其主要特点是生产作用温度低，酒精生成能力强。酒精酵母与其它酵母相比其数量相当少，但在酿酒上是必不可少的，它对麦曲和黄酒的产品风味起到决定性的作用。产酯酵母，能以糖、醛、有机酸、盐类作为养料，在酯酶作用下将乙酸和乙醇结合成乙酸乙酯或其它酸酯，所以又称为生香酵母。假丝酵母包括产朊假丝酵母、解酯假丝酵母、热带假丝酵母等。它们有很多种，都具有酒精发酵能力。与拟内孢霉共同存在于麦曲的表面层，通常呈现为黄色的小斑点，当麦曲进入高温转化期时，就随其它酶转入休眠或死亡。

四、传统生麦曲微生物的来源

从麦曲制作到成曲的储存管理都是一个敞开作业过程。所以微生物不难进入到麦曲制作的全过程。因此，生麦曲中微生物来源主要有原料、水、空气、器具和曲房环境方面。而且一般规律为空气细菌多，原料霉菌多，生产场地酵母菌多。

（1）空气

素有微生物的天然运输者之称。在空气中的微生物主要来自土壤、尘埃中的耐干燥的霉菌孢子、芽孢杆菌、细菌等。由于空气的流动受到季节的影响，故空气中的微生物在数量和种类上也受着季节影响。如冬天细菌多于夏天，霉菌和酵母菌夏、秋天多于冬天。正因为这一现象，我国黄酒传统制曲都根据这一规律，在八月至九月间制造麦曲。据有关研究部门测定：空气中微生物含量可达 $10^6 \sim 10^9$ 个/m^3，水中的微生物也是从土壤和空气中带入的。但是由于地理环境、季节不同也会带来菌类种类和含量不同。

（2）原料

麦曲中的微生物，主要来源于小麦原料上附着微生物。据有关研究单位对小麦等原料的测定：小麦上的霉菌数量达 25000 个/g，在小麦等原料中，除霉菌外，还有细菌类的草生假单孢菌及产酸细菌。如乳酸菌和醋酸菌等。

（3）水

微生物在水中的数量取决于水质，因水源不同，其微生物的种类不同。制麦曲时一般都使用自来水，即饮用水，据测定 1mL 自来水平均含微生物总数为 96.3个，其中细菌 95 个，而霉菌只有 1.3 个，细菌中一般以大肠杆菌居多。由此可知，制曲用水的微生物含量和种类是有限的。

（4）器具

麦曲的制作是敞口的，不但原料可以带有空间微生物，而且用于麦曲生产的器具也都可以大量地带有微生物，器具还另有储备"残留"微生物的特点（包括曲箱、箱板和制曲工具，还有制麦曲竹帘、草帘或草席等物品）。

五、生麦曲的菌系和酶系

（1）微生物降（菌系）

细菌具有种类多、数量多和功能多三大特点。大多数细菌除产酸外，同时作用后产生热量，放出 CO_2 及少量酒精，经代谢后产生众多的物质积累和风味物质。霉菌（包括根霉、犁头霉、毛霉、米曲霉、念珠霉、红曲霉、黑曲霉等）具有较强的糖化力、液化力和蛋白分解力等。酵母菌能产生酒精和芳香酯类物质。

（2）生物酶（霉系）

传统麦曲中主要含有 α-淀粉酶、β-淀粉酶、糖化型淀粉酶、蛋白酶、脂肪酶，此外还有纤维素酶、麦芽糖酶、转移葡萄糖苷酶及异淀粉酶等。黄酒原料中的淀粉、蛋白质、脂肪、纤维素都要靠生物酶来分解和转化，从而产生一些风味物质。

（3）生麦曲的化学成分

现将日本学者山崎百治先生著的《淋饭酒制造方法》一文，其中记载对淋饭酒生产用生麦曲研究分析列于表 4-7，这些资料虽然是以前的，但同样对研究了解黄酒麦曲有一定的参考价值。

表 4-7 传统生麦曲的化学成分　　　　　　　　单位：%

序　　号	东方产曲	No. 101	东方产曲	No. 103
组分	气干样品	干燥样品	气干样品	干燥样品
水分	14.212	—	11.657	—
粗蛋白质	14.109	16.446	25.143	28.461
乙醚抽出物	1.380	1.609	1.980	2.242
粗纤维	3.016	3.516	41.819	47.336
还原糖	1.547	1.803	1.525	1.726
糊精	4.173	4.865	2.524	2.850
淀粉	58.293	67.944	9.382	10.600
灰分	3.270	3.817	5.970	6.785
合计	100.000	100.000	100.000	100.000
全氮量	2.25613	2.62985	4.02033	4.55078
蛋白质氮量	2.03933	2.37716	2.84557	3.22100
非蛋白质氮量	0.21680	0.25269	1.17476	1.32978

（4）生麦曲的功能和作用

生麦曲除提供菌源作为糖化发酵剂外，还有生香增味作用。在生麦曲制造过程中，微生物的代谢产物和原料分解产物，直接或间接地构成黄酒风味物质，使黄酒具有独特的风味，因此生麦曲具有生香增味作用。不同的生麦曲工艺所用小麦的品种和培养温度及所自然带入的微生物群系有所不同，成品黄酒中的风味物质或风味前体物质的种类和含量也就不同，从而影响黄酒的香味成分和风格。所以各类名优黄酒都有其各自的制曲工艺特点。还有人认为：用作制曲原料小麦的表皮，含有一种放香物质，在较高持久的发酵培养温度下，可以转化生成阿魏酸、香草醛、香草酸、4-乙基酚等芳香族化合物，以提供黄酒中的香气成分。

六、生麦制曲的工艺

制造生麦曲的时间一般在春末夏初至中秋节前后，因为在不同的季节时，自然界中微生物菌群分布存在明显差异。一般是春秋季节酵母多，夏季霉菌多，冬季细菌多。我国名优黄酒生产制曲都在每年7～9月，俗称"伏曲"、"桂花曲"，因为夏秋温度较高，环境中的微生物较活跃，有利于以霉菌为主的微生物群生长和繁殖。传统麦曲制作方式有：草包曲、块曲、筐曲、挂曲、饼曲等。现将黄酒企业普遍采用的压块麦曲生产工艺简述如下：

1. 工艺流程

小麦→过筛→轧碎→加水拌料→入曲箱→踩压→切块→进房叠曲→低温培菌→中高温转化→排潮生香→通风晾曲→干燥→入库存放→成品麦曲

2. 操作要点

（1）原料挑选过筛

根据制曲要求选择小麦呈椭圆形或卵圆形，横断面近似心形。麦粒充实饱满，胚乳所占含量高，淀粉率高。大粒黄皮或红皮小麦，然后过筛去除杂质，使麦粒清洁均匀。经过挑选除杂有利于提高麦曲质量和酿酒的品质。

（2）轧碎

小麦轧碎的目的是释出淀粉、吸收水分、增大黏性、提供养料。轧碎程度对成品曲影响较大，过细则黏性大，通透性差，曲坯培养时水分蒸发太慢，容易引起生酸。若过粗则黏性小，曲坯培养时水分蒸发快，热量散失快，菌丝偏短，影响酶活力。因此，对小麦轧碎程度要求一粒麦轧成3～5片，这样既有淀粉黏结又使曲块具有通透性，有利于微生物的生长、繁殖，从而提高麦曲的质量。

（3）加水拌料

拌料用水必须新鲜，洁净，在加水拌料前，对所用踩曲场地及曲箱、工具均打扫清洗干净，以防或减少杂菌污染。

加水拌料的目的就是使麦片粉末均匀增加水分，而曲料的含水量至关重要，不能含糊。应根据客观情况具体确定，操作中首先将麦片倒入拌料缸内，小麦加水比例一般在18.5%～20%，用木锹机械快速翻拌，使之吸水均匀，无团块，曲料含水量在32%～34%。感官要求是：手握成团不粘手，放开即散，无结块。

（4）踩曲，切块

将加水拌匀后的曲料倒入箱内摊平，每箱曲料分两层，每层加曲料45kg左右，在人工踩曲时，曲坯踩制是一个柔性的、重复的过程，踩曲以通过多次足踩后不散为度，要求做到四角整齐，厚薄一致，表面平整，用刀纵横切成砖块状，待曲坯稍干结块，即可将坯搬进曲房，否则曲坯在外放置的时间过长，表面的水分就会挥发，以后在培养过程中表层容易干裂。

（5）入室摆曲

摆曲前，曲房应先打扫干净，墙壁四周须用石灰水粉刷消毒，然后在地面铺上谷皮及竹帘保温，再将曲坯移入曲房，移曲坯时要轻拿轻放，不要使其破碎，并整齐地叠成丁字形或井字形，留有空隙，有利于保温保湿和热量散发及微生物的生长繁殖。当曲坯全部入室后，关闭门窗保温。

（6）制曲培养管理

培菌是麦曲质量的关键环节，有什么样的曲就有什么样的产品质量。不管哪种制曲培养方式，均把这个阶段放在首位，麦曲的制作技术和成型质量也在于此。

麦曲的培养管理就是给不同微生物提供不同的环境，从而达到各种物质储备于麦曲之中的目的。所以说在制曲培养管理中可以人为进行操作控制，在培养期间要适时调节曲室温度和湿度，定时保温、保湿、降温、排潮和更换曲房空气，控制曲坯发酵，从而给曲坯微生物营造良好的生产环境，曲坯培养发酵期可分三个阶段：①低温培菌期（前缓），让霉菌、酵母菌等大量繁殖，时间 1～2 天，品温 30～40℃，相对湿度＞80％；②中高温转化期，让已大量生成的菌生长菌丝，时间 2～3 天，品温 45～55℃，相对湿度＞90％；③排潮生香期（后缓），促进曲心多余水分挥发和香味物质的呈现，品温随天数增加而逐渐降低，相对湿度＜80％，时间 10～12 天。

（7）拆曲及干燥

拆曲的目的主要是除去曲块中残余的水分，经 20 天以后培养麦曲，已逐渐成干燥的曲块，此时可进行拆曲打拢，一般再经 10～15 天，曲即可入库储存。

（8）成曲储存

刚出房块曲含水分较多，酸度高，菌落多（细菌多），故须经过一段时间的干燥储存，俗称"陈化"。由于麦曲在储存过程中酶活力会下降，故麦曲的储存期也不是越长越好，麦曲储存过程中微生物变化如表 4-8 所示。

表 4-8　麦曲储存过程中微生物变化（3 次平均值）　　单位：10^4 个/g

时　　间	刚出曲	1 个月	3 个月	6 个月	9 个月	12 个月
细菌	420	880	291.95	165	156	144.5
霉菌	135	167	158.62	134	109.6	91.7
酵母菌	87	37	29.2	22.1	21.6	20.2

从表 4-8 中可知，微生物的变化是麦曲出房后一个月细菌较多，以后急剧下降。酵母菌在储存中一直下降，这与发酵力的变化有矛盾，推测可能有其它消长因素，霉菌储存三个月逐步下降。我国地域辽阔，自然地理条件相差悬殊，各地野生微生物群也极不相同，同时各企业所用原料品种、制曲工艺、储存条件不同，也导致麦曲成品质量有差异，对于麦曲的生产使用，各企业要做到有计划的安排，以确保麦曲质量，合理储存，并根据企业麦曲不同质量，科学搭配使用，加强管理。对于麦曲储存期一般在 2～3 个月为宜。

七、麦曲的质量要求

曲块坚韧而疏松，外表面有颜色相一致的白色斑点状菌丝体。鼻嗅之应具有特殊的麦曲香，曲的横断面有稠密的菌丝体，略灰白带黄绿色的孢子，有苦涩辛辣味。理化指标：水分14%以下，酸度0.56g/L（以乳酸计），糖化力750～1000mg葡萄糖/(g曲·h)，液化力35min以下。

总之，传统生麦制曲，技艺独特，工艺精深，是我国祖先遗留下来的宝贵财富。我们要在继承完善和发扬传统制曲工艺的基础上，加强对生麦制曲中微生物基础理论研究，采用新技术、新工艺、新设备对传统制曲方法进行改造、开拓、创新，逐步形成东方制曲的特色，从而推动制曲酿酒业的共同发展。

第五章
黄酒生产工艺与实例

第一节　中国传统黄酒的酿造

一、概述

　　黄酒的传统酿造工艺，是一门综合性技术，根据现代学科分类，它涉及到食品学、营养学、化学和微生物学等多种学科的知识。我们的祖先在几千年漫长的实践中逐步积累经验，不断完善，不断提高，使之形成极为纯熟的工艺技术。

　　约在三千多年前，商周时代，中国人独创酒曲复式发酵法，开始大量酿制黄酒。黄酒产地较广，品种很多，著名的有绍兴加饭酒、福建老酒、江西九江封缸酒、江苏丹阳封缸酒、无锡惠泉酒、广东珍珠红酒、山东即墨老酒等。被中国酿酒界公认的、在国际国内市场最受欢迎的、最具中国特色的，首推绍兴酒。

　　传统的黄酒，分为四大类，以绍兴酒为例，以元红酒作为干酒的代表；以加饭酒作为半干酒的代表；以善酿酒作为半甜酒的代表；以香雪酒作为甜酒的代表。

　　元红酒是最为常见的酒。加饭酒，是因为在配料中加大了投料的比例，酒质较为醇厚，香气浓郁。善酿酒，相当于国外的强化酒，是在发酵过程中加入黄酒（所谓以酒代水冲缸），故酒度较高，因为酒精度的提高，发酵受到抑制，故残糖较高，因而为半甜酒。香雪酒则是在发酵过程中加入小曲白酒，酒度比善酿酒更高，残糖浓度也更高。

　　例如，元红酒的酿造工艺流程（干黄酒类型）见图5-1。

中国传统酿造黄酒的主要工艺过程为：

浸米→蒸饭→晾饭→落缸发酵→开耙→坛发酵→煎酒→包装

今天，我国大部分黄酒的生产工艺与传统的黄酒酿造工艺一脉相承，有异曲同

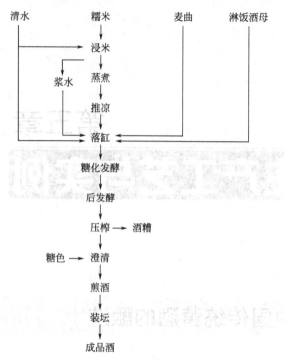

图 5-1　元红酒的酿造工艺流程

工之妙。

二、干型黄酒的酿造

干黄酒：干表示酒中的含糖量少，糖分都发酵变成了酒精，故酒中的糖分含量最低，最新的国家标准中，其含糖量小于 1.0g/100mL（以葡萄糖计）。这种酒属稀醪发酵，总加水量为原料米的三倍左右。发酵温度控制得较低，开耙搅拌的时间间隔较短。酵母生长较为旺盛，故发酵彻底，残糖很低。在绍兴地区，干黄酒的代表是元红酒。

干型黄酒含糖浓度在 1.0g/100mL（以葡萄糖计）以下，酒的浸出物较少，口味比较淡薄。麦曲类干型黄酒的操作方法主要有淋饭法、摊饭法和喂饭法三种。

（一）摊饭酒

绍兴元红酒是干型黄酒中具有典型代表性的摊饭酒，采用糯米为原料酿制而成。

1. 工艺流程

见图 5-1。

2. 操作方法

（1）配料

元红酒每缸用糯米144kg，配入麦曲22.5kg，水112kg，酸浆水84kg，淋饭酒母5～6kg。加入酸浆水与清水的比例为3：4，即"三浆四水"。

（2）浸米

浸米操作与淋饭酒母相同，但摊饭酒的浸米时间较长，达18～20天，浸渍过程中，要注意及时换水。

（3）蒸饭和摊凉

蒸饭操作和要求与淋饭酒基本相同，只是摊饭酒的米，浸渍后不经淋洗，保留附在米上的浆水进行蒸煮。蒸熟后的米饭，必须经过冷却，迅速把品温降至适合微生物繁殖发酵的温度。对米饭降温要求是品温下降迅速而均匀，不产生热块，并根据气温掌握冷却后温度，一般应为60～65℃。

以前，摊饭酒蒸熟米饭的冷却是把米饭摊在竹簟上，用木楫翻拌冷却。现多改为机械鼓风冷却，有的厂已实现蒸饭和冷却的连续化生产。

（4）落缸

落缸前，应把发酵缸及一切用具先清洗和用沸水灭菌，在落缸前一天，称取一定量的清水置缸中备用。落缸时分两次投入冷却的米饭，打碎饭块后，依次投入麦曲、淋饭酒母和浆水，搅拌均匀，使缸内物料上下温度均匀，糖化发酵剂与饭料均匀接触。注意勿使酒母与热饭块接触，以免引起"烫酿"，造成发酵不良，引起酸败。落缸的温度根据气温高低灵活掌握，一般控制在27～29℃。并及时做好保温工作，使糖化、发酵和酵母繁殖顺利进行。

（5）糖化和发酵

物料落缸后便开始糖化和发酵，前期主要是酵母的增殖，品温上升缓慢，应注意保温，随气温高低不同，保温物要有所增减。

一般经过10h左右，醅中酵母已大量繁殖，进入主发酵阶段，温度上升较快，缸内可听见嘶嘶的发酵响声，并产生大量的二氧化碳气体，把酒醅顶上缸面，形成厚厚的米饭层，必须及时开耙。开耙时以测量饭面下15～20cm的缸心温度为依据，结合气温高低灵活掌握。

开耙温度的高低，影响成品酒的风味。高温开耙（头耙35℃以上），酵母易早衰，发酵能力减弱，使酒残糖含量增多，酿成的酒口味较甜，俗称热作酒；低温开耙（头耙温度不超过30℃），发酵较完全，酿成的酒甜味少而酒精含量高，俗称冷作酒。

一般情况下的开耙温度和间隔时间如表5-1所示。

表5-1　开耙温度和间隔时间表

项　　目	头　　耙	二　　耙	三　　耙
间隔时间/h	落缸后,20左右	3～4	3～4
耙前温度/℃	35～37	33～35	30～32
室温/℃	10左右		

开头耙后品温一般下降 4～8℃，此后，各次开耙的品温下降较少。实际操作中，头耙、二耙主要依据品温高低进行开耙，三耙、四耙则主要根据酒醅发酵的成熟程度，及时捣耙和减少保温物，四耙以后，每天捣耙 2～3 次，直至品温接近室温。主发酵一般 3～5 天结束。

注意防止酒精过多的挥发，应及时灌坛进行后发酵。此时酒精体积分数一般达 13%～14%。

（6）后发酵（养醅）

灌坛操作时，先在每坛中加入 1～2 坛淋饭酒母（俗称窝醅），搅拌均匀后，将发酵缸中的酒醅分盛于酒坛中，每坛约装 20kg 左右，坛口上盖一张荷叶。2～4 坛堆一列，堆置室外。最上层坛口除盖上荷叶外，加罩一小瓦盖，以防雨水进入坛内。后发酵使一部分残留的淀粉和糖分继续发酵，进一步提高酒精含量，并使酒成熟增香，风味变好。后发酵的品温常随自然温度而变化。所以前期气温较低的酒醅，要堆放在向阳温暖的地方，以加快后发酵的速度；在后期天气转暖时的酒醅，则应堆放在阴凉的地方，防止温度过高，产生酸败现象，一般控制室温在 20℃ 以下为宜。后发酵一般需 2 个月以上的时间。

（7）压榨、澄清和煎酒

摊饭黄酒的发酵期在两个月以上，一般掌握在 70～80 天。酒醅趋于成熟，要进行压榨、澄清和煎酒操作，具体过程将在第七节中详细介绍。

（二）喂饭酒

喂饭法发酵是将酿酒原料分成几批，第一批先做成酒母，在培养成熟阶段，陆续分批加入新原料，扩大培养，使发酵继续进行的一种酿酒方法。

1. 工艺流程

见第二节内容。

2. 操作方法

（1）浸渍

室温 20℃ 左右时，浸渍 20～24h；室温 5～15℃ 时，浸渍 24～26h；室温 5℃ 以下时，浸渍 48～60h。米投入时，水面应高出米面 10～15cm，米要吸足水分。浸渍后用清水冲洗，洗去黏附在米粒上的黏性浆液后蒸煮。

（2）蒸饭

"双淋双蒸"是粳米蒸饭质量的关键。所谓"双淋"即在蒸饭过程中两次用 40℃ 左右的温水淋洒米饭，抄拌均匀，使米粒吸足水分，保证糊化；"双蒸"即同一原料经过两次蒸煮。蒸饭要求是"饭粒疏松不糊，成熟均匀一致，内无白心生粒"。

（3）淋水

淋水温度和数量要根据气候和下缸品温灵活掌握。气温低时，要接取淋饭流出的温水，重复回淋到饭中，使饭粒内外温度一致，保证拌药所需的品温。

（4）拌药、搭窝

蒸饭淋水后，沥干，落缸。一般每缸为粳米 50kg 的米饭，搓散饭块，拌入酒药 0.2～0.25kg 搭窝。拌药品温 26～32℃，根据气温适当调节。做好保温工作，经 18～22h 开始升温，24～36h 品温略回降出现酿液，此时品温约 29～33℃。以后酿液逐渐增多，趋于成熟时，呈白玉色，有正常的酒香。

（5）翻缸放水

一般在搭窝 48～72h 后，酿液高度已达 2/3 的醅深，糖度达 20% 以上，酵母细胞数在 1 亿个/mL 左右，酒精体积分数在 4% 以下，即可翻转酒醅加入清水。加水量按总控制量的 330% 计算。

（6）第一次喂饭

翻缸 24h 后，第一次加曲，其数量为总用曲量的 1/2，喂入原料米 50kg 的米饭，捏碎大的饭块，喂饭后品温一般在 25～28℃，略拌匀。

（7）开耙

第一次喂饭后约 13～14h，缸底的酿水温度约在 24～26℃，缸面品温为 29～30℃，甚至高达 32～34℃，开头耙。

（8）第二次喂饭

第一次喂饭后约 24h，加入余下的一半麦曲，再喂入原料米 25kg 的米饭。喂饭前后的品温一般在 28～30℃，随气温和酒醅温度的高低，适当调整喂入米饭的温度。

（9）灌坛、养醅

第二次喂饭以后的 5～10h，酒醅从发酵缸灌入酒坛，露天堆放，养醅 60～90 天，进行缓慢的后发酵，然后压榨、澄清、煎酒、灌坛。采用喂饭法操作，应注意以下几点：①喂饭次数以 2～3 次为宜，以 3 次最佳；②喂饭时间间隔以 24h 为宜；③酵母在酒醅中要占绝对优势，使糖浓度不致积累过高，以协调糖化和发酵的速度，使糖化和发酵均衡进行，防止因发酵迟缓导致品温上升过于缓慢，使糖浓度下降缓慢而引起升酸。

三、半干型黄酒的酿造

半干，表示酒中的糖分还未全部发酵成酒精，还保留了一些糖分。在生产上，这种酒的加水量较低，相当于在配料时增加了饭量，故又称加饭酒。酒的含糖量在 1.00%～3.00%。在发酵过程中，要求较高。酒质厚浓，风味优良。特别是绍兴加饭酒，酒液黄亮、呈有光泽的琥珀色，香气浓郁芬芳，口味鲜美醇厚，甜度适口，在国内外久负盛名。这类酒可以长久储藏，是黄酒中的上品。中国大多数出口酒，均属此种类型。

半干黄酒是中国的民族特产，其中以浙江绍兴酒为代表的麦曲稻米酒是黄酒历史最悠久、最有代表性的产品；山东即墨老酒是北方粟米黄酒的典型代表；福建龙岩沉缸酒、福建老酒是红曲稻米黄酒的典型代表。半干黄酒酒精度低、耗粮较少、富含多种氨基酸、蛋白质、维生素和对人体有益的矿物元素，营养丰富。

下面以绍兴加饭酒为代表，介绍半干型黄酒的酿造。

加饭酒，顾名思义，是在配料中增加了饭量，实际上是一种浓醪发酵酒，采用摊饭法酿制而成。比干型的元红酒更为醇厚，与元红酒有所不同。

原料：半干黄酒是以稻米、黍米、玉米、小米、小麦等粮食为主要原料，经蒸煮、糖化、发酵、压榨、过滤、储存、勾兑等工艺生产的发酵酒。

1. 工艺流程

见第二节。

2. 操作说明

① 加饭酒操作基本与元红酒相同，但因减少了放水量，原料落缸时拌匀比较困难，应将落缸经搅拌过的饭料，再翻到靠近的空缸中，以进一步拌匀，俗称"盘缸"。空缸上架有大孔眼筛子，饭料用挽斗捞起倒在筛中漏入缸内，随时将大饭块用手捏碎，以达到曲饭均匀，温度一致。

② 因酒醪浓厚，主发酵期间品温降低缓慢，可安排在严寒季节生产。落缸品温不宜过高，一般在 26～28℃，并根据气温灵活掌握；同时发酵温度比元红酒低 1～2℃。

③ 加饭酒的发酵不仅要求酒精、酸度增长符合要求，而且保持一定的糖分。因此开耙很关键，主要靠开耙技工的实践经验灵活掌握。加饭酒采用热作开耙，即头耙温度较高，一般在 35～36℃，这样有利于糖化发酵迅速进行，使酒精含量增长快，发酵后糟粕少。当发酵升温高潮到来后，根据主发酵酒醪的成熟程度，及时捣冷耙，降低品温。

3. 半干黄酒理化指标与国家标准

目前国家现有的有关半干黄酒产品的标准有 GB 2758—2005《发酵酒卫生标准》、GB/T 13662—2000《黄酒》、GB 17946—2000《绍兴酒（绍兴黄酒）》和 QB 2746—2005《清爽型黄酒》。

主要技术指标如下。

（1）感官（GB/T 13662—2000《黄酒》）

半干黄酒的感官包括外观、香气、口味和风格。半干黄酒的感官指标是判别黄酒质量优劣的重要依据之一。

（2）总糖（GB/T 13662—2000《黄酒》）

是指粮食经糖化水解后，能还原斐林试剂的还原物质的总量。半干黄酒15.1～40.0g/L。

（3）非糖固形物（GB/T 13662—2000《黄酒》）

半干黄酒试样经 100～105℃加热，其中的水分、乙醇挥发酸等可挥发物质被蒸发，剩余的残留物即为总固形物。总固形物减去总糖即为非糖固形物。非糖固形物中含有糊精、蛋白质及其分解物、甘油、灰分等物质，是酒味的重要组成部分。因同类型酒中糖分差较大，标准规定扣除糖后计算固形物。不同类型的黄酒非糖固形物差异较大，如一级干黄酒应≥16.5g/L，一级半干黄酒应≥23.0g/L。

（4）酒精度（GB/T 13662—2000《黄酒》）

酒精度是指酒样中所含酒精的体积分数。在发酵过程中，淀粉被曲霉菌和酵母菌水解成葡萄糖、麦芽糖、小分子糊精及低聚糖，这些物质除了被微生物作为营养物质用于自身的生长繁殖外，一部分被转化为酒精。半干黄酒的酒精度一般在14%~20%，属于低度酿造酒，标准规定酒精度至少在8.0%以上。

（5）总酸（GB/T 13662—2000《黄酒》）

指酒中未离解的酸和已离解的酸的浓度之和。半干黄酒中的主体酸是乳酸，约占总酸的60%。标准规定了总酸的上限和下限，使半干黄酒酸度、糖度和酒精度协调配合，给制假者增加了成本和难度。总酸范围一般在3.5~8.0g/L。总酸是半干黄酒风味的一部分。

（6）氨基酸态氮（GB/T 13662—2000《黄酒》）

米饭中的蛋白质，在发酵过程中经曲霉菌和酵母菌中的蛋白酶作用，被水解成肽和氨基酸。微生物除利用掉一部分氨基酸用于自身生长繁殖外，还会将一部分氨基酸变成杂醇油及其它物质，一部分氨基酸残留在酒液中。肽和氨基酸对人体有营养作用。酒液中的肽、氨基酸和杂醇油等对黄酒所具有的香气和醇厚口感起着一定作用。氨基酸态氮含量越高，半干黄酒的口感越醇厚鲜美。一级半干黄酒应≥0.50g/L。

（7）挥发酯［GB 17946—2000《绍兴酒（绍兴黄酒）》］

半干黄酒的香气物质主要是在主发酵阶段形成的，酒醪中的酰基辅酶A与乙醇生成各种有香气的酯类物质，如乙酸乙酯、琥珀酸乙酯。另外在发酵过程中，米饭中残留的脂肪被曲霉菌和酵母菌中的脂肪酶水解成甘油和脂肪酸。甘油给予半干黄酒甜味和黏性。脂肪酸和酒液中的醇结合形成酯，酯是黄酒香气的组成部分。挥发酯的高低，是半干黄酒质量好坏的指标。该检验项目是原产地域保护产品绍兴黄酒标准中规定的指标，因酒龄不同而有差异，至少在0.15g/L以上。

（8）pH值（GB/T 13662—2000《黄酒》）

是指酒液的酸碱性，该指标与总酸成反比。一些正规企业生产的半干黄酒酸度大，但酒体具有缓冲性，pH值不低（3.5~4.5）；而一些假酒由于外加酸，总酸不高，pH值却很低。

（9）氧化钙（GB/T 13662—2000《黄酒》）

糖化发酵后为了调味在压滤前允许加入少量澄清石灰水。成品中会有少量氧化钙残留，但酒变酸，则不得以石灰中和降低酸度。一般情况下，氧化钙应≤1.0g/L。

（10）β-苯乙醇（GB/T 13662—2000《黄酒》）

β-苯乙醇是稻米类黄酒在发酵过程中产生的特征性物质，若以一般食用酒精配制而成的产品，则β-苯乙醇不会达到标准要求。标准中规定稻米类黄酒β-苯乙醇至少不低于40.0mg/L。

(11) 食品添加剂（GB 2760—1996《食品添加剂使用卫生标准》）

食品添加剂是为了改善食品的品质和色、香、味，以及为防腐和加工工艺需要，加入食品中的化学合成物质或天然物质。半干黄酒因本身的酒精即有防腐作用，所以按食品卫生要求，在正常工艺条件下生产的黄酒，无需添加防腐剂，至少能保存3个月以上。按正常工艺生产的不同类型的黄酒本身就有黄酒固有的甜味，也没有必要添加甜味剂。而有些企业生产条件差，或为了降低成本，则会在酒中添加防腐剂（苯甲酸、山梨酸）和甜味剂（糖精钠、甜蜜素）。按 GB 2760 规定，发酵酒中不得添加防腐剂和甜味剂。

(12) 铅（GB 2758—2005《发酵酒卫生标准》）

铅是一种有代表性的重量金属，对人体有危害性。半干黄酒中铅的污染主要来源于加工、储存、运输过程中使用的含铅器皿以及原材料的污染，这些都可以直接或间接污染半干黄酒。铅是一种具有富积性的毒物，对各组织有毒性作用，主要损害神经系统、造血系统、消化系统和肾脏。国家标准规定铅应≤0.5mg/L。

(13) 菌落总数（GB 2758—2005《发酵酒卫生标准》）

菌落总数是指单位食品中菌落的个数。食品中细菌的数量表示食品清洁状态，所以食品细菌数量越多，越能加速食品腐败变质。因此半干黄酒中菌落总数超标（国家标准规定不超过50cfu/mL），说明该产品受到污染，保质期缩短，容易变质。

(14) 大肠菌群（GB 2758—2005《发酵酒卫生标准》）

大肠菌群来自人和动物粪便。食品中检出大肠菌群，表示该食品曾受到人或动物粪便污染。由于大肠菌群在环境中广泛存在，所以它也是食品一般污染的指标。食品中大肠菌群含量越高（国家标准规定不超过3MPN/100mL），间接表示有肠道致病菌污染的可能性，人食用后，就有可能发生食物中毒、腹泻等急性胃肠炎症状。半干黄酒中大肠菌群主要来自人员污染。从业人员不注意个人卫生，工作前手未进行消毒，都会造成大肠菌群超标。

四、传统家庭型黄酒的制作实例

1. 原料选择

(1) 水

选择晨间至午时的山涧泉水。过午时后的水不用，因此，上午要备好一天的酿造用水。

(2) 糯米

外观应具有品种特色和光泽，粒丰满，整齐，米质要纯，不可以混有糠秕、碎米和杂米等其它物质。

(3) 红曲

选择上等屏南产红曲。

2. 酿造方法步骤

(1) 浸米

浸米是使米的淀粉粒子吸水膨胀，淀粉颗粒疏松便于蒸煮。浸米的时间要求：浸米的程度一般要求米的颗粒保持完整，而米酥为度。

（2）蒸煮

蒸煮的要求：对糯米的蒸煮质量要求是达到外硬内软，内无白心，疏松不糊，透而不烂和均匀一致。

（3）冷却

蒸熟后的糯米饭必须经过冷却迅速地把品温降到适合于发酵微生物繁殖的温度，冷却的方法是摊在大竹篦上，但需防止污染。

（4）入坛

把已清洗干净的酒坛用开水烫过，然后按比例斗米升曲加二五水（米与水按1：1.25），计算准确依次入坛，搅拌均匀，坛口加盖能透气的竹箅子或干净的麻袋。

（5）发酵管理

物料入坛后如室温低于15℃要进行适当保温，方法是地面辅30cm的谷壳，旁边加盖麻袋，关闭窗口和门，一般经过12h后开始糖化和发酵，由于酵母的发酵作用，多数的糖分变成酒精和二氧化碳，并放出大量的热，温度开始上升，坛里可听到嘶嘶的发酵响声，并会发出气泡把酒醅顶到液面上来形成厚被盖的现象，取发酵醅尝，味鲜甜已略带酒香，品温比落坛时升高5～7℃，此时要注意观察，把握好开耙时间。历代相传，开耙有高温和低温两种不同形式，高温开耙待醅的品温升到35℃以上才进行第一次搅拌（开头耙）使品温下降。低温开耙是品温升至30℃左右就进行第一次搅拌，发酵温度最高不超过30℃。开耙品温掌握的高低不同影响到成品风味也不同。惠泽龙黄酒采用的是低温开耙，俗称"冷作酒"头耙后品温显著下降，以后各次开耙应视发酵的具体情况而定，如室温低品温升得慢，应将开耙时间拉长些，反之把开耙的间隔时间缩短些。耙酒一般在每日的早晚进行，主要是降品温和使糖化发酵均匀进行，但为了减少酒精高挥发损失，在气温低时应尽可能少搅拌，经过约13～15天，使品温和室温相近，糟粕开始下沉，主发酵阶段结束即可停止搅拌用报纸封住坛口，让其长期静止然后发酵2～3个月。

（6）压榨

压榨是把发酵醅中酒的液体部分和糟粕固体部分分离。用木材制成榨箱（每一箱可容酒三斗左右）。箱与箱之间用竹篾间隔，箱内放置装满酒醅的细袋，装满后，用千金套上蝴蝶吊，让酒液自流，然后逐渐上石块，为保证压干，先行取出榨袋，将袋三摺，仍放入榨内再榨。

（7）澄清

刚榨出的酒是生酒，含有少量微细的固形物，因此要在大木桶静置2～3天使少量微细浮物沉入桶底，取上层清液装入酒坛，沉渣重新压滤回收酒液，此操作称为澄清。

（8）装坛

澄清后酒液装入酒坛，坛口先封一层箬叶，一层报纸，再封一层箬叶，然后用草绳捆紧，再做上土头。

（9）温酒

把做土头的酒坛抬到温酒埕，排列的间隔多根据酒坛大小进行区分，大坛间隔需宽些，小坛间隔需窄些，这样便于放置适量的稻草和谷壳燃烧，达到控制温度的目的，防止酒温过火或温度不够，过火了对酒的风味有破坏，温度不够达不到杀菌的目的，酒会变质。

（10）储藏管理

把温好的黄酒打上标签放入酒库进行储存，酒库应阴凉通风干燥。储存的酒不宜随便搬动。要经常巡查酒库内的酒坛是否有渗漏等情况，一旦发现要及时处理，以免造成酒坛被渗漏出来的酒液熏染。最后按酒龄的长短顺序分别出库。

第二节 黄酒生产工艺流程

一、淋饭法

采用淋饭法工艺生产的有绍兴香雪酒。这是一种甜型黄酒，它是用酒药（主要是根霉）进行糖化，使酒醅中的含糖量达30％以上，再加入46°～50°糟烧白酒酿制而成的。其它甜型黄酒也都是用这种工艺酿造的。用这种酒母的主要优点：第一，酒药和麦曲中的酵母在发酵过程中被活化并得到进一步扩大培养，从而可获得数量多和发酵力强的酵母；第二，根据发酵结果的好坏，可以判断酒药的质量，同时也就可以选择出做酒母用的优良酒醅；第三，酒的风味较好。用这种方法也可生产普通干型黄酒，出酒率可比摊饭法提高10％以上，但味略显淡薄。见图5-2。

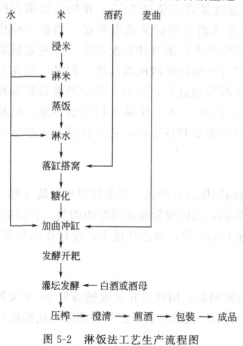

图 5-2　淋饭法工艺生产流程图

二、摊饭法

绍兴酒是采用摊饭法生产工艺的典型代表，绍兴元红酒、善酿酒、加饭酒都是用摊饭法酿制而成的，它具有酒味醇厚的特点。其工艺流程见图5-3。

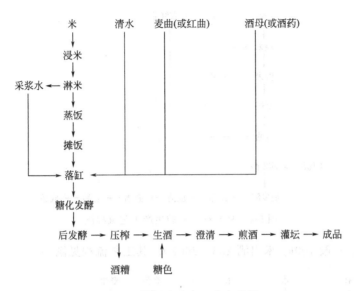

图 5-3 摊饭法生产工艺流程图

摊饭法使用浆水的做法（所谓三浆四水和冬浆冬水）是绍兴酒工艺的又一独到之处。绍兴酒的浸米时间需要 15～20 天。在这段时间中浸米浆水经过乳酸发酵变成了酸浆，这种酸浆用三份浆四份水的办法冲淡后，落缸时加入酒醅之中，这样做的目的主要是为了降低醅的 pH 值，使之形成适合酵母生长繁殖的环境，并且对酒的风味也有好处。但是在生产实践中不能使用粳米浆水，因其酿制黄酒的风味大大逊色于用糯米浆水酿制的酒，其原因还有待深入研究。另外绍兴酒生产强调用冬水酿酒是有科学道理的，一是冬水杂菌少，有机质也少，二是冬季有利于发酵的管理，酒醅不易出现酸败的现象。

乌衣红曲酒也应用摊饭法，它的工艺特点是采用浸曲的方法进行液体发酵，这种工艺操作适合采用机械化大罐发酵生产方式。又因为红曲中有乌衣（黑曲霉），所以它有利于以籼米为原料的黄酒生产，而且出酒率较高。其工艺流程见图 5-4。

近几年来，为了提高乌衣红曲酒质量和利用粳米、籼米为原料的发酵酒质量，工艺上采取了喂饭的办法。为了提高出酒率，采取了对原料粉碎处理的办法，这都丰富和完善了乌衣红曲酒的生产工艺。

三、喂饭法

嘉兴黄酒是喂饭操作法的典型代表，其主要优点是：第一，酒药用量少，一般在 0.3％左右；第二，多次喂饭，使酵母不断获得新的营养，不断增殖，使发酵始终处于旺盛状态；第三，由于多次喂饭，所以原料中的淀粉是逐步糖化和发酵的，这样有利于对发酵温度的控制；第四，增加酒的醇厚感，减轻苦味。这种喂饭法的

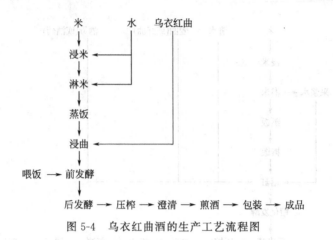

图 5-4　乌衣红曲酒的生产工艺流程图

出酒率较高，一般 100kg 米出酒 255～260kg。其工艺流程见图 5-5。

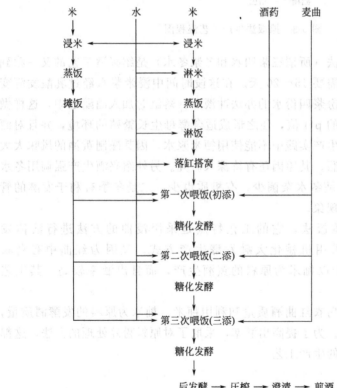

图 5-5　喂饭法的生产工艺流程图

四、曲酿改革后大罐发酵和自动开耙工艺流程

传统法酿造黄酒使用坛发酵，有占地面积大、劳动强度大、不易管理等缺点，

所以新工艺酿造黄酒都采用大罐（或大池）发酵。为了实现机械化生产，大容器发酵必定是今后的发展方向。下面介绍曲酿改革后仿绍酒（阳澄酒）的工艺流程，见图 5-6。

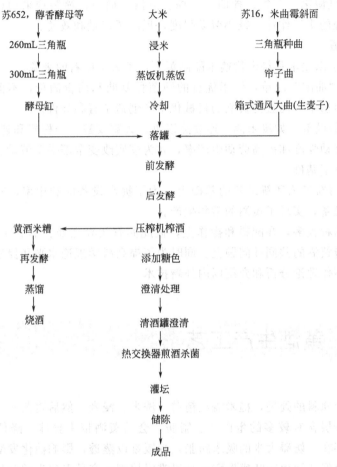

图 5-6　仿绍酒（阳澄酒）的工艺流程图

五、科学酿造与新工艺黄酒

1. 科学酿造黄酒

　　黄酒是我国具有悠久历史文化背景的酒种，也是未来最有希望走向世界并占有一席之地的酒品。近年来，黄酒生产技术有了很大的提高，新原料、新菌种、新技术和新设备的融入为传统工艺的改革、新产品的开发创造了机遇，产品不断创新，酒质不断提高。

　　① 原料多样化　除糯米黄酒外，还开发了粳米黄酒、籼米黄酒、黑米黄酒、高粱黄酒、荞麦黄酒、薯干黄酒、青稞黄酒等。

　　② 酒曲纯种化　运用高科技手段，从传统酒药中分离出优良纯菌种，达到用

曲少、出酒率高的效果。

③ 工艺科学化　采用自流供水、蒸汽供热、红外线消毒、流水线作业等科学工艺生产，酒质好，效率高。

④ 生产机械化　蒸饭、拌曲、压榨、过液、煎酒、灌装均采用机械完成，机械代替了传统的手工作业，减小劳动强度，提高了产量和效益。

2. 新工艺黄酒

① 推广了以粳米和籼米代糯米酿制黄酒，扩大了原料的来源。

② 进行"曲酿"改革，使用优良的纯菌种制曲和培育酒母，不但稳定了酒的质量和提高出酒率，而且为黄酒的机械化生产创造了有利条件。

③ 采用新设备，如浸米池、连续蒸饭机、大罐发酵、压榨机和连续煎酒器等，不仅减轻了劳动强度和提高劳动生产率，并为彻底改变全部手工劳动、完全实现机械化生产打下了基础。

④ 在采用新工艺和新设备的基础上，为了提高设备的利用率，有些工厂已利用冷冻空调设备，实现了黄酒的常年生产。

黄酒的品种很多，在配料和操作上，彼此亦有相异之处。本节在叙述方法上，着重放在酿造黄酒的共同性问题上。同时为了提高科学理论水平和促进黄酒生产的改革，尽量多作理论分析和介绍国内外新技术。

第三节　黄酒生产工艺

一般大米原料的处理，糙米需经精白、洗米、浸米，然后再蒸煮。

糙米的糠层含有较多的蛋白质、脂肪，会给黄酒带来异味，降低成品酒的质量；糠层的存在，妨碍大米的吸水膨胀，米饭难以蒸透，影响糖化发酵；糠层所含的丰富营养会促使微生物旺盛发酵，品温难以控制，容易引起生酸菌的繁殖而使酒醪的酸度升高。因此，对糙米或精白度不足的原料应进行精白，以消除上述不利影响。

精白米占糙米的百分率称为精米率，也称出白率，反映米的精白度。

精白度的提高有利于米的蒸煮、发酵，有利于提高酒的质量。我国酿造黄酒，粳米和籼米的精白度以选用标准一等为宜，糯米则标准一等、特等二级都可以。

一、米的浸渍

（一）洗米

在精白米中还附着多量的糠秕、米粞和尘土及其它杂物，通过洗米来除去。我国酿造黄酒除了极少数工厂采用洗米机外，一般都是洗米和浸米同时进行；洗到淋出的水无白浊为度；洗米与浸米同时进行的，也有取消洗米而直接浸米的。

(二) 浸米

1. 浸米的目的

浸米的目的是使米中的淀粉吸水膨胀，便于蒸煮糊化。

2. 浸米时间和要求

由于气温、水温和米的性质不同，各地酒厂浸米时间长短不一，有的不到一天，有的2～3天。浸米的程度一般要求米粒保持完整酥软（即用手指掐米粒成粉状，无硬心）为度。米吸水要充分，水分吸收量约为25％～30％。米浸不透，蒸煮时易夹生；浸得过度易变成粉末，会造成淀粉的损失。大多数厂采用浸渍后用蒸汽常压蒸煮的工艺。适当延长浸渍时间，可以缩短蒸煮时间。

3. 获取含乳酸的浸米浆水

在传统摊饭法酿制黄酒的过程中，浸米的酸浆水是发酵生产中的重要配料之一。

操作中，浸米的时间可长达16～20天，米中约有6％的水溶性物质被溶入浸渍水中，由于米和水中的微生物的作用，这些水溶性物质被转变或分解为乳酸、肌醇和磷酸等。抽取浸米的酸浆水作为配料，在黄酒发酵一开始就形成一定的酸度，可抑制杂菌的生长繁殖，保证酵母的正常发酵；酸浆水中的氨基酸、维生素可提供给酵母利用；多种有机酸带入酒醪，可改善酒的风味。有害微生物大量浸入浆水会形成怪臭、稠浆、臭浆；陈糯米浸水后，浆水会变苦；粳米长期浸渍后，由于其蛋白质含量高，会产生怪味、酸败。这些浆水害多利少，不利酿酒，应弃去。

因此，米在蒸煮之前必须经淘洗与浸渍，以免影响精白度，必须洗到淋出之水不带白浊为止。浸米的目的是使淀粉吸水膨胀，使米在蒸煮时均匀地蒸熟不带白心，浸渍水温可控制在25～30℃，各地酒厂浸米时间长短不一，多则可达20天左右，一般为24～27h，水分吸收量约为25％～30％。浸米时配水温度与气温的关系及不同类型黄酒的浸米时间见表5-2和表5-3。

表5-2　浸米时配水温度与气温的关系　　　　　单位：℃

气温	≥20	15～20	10～15	5～10	0～5	<0
配水温度	冷水	20	25	30	35	40

表5-3　不同类型黄酒的浸米时间

黄酒品种	夏秋季节	冬春季节
绍兴淋饭酒	—	40～44h
绍兴摊饭酒	—	16～26d
浙江喂饭酒	—	2～3d
福建老酒	6h	12～15h
龙岩沉缸酒	12～15h	15～18h

续表

黄酒品种	夏秋季节	冬春季节
九江封缸酒	—	8～10h
大连黄酒	—	20h
即墨黍米黄酒	8～20h	18～24h
兰陵黍米黄酒		1～2h

4. 浸米过程中的物质变化

浸米开始，米粒吸水膨胀，含水量增加；浸米 4～6h，吸水达 20%～25%；浸米 24h，水分基本吸足。浸米时，米粒表面的微生物利用溶解的糖分、蛋白质、维生素等营养物质进行生长繁殖。浸米 2 天后，浆水略带甜味，米层深处会冒出小气泡，乳酸链球菌将糖分逐渐转化为乳酸，浆水酸度慢慢升高。数天后，水面上将出现由产膜酵母形成的乳白色菌膜，与此同时，米粒中所含的淀粉、蛋白质等高分子物质受到微生物分泌的淀粉酶、蛋白酶等的作用而水解，其水解产物提供给乳酸链球菌等作为转化的基质，产生有机酸，使浸米水的总酸达 0.5%～0.9%左右。酸度的增加促进了米粒结构的疏松，并出现"吐浆"现象。经分析，浆水中细菌最多，酵母次之，霉菌最少。浸米过程中，由于溶解作用和微生物的吸收转化，淀粉等物质有不同程度的损耗。浸米 15 天，测定浆水所含固形物达 3%以上，原料总损失率达 5%～6%左右，淀粉损失率为 3%～5%左右。配料所需的酸浆水，应是新糯米浸后从中间抽出的洁净浆水。当酸度大于 0.5%时，可加清水调整至 0.5%上下，经澄清，取上清液使用。

5. 影响浸米速度的因素

浸米时间的长短由生产工艺、水温、米的性质等决定。需以浆水作为配料的传统工艺浸米时间较长；目前的一般工艺浸米时间都比较短，只要达到米粒吸足水分，颗粒保持完整，手指捏米能碎即可，吸水量为 25%～30%（吸水量是指原料米经浸渍后含水百分数的增加值，表 5-4）。浸米时吸水速度的快慢，与米的品质有关，糯米比粳米、籼米快；大粒米、软粒米、精白度高的米，吸水速度快，吸水率高。用软水浸米，水容易渗透；用硬水浸米，水分渗透慢。浸米时水温越高，吸水速度越快，但有用成分的损失也多。为避免环境气温的影响，可采用控温浸米。当气温降低时，可适当提高浸米水温，使水温控制在 30℃或 35℃以下。目前的新工艺黄酒生产不需要浆水配料，常用乳酸调节发酵醪的 pH，浸米时间大为缩短，常在 24～48h 内完成。淋饭生产黄酒，浸米时间仅几小时或十几小时。传统法的浸米设备，大都用缸或坛，新工艺黄酒的浸米设备可用浸米罐并配气力输送系统。

表 5-4　不同米种吸水率比较

种类	浸渍吸水率/%	蒸煮、淋饭吸水率/%	总吸水率/%	浸渍吸水率占总吸水率/%	浸渍损失率/%
糯米	35～40	55～60	90～100	35～45	2.7～6.0
粳米	30～35	80～85	110～120	25～32	2.1～2.5
早籼米	20～25	120～125	140～150	13～18	4 左右

二、蒸煮和冷却

(一) 蒸煮的目的

黄酒酿造采用整粒米饭发酵，是典型的边糖化边发酵工艺，发酵时的醪液浓度高，呈半固态，流动性差。为了有利于酵母的增殖和发酵，使发酵彻底，同时又有利于压榨滤酒，在操作时特别要注意保持蒸煮饭粒的完整。

蒸煮使大米淀粉受热吸水糊化，有利于糖化发酵菌（淋饭酒）的生长和易受淀粉酶的作用，同时也进行了杀菌，另外对原料有灭菌作用，挥发掉原料的怪味。所以蒸煮是对酒质和产量影响较大的一个工序。

大米淀粉以颗粒状态存在于胚乳细胞中，相对密度为 1.6，淀粉分子排列整齐，具有结晶型构造，称为生淀粉或 β-型淀粉。浸米以后，淀粉颗粒膨胀，淀粉链之间变得疏松。对浸米后的大米进行加热，结晶型的 β-型淀粉转化为三维网状结构的 α-型淀粉，淀粉链得以舒展，黏度升高，称为淀粉的糊化。糊化后的淀粉易受淀粉酶的水解而转化为糖或糊精。

(二) 蒸煮的质量要求

蒸煮时间的长短，因米的种类和性质、浸米后的含水量、蒸汽压力和蒸饭设备等不同而异。一般对糯米和精白度高的软质粳米，常压蒸煮约 15～30min。对硬质粳米和籼米，要在蒸饭中淋浇 85℃ 以上的热水和适当延长蒸煮时间，促进饭粒吸水膨胀，达到更好的糊化效果。目前蒸煮对米饭的要求是"外硬内软，内无白心，疏松不糊，透而不烂，均匀一致"。冷却速度越快越好，冷却时间过长会增加杂菌污染和引起淀粉老化，不利于糖化、发酵。

(三) 蒸饭设备

黄酒生产的蒸饭设备，过去采用蒸桶间歇蒸饭，现有大多数已采用蒸饭机连续蒸饭。蒸饭机分卧式和立式两大类。

目前我国最为先进的黄酒蒸饭设备是不锈钢卧式连续蒸饭机，它从传统的木甑发展到立式自动蒸饭机。后者的优点是劳动强度低，蒸饭的熟度较容易控制，维护容易；缺点是蒸汽浪费大，能耗高，对不同的米质所蒸饭的质量无明显区别，尤其是对米质含水量较高的糯米品种难以保证其"熟而不糊"，一旦出现夹生饭，很难通过机器的调整控制来消灭夹生，对酿酒质量造成一定的影响，严重的会使采用这种米酿制的酒出现超酸或酸败。

在黄酒机械化新工艺流水线上连续蒸饭设备的蒸饭机，目前大多采用卧式蒸饭机，也有采用立式蒸饭机的。立式蒸饭机省汽，饭易糊化，对蒸粳米有独到的长处，但对糯性大的米难以胜任；卧式机便于蒸糯米，也可胜任粳米、籼米，但蒸汽消耗大，且对米质较软、软糯的原料会使底层糊化快而出现夹生饭的现象。

蒸饭机需在应用中总结经验教训，调整和改进网带传动装置，结合淀粉糊化特性，在提高性能、降低能耗上下工夫。改进方向在于设计一种连续的、密闭的、可通过机械调控手段或电气自动化来达到米饭的最佳熟度，可用温度控制替代目前的蒸汽压力调节等。如果能配合酿酒企业进行大米液化、焙炒或膨化的其它机械设备的研制，则可取消黄酒酿造中产生的浸米污水，实现清洁化生产，那么对中国传统黄酒的酿造将是革命性的改革。现在已有诸如无锡轻工大学等高等院校在此方面进行工艺上的有效实验、各生产上的可行性试验，但液化、焙炒与膨化设备则有待于相关厂家的研究、设计与制造，使之适应黄酒的酿造，满足黄酒酿造过程中对酒体风味、风格的需要和要求。可借鉴的有日本宝酒造的高温短时间焙炒技术和日本月桂冠的液化技术。而这两大技术恰恰可满足我国南北黄酒的两大特色，即代表南方黄酒特色的绍兴酒可借鉴液化技术，代表北方黄酒特色的即墨老酒可借鉴焙炒技术，关键是设备的设计和试验制作。

（四）米饭的冷却

蒸熟后的米饭，必须经过冷却，迅速把品温降到适合发酵微生物繁殖的温度，才能使微生物很好地生长并对米饭进行正常的生化反应。冷却方法按其用途可分成淋饭冷却、摊饭冷却和喂饭冷却。

1. 淋饭法

大米原料经过浸渍、蒸煮，以凉水淋冷，然后在大缸中拌入酒药，经过糖化发酵而制成（也可用作淋饭酒母）。

做淋饭酒母采用淋饭冷却法，是将冷水从米饭上面淋下，一方面使温度下降，另一方面增加米饭的含水量使热饭表面光滑易于拌入酒药和"搭窝"的操作，利于糖化发酵菌的繁殖。用淋饭法降温的好处是快而方便，天气冷暖都可以灵活掌握，比较容易调节饭温的高低。但其缺点是米饭中的可溶性物质被淋水带走流失。

一般大米经淋饭冷却后，饭粒含水量有所提高。淋后米饭应沥干余水，否则，根霉繁殖速度减慢，糖化发酵力变差，酿窝浆液浑浊。

2. 摊饭法

大米原料经过浸渍、蒸煮，把饭摊散开来，用凉风吹冷，然后拌入麦曲和酒母进行糖化发酵，用浸米浆水调整 pH，控制酸度，并带入氨基酸、维生素等对酵母的繁殖、生长都有促进作用。

以前把蒸米放在竹罩上摊开，用木耙翻拌，依靠风吹使饭温降至所需温度。可利用冷却后的饭温调节发酵罐内物料的混合温度，使之符合发酵要求。一般自然冷却，占地面积大，冷却时间长。因摊饭冷却速度较慢，易感染杂菌和出现淀粉老化现象，尤其是含直链淀粉多的籼米原料，不宜采用摊饭冷却，否则淀粉老化严重，出酒率低。

现在都改用机械鼓风冷却，有些酒厂已实现了蒸饭和冷却的连续化，对冷却的要求是迅速而均匀，不产生热块，并避免回生。

3. 喂饭法

将酿酒的原料分为几批，第一批制成酒母，然后分批加入新原料，使发酵持续进行，直至成品。这种方法使用少量的酒母，即可酿制大量黄酒，减少了酒母的用量，提高了投放量。由于多次喂饭，进行多次扩大培养，使酵母不易衰老始终保持旺盛的发酵能力。利用多次喂饭，发酵等工艺条件容易加以控制和调节，因此对自然条件的适应性可以加强。利用多次投料可使酵母细胞数和酸液的酸度稀释倍数降低，保持酵母对杂菌的优势，有利于安全发酵。在发酵过程中，可使发酵保持旺盛，醪液翻动剧烈，有利于采用大罐发酵自动开耙，因此喂饭法是大罐发酵新工艺制造加饭酒等浓醪发酵的发展方向。

冷却米饭的输送，一般采用位差将米饭和水一起流入下层的发酵罐中。日本酿造清酒，冷却米饭的输送采用带式输送机，或者利用鼓风机的空气流输送。

三、其它原料的处理

以黍米、玉米生产黄酒，因原料性质与大米相差甚大，其处理的方法也截然不同。

（一）黍米

1. 烫米

黍米谷皮厚，颗粒小，吸水困难，胚乳难以糊化。必须采用烫米的方法，使谷皮软化开裂，然后再浸渍，使水分向内部渗透，促进淀粉松散。烫米前，先用清水洗净黍米，沥干，再用沸水烫米，并快速搅动，使米粒稍有软化，稍微裂开即可。如果烫米不足，煮糜时米粒易爆跳。

2. 浸渍

烫米时随着搅拌散热，水温降至 35～45℃，开始静止浸渍。冬季浸渍 20～22h，夏季 12h，春秋两季为 20h。

3. 煮糜

煮糜的目的是使黍米淀粉充分糊化而呈黏性，并产生焦黄色素和焦米香气，形成黍米黄酒的特殊风格。煮糜时先在铁锅中放入黍米重量 2 倍的清水并煮沸，依次倒入浸好的黍米，搅拌或翻铲使淀粉充分糊化；也可利用带搅拌设备的蒸煮锅，在 0.196MPa 表压蒸汽下蒸煮 20min，闷糜 5min，然后放糜散冷至 60℃，再添加麦曲或麸曲，拌匀，堆积糖化。

（二）玉米

① 浸泡 玉米淀粉结构细密坚固，不易糖化。应预先粉碎、脱胚、去皮、淘洗干净，选用 30～35 粒/g 的玉米糁用于酿酒。可先用常温水浸泡 12h，再升温到 50～65℃，保持浸渍 3～4h，再恢复常温浸泡，中间换水数次。

② 蒸煮、冷却、浸后的玉米糁，经冲洗沥干，进行蒸煮，并在上汽后浇洒沸水或温水，促使玉米淀粉颗粒膨胀，再继续蒸熟为止，然后用淋饭法冷却到拌曲下罐温度，进行糖化发酵。

③ 炒米 炒米的目的是形成玉米黄酒的色泽和焦香味。把玉米糁总量的 1/3，投入到 5 倍的沸水中，中火炒 2h 以上，待玉米糁已熟，外观呈褐色并有焦香时，

将饭出锅摊凉，再与经蒸煮淋饭冷却的玉米糁饭粒揉和，加曲，加酒母，入罐发酵。下罐的品温常在 15～18℃。

第四节 糖化发酵

将米饭、麦曲、酒母、水在缸中同时混合，糖化发酵同时进行，边糖化边发酵，糖化温度也是发酵温度，糖分不致积累过高，酵母不易衰老，糖化酶不易钝化，温度低，作用时间长，可以有效地保持醪液中产生的香气成分，发酵醪可以产生 15％以上的高酒精度，这是一般发酵所达不到的。

一、黄酒醪发酵的特点

（一）开放发酵

发酵醪不进行灭菌进行开放式发酵。曲、水和各种用具都存在着大量的杂菌，并且空气中的有害微生物也易侵入。黄酒酿制中常采用控制温度防止酸败。

（二）糖化发酵并行

在酿造黄酒过程中，淀粉糖化和酒精发酵两个作用是同时进行的。

（三）醪的高浓度发酵

黄酒醪浓度高，发热量大，同时原料大米是整粒的，发酵时易浮在上面形成被盖，热量的散失差，因此，对发酵温度的控制很重要，特别是要掌握好开耙搅拌的操作，第一耙的迟早对酒质的影响很大。

（四）低温长时间发酵

酿造黄酒不单是产生酒精，还要生成多种香味物质并使香味协调，因此一定要经过低温长时间的后发酵。一般低温长时期发酵比高温短期发酵的酒，香气和口味都好。

（五）生成高浓度酒精

黄酒醪的酒精含量最高可达 20％以上，在世界酿造酒中是最高的。

二、发酵过程中的物质变化

黄酒酒醪在发酵过程中物质变化主要指淀粉的水解、酒精的形成、蛋白质和脂肪酸的分解，有机酸、酯、醛、酮等副产物的生成。发酵过程中的物质变化大多是由酶催化进行的。

1. 淀粉的降解

$$[C_6H_{10}O_5]_n \xrightarrow{nH_2O} [C_6H_{10}O_5]_x \xrightarrow{xH_2O} C_{12}H_{22}O_{11} \xrightarrow{H_2O} C_6H_{12}O_6$$

淀粉　　　　　　　　糊精　　　　　　　麦芽糖　　　　葡萄糖

2. 酒精发酵

通过酵母体内多种酶的催化，依照 EMP 代谢途径，使葡萄糖转化成丙酮酸，然后在丙酮酸脱羧酶的催化作用下，使丙酮酸脱羧生成乙醛并产生二氧化碳，乙醛经乙醇脱氢酶及其辅酶 NADH 的催化，还原成乙醇。每分子葡萄糖发酵生成两分子乙醇和两分子二氧化碳。发酵过程酒醪酒精含量的变化见表 5-5。

表 5-5 发酵过程酒醪酒精含量的变化

发酵时间	24h	48h	72h	96h	后发酵 20～25d
酒醪酒精含量/%	7～9	12.5～13.5	13.5～14.5	14.5～15.5	17.5～18

3. 有机酸的变化

黄酒中的有机酸部分来自原料、酒母、曲和浆水或人工调酸加入；部分是在发酵过程中由酵母代谢产生，如琥珀酸等；也有因细菌污染而致，如醋酸、乳酸、丁酸等，它们都由可发酵性糖转化而成。大罐发酵过程中酒醪酸度变化规律见表 5-6。

表 5-6 大罐发酵过程中酒醪酸度变化规律

发酵时间	24h	48h	72h	96h	后发酵 20～25d
酸度/(g/100mL)	0.226～0.28	0.26～0.3	0.28～0.3	0.3～0.33	0.35～0.39

4. 蛋白质的变化

大米含蛋白质约 6%～8%，高精白米含蛋白质 5% 左右，小麦含蛋白质 12%～14%，在酒醪发酵时，受到微生物蛋白酶的分解，形成肽和氨基酸等一系列含氮化合物。酒醪中氨基酸达到 18 种之多，含量也高，其中一部分被酵母同化，合成菌体蛋白质，同时形成高级醇，其余部分留在酒液中。由于各种氨基酸都具有独特滋味，所以它赋予黄酒特殊的风味。酒醪中氨基酸除了由原料、辅料的蛋白质分解产生外，微生物菌体蛋白的自溶也是氨基酸的一个来源。

黄酒含氮物质中 2/3 是氨基酸，其余 1/3 是多肽和低肽，它们对黄酒的浓厚感和香醇性影响较大。

5. 脂肪的变化

糙米和小麦含有 2% 左右的脂肪，糙米精白后，脂肪含量减少较多。脂肪氧化后损害黄酒风味，在发酵过程中，脂肪大多被微生物的脂肪酶分解成甘油和脂肪酸。甘油赋予黄酒甜味和醇厚感。脂肪酸与醇结合形成酯。酯和高级醇等都能形成黄酒特有的芳香。

6. 氨基甲酸乙酯的形成

氨基甲酸乙酯（ethyl carbamat）是一种具有致癌作用的物质。它已引起国际酿酒界的关注，在酒类生产中已经开始对它的含量加以严格的限制，如日本清酒规定其含量不得超过 0.1mg/L。经研究，氨基甲酸乙酯是由氨甲酰化合物与乙醇反应生成的。

$$R-CO-NH_2 + C_2H_5OH \longrightarrow NH_2-\overset{\overset{\displaystyle O}{\|}}{C}-O-C_2H_5 + R-H$$

氨甲酰化合物主要有尿素、L-瓜氨酸、氨甲酰磷酸、氨甲酰天冬氨酸、尿膜素等。黄酒中以尿素为最主要，其余的氨甲酰化合物含量都极微，生成的氨基甲酸乙酯也极少。黄酒中 90% 氨基甲酸乙醇是由尿素和乙醇反应生成的。尿素的浓度、乙醇的含量、反应温度和时间都与氨基甲酸乙酯的生成量有关，尿素浓度高、反应温度高、反应时间长及 pH 呈中性都会使氨基甲酸乙酯的含量增加。

黄酒酿造时，原料、辅料和水会带入部分尿素，但最主要的还是在发酵过程中由酵母代谢产生。酵母在生长繁殖和进行酒精发酵时，除了合成自身菌体需要的尿素外，还把大量的尿素分泌到体外，使酒醪中尿素的含量增加，酵母细胞内精氨酸酶的活性也会随之提高，进一步加速了尿素的生成。黄酒尿素主要由精氨酸分解而来，通过精氨酸酶的分解使精氨酸转化为鸟氨酸和尿素。

当酵母处于生长状态时：

当酵母处于酒精发酵状态时：

酒醪发酵时，小部分尿素开始与乙醇作用生成氨基甲酸乙酯，当黄酒压滤后，煎酒灭菌和储酒陈化时，氨基甲酸乙酯的形成量会大幅度增加。

为了降低氨基甲酸乙酯的形成，必须削弱酵母精氨酸酶的活力，以便阻止精氨酸转化成鸟氨酸和尿素，从而降低氨基甲酸乙酯的生成，或者利用尿酶把酵母产生的尿素及时分解掉，也可选育产尿素能力差的黄酒酵母来进行发酵，从根本上抑制尿素的形成。当然控制黄酒灭菌温度和缩短储存时间，也能直接减少成品黄酒中氨基甲酸乙酯的生成量。

三、发酵方法

黄酒醪的发酵，按生产操作方法来分，可分为淋饭法、摊饭法和喂饭法 3 种。

（一）新工艺大罐发酵

操作方法是将精白米（主要是粳米）放在浸米池中经过 1～2 天浸渍后，将浸好的米通过振动筛，用清水冲洗和沥干后，送入连续蒸饭机。蒸后的米饭吹风冷却后连续地进入拌料器，同时不断均匀地加入麦曲、水和纯种培养酒母（速酿酒母和高温糖化酒母），拌和后利用位差落入前发酵罐。落缸后混合温度为 25℃ 左右，大约经过 12h，开始进入主发酵，温度迅速上升，要注意冷却，控制品温不超过32℃。此时醪液翻动，正常情况下，会自动开耙，超过 14h 还不能自动翻动，必须用人工在罐中心打一个洞，或者通入无菌空气，促进自动翻动，耙后温度控制在28～30℃。经过 32h 后，品温控制在 26～27℃，之后品温逐渐缓慢下降。约经 3 天，主发酵结束，可将发酵醪利用位差或用压缩空气压入法，送入后发酵罐。

后发酵室温度控制在 15～18℃，经过 16～18 天的密封发酵，酒精含量达 16％以上，就可结束。发酵设备、管道和阀门等在使用前后应注意洗净，必要时进行灭菌。

（二）喂饭发酵法

1. 主要特点

① 多次喂饭，可增加投料量，这样可以使用少量的酒母酿出大量的黄酒。

② 酵母菌不断获得营养，多次扩培生成更多的鲜酵母细胞，发酵能力始终很旺盛。

③ 多次投料，酒母中的酸和酵母细胞数不是一下子稀释很大，醪中酵母占绝对优势，发酵可安全进行。

④ 发酵温度等工艺条件便于控制和调节。对自然气候的适应性也较强。

⑤ 发酵旺盛，醪液翻动剧烈，对大罐发酵有利于促进自动开耙。

实践证明，喂饭法酿酒便于降温和掌握发酵温度，不易发生酸败，酵母发酵能力强，发酵较透彻，可以提高出酒率和酒的质量。因此，全国各地酒厂迅速推广，特别是对新工艺大罐发酵和浓醪发酵的加饭酒等采用喂饭法是今后的方向。

2. 注意事项

目前，日本酿造清酒都用喂饭法，我国江浙两省采用喂饭法生产黄酒也较多。具体操作方法因喂饭次数和各次喂饭的百分比等不同有多种变化，综合国内外的经验，使用此法应注意以下几点：

① 喂饭次数以 2～3 次为宜。

② 各次喂饭之间的相隔时间为 24h。

③ 各次喂饭所占百分比，应前小后大，喂饭量逐渐递增，这样就起着酵母扩大培养作用，在后期喂饭量多，成品酒的口味也甜厚。

④ 第一次喂饭量不要过大，防止酒母中的酸和酵母细胞数一下子稀释很大。若在发酵前期，杂菌抑制不好，往往会引起酸败。

⑤ 发酵开始温度较低，然后逐步升温，最后一次喂饭完成后，使温度达到规

定的最高峰。

⑥ 虽然总的加水量和用曲量不能改变，但各次喂饭时的加水量和用曲量可以按具体情况灵活掌握，不过增减的数量要适当。不要变化太大。

四、糖化发酵过程操作

1. 落缸

原料的配比见表5-7。

表 5-7　原料配比

每缸投料量	总饭量	加水量（包括浆水）	掺酒醅	淋饭酒母	加曲量
配料 260kg	390kg	375kg	淋饭醅 3 坛	16～18kg	40kg

一般麦曲用量为原料的 10％～15％，酒母为 6％～10％，加浆水（即浸米水或乳酸）主要是起调 pH 的作用，酒醅的加入一方面是调节酸度，另一方面也增加了香气成分及其前体物质。

一般落缸时的温度为 23～26℃。在 8～12h 以前主要是酵母繁殖阶段，这时酵母数目可达到 1 亿个/mL 以上，开始进入主发酵阶段，并放出大量的热，品温升高 4.7℃，应去掉保温材料进行开耙（搅拌）。根据开头耙（第一次搅拌）的品温高低，可分为热作酒和冷作酒，热作酒（甜口酒）一般品温在 35℃ 以上开头耙（表5-8），绍兴地区比较普遍采用。冷作酒（辣口酒）头耙品温在 30℃ 左右，而且在发酵过程中温度始终低于 30℃。热作酒因发酵品温高，酵母容易早衰，残糖量就多，酒就甜；而冷作酒发酵温度低，酵母不易衰老，发酵彻底，残糖少，上口辣。

表 5-8　热作酒开耙品温情况（室温 0～10℃）

耙数	品温/℃	时间	耙数	品温/℃	时间
头耙	37～38	下缸后 10 多个小时	三耙	29～31	间隔 3～4h
二耙	31～33	间隔 4～6h	四耙	27～30	间隔 3～4h

四耙以后，每天早晚打耙两次，目的是降低品温，并使糖化发酵均匀，经过 5～7 天，品温逐渐接近室温，糟粕开始下沉，主发酵即告结束，停止搅拌，进入后发酵阶段。

2. 后发酵

主发酵结束后应把发酵醪灌入酒坛或送入发酵缸（池）。让酒醅静止缓慢发酵，后发酵的目的是使酵母继续发酵，将主发酵留下的部分糖分转化成酒精，并提高半成品的质量和改善风味，后发酵温度应控制在 13～15℃，后发酵时间 70～80 天，如果采用大缸储存，后发酵可以缩短到 25～35 天，特别要防止生产后期气温转暖，产生酸败危险。

3. 黄酒发酵醪的几种表现形式

① 前缓后急　在酵母太老、酒母用量过少，或开始发酵温度较低的情况下，酵母增殖缓慢，糖分积累，出现前缓现象，一旦酵母增殖到一定数量而又污染杂菌很少，发酵旺盛，糖分降低很快，这样制成酒度高，口味淡泊的辣口酒。出酒率也高，如果后阶段控制得当，发酵不过于激烈，可以酿成高质量成品。

② 前缓后缓　酒母过老，质量较差，酿造用水过软（无机盐少），米的精白度太高（蛋白质及生长因子欠缺），起始室温、品温都比较低，曲的质量也差，发酵停滞不前，发酵速度慢，发酵不完全，残糟多，极易引起杂菌感染，有产生甜酸酒的危险。

③ 前急后缓　使用嫩酒母、嫩曲，起始发酵温度较高，十几个小时气泡旺盛，升温迅速。由于发酵温度高，短时间内形成大量酒精，酵母容易早衰，这种酒后发酵比较长，制成口味浓厚的甜口酒。

④ 前急后急　酒母嫩，米的精白度低。开始发酵温度高，发酵速度快，短期内完成发酵，制成的酒口味淡辣，而且糟粕也多。

4. 发酵醪的酸败及其防止方法

由于发酵醪中野生酵母和有害产酸细菌等杂菌大量生长繁殖，生成大量乳酸和醋酸等有机酸，致使醪的酸度上升，总酸超过 0.45% 以上，醪的香味也变坏，酸败严重时酸度很高，发酵停止。酒精度低，中等酸败时醪液酸度较大。酒精度在14% 左右，轻微时酸度稍大，酒精度变化不大。对醪的酸败应尽可能早期发现，酸败现象如下：①品温上升慢或不升；②酸度增大，醪出现酸臭或品尝时有酸味；③糖的下降慢或停止；④泡沫不正常；⑤用显微镜观察杆菌增多。

防止和补救办法如下：

首先应保持发酵室的清洁卫生，以及设备用具的清洗、灭菌工作；提高曲和酒母的质量，使边糖化边发酵平衡、减少糖的过多积累，在配料时添加适量浆水或乳酸，促进酵母的繁殖，使之占绝对优势，并可适当加大酒母用量；重视浸米、蒸饭质量；注意发酵温度不要过高，尤其是后发酵希望能控制在 20℃ 以下；适当加入偏重亚硫酸钾（100mg/L），有一定抑制细菌的效果，可在加酒母时加入。

第五节　压榨、澄清、杀菌、成品包装

为了使固体糟粕与酒液分离，需要压榨过滤，目前普遍采用板框过滤机，压榨后的酒液（生酒）可以通过棉饼过滤机或硅藻土过滤机再过滤一次，或在低温下放在池中缸中、澄清数小时，除去酒脚（沉淀物），清液送入蛇管热交换器或列管式交换器低温杀菌（85℃，5～10min），消毒后立即趁热装坛封口，入库储存。

一、榨酒要求

榨酒的要求是酒液清澈、糟粕干燥、时间短。为了达到榨酒的要求，应注意以下三个问题：

（一）选择好的滤布

好的滤布要求：滤液不夹带糟粕等固形物，并且孔隙不易堵塞；牢固耐用，吸水少，与糟粕易分开。生产上一般选用生丝做的绸袋或尼龙、锦纶等化纤制的滤布，化纤制的滤布其扎眼大小要选择得当，如板框式空气压榨机，选用 36 号锦纶做滤布较好。

（二）增大过滤面积，滤层要薄和均匀

过滤面积大和滤层薄，压滤速度就快。滤层厚薄不均，会造成压滤速度不一样，糟粕滤层厚的不易流尽酒和压干。

（三）要缓慢加压

压榨开始不需要大的压力，让澄清的酒液自然流出，此期间醪中大粒子积压在滤布壁，顺次向内堆积小粒子，形成过滤层。为了使此过滤层良好，酒液自然流出最理想，加压尽可能迟些，加压的速度也要避免过急，必须徐徐上升，直至最后才升高到很大的压力，将糟粕压干。在用木榨时，后阶段将绸袋经过折叠再堆在榨箱里，这样由于面积缩小而使压力增大，把糟粕压干。有的为了增高压力，采用水压机或油压机。

二、澄清

榨出的酒液称为生酒，还含有少量微细的固形物，叫做滓渣或酒脚。必须将生酒放入澄清池中，加入适量糖色，搅匀后静止约 2～3 天，使少量微细浮游物沉入池底，取上层清液去杀菌，沉渣重新压滤回收酒液，此操作称为澄清。

酒脚的成分是淀粉、纤维素、不溶性蛋白质、微生物和酶等。为了防止酵母自溶和再发酵，以及避免杂菌的增殖而引起酸败，不使酒质变坏，澄清操作需要在低温下进行，而且澄清时间不宜太长。

为了进一步减少成品酒中的酒脚，把澄清的酒液再经过一次硅藻土过滤，这样可增强成品酒的保存性。

三、杀菌

杀菌又叫煎酒，是黄酒酿造的最后一道工序，掌握不好会使成品酒变质。

（一）杀菌的目的

其目的是用加热的方法将生酒中的微生物杀死和破坏残存的酶，以使黄酒的成分基本上固定下来，并防止成品酒发生酸败。另外还可促进黄酒的老熟和部分溶解的蛋白质凝结，使黄酒色泽清亮透明。

（二）杀菌的温度

目前，各地酒厂一般采用 85～90℃ 的杀菌温度，接近于酒的沸点。据资料报道，日本清酒的杀菌温度为 60℃，时间 2～3min 就可以了，若提高杀菌温度，时间还可以缩短。

此外杀菌温度的高低还应视生酒的酒精含量和 pH 而定，对酒精含量高的酒，杀菌温度可适当降低。因此，对我国黄酒杀菌的温度和时间，还有待于今后的试验来确定。

四、成品包装

为了便于储存、保管和运输，以及有助于新酒的老熟，黄酒的成品包装至今仍沿用传统的坛包装方法：即将杀好菌的酒趁热倒入已灭菌的坛内，坛口立即覆盖煮沸杀菌的荷叶等，再用细绳箍扎紧坛口，在坛口封上泥头。

用坛包装成品酒的缺点：一是在储存和搬运时，劳动强度大，不易实现机械化；二是外表不太美观，而且坛容易破碎，酒的损失大。为了改进包装方法，有的工厂采用大容器储酒和瓶包装。

第六节　稻谷黄酒生产工艺与实例

一、稻谷黄酒的生产工艺

谷酒是我国古老的传统酒种，是以稻谷为原料，以纯种小曲或传统酒药为糖化发酵剂，经培菌糖化，在缸中发酵后，再经蒸馏而成的酒。早籼谷是生产谷酒的好材料，它价格低廉，来源丰富，酿制的谷酒成本低，是一条有效的致富之路。

1. 原料配方

稻谷 100kg，酒曲 0.6～1.2kg。

2. 工艺流程

稻谷→漂洗→去瘪谷→浸泡→蒸谷→出甑→泡水→复蒸→摊凉→拌曲→培菌糖化→落缸发酵→蒸馏→成品

3. 操作工艺

① 浸谷　加水浸过谷面 20cm，浸谷时间约 10～16h。待稻谷浸泡透心后，放去泡谷水，用清水洗净。

② 蒸谷　将泡透的稻谷装入甑中，上大汽后蒸 40min，揭盖向甑中泼入稻谷重量 15%～20% 的水，让谷粒吸水膨胀。上汽后蒸 30min，泼一次水，再蒸 30min。

③ 出甑泡水　将初蒸好的稻谷出甑倒入装有凉水的泡谷池中，使水盖过谷面，

谷皮冷却收缩使谷尖开口。润水时间约 10～15min。

④ 复蒸　将润好水的谷再装入甑中，加大火复蒸。前 45～60min 加盖蒸，后半小时敞开蒸，使稻谷收汗。

⑤ 摊凉、拌曲　将复蒸好的稻谷摊凉至 35～37℃，夏季摊凉到室温时，就可加入酒曲粉拌匀。用曲量为稻谷重量的 0.6%～1.2%。纯种小曲用曲量少些，传统酒药用曲量多些；夏季少些，冬季多些。

⑥ 培菌糖化　将拌好曲的谷粒堆在晒垫上，扒平，谷粒堆放的厚度夏天为10～12cm，冬天为 15～20cm。谷粒上铺盖一张晒垫保湿。冬季还要在盖垫上加盖一层干净的稻草保温。培菌糖化时间夏季 20～24h，冬季 26～48h。当谷粒表面长满菌丝，香甜、微带酸味，谷粒底部的晒垫上有少许潮湿时，应立即落缸发酵，以免延长时间造成糖分流失降低出酒率。

⑦ 落缸发酵　将糖化好的醅料装入缸中，加水 80%～90%，然后用塑料布封缸发酵 6 天以上即可蒸馏。发酵时间，夏季从培菌糖化开始 7 天左右，冬天缸的四周用稻草等保温，约 9～14 天。

⑧ 蒸馏　谷酒蒸馏一般不去酒头，直接接酒到 45° 为止，尾酒倒入下锅复蒸。通常 100kg 稻谷可出 45° 谷酒 50～53kg。

二、延安风味的稻谷黄酒加工实例

1. 产品特点

黄酒色泽殷红，香甜可口，为延安地方风味特产，也可做药引及烹调佐料。

一般补助脾胃、促进消化。适合肉食积滞、脾胃不和、脘腹胀满、消化呆滞、面色萎黄等症。

2. 操作工艺

① 伏天的艾叶、小麦糁子、软米糁子、黄连、软黄米、沙蓬草一束。

② 黄连加水熬好，趁热将小麦糁子、软米糁子和匀，用鲜艾叶包成大长方块，放在避荫处发酵成为酒曲。

③ 软黄米用开水浸泡一夜，洗净捞出。

④ 将软黄米蒸熟取出，倒在盆内晾温与酒曲和匀（1.5kg 软黄米和 1kg 酒，捣成小块）装在酒缸内，酒缸底部开小孔，用木塞住，然后在缸孔附近扣一个小瓷碗，缸底装上沙蓬草，用叉叉木棍将小瓷碗固定，上边再压上石块。把缸放在炕上，缸底垫上墩（便于滤酒），再把拌好的软米装入缸内，最后用黄连熬汤（1.5kg 米需用汤一桶），倒入缸内加盖，上边蒙上被子。

⑤ 3 天后把木塞拔掉，安上水管，让水流在容器内，再把水倒入缸内，称为"倒沙酒"，又叫"翻沙酒"。

⑥ 经过"倒沙"后，把缸口糊严，保温使其发酵，即好。

⑦ 1 个月后即可滤酒饮用。

⑧ 在滤过第一次酒的酒渣内，加入开水，发酵 1 个月后再滤下的酒叫二道酒。

三、稻谷保健黄酒的制作工艺实例

1. 原料配方

山楂、桂圆肉各 250g，红枣、红糖各 30g，稻谷米酒 1kg。

2. 工艺流程

山楂、桂圆肉、红枣→洗净→去核→沥干→破碎→调配（加米酒、红糖）→密封浸泡→过滤→澄清→成品

3. 加工方法

① 原辅料加工　先将山楂、桂圆肉、红枣洗净、去核、沥干，然后加工成粗碎状。

② 密封浸泡　将果料倒入干净瓷坛中，加米酒和红糖搅匀，加盖密封，浸泡10 天。

③ 过滤、澄清　10 天后开封，过滤澄清即可服用。

四、桂花稠保健酒的制作方法实例

1. 产品特点

本酒看上去不像酒而胜似酒。味道绵软醇香。酒度可达 12°～15°。喝时最好烧热。此品营养丰富，民间用来给产妇下奶和补养身体。

2. 原料配方

稻谷江米 5kg　酒曲 50g　白糖 500g　桂花 50g。

3. 制作方法

① 将江米放入盆中洗净注入清水，约泡 2h，将米倒入铺好屉布的笼屉上，摊匀。用旺火蒸约 1h。蒸好的米以不过烂又没有夹心为准。

② 将米取出晾凉（或用冷水冲凉，再将水沥干）。倒在案子上或大盆里，加酒曲 50g（酒曲要用擀面杖擀成面）拌均匀。然后装入小缸里或搪瓷桶里，用手摊平。放在室温 15～20℃的屋里发酵，大约 2～3 天即可看是否出了酒，酒的味道是否甜酸适宜。要注意不要发酵过老，以免变得纯酸。

③ 将细箩放在桶口上，将发酵好的酒酿倒入箩中，用凉水淋在酒酿上，用手搓米，直到将酒酿搓下，剩下的米渣倒掉。5kg 米大约可出 12.5kg 滤好的稠酒。然后将滤好的稠酒倒入锅中烧开。再倒入瓷桶里，加白糖和桂花，即为桂花稠保健酒。

第七节　糯米黄酒生产工艺与实例

糯米黄酒是我国历史悠久的民族特产，具有香气浓郁、酒体甘醇、风味独特、

营养丰富等特点，是人们喜爱的一种低度酒。一般糯米黄酒以稻糯米为原料，加入麦曲、酒母边糖化边发酵而成。

近年来，随着人民生活水平的提高，中国传统的糯米酒以其低酒度、高营养和独特的风味备受广大消费者的青睐，尤其以用特殊米种酿制的糯米酒在市场上旺销。

酿造黄酒最适宜的原料是糯米，因糯米的淀粉和脂肪含量略高于粳米，但蛋白质、粗纤维素、灰分较低，酿成的黄酒杂味少，口味较甜厚。

一、糯米酒制作工艺

1. 产品特点

糯米酒又称黄酒、红酒，是以糯米为原料酿造而成的。黄色或褐红色、清澈透明、香味浓馥、味美醇厚、风味独具。

2. 制作工艺

① 选米淘洗　选上等糯米，清水浸泡。水层约比米层高出 20cm。浸泡时水温与时间：冬、春季 15℃以下 14h，夏季 25℃以下 8h，以米粒浸透无白心为度，夏季更换 1～2 次水，使其不酸。

② 上甑蒸熟　将米捞入箩筐冲清白浆，沥干后投入甑内进行蒸饭。在蒸饭时火力要猛，至上大汽后 5min，揭盖向米层加入适量清水。再蒸 10min，饭粒膨胀发亮、松散柔软、嚼不粘齿，即已成熟，可下甑。

③ 拌曲装坛　米饭出甑后，倒在竹席上摊开冷却，待温度降至 36～38℃不烫手心时，即可撒第一次红曲，再翻动一次，撒第二次红曲，并拌和均匀，用曲量为米量的 6%～7%。温度控制在 21～22℃左右，即可入坛。按每 100kg 原料加净水 160～170kg 的比例，同拌曲后的米饭装入酒坛内搅匀后加盖，静置室内让其自然糖化。

④ 发酵压榨　装坛后，由于内部发酵，米饭及红曲会涌上水面。因此每隔 2～3 天，要用木棒搅拌，把米饭等压下水面，并把坛盖加盖麻布等，使其下沉而更好的发酵。经 20～25 天发酵，坛内会发出浓厚的酒香，酒精逐渐下沉，酒液开始澄清，说明发酵基本结束。此时可以开坛提料，装入酒箩内进行压榨，让酒糟分离。

⑤ 澄清陈酿　压榨出来的酒通过沉淀后，装入口小肚大的酒坛内，用竹叶包扎坛口，再盖上泥土形成帽式的加封口。然后集中在酒房内，用谷皮堆满酒坛四周，烧火熏酒，使色泽由红逐渐变为褐红色。再经 30 天左右，即可开坛提酒。储存一定时间后，酒色就由褐红色逐渐变为金黄色。每 100kg 糯米可酿造米酒 200kg。

二、韩国糯米酒加工实例

韩国传统的糯米酒以其低酒度、高营养和独特的风味备受世界消费者的青睐，尤其以用韩国传统特殊米种酿制的糯米酒在市场上旺销。

糯米酒的制法：

① 将糯米洗净，用水泡 2h；

② 像蒸馒头一样，用蒸锅蒸 40min；

③ 蒸好后，一定要完全晾凉；

④ 用凉水顺一个方向搅拌糯米，将糯米打散，差不多一斤（1 斤＝500g）米一小碗水；

⑤ 把酒曲碎成粉末，拌在糯米里；

⑥ 将糯米放入容器，中间做一个洞，洞里撒上酒曲，糯米的表面也撒上酒曲；

⑦ 盖上盖子，放在温暖的方法。25～30℃ 的温度最理想。

⑧ 24h 后打开查看，如看到洞里有酒出来了，就差不多好了，温度不够，就要相对时间长些。

三、明列子糯米酒精制实例

明列子糯米酒是把糯米酿造成米酒加入明列子制成的一种具有营养保健功能的米酒。因产品酒精度低，口感爽滑，风味独特，颇受消费者喜爱，一般是农村"土米酒"扩大销量、提高效益的换代产品。

1. 原料选择

① 原料　糯米、甜酒曲、明列子、麦芽糖浆、白糖、柠檬酸、食品防腐剂、悬浮剂等。

② 原料选择　选择色泽良好、无虫蛀、无霉变的优质精白长型糯米。

2. 加工技术

① 糯米浸泡　将糯米淘洗干净后再浸泡，让米充分吸水。浸泡时间夏季为 3～5h，冬季为 5～8h。浸泡后的糯米粒应保持完整，手捻易碎，断面无硬心，吸水量以 25％～30％ 为度。夏季浸泡时应勤换水，以免酸败。

② 蒸饭　将浸好的糯米装入蒸饭桶内蒸熟。米层厚度控制在 10cm 左右，蒸饭时间控制在 25～30min，要求蒸出的饭粒外硬内软、内无白心、不糊不烂。

③ 冷却　有淋冷法和摊凉法。淋冷法采用无菌水淋冷，适于夏季操作。摊凉法是将饭粒摊开冷却，适于冬天操作。

④ 拌曲　把酒曲研碎过筛，拌入冷却沥干的糯米饭中。拌曲量一般为干糯米重的 0.2％～0.3％。

⑤ 发酵　发酵时控制发酵温度在 28～30℃，室内保持通风，发酵时间为 2～3 天，发酵至酸甜适度、米粒完整为佳。发酵完成后把明列子先用开水浸泡 10min 左右，用开水冲洗干净备用。

⑥ 调配　此道工序是农村一般土法制米酒所没有的，技术性较强，必须严格操作。将悬浮剂（专用食品添加剂）与白糖混合，加入冷水中，把冷水加热至沸腾并保持 5～10min，使悬浮剂完全溶解，保持温度在 80℃ 备用。把酒糟用无菌水冲散、加热灭菌，冷却至 80℃ 与明列子、柠檬酸等一起加入悬浮液中，用无菌水定

容，灌装后即为成品。

四、板栗糯米酒的加工实例

板栗是一种营养价值较高的坚果类食品，深受人们的喜爱。以新鲜板栗、糯米为主要原料，辅以蜂蜜、枸杞子、当参，当归等多味中药的浸提原汁，生产具有养胃健脾、强筋养血、滋补肝肾的新型营养保健酒。

1. 原料配比

板栗 20%，糯米 80%。

2. 加工方法

① 板栗的浸水与破碎 先将新鲜板栗去壳，转入广口瓦缸中，加入自来水使之浸水 24h，水面高出板栗 10cm 左右。浸水过程中，夏天每 6h 换 1 次水，其它季节 8h 换 1 次水。浸水结束后，用粗粉机将其破碎，破碎粒度以绿豆粒大小为宜，并注意将其汁液一并收入不锈钢锅中。

② 蒸煮、落缸、前发酵 糯米与板栗分开蒸煮，糯米的蒸煮时间掌握在 1.5～2h；板栗 2.5h。待蒸煮后的原料降温至 30℃时，立即入缸，加入 0.3% 的甜酒药，拌匀，搭窝，使之成为喇叭形，缸口加上草盖，即进入前发酵阶段。

在前发酵过程中，必须勤测品温，要求发酵温度始终保持在 28～30℃。6 天后，品温接近室温，糟粕下沉，此时发酵醪酒度可达 8%～10%，可转入后发酵。

③ 后发酵 先用清水将酒坛洗净，再用蒸汽杀菌，倾去冷凝水，用真空泵将酒醪转入酒坛中，再加入适量 48°～50°香醅酒，总灌坛量为酒坛容量的 2/3，然后用无菌白棉布外加一层塑料薄膜封口，使之进入后发酵阶段。后发酵时间掌握在 30 天，此过程要控制室温在 15℃ 左右，料温 12～15℃。

香醅酒的制备：先将新鲜黄酒糟 80kg，麦曲 1.5kg 和适量酒尾混合，转入瓦缸中踏实，再喷洒少量 75%～80% 的高纯度食用酒精，以防表层被杂菌污染，最后用无菌的棉布外加一层塑料薄膜封口，发酵 80 天而得香醅，再把适量的香醅转入到一定量的优质白酒中，酒度为 45°～50°，密闭浸泡 10 天，经压榨、精滤后而得香醅酒。

④ 压榨、煎酒 采用气膜式板框压滤机压滤，再用棉饼过滤机过滤，所得生酒在 80～85℃ 下灭菌并破坏残存的酶，然后转入陈酿。而经二次滤下的酒糟由于含有大量的蛋白质，可直接用于畜、禽的饲料或饲料的配比料使用。

⑤ 调配 在陈酿 6 个月的基酒中加入 2.5%～3% 的蜂蜜、适量的糖以及多味中药原汁，静置存放 12h 后，再进行精滤，即得板栗糯米保健酒。

多味中药原汁的制备：先将黄芪、党参、杜仲、当归等切成厚度为 3mm 左右的薄片，然后与枸杞子、龙眼肉、黄桂混合，转入 40°优质白酒中浸 10 天，经过滤而得多味中药原汁。

3. 产品质量要求

① 感官指标 酒色为橙黄色，澄清透亮；滋味醇厚甘爽，酒体丰满协调，气味芬芳馥郁，由于在酒中添加了适量的黄桂和蜂蜜，使成品酒更具有独特的芳香和

淡淡的蜜香。

② 理化指标　酒度≥16°；糖度>10g/mL；总酸≤0.35%～0.4%；氨基酸态氮 0.06g/100mL。

③ 微生物指标　细菌总数≤30 个/kg；其它致病菌不得检出。

自然条件下储存 6 个月，无沉淀物和其它任何异常现象。

五、八宝糯米酒加工实例

1. 产品特点

枸杞、莲子、葡萄干、花生仁、核桃仁、青豆、红豆、银耳等各具特色。其中枸杞具有润肺清肝、益气生精、补虚劳、强筋骨、祛风明目等作用。莲子具有清热解毒、利尿等功效。核桃仁中不饱和脂肪酸含量丰富，特别富含磷脂，具有健脑补肾、乌发养颜、温肺润肠、补心养脾、补气益血等特殊功能。银耳中蛋白质含量丰富，并含有多种必需氨基酸，银耳中多糖可提高人体的免疫功能，因而可增强巨噬细胞的吞噬能力。花生仁含有人体必需的不饱和脂肪酸。青豆、红豆含有营养价值较高的完全蛋白。在糯米酒中加入八宝，经杀菌后可制成营养丰富、糖酸比适宜、香味浓郁、酒味醇厚的八宝糯米酒。同时，它具有润肺清肝、安神补肾、清热健脾等功用，而且营养丰富，易于消化吸收。

2. 主要原料

糯米、小曲、枸杞、莲子、葡萄干、核桃仁、花生仁、青豆、红豆、银耳、樱桃。

3. 工艺流程

糯米→浸米→蒸饭→淋饭→下缸→糖化发酵→调配（蔗糖、乳酸、食用酒精、红豆、青豆、莲子、花生、核桃仁、银耳、枸杞、葡萄干）→调配→杀菌→成品

4. 加工技术

① 选料　选用当年产的新鲜糯米，要求粒大、完整、精白、无杂质、无杂米。

② 浸米　糯米经淘洗净后，进行浸米，浸米水一般要超出10cm左右。冬季浸米一般需24h以上，夏季浸米，以 8～12h 为宜。以用手捻米能成粉末为度。

③ 蒸饭　先用清水冲去米浆，沥干，用铝锅蒸煮，待蒸汽逸出锅盖时开始计时，15min 洒水 1 次，以增加饭粒含水量，共蒸 30min。蒸好的米要求达到外硬内软、内无白心、疏松不糊、透而不烂和均匀一致。

④ 淋饭　将蒸好的米置于纱布内，用清水淋凉。反复数次，淋至 24～27℃，使饭粒分离。

⑤ 糖化发酵　冷却后糯米拌入小曲进行搭窝（小曲用量为干糯米量的 1%），搭窝的目的是增加米饭和空气的接触面积，有利于好气性糖化菌生长繁殖。搭窝后，把糖化容器放入恒温培养箱内，让米进行糖化发酵，恒温箱内温度控制在28～30℃，大约 24h，有白色菌丝出现，冲缸，冲缸用水量为干米量的 3.6 倍。

⑥ 调配　目的主要是对米酒的酸度、糖度、酒精度进行调整，并加入适量的

八宝料。料中莲子、花生仁、青豆、红豆在加入前进行单独预煮，目的是使其成熟、口感好。莲子要先除去小芽，花生仁应先除去外部红衣。加水量要适宜，以煮制后水仍淹没小料为准，煮熟后，倒出蒸煮水，沥干水分待用。核桃仁须除去瓢皮。银耳先用温水浸泡。枸杞、葡萄干等以洗去外部杂物为准。用蔗糖、乳酸、食用酒精调出适合大众口味的糖度、酸度、酒精度。

⑦ 装瓶　将调制好的八宝糯米酒装瓶。

⑧ 杀菌　目的是杀死大部分微生物、钝化酶、保持糯米酒质量的稳定。78℃水浴40min；121℃高压10min或蒸汽（100℃）20min；95℃，20min。

⑨ 成品　经过杀菌处理的八宝糯米酒即为成品。

5. 产品质量要求

（1）感官指标

组织状态：澄清，米粒完整，无分层，小料无异色。

色泽：白色，均匀一致，淡黄色也可。

滋味、气味：有米酒应有的甜味，酒味，微酸，无异味。

（2）理化指标

糖度≥16%；酒精度6°～11°；pH值4.1～4.5。

（3）微生物指标

细菌总数≤100个/mL；大肠菌群≤3个/100mL；致病菌不得检出。

（4）保质期

6个月。

六、黑糯米酒生产工艺与实例

现中医认为黑糯米有显著的药用功效，故俗称"药米"，具有滋阴益肾，补胃暖肝，益精补肺的功效。据测定，其蛋白质比一般白米高6.8%，脂肪高20%，赖氨酸、苏氨酸等8种人体必需氨基酸含量平均比一般白米高15.86%，其中赖氨酸高3～3.5倍。具有重要医疗价值的精氨酸高达1.15%，为一般白米的2.12倍，尚含维生素B_1、B_2、E和锌、铁、镁等微量元素，是一种理想的健康滋补米。江西名酒黑糯米酒就是用特殊米种黑糯米为原料制成的具有高营养价值和药用价值的特色黄酒。现将黑糯米酒的生产工艺简述如下。

1. 产品特点

黑糯米酒色泽为橙黄至红褐色，清亮透明，有光泽；香气纯正，馥芳芳，幽雅自然；滋味醇厚、鲜美、甜酸柔和爽口。具有独特的保健滋补功效，深受我国港、澳地区以及东南亚地区众多华人的喜爱。

2. 主要原料

优质黑糯米，糯米（淀粉大于或等于78.9%、水分小于或等于10.8%、灰分小于或等于0.8%），酒药（淀粉利用率大于或等于65%），精馏酒（酒精含量大于等于95%）。

3. 工艺流程

黑糯米、糯米→浸米→洗米→蒸饭→凉饭→拌曲（加酒药）→落缸→发酵→榨酒→澄清（精馏酒）→入池→陈酿→过滤→灌装→成品黑糯米酒

4. 主要工艺控制技术

（1）浸米

用当地井水浸泡米，水硬度3～5，pH值约7，控制米与水比为1∶1.1，浸泡时间约1.5h，浸米水温与气温关系如下：

气温/℃：　　0～5　　　　5～10　　　　10～20　　　　25以上

水温/℃：40.0±0.5　35.0±0.5　30.0±0.5　25.0±0.5

（2）蒸饭

用立式蒸饭机蒸饭，蒸饭机顶部连续进米，底部连续排饭，控制中心管蒸汽压力和夹层蒸汽压力，以使蒸出米熟而不烂，疏松不糊，内无白心，软硬适中为宜。

（3）凉饭

在送饭机运饭过程中，用洁净冷水淋饭降温，同时配加酒药（每百斤米加3两酒药）进行机械翻拌，使药饭充分混合均匀。以蒸饭机出饭速度与淋水量控制饭温。落缸前饭温与气温关系如下：

气温/℃：　　0～5　　　　5～10　　　　10～15　　　15～20　　　20～30

饭温/℃：27.0±0.5　26.0±0.5　25.0±0.5　20.0±0.5　　常温

（4）发酵

选用直径850mm，高度0.9～1m薄壁陶缸为发酵设备，采用传统的人工"搭窝"操作，搭窝的目的是增加米饭和空气的接触面积，有利于糖化发酵菌的生长繁殖。当品温升高时，进行高温开耙降温，发酵时间为5天。

（5）澄清

用立式不锈钢大罐为澄清设备，加适量精馏酒（每5斤米加3两精馏酒），其目的是杀死酵母、杂菌，使蛋白质沉淀。澄清7～15天后入地下酒池陈酿两年。控制入池陈酿酒指标如下：

酒精度（20%，体积）18°～20°

总糖（以葡萄糖计，g/L）≥200

总酸（以琥珀酸计，g/L）≤5.0

挥发酸（以醋酸计，g/L）≤1.0

第八节　黍米黄酒生产工艺与实例

一、黍米黄酒生产工艺

与稻米黄酒相比，黍米黄酒生产方法有较大的差别。即墨老酒属于黄酒，是中

国古典名酒之一,是黄酒中的珍品,其酿造历史可上溯到 2000 多年前,有正式记载的是始酿于北宋时期。其风味别致,营养丰富,酒色红褐,盈盅不溢,晶莹纯正,醇厚爽口,有舒筋活血、补气养神之功效,深得古今名人赞许。下面以即墨老酒为例,介绍黍米黄酒生产工艺,即墨老酒生产工艺流程。

1. 即墨老酒生产工艺流程

制糜→糖化→发酵→压榨→陈储

2. 加工工艺

(1) 黍米洗涤和烫米

每缸加入黍米 50kg,添加清水 65～75kg,用木楫充分搅拌淘洗,洗后用笊篱捞入淘米木斗中,沥尽洗米的余水,移入另一清洁缸内,加清水 25kg,接着注入沸水 50～60kg,并用木楫急速搅动(此操作过程即为烫米)。烫米的目的是使黍米谷皮略微软化开裂,便于浸渍时水分渗透到黍米内部,但并不要求每粒黍米"大开花",因为"大开花"时,谷皮里面的淀粉内容物流出,溶入浸米水中造成损失,所以烫米后约静止 10min,即要搅拌散热至 35～40℃,再加水浸渍。而不能在烫米之后,直接把热的黍米放入冷水中,这样黍米将四分五裂。

(2) 浸渍

冬季浸渍 20～22h,春秋两季为 20h,夏季为 12h。为防止产生异味,除冬季外,一般在浸渍期间须换清水 1～3 次。

(3) 煮糜

黍米在浸渍之后进行直接水煮的过程称为煮糜(煮熟的黍米俗称为糜)。煮糜是在大铁锅内先倾入黍米量 2 倍的清水,加热至沸腾,然后将浸好捞出的黍米渐次加入沸水锅中,并不停地搅拌、翻铲锅底及锅边。开始时先以猛火煮至呈黏性,再将火势压弱,加盖,文火慢煮,进行焖糜,每隔 15～20min 再搅拌翻铲一次。从开锅下米到糜的煮熟出锅约需 2h。除煮糜外,有的厂现在已改用带有搅拌设备的蒸煮锅蒸煮。

(4) 摊散

取出煮好的糜,摊置在浅型拌曲木槽(称为糜案)中摊散,吹风冷却,使品温降至 60℃后拌曲糖化。

(5) 拌曲、糖化

糖化曲采用麦曲,多在夏季中伏天踏制并陈放一年以上,故又称陈伏曲。用曲量为黍米原料的 7.5%。麦曲(块曲)使用时先粉碎成 2～3cm 见方小块,在煮糜铁锅中焙炒 20min,使部分有轻度焦化,然后粉碎成粉状,拌入糜中。糖化时间 1h。

(6) 加酒母

糖化后的糜继续散冷至 30℃左右时,拌入固体酒母,其用量为原料黍米的 0.5%。

(7) 发酵

在糜入缸前,先将发酵缸用开水杀菌、揩干。糜入缸后一般 22h 左右即可开头耙，再经 8～12h 开第二耙，其后发酵逐渐减弱。发酵时间约为 7 天。

（8）压榨、杀菌、储存

发酵成熟醪用板框式气膜压滤机压榨出清酒，再经过澄清、加热、杀菌工序即为成品。成品酒储存于不锈钢制作的大罐中，经 90 天左右的储存，装瓶、灭菌后出厂。每千克黍米可出酒 1.7kg 左右。

二、糜子黄酒加工工艺与实例

1. 主要原料

黍米、曲、酒母。

2. 工艺流程

黍米→洗涤→烫米→散凉→浸渍→煮糜→散凉拌曲→加酒母→缸发酵→压榨→澄清

　　　　　　　　　　　　麦曲（块曲）　固体酵母　　　　　酒糟　成品

3. 操作工艺

① 烫米　因黍米颗粒小而谷皮厚，不易浸透，所以黍米洗净后先用沸水烫 20min，使谷皮软化开裂，便于浸清。

② 浸渍　烫米后待米温降到 44℃ 以下，再进行浸米。若直接把热黍米放入冷水中浸泡，米粒会"开花"，使部分淀粉溶于水中而造成损失。

③ 煮糜　浸米后直接用猛火熬煮，并不断搅拌，使黍米淀粉糊化并部分焦化成焦黄色。

④ 糖化发酵　将煮好的黍糜放在木盆（或铝盘）中，摊凉到 60℃，加入麦曲（块曲），用量为黍米原料的 7.5%，充分拌匀，堆积糖化 1h，再把品温降至 28～30℃，接入固体酵母，接种量为黍米原料的 0.5%，拌匀后落缸发酵。落缸的品温根据季节而定。总周期约为 7 天。再经过压榨、澄清、过滤和装瓶即为成品。

4. 产品特点

① 色泽　黑褐色。

② 气味　香味独特，具有焦米香。

③ 滋味　味醇正适中，微苦而回味绵长。

④ 体态　澄清、无沉淀、不浑浊。

第九节　玉米黄酒生产工艺与实例

一、玉米酿造甜酒生产工艺

以玉米为原料酿制的甜酒，营养丰富，香味沁人心脾，是中度甜酒产品的又一奇葩，有关加工工艺如下：

1. 主要原料

① 玉米或精炼油厂去胚胎后的玉米胚乳渣。

② 纯化甜酒曲。

2. 操作工艺

① 玉米磨粉　选取籽粒饱满、无霉、无虫蛀、精选过的当年新鲜玉米，晒干、磨成玉米粉。

② 入笼蒸熟　称取玉米面粉与清水按4∶1的比例混合，将清水喷洒在面粉上面，充分搅拌均匀，然后置于铺纱布的蒸笼层中，用大火进行汽蒸，蒸至上大汽后，保持约5min，揭笼盖，移玉米粉出笼，及时压碎结块，再喷洒比第一次稍多的清水，继续上笼，用大火汽蒸；待重新上大汽后，保持约30min，当玉米粉表观松散，不呈稀糊状，熟透无夹生时，出笼摊开晾凉。

③ 入缸发酵　取晾凉的熟玉米粉与纯化甜酒曲按160∶1的比例混合，充分搅拌均匀后装入陶瓷大缸，密封缸口，放置在比较燥热的地方，保温发酵25～35h，适时取出。在发酵快要结束时，可取出少许酒醪尝之。若呈酸味，说明快发酵好了，应尽快降温停止发酵；若呈苦辣味，则发酵已过，就不能再饮用了。因此发酵适度很重要，要依发酵可控条件，凭经验掌握。

④ 入袋过滤　将发酵好的酒醪装入洁净布袋压滤，滤液静置两天左右，然后虹吸上层澄清液，即得生玉米甜酒。

⑤ 高温杀菌　将制得的生玉米甜酒装入已消毒的容器中，水浴加热至80℃，保温20min左右，进行杀菌，然后静置分层，虹吸上层澄清液，装入已消毒的酒瓶中密封，贴标签，置于阴凉处存放，即为成品，可直接饮用或上市销售。

玉米甜酒外观橙黄色，澄清透明，无杂质异物，酒味醇香，味道甘甜，酒度15°左右，酸度小于0.5。

二、典型的玉米黄酒加工方法

现代酿酒技术验证：用玉米酿制黄酒，可以解决黄酒原料来源，既找到了一条玉米加工的新路，又降低成本，提高了经济效益。

1. 配方举例

玉米100kg，麦曲10kg，酒母10kg。

2. 工艺流程

玉米→去皮、去胚→破碎→淘洗→浸米→蒸饭→淋饭→拌料（加麦曲、酒母）→入罐→发酵→压榨→沉清→灭菌→储存→过滤→成品

3. 操作工艺

（1）糯玉米的制备

因玉米粒比较大，蒸煮难以使水分渗透到玉米粒内部，容易出生芯，在发酵后期也容易被许多致酸菌作为营养源而引起酸败。糯玉米富含油脂，是酿酒的有害成分，不仅影响发酵，还会使酒喝起来有不快之感，而且产生异味，影响黄酒的质

量。因此，糯玉米在浸泡前必须除去玉米皮和胚。

要选择当年的新糯玉米为原料，经去皮、去胚后，根据玉米品种的特性和需要，粉碎成玉米，一般玉米的粒度约为大米粒度的一半。粒度太小，蒸煮时容易黏糊，影响发酵；粒度太大，因玉米淀粉结构致密坚固不易糖化，并且遇冷后容易老化回生，蒸煮时间也长。

（2）浸米

浸米的目的是为了使玉米中的淀粉颗粒充分吸水膨胀，淀粉颗粒之间也逐渐疏松起来。如果玉米浸不透，蒸煮时容易出现生米，浸泡过度，玉米又容易变成粉末，会造成淀粉的损失，所以要根据浸泡的温度，确定浸泡的时间。因玉米质地坚硬，不易吸水膨胀，可以适当提高浸米的温度，延长浸米时间，一般需要 4 天左右。

（3）蒸饭

对蒸饭的要求是，达到外硬内软、无生芯、疏松不糊、透而不烂和均匀一致。玉米淀粉粒比较硬，不容易蒸透，所以蒸饭时间要比糯米适当延长，并在蒸饭过程中加一次水。若蒸得过于糊烂，不仅浪费燃料，而且米粒容易黏成饭团，降低酒质和出酒率。因此饭蒸好后应是熟而不黏，硬而不夹生。

（4）冷却

蒸熟的米饭，必须经过冷却，迅速地将温度降到适合于发酵微生物繁殖的温度。冷却要迅速而均匀，不产生热块。冷却有两种方法：一种是摊饭冷却法；另一种是淋饭冷却法。对于糯玉米原料来说，采用淋饭法比较好，降温迅速，并能增加玉米饭的含水量，有利于发酵菌的繁殖。

（5）拌料

冷却后的玉米饭放入发酵罐内，再加入水、麦曲、酒母，总重量控制在 320kg 左右（按原料玉米 100kg，麦曲、酒母各 10kg 为基准），混合均匀。

（6）发酵

发酵分主发酵和后发酵两个阶段。主发酵时，米饭落罐时的温度为 26～28℃，落罐 12h 左右，温度开始升高，进入主发酵阶段，此时必须将发酵温度控制在 30～31℃，主发酵一般需要 5～8 天的时间。经过主发酵后，发酵趋势减缓，此时可以把酒醪移入后发酵罐进行后发酵。温度控制在 15～18℃，静置发酵 30 天左右，使残余的淀粉进一步糖化、发酵，并改善酒的风味。

（7）压榨、沉清、灭菌

后发酵结束，利用板框式压滤机把黄酒液体和酒醪分离开来，让酒液在低温下沉清 2～3 天，吸取上层清液并经棉饼过滤机过滤，然后送入热交换器灭菌，杀灭酒液中的酵母等细菌，并使酒液中的沉淀物凝固而进一步澄清，也使酒体成分得到固定。灭菌温度为 70～75℃，时间为 20min。

（8）储存、过滤、包装

灭菌后的酒液趁热灌装，并密封包装，入库陈酿一年，再过滤去除酒中的沉淀物，即可包装成为成品酒。

三、玉米黄酒新工艺生产与实例

黄酒在我国具有悠久的酿造历史，这种酒度数低，味道好，营养价值高，价格较便宜，长期饮用黄酒具有舒筋活血、开胃健脾的功效。

以前黄酒都是以糯米、大米为主要原料，现为了增加黄酒的品种类型，扩大原料来源，开拓农产品加工利用的新途径，已经开发研究出了以玉米酿造优质黄酒。

1. 工艺流程

玉米→去皮、去胚→破碎→淘洗→浸泡浸米→蒸煮、蒸饭→淋饭→冷却→炒米（揉和、加曲、加酒母）→入罐→发酵→榨酒→灭菌→储存→过滤→冷却→成品

2. 操作工艺

① 破碎　玉米先行除胚，再破碎。要求粉碎粒度 30～35 粒/g 的小粒碴为好。

② 浸泡　选用经脱皮、去胚、淘洗干净的优质玉米碴，先用常温水浸泡 12h，再加温到 50～65℃，持续保持 3h 浸泡。高温浸泡之后还需用常温浸泡，中间换水两次。整个浸泡时间为 48h。

③ 蒸煮　经浸泡的玉米碴，略加冲洗、沥干后，装入蒸桶蒸煮，每甑约装 80kg。待蒸汽全面透出玉米饭面时，在饭面上浇洒沸水或 80℃ 以上的热水 10kg，以促使淀粉颗粒再次膨胀，再继续蒸煮。总共蒸煮 2h，使玉米饭粒达到内外熟透、均匀一致、比较糯软时，从蒸桶取出。

④ 淋饭冷却　为防止玉米淀粉的"回生老化"，从蒸桶取出后立即用凉水（井水）淋冷，并在气温较低时接取头淋温水回淋，使饭粒温度里外、上下均匀一致，符合拌曲下缸需要的品温。

⑤ 炒米　玉米黄酒的色泽和焦香来自炒米，炒米用量占玉米碴总量的 1/3。炒米工作原理与黍米煮糜工艺类似，用淘洗干净的玉米碴 30kg，投入盛有 150kg 沸水的锅中，中火炒 2h 以上，待玉米碴已熟，外观呈褐色，有焦香时方可出锅。再与上述经蒸煮、淋饭冷却的玉米碴饭粒揉和。

⑥ 揉和、加曲、加酒母　将玉米煮饭和玉米炒饭在槽中进行混合、翻拌、揉和。待凉至 60℃ 时，加入麦曲 5%，麸曲 15%，翻拌均匀。散冷至 30℃，加入干料 8% 的玉米面制成的酒母。

⑦ 落缸发酵　在容量为 500kg 的缸中，先加入清水 50kg，用乳酸调 pH 4.5～5.0，然后将上述拌好曲和酒母的米饭落入缸中。下缸品温为 16～18℃，室温控制在 15～18℃。待品温上升幅度达到 5～7℃ 时开头耙。再经 5h 左右开二耙，待走缸（自动翻腾）时停止开耙。玉米醪发酵容易产酸，要求发酵品温低些，控制发酵品温不超过 30℃ 为宜，发酵时间 7 天。

⑧ 榨酒、杀菌、储存　发酵 7 天后即行榨酒，再经澄清后，以 70～75℃、1h 杀菌。冷却后储存 2 个月，再经第二次过滤、装瓶、灭菌后出厂。

四、黑玉米黄酒新工艺与实例

黑玉米是一种珍贵的果蔬兼用型玉米，其外观墨黑独特，是集色、香、味于一

体的优质天然黑色保健食品，其营养含量丰富。

黑色食品由于含有丰富的营养成分和有利健康的特殊养分，特别是黑色食品中所含的黑色素物质，具有明显的食补、防病益寿的保健功效。

以下介绍一种利用黑玉米完熟籽粒，酿制黑玉米酒的简单方法，为黑玉米的生产和发展开辟新的途径。

1. 品种选择

黑玉米有甜质型、糯质型和普通型三种。酿酒用的黑玉米应选用糯质型品种，品种糯性越高，对酿制发酵越有利，如意大利黑玉米、中华黑玉米、福黑 11 号等品种。

2. 黑玉米选料

选择当年收获无发霉的黑玉米籽粒，尽量不用陈年的玉米，剔除杂质。酒曲用普通米酒曲（淀粉型）即可，但要求无霉变，无发黑，闻起来有菌香味，如古田酒曲。

3. 操作工艺

① 浸泡、蒸煮　黑玉米籽粒皮厚，不易蒸煮，可用清水浸泡 8～10h 后，清洗干净，上笼蒸至玉米籽粒破裂熟透为止。也可采用高压锅蒸煮，以减少蒸煮时间，但应控制好水分。一般以每千克干籽粒出饭 2.5～3.0kg 为好，不宜太烂或太硬。

② 前发酵　将蒸煮好的黑玉米摊开凉至室温，按饭：水＝1：1 备好足量的凉开水。每千克干玉米需配比酒曲 0.1～0.15kg，将玉米饭与酒曲充分拌和，放入预先清洗干净的酒坛中，加入凉开水。在 20～25℃的室温下敞口发酵 7～10 天，以利于发酵菌迅速繁殖，其间用搅拌杆充分搅拌 2～3 次，然后将坛口密封，有条件者应采用导管排气的装置，继续发酵 60 天左右。发酵过程温度不宜过高，否则酒易变酸。

③ 换桶　将酒用多层密纱布过滤，过滤液密封继续后发酵 30 天，同时沉淀多余的残渣。

④ 密封储藏　利用倾斜过滤法取得上清酒液，用坛子装好密封，于阴凉干燥处储藏，储藏时间越久则酒质越香醇。

第十节　红薯制作黄酒生产工艺与实例

一、鲜红薯酿制黄酒技术

1. 原料处理

鲜红薯用清水完全洗净，切成薄片后，加 3 倍的清水，浸泡 4h 左右，取出沥干水分，拌入 10％的粉碎砻糠，放在蒸甑内蒸熟。

2. 糖化

将熟的薯片盛放于桶或池中，趁热捣碎，待料温降至 60℃ 时，拌入 5% 麦芽，充分搅拌混合均匀，糖化时的温度保持在 50～60℃，时间为 3～4h。然后按薯重 50% 加入 60℃ 的温热水，轻轻搅匀令其充分糖化，并浸出糖液。

3. 过滤

当糖液浸出后加入薯重 50% 的热水再浸 3h 左右，薯胶浮起即可进行第一次过滤，滤出的糖液保存好以备浓缩，过滤后的薯醪加入与第一次用量相同的 60℃ 温水，充分搅拌均匀，保持在 50～60℃，3～4h 后进行第二次过滤。过滤时将薯醪放在布袋中或榨包内进行压榨，榨出糖液。压榨过滤剩下的残渣，可用于酿制白酒和醋，其酒糟仍可继续利用。

4. 发酵

将两次榨出的糖液混合进行发酵，浓缩到 23°Bé，并使料温迅速降到 26℃ 左右，移入经杀菌的发酵缸中，加入上等碎麦曲 2.5kg，酒 2.5kg，并用洁净水耙搅拌均匀，拌匀后温度约降低 3～4℃（22～23℃）。发酵缸覆盖保温。7～8h 后，糖液便开始发酵，直至 20h 后，糖液温度超过 30℃，需用消过毒的水耙，将发酵醪充分搅拌一次，以后每隔 6～8h 再搅拌一次，通常搅拌 3 次即可。当发酵 4～5 天后，发酵作用渐渐减弱，温度开始下降。10 天左右发酵即告完毕，酒液趋于澄清。此时，宜保持在 20℃ 左右静置，令酒醪后熟，10～20 天即可成熟。

5. 压榨与杀菌

黄酒是一种压榨酒，压榨时将成熟的酒醪装入袋中，置于压榨机中压榨。榨出的酒盛放在缸中，加上适量酱色，以增加色泽。加盖静置 2～3 天，使悬浮物沉淀。然后取出澄清酒液，用水浴法灭菌。灭菌后，酒内的蛋白质及其它物质受热凝固，此时应除去，以增加酒的澄清度，同时促进酒的后熟。

6. 包装

杀菌后的酒液，装入洗净、消毒、灭菌后的酒缸（坛）中。放酒时，缸（坛）口需加放绢制细筛除去杂质。然后用油纸密封，外加荷叶、笋壳包扎密封，存放于低温室进行储藏。

二、甘薯制黄酒生产工艺与实例

1. 原料配方

鲜甘薯 25kg，大曲 7.5kg，花椒、茴香、竹叶、陈皮各 100g。

2. 操作工艺

① 选料蒸煮　选择无病害的鲜甘薯，先用清水洗净，然后在笼中蒸熟或在锅中煮熟。

② 加曲配料　先把花椒、茴香籽兑水 22.5kg 倒入锅内，用大火烧开，再用小火熬半小时。然后将曲压碎，把熟甘薯趁热倒入缸内，用木棍戳烂搅成泥状。

③ 将装好配料的缸盖上塑料布。一般将缸口封严，然后置于 25～28℃ 的发酵

室发酵，或放在火炉旁烤，每隔 1～3h 将缸转动一次，使缸受热均匀、发酵一致，并每隔 1～2 天搅动一次。也可以在发酵前，先在缸内加入 1.5～2.5kg 白酒做酒底，直到有浓厚的黄酒味，浆料上出现清澈的酒汁时，说明发酵完成。这时要及时将缸搬进冷室或室外，使浆料骤然冷却，温度达 0℃左右，这样制出的酒口感良好。若不经冷处理，制出的酒就会带酸味。

④ 过滤榨酒　先把布口袋用冷开水洗净，将水拧干，然后将发酵好的浆料装入，架在容器上或放在压榨机上挤榨。一般每 50kg 鲜甘薯可制出黄酒 35kg 左右。

⑤ 沉淀储存　挤榨出的黄酒经澄清沉淀后，即可装入坛中或瓶中封口储存或出售。存放时间不宜过长以防酸败变质。

三、典型的红薯制作黄酒工艺与实例

黄酒营养丰富，是理想的低度饮料酒和烹调菜肴的好佐料。

下面介绍红薯制作黄酒工艺。

1. 原料配方

鲜红薯 50kg，花椒、茴香籽各 50g，酒曲或小麦曲 5kg，水缸 1 口，长擀杖 1 根，做豆腐用的口袋 1 条。

2. 操作工艺

① 将红薯洗净煮熟，凉后倒入缸内，用长擀杖捣成泥状。

② 先把花椒、茴香籽兑水 22.5kg 倒入锅内，用大火烧开，再用小火熬半小时。然后将曲压碎，同冷却后的花椒、茴香籽水一起倒入缸内，并用擀杖搅拌成稀粥状，盖上塑料布，缸口封严，置于 25℃左右的暖屋内发酵，每隔 1～2 天搅动一次。

③ 当酒浆内有气泡不断逸出时，等气泡消失再经反复搅拌，则有清澈的酒汁浮在酒浆上，同时有浓厚的黄酒味。

④ 此时应把发酵好的酒浆立即搬进冷室或室外使其自然冷却（其温度为 0～5℃）。一天后再把发酵好的酒浆装入口袋内，架在盆上，挤压去渣，然后澄清酒汁装坛密封。

采用此法，每 50kg 红薯可制黄酒 35kg。酒渣还可作为猪饲料。

四、传统鲜红薯制作黄酒酿造工艺与实例

1. 黄酒酿造的特点

① 所使用的糖化发酵剂为自然培养的麦曲和酒药，或是由纯菌种培养的麦曲、米曲、麸曲及酒母。由各种霉菌、酵母和细菌共同参与作用。多种糖化发酵剂、复杂的酶系、各种微生物的代谢产物以及它们在酿造过程中的种种作用，使黄酒具有特殊的色、香、味。

② 黄酒发酵为开放式的、高浓度的、较低温的、长时间的糖化发酵并行型，因而发酵醪不易酸败，并能获得相当高的酒度及风味独特的风味酒。

③ 新酒必须杀菌，并经一定的储存期，才能变成芳香醇厚的陈酒。

2. 原料和工具

鲜红薯 50kg，大曲（或酒曲）7.5kg，花椒、小茴香、陈皮、竹叶各 100g，备小口水缸 1 个，长木棍 1 条，布口袋 1 条。

3. 工艺流程

选料蒸煮→加曲配料→发酵→压榨→装存

4. 工艺操作要点

① 选料蒸煮　蒸煮前，选择含糖量高的新鲜红薯，用清水洗净晾干后在锅中煮熟。

② 加曲配料　将煮熟的红薯倒入缸内，用木棍搅成泥状，然后将花椒、小茴香、竹叶、陈皮等调料，兑水 22kg 熬成调料水冷却，再与压碎的曲粉相混合，一起倒入装有红薯泥的缸内，用木棍搅成稀糊状。

③ 发酵　将装好配料的缸盖上塑料布，并将缸口封严，然后置于温度为 25～28℃的室内发酵，每隔 1～2 天搅动一次。薯浆在发酵中有气泡不断逸出，当气泡消失时，还要反复搅拌，直至搅到有浓厚的黄酒味，缸的上部出现清澈的酒汁时，将发酵缸搬到室外，使其很快冷却。这样制出的黄酒不仅味甜，而且口感好，否则，制出的黄酒带酸味。也可在发酵前，先在缸内加入 1.5～2.5kg 白酒作为酒底，然后再将料倒入。发酵时间长短不仅和温度有关，而且和酒的质量及数量有直接关系。因此，在发酵中要及时掌握浆料的温度。

④ 过滤压榨　先把布口袋用冷水洗净，把水拧干，然后把发酵好的料装入袋中，放在压榨机上挤压去渣。挤压时，要不断地用木棍在料浆中搅戳以压榨干净。有条件的可利用板框式压滤机将黄酒液体和酒糟分离。然后将滤液在低温下澄清 2～3 天，吸取上层清液，在 70～75℃保温 20min，目的是杀灭酒液中的酵母和细菌，并使酒中沉淀物凝固而进一步澄清，也让酒体成分得到固定。待黄酒澄清后，便可装入瓶中或坛中封存，入库陈酿 1 年。

第十一节　甜酒酿生产工艺与实例

甜酒酿在南方又叫酒酿、醪糟，在北方也叫甜米酒，甜酒酿是我国的一种传统风味食品，它是酸甜可口、醇香诱人，备受广大群众喜爱的一种饮品。可即食，还可与各类食品、副食品搭配烹调成各种可口美味的佳肴点心，有一定的滋补调理和保健作用。长期服用，能强身健骨、活血通脉、防病御寒。固体甜酒酿复水性好，风味与鲜甜酒酿可以媲美，大大地延长了甜酒酿的保藏寿命，携带方便，可大力推广。

在食品加工企业实行生产许可证制度时，上海将甜酒酿的生产纳入了其它酒

（其它发酵酒）的范围类别中，这是完全正确的。

一、固体甜酒酿生产工艺

1. 主要原料

糯米、甜酒药、柠檬酸、蜂蜜、白酒少许。

2. 主要设备

高压锅、发酵设备（带温控仪）、真空冷冻干燥设备及附属设备。

3. 工艺流程

糯米→清洗→浸米→蒸饭→冷却→拌甜酒药→搭窝→保温发酵→鲜甜酒酿→调配→真空冷冻干燥→成品

4. 操作工艺

① 清洗　选择上乘糯米，用自来水清洗，除去其中粉尘，至洗水清亮为止。

② 浸米　取用清水淘洗过的糯米，加水浸泡，使水面高出米面 10～20cm，根据温度控制浸米时间，夏季一般 6～8h，冬季 12～16h，用手碾磨无硬心。

③ 蒸饭　将米放入高压锅内，加热放掉不凝性气体，开锅后蒸 10～12min。标准：松、软、透，不粘连。

④ 拌甜酒药　等饭冷却至 35℃，加入米量 0.4%～1% 的甜酒药，充分搅拌，使米、药混合均匀。

⑤ 保温发酵　将上述混合物放入 30℃ 的恒温培养箱中，24h 即有汁液浸出，待窝内出现 2cm 的液体后，升耙发酵，三天后即为鲜甜酒酿。

⑥ 将鲜甜酒酿按照一定的要求加入适量的柠檬酸、蜂蜜、白酒（也可不加），送入真空冷冻干燥装置中，开启真空泵，使室内绝对压强为 3～7MPa，此时冷冻室的温度为 12～40℃，将鲜甜酒快速冻结，使其内部水分固定并形成均匀细小的冰结晶，然后在 130～300Pa 的真空下，使冰直接升华，此时物料中 98%～99% 的水分从冻结的物料内升华除去。

⑦ 色纯白，米粒清晰可见，复水性极好，三年不变质。

二、农家甘甜米酒制作工艺

糯米酒，又称江米酒、甜酒、酒酿、醪糟，主要原料是糯米，酿酒工艺简单，口味香甜醇美，乙醇含量极少，因此深受农家喜爱。在一些菜肴的制作上，糯米酒还常被作为重要的调味料。糯米酒，也称为水酒，应是与另一种用糯米酿的老酒相对而言。

1. 酿造原理

酿造原理是利用根霉菌和酵母菌的共同作用。

2. 主要原料

圆糯米，酒曲。

3. 操作步骤

(1) 例一　农家酿制糯米酒

将糯米淘洗干净，用冷水泡 4～5h，笼屉上放干净的屉布，将米直接放在屉布上蒸熟。因米已经过浸泡，已经胀了，不需要像蒸饭那样，在饭盆里加水。蒸熟的米放在干净的盆里，待温度降到 30～40℃时，拌进酒药，用勺把米稍压一下，中间挖出一洞，然后在米上面稍洒一些凉白开水，盖上盖，放在 20℃以上的地方，经 30h 左右即可出甜味。

做糯米酒的关键是器皿干净，绝不能有半点油花。最好在做前将要用的蒸锅、笼屉、屉布、盆、盖、拌勺等统统清洗一遍。如沾了油花，肯定做不成功，米会出绿、黑霉。如米面上有点白毛，属正常，可煮着吃。

(2) 例二　一泡，二蒸，三拌，四发酵

① 泡　把圆糯米放水里泡 12～24h，用手能捏碎就可以了。这样更有利于支链淀粉的水解。

② 蒸　放蒸锅里，垫上屉布蒸 20～50min，关键是要熟透。当然酿造完成之后也可以上锅再蒸，或煮，只不过因为有很多支链淀粉没有被分解，再煮一次就会很黏。

③ 拌　拌酒曲。待糯米放凉到 30℃左右就可以放酒曲，均匀拌开即可。酒曲的量视米的多少而定。拌完，在中间掏一个 5～10cm 的洞，盖上盖子即可。

④ 发酵　理论上 28.5℃是最佳温度。实际上差不多就行了。夏天室温即可。冬天放在暖气旁。只有春秋天不太方便。

后面要做的就是等待了。米酒营养丰富，口感甘甜，尤其适合农家产妇食用，有补身功效。

三、典型甜酒酿操作工艺与实例

1. 操作工艺

① 浸泡　将糯米洗净，浸泡 12～16h，至可以用手碾碎即可

② 蒸饭　在蒸锅里放上水，蒸屉上垫一层白布，烧水沸腾至有蒸汽。将沥干的糯米放在布上蒸熟，约 1h。自己尝一下就知道了。没有这层布，糯米会将蒸屉的孔堵死，怎么也蒸不熟。尝一尝糯米的口感，如果饭粒偏硬，就洒些水拌一下再蒸一会儿。

③ 淋饭　将蒸好的糯米端离蒸锅，冷却至室温。间或用筷子翻翻以加快冷却。在桌子上铺上几张铝箔，将糯米在上面摊成 6～10cm 厚的一层，凉透。在冷却好的糯米上洒少许凉开水，用手将糯米弄散摊匀，用水要尽量少。

④ 落缸搭窝

⑤ 培养成熟　将盆置于 30～32℃左右的恒温箱中培养 24～48h，如果米饭变软，表示已糖化好；有水有酒香味，表示已有酒精和乳酸，即可停止保温。最好再蒸一下，杀死其中的微生物和使酶停止其活动。这样，甜酒酿就制作成

功了。

2. 注意事项

① 拌酒曲一定要在糯米凉透以后。否则，热糯米就把霉菌杀死了。结果要么是酸的、臭的，要么就没动静。

② 一定要密闭好。否则又酸又涩。

③ 温度低也不成。30～32℃左右最好。

④ 做酒酿的关键是干净，一切东西都不能沾生水和油，否则就会发霉长毛。要先把蒸米饭的容器、铲米饭的铲子和发酵米酒的容器都洗净擦干，还要把手洗净擦干。

⑤ 如果发酵过度，糯米就空了，全是水，酒味过于浓烈。

⑥ 如果发酵不足，糯米有生米粒，硌牙，甜味不足，酒味也不足。

⑦ 拌酒曲的时候，如果水洒得太多了，最后糯米是空的，也不成块，一煮就散。

做甜酒如果希望得到更强的酒味，有两种方法：

① 适当延长甜酒发酵时间，比如在规定的温度一般放置 24h，现在可以适当延长一些。

② 在制作过程中加拌甜酒曲时放少许酵母，但量一定要少。

四、甜酒曲制作甜酒操作工艺与实例

① 淘洗米　一般淘洗 3～5 遍，洗掉粉尘，尽量使水看起来清爽一些。

② 浸米　淘洗干净的米放入清水淹没浸泡。夏季泡 5h，冬季泡 10～20h；泡至用手能碾碎后成粉末状即可。泡的目的是为了让米吸足水分和在蒸的时候熟得更透。泡好后捞出沥干水分。看看是否泡透了再蒸饭。

③ 蒸饭　把米放入蒸锅内，开火烧水至沸腾有蒸汽时再大火蒸 20min 断火，米不可蒸得太生，也不可蒸得太烂，以免影响米的后期发酵（不管采用什么厨具，总之一定要把米蒸熟蒸透，如没有蒸具，可以用电饭锅把米煮熟，不过这样做出来没蒸出来的效果好，是在不得已的情况下采用的方法）。

④ 糯米蒸透后，倒在可沥水的容器内（如洗菜篮）摊开，用较多的凉开水从糯米上淋下过滤（也可采用自来水，视卫生情况而定，建议使用凉开水或瓶装水），使糯米淋散沥冷（目的在于不让糯米粘在一起，做出来后会更好，沥冷不是完全冷，要保留一定的温度，手摸着温温的最好）。

⑤ 将蒸熟凉透的糯米舀入陶制或玻璃容器中（如没有这两种材质的容器，可采用其它材质容器，但不要使用塑料容器），把酒曲撒入饭中与饭混合均匀。也可用一点点温水将酒曲化开后再淋入饭中，混合更均匀（混合均匀是为了更利于发酵）。然后，再将饭抹平并在米饭的中心部位掏出一个酒窝便于观察发酵的变化，最后再均匀地浇一碗清水。

盖上盖或者用保鲜膜包住口，外面用保温材料（如毛巾被）裹上放在温暖的地方发酵，温度一般应在 30～32℃，一般 36～40h 就可以吃了。

放暖气旁边保温时应注意：在酒酿做好之前，尽量不要再搬动。发酵中途可以用手摸容器外壁是否发热，发热就是好现象，发酵过程中温度是最重要的一环，一般保持在 30～32℃，可以把它放在暖气边上，或再在容器边上放个热水袋，中途可以换热水。放置 24～48h 即可。发酵过程中最好伸手去被窝里测测温度，如果里面太热，就将被子撤开晾一会，不然醪糟做好后会偏酸。温度过高和发酵时间过长都会导致醪糟变酸。

另外，制作中长白毛现象的原因如下：

① 温度过高导致发酵出现异常，行话称之为"烧包"。

② 酒曲量不够，以致糯米未很好的发酵导致长白毛。

所以在这里建议初次没经验的朋友做的时候，酒曲可以适当比原比例多放一点。发酵时间到了后，开盖看看，如果中间挖的洞里有了半酒窝的醪糟汁，就立即取出，这时已可以食用了，只是，这时味道可能不是很好，淡淡的，再在常温下存放两三日就可以吃了。如果酒窝里无论多长时间都没有汁的话，那就是说，你的醪糟做失败了。

五、甜米酒加工新技术与制作实例

甜米酒酒度低且有营养，绵甜爽口，深受饮用者欢迎。具体酿造技术如下。

1. 设备

可蒸 10～20kg 米的木甑 1 个，大小炉灶各 1 个，直径 50cm 及 85cm 铁锅各 1 个，可装 10kg 米煮得的饭的发酵陶缸若干个，大簸箕 1 个，蒸馏器 1 台，酒缸数个，浸米盆 1 个，温度计、酒度表各 1 支。

2. 工艺流程

浸米、蒸煮→扬冷、拌曲→培菌、糖化→加水发酵→蒸馏

3. 操作方法

① 浸米、蒸煮　选用无霉变的大米，以温水浸泡 1～2h，用清水淘洗干净并沥干。待甑内底锅水烧开后，将大米入甑。上汽后初蒸 15～20min 后，第 1 次泼入大米重量 60% 的热水，并翻匀；上汽后再蒸 15～20min，并进行第 2 次泼热水，水量为大米重量的 40%，翻匀；加盖上汽后再蒸 15～20min 即可。要求蒸出的饭熟而不黏，出饭率为 220%～240%，即 10kg 米煮出的饭为 22～24kg。

② 扬冷、拌曲　将蒸熟的饭倒入簸箕内，打散饭团，扬冷后即可拌曲。拌曲时先撒下酒曲总量的 20%，拌匀后，撒下其余的酒曲，拌匀。室温在 10℃ 以下时，加曲温度为 38～40℃，用曲量为米饭重量的 1%；室温在 10～18℃ 时，加曲温度为 35～38℃，用曲量为 0.8%；室温在 18～25℃ 时，加曲温度为 32～35℃，加曲量为 0.6%；室温在 25℃ 以上时，加曲温度为 28～32℃，用曲量为 0.4%。

③ 培曲、糖化　将拌好曲的米饭投入发酵缸内，每缸投入米饭量折合大米 7.5～10kg。在米饭层中先挖一个喇叭形的穴，使饭层厚度达 10～15cm，以利通气及平衡品温，待品温下降至 32～34℃时，用簸箕或能通气的纱布等盖上缸口。冬天保温，夏天降温。经 26～28h，可闻到香味，饭层高度下降，并有糖化液流入穴内，这时即可进行发酵。

④ 加水发酵　培菌糖化后立即加水发酵，过早或过迟都会影响出酒率。加水量为大米量的 120％～125％，并调整品温到 34℃，拌匀后用塑料布封口。发酵 24h 后进行一次喂饭，10kg 一缸的加 150g 饭，并加入糖化酶 0.1％，搅匀，密封。发酵的关键在于控制好温度。发酵期为 6～7 天。

⑤ 蒸馏　发酵完毕，立即蒸馏。先在锅中加少量水，并将发酵缸入锅，再加入上一次的酒尾，装上蒸馏器，封好锅边，即开始蒸馏。火力不可过大，以免出现焦醅或跑糟。注意控制冷却水流量大小。接酒器温度不应超过 30％，去掉 0.1kg 酒头，待酒度低于 20°时，接作酒尾。

4. 搞好消毒灭菌

酿酒过程中如被有害细菌污染，将对生产造成很大损失。因此要搞好清洁和防护工作，所有的酿酒用具用完后应清洗干净。发酵缸每次发酵后都应用 0.5％高锰酸钾水溶液泡洗 30min。

六、甜酒酿标准方法与实例

随着人民生活水平的提高，市场上甜酒酿的销量也随之上升。但生产甜酒酿的大多是小型企业，生产方式也多是传统的手工操作。过去，企业都是各自为政，根据自己制定的标准进行生产。为了保证食品质量安全，维护消费者权益，笔者认为有必要也应当制定关于甜酒酿的生产技术规范或行业（地方）标准，以促进该行业的健康发展。

首先，甜酒酿含有一定的酒精度数，且大于 0.5％（体积）；其次，甜酒酿是以大米（糯米）为原料，经酒药作用而成的一种发酵食品。基本符合了饮料酒的定义，其生产工艺也大致与发酵酒类相似。

1. 甜酒酿的生产工艺流程

大米（糯米）→浸米→蒸煮→冷却→拌酒药→入容器发酵→加热灭菌（或不灭菌）→包装→成品

2. 甜酒酿的现状

① 甜酒酿可分为两大类：一类是经加热灭菌的熟甜酒酿，保存期较长，且质量相对稳定；另一类是不经加热灭菌的甜酒酿，保存期较短。随着时间的延长，酒精度数上升，糖度下降，这类甜酒酿最后转变成带糟的米白酒。

② 感官要求　由企业自定。

③ 甜酒酿的质量指标　见表 5-9。

④ 甜酒酿的卫生要求　见表 5-10。

表 5-9　甜酒酿的质量指标

项　　目	技　术　指　标
酿液酒精度(体积)/%	0.5~5.0
酿液糖度(20℃)/°Bx	≥20.0
酿液总酸(以乳酸计)/(g/L)	≤6.0
固形物/%	≥35.0

表 5-10　甜酒酿的卫生要求

项　　目	技　术　指　标
细菌总数/(CFU/mL)	≤500
大肠菌群/(MPN/100mL)	≤3
黄曲霉毒菌/(μg/kg)	≤5
铅(以 Pb 计)/(mg/L)	≤0.5

⑤ 其它　原则上，在甜酒酿的生产过程中不允许添加任何甜味剂、防腐剂、色素、香精香料等，但可加入作为点缀用的天然植物类物质，如桂花、枸杞等。甜酒酿生产的环境卫生要求除了应符合食品质量安全市场准入审查通则外，还应参照即食类食品的生产要求。

七、甜酒酿评价与用量妙用

1. 甜酒酿最补气

都说喝酒伤胃，可米酒却能养胃。糯米酿成的米酒酒精度数一般不超过 10°，能刺激消化液分泌，增进食欲。

此外，糯米有养胃、补气、助消化的作用，酿成酒后，其营养成分更有利于消化吸收，特别适合中老年人、孕产妇、肠胃不好的人以及身体虚弱者。日本的清酒与中国的米酒类似。

2. 用量妙用

健康饮用量：每天最好别超过 500g。

甜酒酿最佳搭配：鸡蛋。甜酒酿煮鸡蛋是南方人给产妇坐月子时滋补的传统食品。在甜酒酿中打个鸡蛋，再加入适量红糖，不但补血补气，还能帮助产妇下恶露、清洁子宫。

最禁忌：严重胃酸过多、胃溃疡、胃出血的人不宜饮用。

烹调妙用：做火锅调料加入甜酒酿，能增加醇香和回甜。

第十二节　农家黄酒加工技术和酿造工艺与实例

一、昭君酒的酿造工艺

昭君酒是一种甜型黄酒，酒呈棕红色，清凉透明。酒香醇，入口甜蜜爽冽，别有一番滋味。长期饮之，还能健脾养胃、强劲活血。

1. 主要材料

大青山区优质有黏性的黄米和山东乐隆县的金丝小红枣，用过夏的伏冰糖并配以香草、花椒，用 65°的高粱白酒为酒基，另以大曲为糖化发酵剂。

2. 传统工艺

通过精湛的传统工艺，将主要材料分别进行发酵，等到三个月后，再经混合压榨、澄清和储存、过滤等工序后，装瓶而成。

二、农家酿蜂蜜黄酒工艺与实例

农村一家一户制作黄酒，在我国已有很长的历史。这是一种手续简单而且又比较经济的酿酒方法。只要有了蜂蜜，再买一点制作黄酒用的曲（如当地商店没有卖的，可到当地酒厂联系）就可以了。

1. 原料配方

蜂蜜 1kg，开水 2~3kg，曲适量。

2. 制作方法

首先用开水将蜂蜜化匀，其比例可按 1kg 蜂蜜兑 2~3kg 开水。蜜蜂兑上开水以后，不要急于拌曲，等温度冷到 20~30℃时，再把制作黄酒用的曲碾成面兑到蜜水里。然后，用坛子或罐子等密封容器把蜜水装起来。最后，用棉花、草、稻谷皮等物将盛蜜水的容器包起来（如果家庭有火炕也可放到炕上）。经过一天一宿的时间就开始发酵。如果在六月份到八月份之间制作（指阳历时间），大约需要发酵一个星期左右，如果在九月份到转过年的二三月份之间制作，大约需要发酵一个月左右的时间。

3. 产品质量

如果蜂蜜比较纯净（指买来的蜂蜜本身含水少，没有掺假），加上多制作几次，在时间、温度的掌握上有一定的经验，那么用这种方法制造出来的黄酒，不论在颜色还是在味道上，都不差于我国出名的绍兴黄酒。

三、农家黑米当归黄酒工艺与实例

1. 原料与制作方法

　① 5 斤黑米洗净，用清水泡一宿。

　② 蒸锅里放入清水、笼屉、屉布，再把黑米放在屉布上。

　③ 大火蒸至黑米熟透（大概需要 40~50min）。

　④ 将蒸熟的黑米盛出，把大蒸锅清洗干净后，放入黑米，加入 10~11 斤矿泉水，搅拌均匀。

　⑤ 不时搅拌以便降温，用食品温度计测量温度。

　⑥ 等到温度降到 30℃左右时，加入黄酒酒曲 60g，加入当归 75~100g 左右。

　⑦ 再次搅拌均匀。

⑧ 将所有原料倒入消过毒的发酵瓶中，瓶口用保鲜袋罩住，用棉绳系牢，进入发酵程序。

⑨ 黑米发酵过程中，瓶内气体会充盈其中，保鲜袋会鼓起。发酵的头两天，每天松开绳子，打开保鲜袋，透一两分钟气，以免过量的气体把保鲜袋顶开。

⑩ 两天之后就不要再开了，一直到发酵结束（结束的标志是瓶内没有气泡产生，黑米静置分层静止不动，发酵的时间一般为 7 天左右）。

⑪ 将酒液过滤出来，放入比较密封的容器里，放在火上加热消毒。其间不要打开盖子，以免酒气跑散。加热至微开即可关火。不开盖直到液体凉透，即可装瓶密封保存，随时可饮用。

2. 黑米当归黄酒详细说明

① 酒曲用的是力克黄酒曲，商店里有售。这个酒曲是可以直接加工生料的，即直接用生米、自来水、酒曲来制作黄酒。选择了比较传统的制熟方式，是为了加快发酵的速度。

② 米、水、曲的大致比例为 1 : 2 : 0.024。

③ 当归是补血的中药，药店有售。如果不习惯药味，可以不加当归。

④ 容器的消毒可以用开水烫、医用酒精消毒、活氧机消毒，大家可根据自己的条件来选择消毒方式。

⑤ 清水可以直接用自来水。

⑥ 发酵的头两天可以打开保鲜袋放气，但时间不要过长，一分钟足以。两天之后不要再打开，以防氧化影响发酵结果。

⑦ 黄酒在储存前一定要把酒渣过滤出来，然后加热消毒。过滤时只取酒色澄清的部分即可。下面靠近酒渣的部分可以用来炒菜用，比市售黄酒、料酒好用。

⑧ 黄酒是越陈越香的。

⑨ 陈酿黄酒最好用专业陶质酒坛储存。而且应该维持恒温恒湿的环境。

⑩ 黄酒一年四季都可以酿制，酒曲上有详细说明。

四、农家荞麦黄酒工艺与实例

1. 荞麦黄酒技术特点

荞麦黄酒含有很多种营养保健成分，蛋白质、氨基酸尤其丰富，氨基酸种类多至 18 种，其中 8 种为人体不能合成的必需氨基酸，此外，还含有多种的维生素。矿物质、微量元素也很丰富。为此，荞麦黄酒是集营养、保健、饮料于一身的良好饮料酒，其技术特点为：传统的工艺结合现代生物技术。

2. 主要原辅材料

①脱光荞麦；②食用酒精；③麦曲；④各种辅助用酶；⑤黄酒活性酵母；⑥澄清剂。

3. 应用领域及范围

主要技术指标：

酒精度 12%～14%（体积），糖度 2～10g/100mL，总酸 0.45～0.5g/100mL，固形物＞2g/100mL。

五、农家客家黄酒工艺与实例

酒的酿造工艺从古至今有了很大的变化，平时经常喝到的白酒属于蒸馏酒，酿酒发展的产物。其中，蒸馏是一个必要的过程。这次要介绍的是一种古老的酒，黄酒。黄酒的制作基本上保留了古法酿酒的过程，现代的生成技术一般只在去除发酵过程中的杂菌和提高出酒率上起到了作用。

现在给大家介绍客家黄酒的做法，适宜家庭加工，可以尝试。

1. 主要的原料

主要的原料有糙糯米，就是没有经过精细加工（脱粒）的糯米。使用糙糯米的主要原因是，最大程度上保持酒液的清澈。

还有就是酒饼，也就是酒曲。现在的工艺往往使用酵母霉以及一些催化剂，这种做法可以大大提高酒精浓度，提高出酒率。

客家黄酒至今仍旧保持使用酒饼制酒的方法。酒饼是发酵的关键。好的酒饼是酿造好酒的关键，家庭酿造可以购买酒饼（酒曲）。每个地方的酒饼制作方法不同，因此酿造的酒也就不同了。江浙一带的酒曲多是制作甜酒（醪糟）的酒曲。

2. 制作方法

首先，要先把米用一个大的容器泡水，如果使用糙糯米要泡一天，如果是一般的糯米则泡一夜。泡米的容器一定不能沾油。

泡好的米捞在一个大的蒸锅中，隔水蒸 40min。蒸熟的米饭用冷开水（一定要熟水）冷却，也可以自然冷却。米饭的温度在 20～30℃温热时，把酒饼敲碎（研磨成粉末），均匀拌入米饭，如果米饭过黏，可以适当加入一些冷开水。

拌好酒饼的米饭，可以放在一个大的容器里面（容器需要有盖子，无油）。用手把米粉压实，然后在米饭中间挖一个深度见底的洞，方便观察出酒的情况。把容器的盖子盖住，压住即可，不要盖紧，防止有杂物进入。放在阴凉处存放 2 天（有暖气的室温 1 天），打开盖子观察是否有出酒的现象。继续保温直到出酒。出酒之后，室内就可以闻见阵阵的酒香。用一个干净的勺子，搅拌一下容器中的米饭，让液体和固体充分混合。5～6 天之后，再观察米饭，就会发现酒香比之前更加浓重了。此时，我们可以加入一些冷开水（米饭总重量的 1/2），然后继续发酵（盖子不要盖紧）。发酵时间依据温度和个人的爱好来确定。发酵时间长，则酒味更重甜度小，时间短则甜度大。发酵结束，需要把酒液和酒糟（米）分离。

然后把酒液放在一个容器内，放置在锅中，容器需要加盖子（不要盖紧），慢火蒸至酒液翻动，关火自然冷却。冷却之后密封保存。经过加热的酒液已经完全结束了发酵过程。

3. 后期详细说明

每次用无油的勺子取酒，整个过程中要保持无油，无杂物。

关于米和酒饼的比例，一般 2 斤米用一个酒饼。第一次做可以适当多放一些酒饼，这样可以保证发酵的效果。

除此之外，也可以不进行后期的加热。当米饭经过了 5～6 天的发酵之后，可以向容器当中加入 1～2 倍米饭的冷开水，然后开始密封发酵，时间一般是几个月。如果是立冬开始制作，一般要到腊月和正月才能打开来喝。这个酒的酒精度数比较高，发酵时间更长。

酒的浓度，在没有其它酵母和催化剂的帮助下，发酵的时间和酒的浓度成正比。当酒精的浓度到达一定水平时，酒精开始抑制发酵，因此即便是没有加热的情况下，发酵也自动停止了。

客家的黄酒，是招待客人和产妇坐月子的必备品，妇女常喝也可以活血散寒。很多的家庭习惯在米饭中拌入红曲，因此酒的颜色会微微发红。

酒发酵的过程中会产生大量的气体，如果容器密封，很容易发生危险。如果长期发酵，需要密封时，建议用泡菜坛子，这种坛子有水槽，采取水密封的方式，气体可以自己逸出，保证了发酵的安全。

六、农家谷物/红薯混合生产黄酒工艺与实例

黄酒是以谷物、红薯等为原料，经过蒸煮、糖化和发酵、压滤而成的酿造酒。

1. 黄酒酿造的特点

① 所使用的糖化发酵剂为自然培养的麦曲和酒药，或由纯菌种培养的麦曲、米曲、麸曲及酒母。由各种霉菌、酵母和细菌共同参与作用。

② 黄酒发酵为开放式的、高浓度的、较低温的、长时间的糖化发酵并行型，因而发酵醪不易酸败，并能获得相当高的酒度及风味独特的风味酒。

③ 新酒必须杀菌，并经一定的储存期，才能变成芳香醇厚的陈酒。

2. 制作黄酒的原料和工具

鲜红薯 50kg，大曲（或酒曲）7.5kg，花椒、小茴香、陈皮、竹叶各 100g，备小口水缸 1 个，长木棍 1 根，布口袋 1 条。

3. 工艺流程

选料蒸煮→加曲配料→发酵→压榨→装存

4. 工艺操作要点

① 选料蒸煮　选含糖量高的新鲜红薯，用清水洗净晾干后在锅中煮熟。

② 加曲配料　将煮熟的红薯倒入缸内，用木棍搅成泥状，然后将花椒、小茴香、竹叶、陈皮等调料兑水 22kg 熬成调料水冷却，再与压碎的曲粉相混合，一起倒入装有红薯泥的缸内，用木棍搅成稀糊状。

③ 发酵　将装好配料的缸盖上塑料布，并将缸口封严，然后置于温度为 25～28℃的室内发酵，每隔 1～2 天搅动一次。薯浆在发酵中有气泡不断逸出，当气泡消失时，还要反复搅拌，直至搅到有浓厚的黄酒味，缸的上部出现清澈的酒汁时，将发酵缸搬到室外，使其很快冷却。这样制出的黄酒不仅味甜，而且口感好，否

则，制出的黄酒带酸味。也可在发酵前，先在缸内加入 1.5～2.5kg 白酒作为酒底，然后再将料倒入。发酵时间长短不仅与温度有关，而且与酒的质量及数量有直接关系。因此，在发酵中要及时掌握浆料的温度。

④ 压榨　先把布口袋用冷水洗净，把水拧干，然后把发酵好的料装入袋中，放在压榨机上挤压去渣。挤压时，要不断地用木棍在料浆中搅戳以压榨干净。有条件的可利用板框式压滤机将黄酒液体和酒糟分离。然后将滤液在低温下澄清 2～3 天，吸取上层清液，在 70～75℃保温 20min，目的是杀灭酒液中的酵母和细菌，并使酒中沉淀物凝固而进一步澄清，也让酒体成分得到固定。待黄酒澄清后，便可装入瓶中或坛中封存，入库陈酿 1 年。

⑤ 黄酒的储存方法如下：

a. 黄酒宜储存在地下酒水仓库。

b. 黄酒储存最适宜的条件是：环境凉爽，温度变化不大，一般在 20℃以下，相对湿度 60%～70%，黄酒的储存温度不是越低越好，低于－5℃，就会受冻，变质，结冻破坛。所以，黄酒不宜露天存放。

c. 黄酒堆放平稳，酒坛、酒箱堆放高度一般不得超过四层，每年夏天倒一次坛。

d. 黄酒不宜与其它有异味的物品或酒水同库储存。

e. 黄酒储存不宜经常受到震动，不能有强烈的光线照射。

f. 不可用金属器皿储存黄酒。

第六章
黄酒生产设备

第一节 黄酒设备回顾与现状分析

　　几千年来，中国的酿酒行业一直沿用传统的手工酿酒工艺，从取水、制曲、入池发酵、蒸馏到陶缸存储，每一步都是由酿酒师傅人为控制和把握的，不仅对酿酒师傅的技艺有着严苛的要求，而且生产效率低下，能源消耗大，酒质不稳定，成为了困扰酿酒行业的多年顽疾。

　　绍兴黄酒始终徘徊在以陶缸、陶坛作为发酵容器的手工作坊式生产方式中。

　　古代人们在酿酒过滤手段上，曾采用陶制滤斗、酒笼、酒筐、竹床、木榨等简单的滤酒工具。到了近代，我国的黄酒生产过滤，仍采用丝绸袋、尼龙袋加压过滤来滤取酒液，这种手工作坊式生产落后、笨重，尽管保持了传统工艺和酒味特点，但生产技术低下、产品质量不高。20世纪50年代初，出现了铁制板框式压滤机，采用这种压滤机过滤，大大加快了过滤速度，使黄酒的过滤技术得到了较大提高。

　　在民国时期一些学者对黄酒生产技术进行过系统的调查，写出过一些著作。并用西方的酿酒理论加以阐述。但是生产技术并没能有什么改动。新中国成立后，由于党和政府的重视与关怀，黄酒工业得到了发展，逐步地采用新工艺和新设备，黄酒生产技术有了新的突破。

　　传统法使用天然接种的传统酒曲，耗粮多；手工操作，劳动强度大。现代主要从两方面加以改良。一是对酿酒微生物的分离和筛选，从全国各地的酒曲中分离到不少性能优良的酿酒微生物。二是制曲工艺的改进。传统制曲多为生料制曲，在20世纪60年代，采用了纯种熟麦曲，使出酒率得到大幅度的提高。近年来，还广泛采用麸曲及酶制剂作为复合糖化剂，采用纯培养酵母，采用活性黄酒专用干酵母用于酿酒。

在工艺方面如原料的变更、曲酿的改革、蒸煮方法的改进等，在设备方面，出现了卧式蒸饭机、立式蒸饭机、大罐发酵（容积不断扩大，由几吨扩大到几十吨）、框板压滤机、列管式煎酒器以及大容器储存和瓶装机等一系列机械设备，从而代替了过去的设备。

后处理加工设备的改进。杀菌设备由大铁锅直接火煮酒，逐渐改为将整坛酒叠于大甑中，利用蒸汽进行煮酒，或用锡壶煎酒、蛇管加热器杀菌、列管式加热器杀菌、薄板式热交换器杀菌，并附设温度自控及流量装置。储酒容器由陶坛改用不锈钢储罐。其容积达 $50m^3$ 以上。若使用陶缸，则 $1m^2$ 酒库面积只能储酒 0.7t。过滤设备由原来无过滤工序改为采用硅藻土过滤机乃至超滤膜过滤，并在滤前做澄清处理。包装设备由原来容量为 25kg 的陶坛包装改为瓶装，实现了洗瓶、灌装、压盖、杀菌、贴标连续的机械化操作工序。有的厂还采用无毒塑料瓶装黄酒。

黄酒是中华民族最古老的酒种，为了突破传统酿造工艺带来的行业瓶颈，改革开放以来，中国的酿酒行业一边积极探索，一边组建专业团队研发酿酒新设备、新工艺。

由于人力成本和原材料推动酿酒行业成本的提高，迫使酿酒企业加速向生产设备机械化、自动化方向转型，以提高生产效率，降低生产成本，尤其是黄酒等领域，生产设备的机械化与自动化有很大的提升空间。

如某酒厂在保持传统陶酿造特色的工艺前提下，采用了机械化的输米，搅拌浸米，连续蒸饭、凉饭，压榨、煎酒、灌装，替代大部分手工操作，减轻了劳动强度，使劳动生产率提高约 70%，基本实现黑糯米酒半机械化生产。

一些酿酒机械制造企业（见图 6-1）已经开始提供成熟的产品和技术，尤其是在技术和制造基础雄厚的啤酒、饮料领域的企业，基于现有的技术，对已有产品稍加改造就能够满足黄酒和白酒等生产要求。

图 6-1　黄酒生产流水线

为了实现酿酒企业加速向生产设备机械化、自动化方向转型，如某酒厂对原黄酒厂生产工艺进行了创新和变革，自主研发小曲酒酿造新工艺，突破了传统酿造工艺生产效率低下，能源消耗巨大，酒质不稳定的局限，整个生产工艺中的蒸粮、糖化、培菌、发酵过程，实现了全面机械化，所有物料全程不沾地，并且生产效率增长了 3 倍以上，原来 4 个人的工作现在 1 个人就能完成车间的生产线控制。

如某酒厂的新工艺革命突破了酿酒工艺必须用人控制的瓶颈，实现了全机械化，不仅解决了传统工艺存在的高能耗、低产出、污染严重的问题，也把工人从繁重的劳动中解放出来。更为重要的是，立体化的酿酒车间，通过信息化数字操控实现了酿酒酿造的机械化、自动化和信息化，避免了人为因素对产品质量的影响，进一步提高了原酒品质，保证了酿酒品质的稳定性。

如绍兴酿酒总厂（今中国绍兴黄酒集团有限公司前身）建成年产万吨的机械化黄酒车间，绍兴黄酒第一次真正实现机械化生产（见图6-2）。由于机械化黄酒生产具有手工酿造无法比拟的优势，逐渐被具有较强实力的企业所采纳。

图 6-2　机械化无菌灌装设备

图 6-3　全自动机械化输送灌装

绍兴东风酒厂分别于 1989 年和 1996 年建成年产 1 万吨和 2 万吨机械化黄酒车间；中国绍兴黄酒集团有限公司分别于 1994 年和 1997 年建成两个 2 万吨机械化黄酒车间（见图6-3），其中 1997 年建成的车间布局合理，并集黄酒新设备新技术之大成，标志着绍兴黄酒机械化生产技术趋于成熟。该车间前酵罐容积从 30m³ 扩大到 60m³，后酵罐容积从 60m³ 扩大到 125m³，并且首次采用露天罐发酵技术；采用小容量斗式提升机输送湿米，将负重几百吨的浸米罐设计在底层，从而降低车间建筑整体负荷，大大降低了工程造价；薄板式煎酒器从 4t/h 扩大到 10t/h，大大提高了设备利用率。

但由于历史的原因，黄酒的生产区域主要集中在南方四省一市（浙江、江苏、上海、江西、福建），此外，在其它地方也有少量发展。由于其它酒类的发展及历史原因，最近三十年来，全国黄酒的年产量均不足百万吨。但近些年，黄酒的产量有逐年上升的趋势。

目前，我国部分酿酒设备制造水平已逐渐达到国际水平，设备的种类和规格比较齐全，设备的设计、制造、检测、验收、安装调试全过程已经实现标准化和规范化，服务从工程局部承包向整体方案交钥匙工程总承包方向转变，满足客户"个性化"、"异型化"和"交钥匙工程"的要求，出现了设备供应商之间的小型横向联合，其中国产糖化设备和发酵设备已经占据了国内市场的主导地位，其配套的电气控制系统已能实现国产化，除满足国内需求外还出口到国外。

但是由于我国工业化水平低，机床设备不发达，酿酒设备的研发与制造相比国外仍有差距，在包装容器和包装材料质量方面，我国还比较落后，国产设备更是难以适应行业快速发展需要，尤其是在世界市场的竞争力仍集中体现在性价比而非技术优势。

第二节 黄酒生产的主要设备与现状

一、手工操作的常用设备

1. 瓦缸

是酿制黄酒的浸米和发酵容器，用陶土制成，内外均涂有釉质。使用前外部刷一层石灰水，以便发现裂缝，防止漏水。

2. 酒坛

是盛成品黄酒的陶质容器。坛内外涂有釉质，使用前坛外刷一层石灰水，以便检查因裂缝而致漏酒及防止阳光照射吸收热量。酒坛呈腰鼓形，一般每坛可储酒25kg左右。

3. 蒸桶

为蒸煮原料米的工具，木制。蒸桶近底的腰部，装有一井字形木制托架，上面垫一个圆形的竹匾，再在竹匾上放一个棕制的圆形衬垫，以承受原料。

4. 底桶

在淋饭时，为了使饭粒温度均匀一致，或放一部分温水作复淋用，因此在蒸桶下放置一个一边开有小孔的木盆，该物称"底桶"。

5. 木榨

榨酒工具，为一杠杆式压榨机，用檀木制成。因榨框最高层离地三米许，所以另附有木梯一座。

以上几种主要设备都是原来手工操作时常用的设备。

二、水处理设备

天然水中的种种杂质大致可分为悬浮物质、胶体物质和溶解物质三大类，水中未经处理的许多有机物、无机物在黄酒的发酵过程中，都会对微生物起作用，因此重视水的处理是提高黄酒质量不可忽视的一环。

目前大多数生产厂家对水都没有进行严格的分析和处理，往往是用现成的自来水或天然的水用于酿酒，尤其是当今水污染日趋严重的情况下，更应该对水进行处理，以尽可能达到理想状态。特别是黄酒用水中的铁离子浓度，直接影响着黄酒成品的非生物稳定性；自来水中游离氯的存在也是造成酒的风味受损的重要原因。因此，结合黄酒酿造实际，配备合理的水处理设备，是改善黄酒品质的一个行之有效的手段。

三、原料精白设备（酿酒原料及其预处理技术）

传统的黄酒原料是糯米及粟米，由于糯米产量低，不能满足生产需要，在20世纪50年代中期，通过改革米饭的蒸煮方法，实现了用粳米和籼米代替糯米的目标，酒质保持稳定。80年代，还试制成功玉米黄酒，地瓜黄酒。为降低生产成本、扩大原料来源起到了很好的效果。现在籼米、粳米、早稻籼米、玉米等原料酿制的黄酒的感官指标和理化指标都能达到国家标准。

因为糙米的外层（糊粉层）及胚部分含有丰富的蛋白质、脂肪、粗纤维和灰分。大量的蛋白质在黄酒发酵酿造时，会生成大量的氨基酸，脂肪在发酵过程中会氧化产生酸臭和口味变苦的现象。黄酒中含量丰富的氨基酸虽赋予了黄酒高营养，但也损害了黄酒的口感，使酒体的呈味复杂化。严重影响了不同消费者的共同口感——爽口。只有将米的各种化学成分含量更接近米的胚乳成分，即淀粉的含量随精白度的提高而相对提高，蛋白质、脂肪、粗纤维、灰分等才会减少，所酿酒的风味才会得到提高。目前的精米机可供参考的是日本清酒生产中的大米精白机械。如果我国的黄酒在对原料进行处理的精白机械上有所突破，那么黄酒的质量提高、口味改善也就不是一件难事了。

四、发酵设备

在20世纪中期，国家组织力量对绍兴酒的生产技术进行了科学的总结。从60年代起，开始用金属发酵大罐进行黄酒的发酵。现在已有 $30m^3$ 的发酵大罐。并建成了年产1万吨黄酒的大型工厂。由于大罐发酵和传统的陶缸发酵有很大的区别，在发酵工艺方面作了一系列的改良。传统的后酵，是将酒醪灌入小口酒坛，现在已发展到大型后酵罐，后酵采用低温处理。碳钢涂料技术也普遍用于大罐。

目前，绍兴黄酒前酵罐最大容积为 $60m^3$，后酵罐 $125m^3$，而啤酒发酵罐容积达 $100 \sim 600m^3$。啤酒发酵容器大型化后，由于发酵基质和酵母对流获得强化，加速了发酵，发酵周期缩短，大幅度减少罐数，节省投资。绍兴黄酒为高浓醪发酵，发酵基质与发酵特性均与啤酒差别较大，发酵容器大型化尚有许多技术难题要解决。

五、蒸煮设备

我国最为先进的黄酒蒸饭设备是不锈钢卧式连续蒸饭机，它的优点是劳动强度低，蒸饭的熟度较容易控制，维护容易；缺点是蒸汽浪费大，能耗高，对不同的米质所蒸饭难以保证其"熟而不糊"，一旦出现夹生饭，很难通过机器的调整控制来达到取消夹生的目的，对酿酒质量造成一定的影响，严重的会使用这种米酿制的酒出现超酸或酸败。蒸煮设备要在提高性能、降低能耗上下工夫，设计一种连续的、密闭的装置，可通过机械调控手段或电气自动化控制来达到米饭的最佳熟度。最可行的是要将目前蒸饭以蒸汽的汽压控制饭的熟度，改为用温度控制，以保证饭能在规定的时间内完成"蒸熟"。

米饭的蒸煮逐步由柴灶转变为由锅炉蒸汽供热。已采用洗米机、淋饭机，蒸饭设备改成机械化蒸饭机（立式和卧式），原料米的输送实现了机械化。

六、饭曲水混合输送设备

黄酒酿造必须将米饭、糖化剂（麦曲）与发酵剂（酒母）一起混合加入，这样便给输送这些物料带来很大的不便。因为黄酒发酵属于高浓醪发酵，混合物料投料时，其形态不是流动性的，很难将黄酒的物料用管道进行输送。也就是在蒸饭机的落料口，从蒸饭机下来的蒸熟的米饭拌上曲和酒母以后，必须用有一定坡度的溜管输送到发酵罐。由于受溜管的影响，这些混合物料不能随心所欲地输送到车间的任何地方，将发酵分解为前发酵和后发酵，增加了杂菌污染的风险，对保证酒质也增加了难度。改造这一输送设备已成为节约投资，降低质量风险的重要手段。

七、渣酒分离设备（又称固液分离设备）

黄酒中的固液分离设备就是压榨机，目前普遍使用的是铸铁与聚丙烯为原料的板框式气囊。

八、压滤机

压滤机是传统的固液分离设备之一，中国早在公元前100多年的汉朝淮南王刘安发明豆腐的过程中就有了最原始压滤机的应用。

传统的黄酒压榨，采用木榨，从20世纪50代开始，逐步采用螺杆压榨机、板杠压滤机及水压机。60年代设计出了气膜式板框压滤机，并推广使用，提高了酒的产出率。

过滤机就滤板形式而言，有厢式和板框式之分；就滤板放置方位不同，有立式和卧式之分；就滤板材质不一，有塑料、橡胶、铸铁、铸钢、碳钢、不锈钢之分；就滤板是否配置橡胶挤压膜，有挤压脱水和不挤压脱水之分；就滤板配置滤布面数不同，有单面脱水和双面脱水之分等。

板框式压滤机有着无法克服的缺点，这就是间断式生产作业，卸酒糟时劳动强度大，每台压榨机的占地面积也较大，严重地制约着劳动生产率的提高。因此，研究和开发具有连续压滤（榨）功能的黄酒设备，可以说是黄酒生产向高效率、低人工、自动化发展的一个关键工序。

过滤机之所以能在黄酒行业应用，其最大的优越性就是正压、高压压强脱水，较传统的真空过滤机的压差大得多，因而滤饼水分低，能耗少，金属流失少，滤液清澈透明。早在10多年前就有专家指出，过滤机是目前所有酿酒工业过滤机中唯一能确保滤饼水分达到10％以下，而且可以不加絮凝剂的优良设备。

但不论何种压滤机，其工作原理首先是正压强压脱水，也称进浆脱水，即一定数量的滤板在强机械力的作用下被紧密排成一列，滤板面和滤板面之间形成滤室，过滤物料在强大的正压下被送入滤室，进入滤室的过滤物料其固体部分被过滤介质（如滤布）截留形成滤饼，液体部分透过过滤介质而排出滤室，从而达到固液分离的目的，随着正压压强的增大，固液分离则更彻底，但从能源和成本方面考虑，过高的正压压强不划算。

进浆脱水之后，配备了橡胶挤压膜的压滤机，则压缩介质（如气、水）进入挤压膜的背面推动挤压膜使挤压滤饼进一步脱水，叫挤压脱水。进浆脱水或挤压脱水之后，压缩空气进入滤室滤饼的一侧透过滤饼，携带液体水分从滤饼的另一侧透过滤布排出滤室而脱水，叫风吹脱水。

若滤室两侧面都覆有滤布，则液体部分均可透过滤室两侧面的滤布排出滤室，为滤室双面脱水。脱水完成后，解除滤板的机械压紧力，单块逐步拉开滤板，分别敞开滤室进行卸饼为一个主要工作循环完成。根据过滤物料性质不同，压滤机可分别设置进浆脱水、挤压脱水、风吹脱水或单、双面脱水，目的就是最大限度地降低滤饼水分。

九、无菌灌装设备

黄酒通过多年储存后，酒的陈香和酯香能得到极大的改善，深受广大消费者的喜爱。但黄酒经陈储后的优秀品质，往往由于在瓶酒灌装后，要进行第二次高温灭菌，使原本十分幽雅的黄酒陈香变得质地平平，口感与原酒产生很大的差异，严重影响了黄酒储存后固有的品质。为达到瓶酒灌装后的较长保质期，瓶酒必须经过热灭菌，但这样的热灭菌实际上以损失黄酒风味为代价，因此应用无菌过滤与无菌灌装技术也是黄酒行业一个极为重要的技术革命。只要选用孔径合适的过滤材料，黄酒不仅能冷灌装，更重要的是能改善黄酒沉淀多的缺陷。因为 $0.2\sim0.45\mu m$ 的膜进行微滤除能保证过滤掉细菌外，还可除去一部分引起产生沉淀的蛋白质、多酚和极大部分的糊精，而滤膜孔径更小的超滤则可过滤得更为彻底。这一技术现已基本成熟，既可保证品质，又可降低能耗，还能较大幅度地提高劳动生产率。

第三节 黄酒发酵罐设计与设备应用

一、黄酒发酵罐的设计问题

搅拌通风发酵罐的设计需要综合各种参数，是有计划、有目的，由所需设计的发酵罐的体积，一步一步计算而来。需要根据要求设计的年产量及罐的容积填充系数、发酵周期计算所需罐数。

一般由冷却介质的进出口温度及发酵过程中传热量得出传热面积。关于传热面积，最难确定的是传热系数，它的确定需要取决于发酵液的物性、蛇管的传热性能及管壁厚度。

完成正确的设计方案，必须查很多关于传热系数的计算资料，由于各种物性参数的不足，也可能取经验数值。由所得的传热面积便可根据公式和已知的各种参数，求出蛇管的理论长度、蛇管的组数。如果发酵罐这一组所要设计的是 $25m^3$ 的发酵罐，理论上说，可以用夹套冷却装置，如果担心传热不足，可以选择设计比较复杂的蛇管冷却装置，这样就可以最大限度地解决传热问题。

蛇管换热器的设计需要考虑各种因素，比如它同封头的距离是否满足工艺上的规定，它同搅拌器的距离是否能够保证搅拌器正常工作时不会与蛇管相碰撞等。所以在设计蛇管之前一定要将搅拌器的各种参数计算好，比如搅拌器的功率、叶径、转速、同挡板的距离等。这些参数相互之间都有联系，根据设计所规定的比例标准可以计算出。最后根据发酵罐的容积及压力，对壁厚进行设计，并圆整，然后根据罐的直径计算封头的直径及壁厚。

整个设计过程中，设计小组的成员们必须要查很多相关资料，力求设计能满足工艺要求，对每一个数字的得出及圆整，都要经过多次反复计算及资料核查。尽管如此，设计中仍会不可避免地出现一些疏漏，限于所学知识及实践能力的缺乏，或许现在还无法觉察，所以设计之后，必须有评审或审定环节。

二、黄酒干酵母保温发酵罐的设计

发酵罐是一种对物料进行机械搅拌与发酵的设备。该设备采用内循环形式，采用搅拌桨分散和打碎气泡，它的溶氧速率高，混合效果好，用于黄酒干酵母等行业对物料的发酵。材料采用优质不锈钢制造，内表面镜面抛光，外表面抛亚光、镜面、喷砂或冷轧原色亚光。罐内配有自动喷淋清洗，符合 GMP 标准。

1. 保温发酵罐的工作原理

底部为锥形便于生产过程中随时排放酵母，要求采用凝聚性酵母。罐本身具有保温装置，便于发酵温度的控制。生产容易控制，发酵周期缩短，染菌机会少，质量稳定。罐体外设有保温装置，可将罐体置于室外，减少建筑投资，节省占地面积，便于扩建。采用密闭罐，便于 CO_2 洗涤和 CO_2 回收，发酵也可在一定压力下进行。既可做发酵罐，也可做储酒罐，还可将发酵和储酒合二为一，称为一罐发酵法。罐内发酵液由于液体高度而产生 CO_2 梯度（即形成密度梯度）。通过保温控制，可使发酵液进行自然对流，罐体越高对流越强。

由于强烈对流的存在，酵母发酵能力提高，发酵速度加快，发酵周期缩短。发酵罐可采用仪表或微机控制，操作、管理方便。锥形罐既适用于下面发酵，也适用于上面发酵。可采用 CIP 自动清洗装置，清洗方便。锥形罐加工方便，实用性强。设备容量可根据生产需要灵活调整，容量可从 20～600m 不等，最高可达 1500m。

2. 保温发酵罐的特性

干酵母的凝聚作用，使得罐底部酵母的细胞密度增大，导致发酵速度加快，发酵过程中产生的二氧化碳量增多，同时由于发酵液的液柱高度产生的静压作用，也使二氧化碳含量随液层变化呈梯度变化，因此罐内发酵液的密度也呈现梯度变化，此外，由于锥形罐体外设有保温装置，可以人为控制发酵各阶段温度。在静压差、发酵液密度差、二氧化碳的释放作用以及罐上部降温产生的温差（1～2℃）这些推动力的作用下，罐内发酵液产生了强烈的自然对流，增强了酵母与发酵液的接触，促进了酵母的代谢，使发酵速度大大加快，发酵周期显著缩短。另外，由于提高了接种温度、发酵温度、双乙酰还原温度，酵母接种量也利于加快酵母的发酵速度，从而使发酵能够快速进行。

3. 保温发酵罐的应用

保温发酵罐是化学反应的不锈钢容器，通过对容器的结构设计与参数配置，实现工艺要求的加热、蒸发、保温及低高速的混配功能。反应过程中的压力要求不同对容器的设计要求也不尽相同。生产必须严格按照相应的标准加工、检测并试运行。不锈钢保温发酵罐根据不同的生产工艺、操作条件等也不尽相同，保温发酵罐的设计结构及参数不同，即保温发酵罐的结构样式不同，属于非标的容器设备。

保温发酵罐广泛应用于黄酒干酵母、乳制品、饮料、生物工程、制药、精细化工等行业，罐体设有夹层、保温层，可加热、保温。

三、黄酒冷却发酵罐的设计

冷却发酵罐内是一种对黄酒物料进行发酵的过程，是一个无菌、无污染的过程，发酵罐采用了无菌系统，避免和防止了空气中微生物的污染，大大延长了产品的保质期和产品的纯正，在罐体上特别设计安装了无菌呼吸气孔或无菌正压发酵系统。罐体上设有米洛板或迷宫式夹套，可通入加热或冷却介质来进行循环加热或冷却。容量为 300～15000L，有多种不同规格。具有节能、消声、耐酸、耐碱、耐腐蚀、生产力强、清洗和操作方便等优点。

1. 冷却发酵罐的工作原理

发酵有固态发酵、液态浅盘发酵和深层发酵 3 种方法。固态发酵是以薯干粉、淀粉粕以及含淀粉的农副产品为原料，配好培养基后，在常压下蒸煮，冷却至接种温度，接入种曲，装入曲盘，在一定温度和湿度条件下发酵。采用固态发酵生产柠檬酸，设备简单，操作容易。液态浅盘发酵多以糖蜜为原料，其生产方法是将灭菌的培养液通过管道转入一个个发酵盘中，接入菌种，待菌体繁殖形成菌膜后添加糖液发酵。发酵时要求在发酵室内通入无菌空气。深层发酵生产柠檬酸的主体设备是发酵罐。微生物在这个密闭容器内繁殖与发酵。现多采用通用发酵罐。它的主要部件包括罐体、搅拌器、冷却装置、空气分布装置、消泡器，轴封及其它附属装置。

2. 冷却发酵罐的特性

风冷式全封闭压缩机组制冷，微机智能控制制冷系统自动开启，制冷系统具有延时、过热、过电流等多重保护装置。微机设有定时关机功能，开启此功能后可在0～100h内任意设置定时关机时间。采用双窗口，红、绿两种颜色 LED 显示温度设定值和温度测量值，数显分辨率 0.1℃，微机可修正温度测量值偏差，使数显精度达0.1℃。具有微机软件锁功能，可锁定系统各参数设定值，无关人员不能更改已设定参数。微机智能控制仪上按动触摸键完成，操作简单，使用方便，可连续工作。

3. 冷却发酵罐的应用

冷却发酵罐广泛应用于酒类、制药、精细化工、生物工程等行业，罐体设有夹层、冷却层。罐体与上下封头均采用旋压 R 角加工，罐内壁经镜面抛光处理，光洁度≤0.4μm，无卫生死角，全封闭的设计确保物料始终处在无污染的状态下混合、发酵，设备配备空气呼吸器、清洗球、卫生人孔、视镜、视灯等装置。

四、固体发酵罐的设计

黄酒制曲固体发酵是指没有或几乎没有自由水存在下，在有一定湿度的水下溶性固体基质中，用一种或多种微生物的一个生物反应过程。从生物反应过程中的本质考虑，固体发酵是以气相为连续相的生物反应过程。

固体发酵具有操作简便、能耗低、发酵过程容易控制、对无菌要求相对较低、不易发生大面积的污染等优点。真菌是固体发酵最普遍使用的微生物，因其菌丝如同植物的根能在固态表面生长，并渗透到基质内，产生多样的胞外酵素能力，比起其它单细胞的细菌及酵母菌，更适合固体发酵的环境。

1. 固体发酵罐的工作原理

微生物生长在潮湿不溶于水的基质上进行发酵，在固体发酵过程中不含任何自由水，随着微生物产出的自由水的增加，固体发酵范围延伸至黏稠发酵以及固体颗粒悬浮发酵。可以认为每个细胞之间的生长环境未必相同。为提高培养效率，采用增大表面积的办法。

黄酒制曲室内一般采用试管斜面、培养皿、三角瓶、克氏瓶等培养，工厂大多采用曲盘、帘子以及通风制曲池等，特别是在霉菌的培养中，目前仍采用固体培养法制曲。由于选取农副产品如麸皮等作为原料，价格低廉，其颗粒表面积大，疏松通气，原料易大量获得，因此，酿酒行业用得很普遍。但是，由于大规模表面培养技术仍有很多困难，在发酵生产上，能用液体表面培养的，大多采用液体深层培养法来代替。

2. 固体发酵罐的特性

黄酒培养基单纯，例如谷物类、小麦麸、小麦草、大宗谷物或农产品等均可被使用，发酵原料成本较经济。基质前处理较液体发酵少，例如简单加水使基质潮湿，或简单磨破基质增加接触面积即可，不需特殊机具，一般家庭即可进行。因获得水分可减少杂菌污染，此种灭菌步骤适合低技术地区使用。

固体发酵使用培养基，且能用较小的反应器进行发酵，单位体积的产量较液体为高。下游的回收纯化过程及废弃物处理通常较简化或单纯，常是整个基质都被使用，如作为饲料添加物则不需要回收及纯化，无废弃物的问题。固体发酵可使食品产生特殊风味，并提高营养价值，如天培可作为肉类的代用品，其氨基酸及脂肪酸易被人体消化吸收。

3. 制曲固体发酵罐的应用

将微生物接种在固体培养基表面生长繁殖的方法，称固体培养法。它是表面培养的一种，广泛用于培养好气性微生物。例如，用于微生物形态观察或保藏的琼脂斜面培养，用于平板分离或活细胞计数的平板培养，都属于固体表面培养法。

固体发酵法目前主要用于传统的发酵工业中。例如：酒类的生产，从菌种培养到制曲，再到发酵都采用固体法。发酵条件相对比较开放，工艺简单，设备要求简单，成本相对比较低。虽然最近有的厂家也采用深层液体发酵，但在口味上明显与固体发酵无法比拟。又如在食醋的生产上有的厂家采用前液后固，目的在于提高食醋的风味。

五、灭菌玻璃发酵罐的设计

1. 灭菌发酵罐的工作原理

灭菌发酵罐，是指一种用来进行微生物发酵的装置。发酵罐可用于研究、分析或生产。有多种在材料、大小和形状上各异的产品。最常用的为全搅拌罐式反应器。

灭菌发酵罐主体一般为用不锈钢板制成的圆筒，其容积在 $1 \sim 1000 m^3$。在设计和加工中应注意结构严密，合理。能耐受蒸汽灭菌，有一定操作弹性，内部附件尽量减少（避免死角），物料与能量传递性能强，并可进行一定调节以便于清洗、减少污染，适合于多种产品的生产以及减少能量消耗。

下面以保兴 5BG 系列离位灭菌玻璃发酵罐为例进行介绍。

2. 灭菌发酵罐的特性

保兴 5BG 系列离位灭菌玻璃发酵罐的罐盖和罐底采用 SUS316L 优质不锈钢，罐体采用耐高温硅硼玻璃，装液系数 70%，工艺结构先进，操作简单。保兴 5BG 系列离位灭菌玻璃发酵罐的功能主要有：空气流量、罐压、液位自动检测控制；排气 O_2、CO_2 检测；可增加两路补料；可增加电子天平称重系统。罐体主要用来培养发酵的各种菌体，密封性要好，罐体当中有搅拌桨，用于发酵过程当中不停的搅拌，底部通气的"Sparger"，用来通入菌体生长所需的空气或氧气，罐体的顶盘上有控制传感器，最常用的有 pH 电极和 DO 电极，用来监测发酵过程中发酵液 pH 和 DO 的变化，用来显示和控制发酵条件等。

3. 灭菌发酵罐的应用

保兴 5BG 系列离位灭菌玻璃发酵罐广泛用于食品、乳品、佐料、酿造、饮料、化工、制药等行业。该设备具有节能、消声、耐酸、耐碱、耐腐蚀、生产力强、清洗和操作方便等优点。

在使用发酵罐之前，需要先安装和调试。因为有很多原因会让发酵罐处于不佳状态。如：由于长途运输，首先对各连接螺纹进行检查；对搅拌器应作空车试运转检查，待各传动部件运转正常后，方可投产使用；蒸汽连接后，对各接头处检查，如漏气，可旋紧管接头与螺柱，直到不漏为止，方可正常投产使用。

保兴 5BG 系列离位灭菌玻璃发酵罐正确的操作方法如下：

首先，校正 pH 电极和溶氧电极。

其次，罐体灭菌。根据需要将培养基配入罐体，按要求封好后将罐体放入大灭菌锅灭菌（115℃，30min）。

再次，待罐体冷却后，将其置于发酵台上，安装完好；打开冷却水，打开气泵电源，连接通气管道开始通气，调节进气旋钮使通气量适当；打开发酵罐电源，设置温度、pH、搅拌速度等，640r/min 下开机转动 30min，设定溶氧电极为 100。待温度稳定，各项参数都正确后，将预摇好的种子接入，开始发酵计时，并开始记录各种参数。

最后，发酵完毕后清洗罐体和电极，将电极插入有 4mol/L 氯化钾的三角瓶中待用。

在使用发酵罐时，应注意的事项：

① 该设备使用蒸汽压力不得超过核定工作气压。

② 进气时应缓慢开启进气阀，直到需用压力为止，冷凝水出口处需装疏水器。

③ 对安全阀，可根据用户自己使用蒸汽的情况，自行调整，不许过量使用。

④ 在使用过程中，应经常注意蒸汽压力的变化，对进气阀适时调整。

⑤ 停止使用后，注意放完夹套内余水。

最后，保兴 5BG 系列离位灭菌玻璃发酵罐也需要维护保养。具体主要归结两点。①如进气管与出水管接头漏气，当旋紧接头不解决问题时，应添加或更换填料。②压力表与安全阀应定期检查，如有故障要及时调换或修理。这样才能确保发酵罐长久安全的使用。

第四节 黄酒的机械化酿造

一、机械化黄酒生产设备的特点

1. 大容器发酵

以大容器金属大罐发酵代替陶缸、陶坛发酵。

2. 优良糖化、发酵剂

部分或全部采用纯粹培养麦曲和纯粹培养酒母作为糖化发酵剂，保证糖化发酵的正常进行，缩短了发酵周期，且防止酸败。

3. 机械化生产

从输米、浸米、蒸饭、发酵，到压榨、杀菌、煎酒的整个生产过程均实行机械化操作，尤其是用无菌压缩空气进行发酵搅拌，使搅拌均匀，从前酵到后酵，后酵到压榨，采用无菌压缩空气输送醪液，不仅减少输醪过程的杂菌污染，而且还提高了劳动效率，减轻了工人的劳动强度。

4. 温控式发酵

采用制冷技术调节发酵温度，改变了千百年来一直受季节生产的限制，实现常年生产。

5. 采用立体布局

整个车间布局紧凑合理，并利用位差使物料自流，节约动力，且厂房建筑占地面积小。

二、机械化黄酒蒸汽设备的设计

工作原理

一般酒中含有水、乙醇和总量约占 2% 的众多微量成分三大物质。水和乙醇的比例构成酒的度数，含水量高则酒度低，含水量低则酒度高。微量成分的种类、含量及各种微量成分之间的比例构成酒的品质，很多微量成分直接降低酒的品质，更多的微量成分含量过高也会降低酒的品质。

影响酒质的这些微量成分其沸点都在 100℃ 以上，水的沸点是 100℃，乙醇的沸点是 78.3℃。根据三大物质的不同沸点及酒度、酒质形成的原理，设计了该设备。

该设备由蒸锅、可调锅盖、导气管和冷却器组成，其主要功能在锅盖部分。锅盖内有多个夹层和多层阻隔，有预冷系统、过滤系统和回流系统，可自由控温，仪表显示。酒蒸气通过锅盖时，经多层阻隔、过滤、预冷后，温度逐步下降至 80℃ 左右。

三、机械化黄酒生产设备的优点

① 占地面积小。传统黄酒生产采用大缸前发酵、大坛后发酵，因其单位容积小，且发酵周期长达 90 余天，需要很多的缸和坛，占地面积大，而机械化黄酒采用大罐发酵，发酵周期仅 30 天左右，车间占地面积约为同等产量传统黄酒车间的 1/5 左右。

② 酒质稳定、不易酸败。传统黄酒酿造采用的糖化发酵剂为自然培养的麦曲和酒母，其质量不稳定，各生产小组凭各自的经验操作管理，特别是发酵受气候影响大，靠天吃饭，因而酒质极不稳定；而机械化黄酒操作管理规范，发酵罐有冷却

装置调节品温，采用优良菌种纯粹培养的酒母和麦曲，因而酒质稳定，几乎不存在酸败现象。

③ 不受季节限制，可实现常年生产。

④ 劳动强度大大降低。

⑤ 劳动生产率高，生产成本较传统手工黄酒低。

⑥ 产品更加卫生安全。一方面，采用机械化酿造，车间卫生条件好，并且在酿造过程中减少了与操作工人的直接接触；另一方面，采用筛选出的优良菌种发酵比采用传统自然培养菌种更安全，自然发酵多种微生物代谢产物虽然赋予黄酒丰满的口感和传统风格，但是也可能对黄酒的品质和安全产生影响，比如造成黄酒容易上头。

第五节　黄酒压滤设备

压滤机是传统的固液分离设备之一，中国早在公元前100多年汉朝淮南王刘安发明豆腐的制作过程中就有了最原始压滤机的应用。改革开放以来，压滤机在滤板材质、结构形式、高效能过滤介质、分离效率、自动化水平、功能集成、产品质量和可靠性方面发展迅速，与欧洲发达国家产品性能差距越来越小，尤其是近五年时间，高压隔膜压滤机的研发成功，使得我国压滤机的生产数量跃居世界第一。

近年来，国家对各行各业的环境保护和资源利用要求越来越高，大力提倡节能、减排、清洁生产、绿色制造。压滤机作为环保应用领域的主要使用设备，化工、冶金、煤炭、食品等行业的重要工业装备和后处理设备，市场需求预计将会有较大幅度增长。

板框式压滤机出现后，又陆续出现了厢式压滤机、厢式隔膜压滤机等，进一步推动了黄酒的过滤、压榨技术的发展。它们虽然较过去传统的木榨等过滤手段有了质的飞跃，但自身仍存在许多缺陷，如由于过滤板采用的是铸铁材料，造成酒液中含铁量较多，酒液浑浊、沉淀，影响了酒的储存。另外，滤饼含水较多，过滤速度慢都影响了过滤效果。

一、全自动黄酒压滤机

黄酒压滤机是一种压榨脱水设备（见图6-4），它采用液压压紧，自动保压，隔膜充气压榨，是专为酿酒行业开发的新产品。具有滤布不易损坏、密封性能好、滤饼含液量低、操作方便、生产效率高等特点。

黄酒/糯米酒压榨过滤机（见图6-5）是出汁率高、挤压最干净的压滤机，也适合于酒类生产的固液分离或液体浸出工序，是资源回收和环境治理的理想设备。

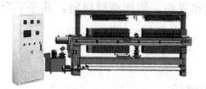

图 6-4　全自动压滤机

图 6-5　压榨过滤机

特点：

① 与传统的脱水设备相比，具有连续生产、处理能力大、脱水效果好的特点。

② 结构科学合理，自动化程度高、劳动强度低，操作维修方便。

③ 主要部件采用不锈钢制作，具有良好的防腐性能。

④ 挤压辊全部（包括端板）包胶，保证了挤压脱水的效果和延长滤带的使用寿命。

⑤ 采用独特的网带张紧、调偏机构，灵活可靠，保证自动正常运行。

⑥ 设计独特的浓缩一体化，大大提高了脱水效果，并使滤饼剥离好。

⑦ 配套设备和系统配套工艺合理先进，化学剂二次利用，用量少，成本低。

二、双螺杆压滤机

双螺旋连续式压滤机为可移动双螺旋连续式压滤机又名连续式螺旋压滤机，与物料接触的材料均为优质耐酸碱不锈钢，它适用于黄酒、糯米酒等含纤维较多的水果和蔬菜的汁液榨取，是中小型果蔬汁或果酒生产企业的必备设备之一。

该机由机架、传动系统、破碎系统、进料部分、榨汁部分、液压系统和护罩以及电器控制部分等组成。压榨螺旋与主轴一起旋转，物料输送螺旋套在主轴上与压榨螺旋作反向旋转。

液压系统由柱塞式油泵提供压力油，通过压力可调式溢流阀控制液压系统压力的高低；两个油缸固定于尾部支承座，通过活塞杆伸出控制物料出口的大小，排渣的干湿可根据要求随时控制（1.5T 双螺旋压滤机为手动调节压力无液压系统）。

破碎式压滤机为可移动双螺旋压滤机，它是在 1.5T 压滤机基础上，根据客户需要，经技术研制开发，在进料箱口处加配一套破碎式挤压辊，使物料先破碎后压榨，更好地达到提汁效果，特别适合大枣、杏、梨等水果汁液榨取。

1. 双螺旋压滤机工作原理和结构

图 6-6　双螺旋压滤机

本双螺旋式压滤机（见图 6-6）工作过程是：输送螺旋将进入料箱的物料推向压榨螺旋，通过压榨螺旋的螺距减小和轴径增大，并在筛壁和锥形体阻力的作用下，使物料所含的液体物（果汁）被挤压出。挤出的液体从筛孔中流出，集中在接汁斗内。压榨后的果渣，经筛筒末端与锥形体之间排出机外，锥形体后部装有弹簧，通过调节弹簧的预紧力和位置，可改变排渣阻力和出渣口的大小，用来调节压榨的干湿程度。

本机的进料箱和筛筒及螺旋均采用优质耐酸碱304不锈钢材料制造。

2. 双螺旋压滤机主要技术参数

型号	螺旋直径	转速	减速机	外形尺寸/mm
1.5T	ϕ260mm	12r/min	BWD13-17-5.5（5.5kW）	1920×750×1200

三、板框式压滤机

黄酒行业已普遍采用板框式气囊压滤机，其最大缺点是间断式压榨，卸糟劳动强度大，每台压滤机的占地面积也较大。开发连续板框式压滤机（见图6-7）是黄酒生产向高效率发展的一个关键工序。

图6-7　进料压力0.5kPa板框式压滤机

由于压滤机的适应性很强，因此从20世纪中叶出现以来，便广泛地应用于黄酒行业。但是过去由于手工操作，工人劳动强度大，效率不如连续式真空压滤机。

1958年，全自动压滤机研制成功了。从此以后，压滤机逐渐发展成为成熟而又完善的基本压滤机机种。现代的压滤机分为滤布行走型和滤布固定型，以及卧式和立式。其中又以凹板型结构为最多。由于近代压滤机的操作是自动进行的，加上有了压榨隔膜，便使压滤机应用领域更广。现在大型压滤机的滤室数为200，过滤面积达1400m²。国外还研制了一种全聚丙烯的压榨用凹板，用来代替带有橡胶膜的凹板。

四、厢式压滤机

厢滤机被广泛地用于澄清过滤。滤饼的自动卸除是个主要问题。目前采用的卸料方法有：气流反吹卸料法、压力水冲洗卸料法、离心力卸料法以及振动卸料法。

现在垂直滤叶型厢滤机的过滤面积已达100m²以上。此外在厢滤机上也采用了滤饼压榨机构。例如英国OMD压滤机，是在水平圆筒内装有垂直圆形滤叶组的厢式压滤机，通过悬垂着的压榨用橡胶膜，对生成的滤饼进行压榨脱水，特别适用于啤酒工业和各种化学工业。

另外一种型式的厢滤机是水平滤叶型厢滤机。其过滤方法虽与垂直滤叶型完全相同，但是在卸料方法和残液处理方面都有了许多改进。在所有厢式压滤机中，以水平滤叶型革新最多。其中又以瑞士芬达压滤机最负盛名。

以前，厢滤机都是间歇操作的，近来出现了连续操作的垂直滤叶型厢滤机。

五、气膜式板框压滤机

1. 隔膜压榨压滤机的概述

隔膜压滤机用于各种悬浮液的固液分离，适用范围广，适用于医药、食品、化工、环保、水处理等工业领域。

2. 隔膜压榨压滤机的工作原理

悬浮液用泵送入滤机的每个密闭的滤室，在工作压力的作用下，滤液透过滤膜或其它滤材，经出液口排出，滤渣则留在框内形成滤饼，从而达到固液分离。

3. 隔膜压榨压滤机的技术特点

本机均采用 SUS304 或 SUS316L 优质不锈钢材料制造，耐腐蚀，经久耐用，本机滤板采用螺纹状结构，可根据不同过滤介质和生产工艺（初滤、半精滤、精滤）要求，更换不同滤材，直接用微孔滤膜能达到无菌的目的。

用户还可以根据过滤量的大小，相应减少或增加层数，使之流量适合过滤要求，本机工作时加压密封过滤，液料无损耗，液体澄清度好，本机还可以根据用户需要特制多级过滤装置，一级存放较粗滤材，二级可放较细滤材，既节省生产时间和成本，又能满足生产需要，本机所有密封部件采用硅橡胶密封圈，耐高温、无毒、无渗漏。密封性能好又能提高过滤精度，而且还可以设有回流装置，滤材装配或清洗极为方便，在泵停止转动后，打开回流阀，所有沉淀物自动回出，同时可用清水从回流管进行反冲。本机泵及输入部件均采用快装连接，拆卸清洗方便。

4. 隔膜压榨压滤机的优点

① 过滤泥饼中固体的浓度最高。

② 可对变化中的过滤特性和悬浮液体中固体的浓度进行调节。

③ 与物流容量相比，所需的空间小。

④ 对过滤泥饼的洗涤可取得最佳效果。

六、组合型隔膜压滤机

组合型隔膜压滤机（见图 6-8）广泛应用于各个领域。

图 6-8　组合型隔膜压榨系列

目前，隔膜压滤机在所有压滤机销售数量中，有所增加，这表明了市场对于各种大小的隔膜压滤机的认可，也反映了未来市场对于隔膜压滤机这种类型的压滤机具有很大的需求空间。这些表现的根本原因就是这种类型的压滤机具有独特的优势。

对于隔膜压滤机最大的优势就是对滤饼含水量的处理。隔膜压滤机最大的特点就是在每一次间隙循环中，当设置中滤饼达到设计的分量时，当停止进料过滤，它不会马上拉开滤板进行卸料，而是将滤板膨胀起来，进行对滤饼的二次挤压。

由于隔膜压滤机的滤板采用的是两层拼合而成的空心结构，而且中间存储两块铁板，能承受很高的压力。只要向其中通入膨胀介质（一般情况下为抗压液压油），滤板就会膨胀起来，然而由于过滤室的空间是固定了的，当滤板的所占空间增大了，自然滤饼的空间就会减小，这样就会造成滤饼中更多的水分和不稳定的水结构物被压出来，造成滤饼的水分流失，也就是说：滤饼缩小的体积是通过减少水分来实现的。这样就造成了隔膜压滤机过滤后的滤饼含水率更低。

说到含水率，可以用数据来说明。厢式压滤机过滤后的滤饼一般含水率为18％左右，而板框式压滤机的为20％左右，但是隔膜压滤机一般都能控制在12％，最低的时候可以控制到9％左右。通过以上数据，可以知道，在过滤行业中，通过隔膜压滤机一下子就把滤饼的含水率下降了40％以上。

这就是隔膜压滤机最大的优势，到目前为止，市场上的任何一种压滤机，要比含水率最低的话，还没有一个是隔膜压滤机的对手。隔膜压滤机在单位面积处理能力、降低滤饼水分、对处理物料的性质的适应性等方面都表现出显著的效果，已被广泛应用于存在固液分离的各个领域。

由于黄酒压滤机是采用隔膜充气压榨，所以相比较于别的压滤机，隔膜压滤机有着更独特的优点：

① 它采用低压过滤，高压压榨，可以大大缩短整个过滤周期。

② 采用 TPE 弹性体，最大过滤压力可以达到 25MPa，从而使含水率大大降低，节省烘干成本，提高收率。

③ 节省操作动力，在过滤后期，流量小，压力高。

④ 隔膜压榨功能，在极短的时间完成这一段过程，节省了功率消耗。

⑤ 提升泥饼干度，降低泥饼含率，隔膜压榨对静态过滤结束后的滤饼进行二次压榨，使滤饼的结构重排，致密度加大，从而置换出一部分水分，提高了干度。

⑥ 抗腐蚀能力强，基本适用于所有固液分离作业。

⑦ 可配置 PLC 及人机界面控制。

⑧ 隔膜滤板具有抗疲劳、抗老化、密封性能好等特点。

七、滤板与滤布

1. 压滤机隔膜滤板

一般隔膜滤板能满足高效脱水的过滤工艺，它能达到令人满意的过滤效果，并能保障压滤机的负荷运行。隔膜滤板为隔膜镶嵌在基板内框，可不受压紧压力的影响，被称为膜片可换式组合膜板，具有抗疲劳、抗老化、密封性能好等特点。

隔膜滤板的目的是：在进料过程结束后，通过对滤饼进行压榨，来提高整机的脱水效率，增加滤饼的干度，降低污染和减小劳动强度，可免去干燥工艺。隔膜滤板的滤饼洗涤性能优良，并可在压榨前和压榨后，增加吹风操作，进一步降低滤饼含水率和节约洗涤水。隔膜滤板最大规格为 2000mm×2500mm，过滤压力为1.2MPa，规格齐全，能适应多种固液分离场合。

图 6-9 滤板

生产的隔膜滤板是增强聚丙烯滤板，采用点状圆锥凸台设计，模压成型，具有过滤速度快，滤饼脱水率高，洗涤均匀彻底，防腐及密封性能好。压滤机滤板多为厢式滤板。

板框式压滤机的滤板（见图 6-9）、滤框一律采用高强度聚丙烯材料一次模压成型、强度高、重量轻、耐腐蚀、耐酸碱、无毒无味。

增强聚丙烯滤板化学性能稳定，抗腐蚀性强，耐酸、碱、盐的侵蚀，无毒、无味，重量轻，力学性能好、强度高（耐高温、高压），操作省力。

隔膜滤板分橡胶隔膜滤板与塑料（合金）隔膜滤板两种，耐高压（水压或气压），鼓膜效果好，压榨效果明显，能大大缩短过滤周期、降低滤饼含水率。

滤板、滤框材料：天然橡胶、增强聚丙烯（根据材料性质、操作压力、工作温度选择合适材料的隔膜）。

进料位置：角进料、中心进料（上、下）。

隔膜板结构：隔膜镶嵌。

隔膜表面：圆弧形凹凸点。

规格：最小规格 400mm×400mm，最大规格 1500mm×2000mm、2000mm×2500mm。

2. 黄酒滤布简介

针对各种不同行业，不同过滤物料的固液分离情况，配置适合各种物料过滤的滤布。

黄酒滤布的选择对过滤效果的好坏起到关键作用，在压滤机使用过程中，滤布是固液分离效果的直接评判标准。其性能的好坏，选型的正确与否直接影响着过滤效果。目前所使用的滤布中最常见的是合成纤维经纺织而成的滤布，根据其材质的不同可分为：涤纶滤布、丙纶滤布、锦纶滤布、维纶滤布、单丝滤布、单复丝滤布等几种。

为了使截留效果和过滤速度都比较理想，在滤布的选择上，还需要根据料浆的颗粒度、密度、化学成分、酸碱性和过滤的工艺条件等来确定。

滤布可过滤的物料种类如下。

化工：染料、颜料、烧碱、纯碱、氯碱盐泥、白炭黑、皂素、石墨、漂白粉、立得粉、荧光粉、氯酸钾、硫酸钾、硫酸亚铁、氢氧化铁、净水剂（硫酸铝、聚合氯化铝、碱式氯化铝）。

医药：抗生素（金霉素、红霉素、螺旋霉素、井冈霉素、麦迪霉素、四环素、黄连素、土霉素）、植酸钙、中药、肌醇、有机磷、糖化酶。

食品：黄酒、白酒、果汁、饮料、啤酒、酵母、柠檬酸、植物蛋白、植物蜜甜素、葡萄糖、甜菊糖、麦芽糖、淀粉糖、淀粉、米粉、玉米浆、胶、卡拉胶、味精、香料、酱液、口服液、豆奶、海藻。

冶金：金矿、银矿、铜矿、铁矿、锌矿、稀土、超细碳酸钙、纳米碳酸钙等粉末选矿。

炼油：白油、香油、轻油、甘油、机械油、植物油。

陶土：高岭土、膨润土、活性土、瓷土、电子陶瓷土。

污水处理：化工污水、冶炼污水、电镀污水、皮革污水、印染污水、酿造污水、制药污水及各种生活污水。

第六节 黄酒储存设备

一、储存容器与设备

绍兴黄酒需 3 年以上的储存，储存容器依然沿用传统的陶坛，万吨酒必须灌装成近 44 万只陶坛储存，不但人工费用高，运输、储存过程中损耗大，而且需要较大的储酒场地。为此，绍兴黄酒于 1988 年完成了大容器储存的研究，并且通过省级鉴定。

大罐储存的罐体材料采用不锈钢，并按照分级冷却，热酒进罐，补充无菌空气的工艺路线。1994 年，中国绍兴黄酒集团有限公司、绍兴东风酒厂正式推广应用，大罐容量为 $50m^3$，但储存的黄酒质量出现问题，使谨慎的绍兴黄酒界很快停止了这项技术的应用。

据了解内情的专家分析，主要原因是推广应用时对不锈钢材质没有把好关，大罐储存后黄酒带有金属味，影响了黄酒品质。葡萄酒行业为降低成本，应用大罐加橡木片等橡木制品储酒代替传统橡木桶储酒已非常普遍。一直坚守传统的波尔多葡萄酒，为增强与新世界葡萄酒的竞争力，一些生产商也开始采用这一技术。绍兴黄酒如能将陶坛储酒改为陶坛与大罐结合的方式，将大幅度降低成本，增强对外地黄酒的竞争力。大罐储酒在理论上是可行的，小试、中试也取得成功，今后要进一步研究、完善大容器储酒技术。

二、机械化黄酒容器储酒技术

机械化黄酒具有无可比拟的先天优势，代表黄酒发展的方向。实际上，没有人会反对以机械化代替手工操作，真正令绍兴黄酒界不敢放弃的主要是千百年来形成的自然培养多种微生物发酵和长时间的后发酵等这些引以为傲的工艺特色。从自然培养微生物发酵到纯粹培养微生物发酵是科技进步的必然产物。放眼啤酒和葡萄酒，国内已经找不到自然发酵的痕迹。葡萄酒已经大规模采用活性干酵母和乳酸菌制剂发酵，啤酒把除纯种酵母以外的微生物都视为污染微生物，发酵周期也由传统的 50 天以上缩短到 20 天左右，珠啤的阿托瓦工艺发酵周期仅仅为 13 天。现在还有谁会说还是从前的啤酒、葡萄酒好喝呢？从自然培养微生物发酵到纯粹培养微生物发酵引起的风味变化，尽管最终将会被消费者接受，但是绍兴黄酒作为具有悠久历史的传统名酒，有必要通过混菌发酵等技术来最大限度地保持其独特的风格。

绍兴黄酒要继承传统，但不能拒绝进步。只要转变观念，坚定地走机械化黄酒发展之路，加大科技攻关力度，机械化黄酒的工艺设备必将在实践中日臻完善，产品质量必将在实践中日臻完美。

三、黄酒储存的八大注意事项

第一，选择阴凉、干燥的地方。

第二，包装容器以陶坛和泥头封口为最佳，这种古老的包装有利于黄酒的老熟，在储存后具有越陈越香的特点。

第三，储存应平稳放置，不宜晃动。

第四，不宜与其它有异味的物品或水同库储存。

第五，储存中不宜经常受到震动，不能有强烈的阳光照射，要远离热源，避免潮湿。

第六，不可用金属器皿储存。

第七，储存的时间要适当。一般最多 1～3 年，这样能使酒变得芳香醇和，如果储存时间过长，色泽则会加深，尤其是含糖分高的更为严重。

第八，储存会出现沉淀现象，这是其中的蛋白质凝聚所致，属于正常现象，不影响质量。

第七节 黄酒热灌装技术与灌装设备

一、黄酒热灌装技术

常规的黄酒灌装方法是灌装与杀菌工艺相互独立，即先灌装，后杀菌，该过程往往时间较长，能耗较大。江苏张家港酿酒有限公司在黄酒行业率先采用热灌装技术，该方法占地面积小，杀菌时间短，生产和设备费用低，热能消耗低，又具有人工老熟的作用。此技术的应用将有利于我国黄酒行业灌装技术的多元化发展。

1. 常温灌装技术

目前国内大多数黄酒企业的瓶酒灌装采用的是常温灌装工艺，即先灌装，后杀菌，黄酒杀菌的目的是为了保证黄酒的生物稳定性，有利于长期保存。其工艺流程如下：

配酒→过滤→进瓶→空检→灌装→光检→杀菌→贴标→装箱→入库

该工艺是先将过滤后的酒液灌装至瓶中进行压盖封口，然后采用隧道式喷淋灭菌机或自制传统灭菌设备，利用不同区域不同温度的水对瓶装酒进行预热杀菌和冷却。由于该工艺是通过玻璃瓶体间接对酒液进行加热杀菌，而玻璃是不良导体，传热系数较小，因此要使酒液达到杀菌温度所需时间比较长，整个过程往往需要 10 多分钟甚至更长时间，虽然成品酒品质较为稳定，但期间消耗大量蒸汽，能耗比较大。

2. 热灌装技术

江苏张家港酿酒有限公司在行业内率先采用黄酒热灌装技术。具体工艺流程如下：

配酒→冷冻→过滤→杀菌

进瓶→瓶检→洗瓶→空检→灌装、压盖→光检→贴标→装箱→入库

该生产由冷冻系统、纯净水系统、10 万级空气净化系统、CIP 清洗系统和热灌装线组成。

（1）灌装前黄酒的前期处理

灌装前黄酒的前期处理采用低温冷冻储存澄清后进行多级过滤，即首先将勾兑好的黄酒酒液从常温冷冻至 $-5 \sim 5$ ℃，进入保温储酒罐储存 3～5 天，然后将酒液在低温状态下采用硅藻土过滤机进行过滤和膜精滤机精滤。低温冷冻促使高分子蛋白质和多酚结合沉淀，促使酒的胶体平衡，提高酒质的稳定性，满足保质期的要求。而多级过滤可以除去酒中的大小分子颗粒，提高酒的清亮度，使酒液清凉、透明，从而延长货架期。

（2）杀菌和灌装

低温冷冻过滤后的酒液经酒泵送入薄板热交换器加热，杀菌温度保持在 86～90℃，确保杀菌后瓶装黄酒细菌总数≤50 个/mL，大肠菌群≤3 个/100mL。当经过薄板热交换器的酒液温度低于 86℃时，自动打开回流电磁阀，酒液流入回流桶。当经过薄板热交换器的酒液温度处于 86～90℃时，自动关闭回流电磁阀，酒液送入高位罐等待灌装。升温后酒液从高位罐底部扩散均匀进入，并在高位罐中保温 20min，以保证酒液中微生物的杀灭时间。

包装瓶进入预热冲瓶杀菌机先行预热，后冲入 80～85℃热水对包装瓶浸泡杀菌。然后瓶子进入洗瓶吹干机内，利用瓶夹翻转传输系统将瓶内热水倒出，用 50～60℃纯净水冲洗内壁，再用高纯度的无菌空气吹干包装瓶，达到无菌、无污渍的目的。最后将杀菌后的高温酒液经灌装机装入杀菌完毕的包装瓶中，并及时封盖。

这种黄酒热灌装技术性能稳定，占地小，能耗低，而且还能挥发掉部分有害醇醛类，使酒体更加协调，口感更加柔和。

为防止二次污染，灌装结束后，对灌酒机和压盖机的主要机械部位即进行清洗，注意清洗不易清洗的死角。

（3）工艺优点

采用低温冷冻储存澄清后多级过滤可以去除冷浑浊。冷浑浊即使酒遇低温失

光，酒温升高又恢复清亮透明的不稳定物质。失光的酒随着时间的延长，会变成悬浮物，肉眼可见酒中悬浮着细小的微粒，之后颗粒逐渐变大，沉淀到瓶底，此时温度升高，沉淀便不会完全消失而成为永久性浑浊。且黄酒勾兑时常掺入不同批次不同年份的酒，有可能将各自储存过程中已形成的现有平衡打破，勾兑后酒体可能因内部组成成分的比例、电荷分布与原先酒体存在不同，而低温冷冻储存具有沉淀及促缔合作用而使酒体达到新的平衡。

表 6-1 是酒样经过热灌装后的杀菌效果，通过对酒样中残存的微生物数量的检验，发现热灌装酒样符合卫生标准。

表 6-1　热灌装前后酒样菌落数

时　间	热灌装前	热灌装后
菌落数/(个/mL)	2.5×10^6	8

对灌装前后的酒样进行感官品评，未经热灌装的酒样有暴辣、苦涩等味，而经热灌装的酒样，不但陈香、柔和且色泽透明，口感变佳。在香气成分上，经过热灌装的酒样，酯类明显上升，增高了 44.10%，呋喃类化合物含量是原酒样的 4 倍多，吡嗪类化合物含量增加了 1 倍多，芳香族化合物增加了 76.85%，而醛类化合物和酮类化合物含量明显减少。通过与自然老熟的黄酒（储存 15 年的老酒）成分对比发现，经过热灌装的酒样中多项组分都接近于老酒水平。因此，热灌装方法对黄酒有明显的老熟作用。

采用此种工艺可以达到杀菌效果的同时，大大缩短了杀菌时间，节约能源，同时达到人工老熟的目的，使酒体更加柔和，口感更加协调，且操作简单，是一种值得推广的黄酒灌装灭菌技术。

二、黄酒灌装设备

液体灌装机按灌装原理可分为常压灌装机、压力灌装机和真空灌装机。

常压灌装机是在大气压力下靠液体自重进行灌装。这类灌装机又分为定时灌装和定容灌装两种，只适用于灌装低黏度不含气体的液体，如黄酒、牛奶、葡萄酒等。

压力灌装机是在高于大气压力下进行灌装，也可分为两种：一种是储液缸内的压力与瓶中的压力相等，靠液体自重流入瓶中而灌装，称为等压灌装；另一种是储液缸内的压力高于瓶中的压力，液体靠压差流入瓶内，高速生产线多采用这种方法。压力灌装机适用于含气体的液体灌装，如啤酒、汽水、香槟酒等。

真空灌装机是在瓶中的压力低于大气压力下进行灌装。这种灌装机结构简单，效率较高，对物料的黏度适应范围较广，如油类、糖浆、果酒等均可适用。

油类灌装机，可以灌装各类油品，如食用油、润滑油、花生油、豆油等。该类灌装机是针对油品物料灌装专门开发研制的灌装机械，可实现人工操作和无人化操作的灵活配置。

注塞式灌装机，该类灌装机广泛适用于医药、食品、日化、油脂、农药及其它特殊行业，可灌装各种液体、膏体类产品，如消毒液、洗手液、牙膏、药膏、各种化妆品等物品。

液体灌装机，主要用于洗液、护理液、口服液、消毒液、洗眼液、营养液、酒水、注射液、农药、医药、香水、食用油、润滑油及特殊行业的液体灌装。液体自动灌装机工艺流程部位，全部采用不锈钢制成，高位平衡罐或自吸泵定量充填，直热封切、制袋尺寸、包装重量、封切温度调节方便可靠，生产日期色带打印，边封、背封，光电跟踪。

膏体灌装机，适合于灌制从水剂到膏霜的各种黏度产品，是广大日化、医药、食品、农药等行业的理想填充机型。

酱类灌装机，适用于调味品中带颗粒并且浓度较大的辣椒酱、豆瓣酱、花生酱、芝麻酱、果酱、牛油火锅底料、红油火锅底料等物质的黏稠酱类的灌装。

第八节　黄酒自动灌装流水线与主要设备

一、概述

黄酒是中华民族绚丽的传统文化遗产，虽历千年之发展，仍偏安于江南一隅。千百年来包装容器不外乎于陶坛、瓦罐、瓷瓶之类窑炉烧制品。随着近代硅酸盐工业的出现和发展，黄酒才有了玻璃瓶盛装的产品，使黄酒诱人的琥珀色跃然眼前，让人耳目一新。但玻璃瓶同上述烧制品一样存在自重大及易破损的缺点。现代有机高分子材料性能的不断改进以及耐高温、无毒无嗅、食品卫生级聚合物的开发成功，使黄酒包装有了更广阔的天地。

随着销售区域的扩大，一直以来，长途运输付出的巨额费用与让利给消费者的企业宗旨之间产生了强大的冲击和矛盾。长距离运输不但运费惊人，容积率也低，而且陶坛包装易碎，酒损也大。而改用2.5L的塑料壶包装，容积率高，可装9600壶（酒净含量24t）。因此，理由不言而喻。

坛装黄酒虽有其储存时间长的优势，但对于大部分即买即饮的消费者而言，根本无从体验，而坛装黄酒的一些缺点却已彰显：泥头易松动脱落，造成黄酒变质；碎泥、荷叶箬壳残片在开启过程中易落入坛中，也不卫生。随着消费者对普通散装黄酒产品需求的发展，桶装酒替代坛装酒的趋势不可逆转，企业和消费者对其需求也愈加迫切。

2006年，桶装酒市场异军突起，成为黄酒销售的一大亮点。所谓桶装酒，即以PP材质注塑制成的方或圆形2.5～4L的壶为包装容器出售的酒。该酒定位于低端消费群体，一经上市，即以其低价位、购买携带便易、空壶尚可重复利用等优势，受到了广众消费者的青睐。古越龙山找准市场切入点，决心在黄酒塑壶热灌装技术上有所突破，但在一般的酒类机械化包装线上无法实现全过程自动生产。

敢为人先的古越龙山公司本着开拓创新的理念和对消费者负责的态度，一方面注重生产环节卫生，按照 HACCP 及 ISO9000、ISO14000 等体系要求规范操作，确保灌装产品的质量，另一方面对灌装工艺进行大胆的探索和试验，对生产工序和操作进行周密的思考和分析，对设备、管道的安装和布局进行充分的设计和论证，对生产环境进行精心的布置和改造，同时积极寻求开发全自动灌装流水线。

二、全自动灌装流水线与设备

2006 年 10 月 8 日，在工艺、设备专题攻关组技术人员的努力下，国内第一条采用热灌装工艺的桶装酒自动灌装流水线在古越龙山第二酿酒厂成功试产，该线设备主要具备以下几个特点：

1. 冲灌一体机

冲壶部分采用食品卫生级消毒水进行反冲清洗。冲洗液回收过滤循环使用，适时调温调质，确保冲洗效果。灌装部分采用高温重力微负压、大节距回转式连续灌装模式，最高可达 1600BPH（2.5L），液位控制精确，按照热灌装工艺要求进行实时酒温检测，在长时间停机检修，酒机内温度降至温控下限值后，自动开启回流泵，排出酒缸内的低温酒，恢复生产后，重新测定酒温，达到温控区位后，方启动灌装机，确保了灌装酒温的恒定，也确保了产品质量的一致性和合格性。灌装缸为环形密封缸，便于实现 CIP 清洗，机器内部容器输送采用壶颈定位输送，可降低容器的强度要求，减少容器成本，整机电气控制采用 PLC 变频控制。

2. 单头广口封膜机

该机在国内也属首例机型，采用铝箔卷膜进行热复合封口，单台封膜设计能力定位在 600 壶/h 以上。整机集光、电、气于一体，采用 PLC 控制，封口时间可调，封口温度可调，热封头高低可调，能适应较大范围高度及大口径聚酯瓶的封口，操作简单。

3. 满壶检漏机

采用的是侧倾横卧捶击检漏方式，利用产品自身的重力负荷和外部挤压力对铝箔封口进行人工检测，同时利用酒温对铝箔进行灭菌，确保产品质量。生产能力：1500BPH。

4. 单头定位旋盖机

该机采用回转式间隙运动定瓶颈输送的形式进行磁力旋盖，扭矩可调，配自动理盖、缺盖检测系统及最少进瓶数联动检测系统，解决了塑料壶有别于玻璃瓶材质的技术难点，确保了封盖过程中封盖质量相对稳定。

该生产线的投入使用，标志着古越龙山率先攻克了黄酒行业塑料壶桶装酒低效率、低产量的手工灌装生产模式，跨入机械化自动生产的行列，产品质量将有更加完善的保障。通过几个月的调试，投入批量生产以来，流水线运行基本正常，定员减少，产能得到大幅度提升。当然，任何新生事物的诞生都会存在这样或那样的问题和不足。经过总结，目前该生产线尚存许多有待改进提高和深入开发的空间。

① 在设备方面 铝箔封口机须解决塑料壶受热（灌装温度达 85℃左右）后壶身软化，前后壶挤压变形不易定位、输送带衔接处酒液晃动、定位封口处急停晃动等技术难点。这个问题属整条灌装线的技术焦点，会影响生产过程的连续性，制约产量的提高。设备制造厂设计技术人员应设法提高该机的封口速度和封口质量，降低故障维修率。

② 在包装材料方面 壶形状的设计和局部结构造型对灌装线的顺畅运行也起着至关重要的作用。例如：4L 的产品满壶后因自重达 4kg 以上，壶口瓶颈强度就成为灌装液位及容量控制的主要难题；在壶的外观设计上，如壶柄部节点位置若距瓶口太近，就会妨碍旋盖卡口叉的切入，影响封盖质量，造成缺盖或高盖；对于方形壶产品，壶口须尽量居中，否则对灌装、封盖中壶的定位都会带来很大的难度，造成废品率提高；在灌装高温下，壶身刚度的削弱，壶体膨胀，引起容量失控，计量超差等都是有待解决的问题，这些缺陷应引起塑料壶生产厂家的关注重视。

③ 在热灌装工艺方面 对工艺参数还需进行进一步探索调整，尽量降低灌装温度，这样既可节能又能够适当减轻对设备、包装材料标准过高的要求。

④ 在配套设备方面 目前该线的功能仅覆盖至自动封盖，贴标、装箱、封箱环节还停留在人工操作模式。产品下线后，无法直接入库，尚需在现场堆放，然后再手工贴标、装封箱、码垛，这些环节的场地、人员需求仍无法得到解放，生产存在瓶颈。

综上所述，古越龙山塑料壶黄酒热灌装生产线的顺利投产，在业内本身是一种技术装备上的开发和创新，凝聚着广大管理人员及技术人员的心血，将推动黄酒业的发展。生产的高速度缓解了市场上桶装酒的供需矛盾；生产的高效率降低了产品的成本，让消费者受益；灌装过程的全自动解决了产品质量的稳定问题。"实践是检验真理的标准"，生产线将在今后的大规模生产中得到考验，不断完善，不断提高技术含量。

第九节　环保型低碳大面积过滤黄酒压榨设备的创新与应用

一、低碳压榨设备的创新

目前，各黄酒厂在发酵榨酒工序使用的压滤机，自问世以来已经有几十年的生产历史了，一直没有大的改进和创新。用户普遍反映的问题有：①单台机器过滤面积小，使用多台机器时占用的场地面积过大；②流酒方式目前都采用的是明流方式，酒液直接流出到接酒盘中；③压滤机上使用的滤布，都采用的是外挂式，滤布的很大一部分暴露在压滤板外面，很容易被污染，使用时间久了，滤布发黄、发黑、发霉；④由于在压榨酒的过程中，酒液直接暴露在空气中，酒精挥发厉害，既降低了酒液中的酒精度，同时还污染了环境，直接影响酒的卫生。

根据黄酒企业的迫切需求，针对目前所使用的黄酒压滤机存在的不足，在听取了广大黄酒企业的工程技术人员、生产一线榨酒师傅的建议，并在吸取他们多年工作经验的基础上，进行大胆创新，专为黄酒企业成功研发出一款新型的、拥有多项国家专利技术的压滤机。

二、实现低碳黄酒压榨设备工序与生产方式

近年来，随着国家对食品的安全卫生监督力度越来越大，许多黄酒企业的生产规模在不断扩大，黄酒行业越来越迫切需要有一种能有效保证产品安全卫生、无泄漏、无挥发、无污染；过滤面积大、而占用场地面积小；操作方便、劳动效率高而劳动强度低的黄酒压滤机，从而实现黄酒压榨工序的低碳生产方式。

如徐州创元新研发的无污染、无酒精挥发、酒液管道输送、无泄漏、大过滤面积、采用嵌入式内置滤布的环保型黄酒压滤机，就是要实现在酒醪进入压滤机后，到酒液流出的全过程，完全与外界及空气隔绝，从而实现榨酒过程中酒液无泄漏、酒精无挥发、环境无污染的低碳生产方式。

三、环保型黄酒压滤设备的主要特点

1. 采用嵌入式内置滤布

就是把滤布用一种特殊的固定装置，分别固定在压板和滤板内，在机器外部完全看不到滤布，更看不到滤布发黄、发黑、发霉的现象，杜绝了滤布的渗漏和环境污染。滤布拆装方便、安全卫生，该技术在国内黄酒行业内属于首创，并已获得国家专利证书。

2. 酒液管道输送，无污染、无酒精挥发，无泄漏

压滤机的流酒方式采用暗流方式，酒液通过管道输送，不暴露在空气中，酒精无挥发，无泄漏，能完全保证酒液的卫生，有效防止环境污染，榨酒车间的安全卫生条件能得到根本性的改善。

3. 过滤面积大

新型压滤机的压滤板，实际过滤面直径为 1000mm。一台 120m^2 过滤面积的压滤机处理量，相当于直径 820mm，过滤面积为 65m^2 的压滤机的 2.5 倍。而占地面积仅为后者的 1/2。这样可直接减少对厂房的投资，节约了资金。又由于采用这种大型压滤机可减少机器台数，减少操作人员，节约了人工费用。

4. 操作方便

新型黄酒压滤机采用了多项新专利技术。上进气和双流液通道技术，流液速度

快，这一技术已获得国家专利证书。压滤板的手把上均安装了滑轮，减轻了操作人员的劳动强度。该压滤机上使用的密封橡胶件都采用了防喷料的新技术，也已获得国家专利证书。膜式橡胶板的结构形式和安装形式都有所创新，在行业内属于首创技术，使得操作更加方便可靠，省工省力又省钱。由于采用了多项新技术，简化了操作程序，使得压滤机操作更加人性化。

四、新型黄酒压滤设备的试制与应用

该新型黄酒压滤机在试制期间，得到了浙江会稽山绍兴酒股份有限公司有关领导、工程技术人员和工人师傅的大力支持，并给新型压滤机提供了许多实用性很强的建议，使得这一新型压滤机从技术的先进性和操作的可靠性上更加完善。目前经过该企业压榨香雪酒的试用情况来看，效果良好，用户满意。

第十节 新型环保黄酒过滤机的设计与应用

一、黄酒过滤器概述

黄酒过滤器能显著改善黄酒非生物稳定性，延长瓶装黄酒产品存放周期。

黄酒产生沉淀的原因主要是黄酒中细菌等颗粒物和大分子的蛋白质、焦糖色在酒体温度发生明显变化（加热、受冷）时，吸附、凝聚酒体中的糊精、多酚、糖类和其它中小分子物质，形成比较大的胶团，从而打破黄酒胶体溶液的稳定性，产生沉淀。

所以说在引起黄酒沉淀的因素中，温度的变化是外因，而细菌等颗粒物和大分子的蛋白质、焦糖色在其中起凝聚核的内因作用。因此其表现特征是冬天气温比较低时过滤的黄酒非生物稳定性相对较好，沉淀产生的时间相对较长，沉淀的数量也相对较少；而夏秋季节过滤的黄酒一到冬天气温下降时，就容易产生沉淀。

二、黄酒过滤器原理

该黄酒过滤器提高黄酒非生物稳定性的原理就是选择合适的过滤孔径，直接滤去黄酒中影响其非生物稳定性的部分大分子蛋白质及焦糖色，也就是滤去产生沉淀胶团的凝聚核，使黄酒成为比较均匀而稳定的溶胶体系，不易产生沉淀。采用该工艺滤后的酒样在冰箱中冷藏，其冷稳定性显著提升，同时产品在货架期中沉淀产生时间得到明显延缓，即使长时间后沉淀产生，其量也极轻微，不会影响到产品在市场上的销售。

三、过程更简单、过滤效果更可靠

建立在黄酒沉淀机理研究基础上的黄酒过滤技术解决黄酒沉淀的方法，不仅能

解决黄酒的冷浑浊问题，并且由于膜分离 99％以上的除菌率，使得黄酒经该过滤机处理后，微生物数量可以控制在 50 个/mL 以下，因此可以适当降低瓶装黄酒的杀菌温度和时间。

实践证明，瓶装黄酒杀菌温度越高，高温维持时间越长，瓶酒的沉淀越容易产生。而黄酒在夏秋季节恢复瓶装生产时，很容易产生因感染芽孢菌后瓶装黄酒高温灭菌效果不理想而出现菌落总数超标的现象。芽孢的耐温性极强，而该黄酒过滤机则能容易地滤去芽孢菌，因此产品质量控制更容易。相对于硅藻土过滤，该黄酒过滤机不仅精度高，过滤效果好，而且由于没有添加助滤剂，过滤完全可由设备保障。

四、新型黄酒过滤设备的试制与应用

黄酒过滤器是一种结构新颖、体积小、操作简便灵活、节能、高效、密闭工作、适应性强的多用途过滤设备。该种过滤器是一种压力式过滤装置，液体由过滤机外壳旁侧入口管流入滤袋，滤袋本身装置在加强网内，液体渗透过所需要细度等级的滤袋即能获得合格的滤液，杂质颗粒被滤袋捕捉。该机更换滤袋十分方便，过滤基本无物料消耗。

一般采用优质 304 不锈钢加工而成，过滤器内装有滤袋，滤袋过滤精度可根据液体杂质的颗粒大小来选择，过滤器内可装多个滤袋或一个滤袋，根据流量的大小来选择滤袋的数量，涂料杂质过滤器可过滤液体内所有的杂质，当过滤器的滤袋内杂质装多了就要更换或清洗，滤袋清洗或更换也比较简单，只要把过滤器的盖子打开，把滤袋拿出来，把杂质倒掉再用清水清洗，清洗完后再把袋子装到过滤器内，这样就可以重新再使用了。

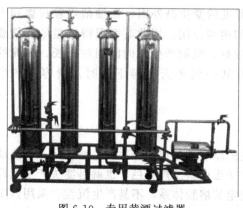

图 6-10 专用黄酒过滤器

如某公司经过多年的研究探索，在营养酒专用处理机的基础上专门针对黄酒、米酒、清酒等发酵酒研制开发出一种过滤器，该机主要过滤酒中的蛋白质、蛋白多肽、淀粉、糊精等不溶于水、酒的高分子物质，一些发酵用水带来的重金属离子以及细菌、酵母等物质。

设备外壳采用进口优质不锈钢材料，内部材质为进口膜材料及专用酒处理高分子材料（见图 6-10）。该机操作简单方便，有效提高生产效率，设备配置清洗反排污装置。

技术参数

型号：Ⅰ～Ⅳ

流量：1～20t/h

电压：220V/380V

工作压力：0.2～0.3MPa

配泵：不锈钢自吸防爆泵

配泵扬程：15～30m 配泵

功率：1.1～15kW

使用范围：黄酒、米酒、清酒等

第十一节 黄酒发酵罐的维护/使用与操作

一、黄酒发酵罐的维护

① 黄酒发酵罐精密过滤器，一般使用期限为半年。如果过滤阻力太大或失去过滤能力致影响正常生产，则需清洗或更换（建议直接更换，不作清洗，因清洗操作后不能可靠保证过滤器的性能）。

② 清洗黄酒发酵罐时，请用软毛刷进行刷洗，不要用硬器刮擦，以免损伤发酵罐表面。

③ 发酵罐配套仪表应每年校验一次，以确保正常使用。

④ 发酵罐的电器、仪表、传感器等电气设备严禁直接与水、汽接触，防止受潮。

⑤ 发酵罐停止使用时，应及时清洗干净，排尽发酵罐及各管道中的余水；松开发酵罐罐盖及手孔螺丝，防止密封圈产生永久变形。

⑥ 黄酒发酵罐的操作平台、恒温水箱等碳钢设备应定期（一年一次）刷涂料，防止锈蚀。

⑦ 经常检查减速器油位，如润滑油不够，需及时增加。

⑧ 定期更换减速器润滑油，以延长其使用寿命。

⑨ 如果发酵罐暂时不用，则需对发酵罐进行空消，并排尽罐内及各管道内的余水。

二、黄酒发酵罐使用事项

① 必须确保黄酒发酵罐的所有单件设备能正常运行时再使用本系统。

② 在消毒过滤器时，流经空气过滤器的蒸汽压力不得超过 0.17MPa，否则过滤器滤芯会损坏，失去过滤能力。

③ 在发酵过程中，应确保罐压不超过 0.17MPa。

④ 在实消过程中，夹套通蒸汽预热时，必须控制进汽压力在设备的工作压力范围内（不应超过 0.2MPa），否则会引起发酵罐的损坏。

⑤ 在空消及实消时，一定要排尽发酵罐夹套内的余水。否则可能会导致发酵

罐内筒体压扁，造成设备损坏；在实消时，还会造成冷凝水过多导致培养液被稀释，从而无法达到工艺要求。

⑥ 在空消、实消结束后冷却过程中，严禁发酵罐内产生负压，以免造成污染，甚至损坏设备。

⑦ 在发酵过程中，发酵罐的罐压应维持在 $0.03\sim0.05$MPa，以免引起污染。

⑧ 在各操作过程中，必须保持空气管道中的压力大于发酵罐的罐压，否则会引起发酵罐中的液体倒流进入过滤器中，堵塞过滤器滤芯或使过滤器失效。

⑨ 如果遇到自己解决不了的问题请直接与发酵罐的售后服务部门联系。请勿强行拆卸或维修发酵罐。

三、正确使用黄酒发酵罐培养细菌

发酵罐灭菌之后，就可以用来培养细菌了。

① 接上 pH 电极的插头，接通底部冷却水管和空气出口处的冷凝器上的冷却水管，将各聚硅氧烷管置于相应的蠕动泵上。

② 把搅拌发动机置于搅拌联动装置上。

③ 把光标调到"Temperature"，设定一个合适的温度。

④ 校正溶氧电极的满刻度。

a. 利用光标将搅拌速度调至最大转速，一般为 800r/min，把通气量调节到 1.0L Air/(L medium · min)（1VVM）。

b. 调到"calibration"界面，光标调至溶氧处"span"，设定读数为 100，反复调节几次，直至稳定至 100，转至"menu"界面。

⑤ 其它参数设定。把光标调到"Agit"，设定最小值为 200r/min。把光标调到"DO"，设定参数为合适的值，调整为与溶氧偶联检测。把光标调到"Agit"，设定最大值为 800r/min；把光标调到"pH"，设定参数为 7.0，调整为自动检测；接上酸（碱）瓶，并打开自动检测系统。

⑥ 接种：发酵罐的接种就是将蘸满乙醇的棉花球缠在接种口外套上，点燃火焰以前将接种口的盖子旋松。然后点燃发酵罐上的棉花球，取掉盖子，立即在火焰中加入各组分培养基和种子液。最后将盖子浸泡在乙醇中，接种后，用镊子将盖子准确放回原位，旋紧。

⑦ 打开记录实验过程的专用软件。

⑧ 发酵过程中，每隔两小时记录溶氧、转速、测定 OD600，取样品 5mL 储存进行各种分析检测。

认真对照上面的步骤进行，发酵缸的操作就顺利完成了。

四、黄酒发酵罐的清洗与注意事项

黄酒发酵罐的清洗是非常重要的，但是很多人不太会，不但没有清洗干净，反而可能导致更恶劣的后果。

　　① 发酵过程会产生大量的蛋白质、酒花树脂、多糖、酵母等有机物和草酸钙、硫酸盐等无机物，在发酵罐清空后，有机物和无机物污物附着在罐壁上，呈黄褐色。酒石数量多时，表面呈现白色，如同盐碱地表皮一样，无机物与有机物相互交织在一起。

　　清洗时使用火碱，只是对去除有机物有作用，清洗温度达到80℃以上，才会有较好的清洗效果。

　　清洗时采用单一的硝酸进行清洗，只是对无机物有一定效果，对有机物几乎无效。而发酵罐壁所结污物为无机物和有机物的混合物，使用单一清洗剂清洗困难。因此，有的啤酒厂每年都会对发酵罐进行一次大清洗，彻底清刷发酵罐。

　　② 发酵罐壁T541防腐层部分损坏，经修补后，表面光洁度明显下降，造成罐壁污物清洗困难。

　　③ 洗罐器或洗球的磨损或堵塞，导致部分发酵罐清洗不彻底，污物积累较多。

　　诸多因素会致使黄酒发酵罐经过几年的使用后，产生很多脏物质，比如罐壁积累了一定量的污物，使用常规清洗工艺难以彻底清除。故每4～5年，可利用黄酒生产淡季对发酵罐进行深度清洗。这是最好的方法。

第七章

现代黄酒生产新技术与新工艺

第一节 绍兴酒的传统酿造技术与工艺

黄酒为世界三大古酒之一，源于中国，且唯中国有之，可称独树一帜。黄酒产地较广，品种很多，著名的有绍兴加饭酒、福建老酒、江西九江封缸酒、江苏丹阳封缸酒、无锡惠泉酒、广东珍珠红酒、山东即墨老酒、兰陵美酒、秦洋黑米酒、上海老酒、大连黄酒等。但是被中国酿酒界公认的，在国际国内市场最受欢迎的，能够代表中国黄酒总体特色的，首推绍兴酒。

绍兴酒有悠久的历史，从春秋时的《吕氏春秋》记载起，历史文献中绍兴酒的芳名屡有出现。尤其是清代饮食名著《调鼎集》对绍兴酒的历史演变，品种和优良品质进行了较全面的阐述，在当时绍兴酒已风靡全国，在酒类中独树一帜。绍兴酒之所以闻名于海内外，主要在于其优良的品质。清代袁枚《随园食单》中赞美："绍兴酒如清官廉吏，不参一毫假，而其味方真又如名士耆英，长留人间，阅尽世故而其质愈厚"。《调鼎集》中把绍兴酒与其它地方酒相比认为："像天下酒，有灰者甚多，饮之令人发渴，而绍酒独无；天下酒甜者居多，饮之令人体中满闷，而绍酒之性芳香醇烈，走而不守，故嗜之者为上品，非私评也"。并对绍兴酒的品质作了"味甘、色清、气香、力醇之上品唯陈绍兴酒为第一"的概括。这说明绍兴酒的色香味格四个方面已在酒类中独领风骚。

早在吴越之战时，越王勾践出师伐吴前，以酒赏士，留下"一壶解遣三军醉"的千古美谈。在南北朝时期，黄酒已被列为贡品。"汲取门前鉴湖水，酿得绍酒万里香"。

绍兴酒以质量取胜，以质量取信，其质量居中国黄酒之冠，有人称它为"中华第一味"。绍兴酒之所以优质，是因它具有三个不同寻常的条件：

一、酿造原料

从原料上说，它用的是精白糯米。早在西汉时期，人们根据酿酒原料不同，将酒分成三级，以糯米酿制的酒为上等。绍兴黄酒自古以来就以糯米为原料，而且在选择时要选用米粒洁白、颗粒饱满、气味良好、不含杂质的上等优质糯米。同时又要求是当年产的。因此绍兴酒的糯米原料，人们归纳为三个字：精、新、糯。选了精糯米后，然后按严格比例投料，严格把住各道工序的关。不合格的米绝不使用。

二、选用精白糯米做酿酒原料

精白糯米是绍兴酒的主要原料。酿酒者要求糯米的质量为精白度高，黏性大，颗粒饱满，含杂质、杂米、碎米少，气味良好的上等优质糯米。《汉书·平当传》中记载："糯米一斗得酒一斗为上樽，稷米一斗得酒一斗为中樽，黍米一斗得酒一斗为下樽。"说明自古以来，人们就根据酿酒原料不同给酒分类，原料越好，酒越好，这与现代酿酒对原料的要求是基本相同的。

为什么绍兴黄酒要选择精白糯米，并且要求当年产的为好呢？因为精白度高的糯米蛋白质、脂肪含量低，淀粉含量相对提高，这样可以达到产酒多、香气足、杂味少，在储藏过程中不易变质等目的。同时，糯米所含的淀粉中95％以上为支链淀粉，容易蒸煮糊化，黏性大，糖化发酵效果好，酒液清，残糟少；发酵后，在酒中残留的糊精和低聚糖较多，使酒质醇厚甘润。

当年产的新糯米，在浸渍工序中繁殖大量乳酸菌产生微酸性环境，在发酵中，可抑制产酸菌的繁殖而防止酸败，俗称"以酸制酸"，而陈糯米因经长期储存，内部的物质发生化学变化，往往引起脂肪变性，米味变苦，会产生油味而影响酒质。因此，绍兴酒的糯米原料，人们归纳为：精、新、糯、纯四个字，这是有着充分的科学道理的。

古人经实践知道糯米做酒质量极好。史载大诗人陶渊明任江西彭泽县令时，为了酿好酒，将县里3/4的公田种糯米，成为我国酒史上有名的故事。绍兴下方桥的陶里，传说当年陶渊明曾留居过。又传说他在这里时，也曾种糯米以酿酒，此酒也就是后来的"山阴酒"。

小麦是制作麦曲的原料。麦曲是酿造绍兴酒的辅料，其质量好坏在酿造中占有极其重要的地位，故被形象地比喻为"酒之骨"。它的主要功用不仅是液化和糖化，而且是形成酒的独特香味和风格的主体之一。小麦应选用皮黄而薄、颗粒饱满、淀粉含量多、黏性好、杂质少、无霉变、无毒麦的当年产优质黄皮小麦，这是绍兴酒酿造无可替代的制曲原料。

其特点：一是营养成分高于稻米，因蛋白质含量较高，适应酿酒微生物的生长繁殖，是产生鲜味的来源之一；二是成分复杂，在温度作用下，能生成各种香气成分，赋予酒浓香；三是小麦麦皮富含纤维质，有较好的透气性，在麦块发酵时因滞留较多的空气供微生物互不干扰的生长繁育，能获得更多有益的酶，有利于酿酒发酵的完善。所以绍兴酒的酒曲选用优质苋皮小麦为原料也是有科学道理的。

三、用水（鉴湖水）

1. 用水

从用水上说，有鉴湖佳水。这是绍兴酒特有的条件。

俗话说："水为酒之血"。没有好水是酿不出好酒的，因此佳酿出处必有名泉。绍兴酒之所以晶莹澄澈，馥郁芳香，成为酒中珍品，除了用料讲究和有一套由悠久酿酒历史所积累起来的传统工艺外，重要的还因为它是得天独厚的鉴湖水酿制的。鉴湖的优良水质，形成了绍兴酒的独特品质，因此离开了鉴湖水也就酿不成绍兴酒了。

鉴湖是东汉时期修筑起来的一个人工湖。上古时代，今天的绍兴是一片沼泽地，南有会稽山洪水的漫流，北受杭州湾海潮的冲刷。根据《越绝书·计倪内经》说，越王勾践时，还是"西则通江，东则薄海，水属苍天，不知所止"的状况，勾践为吴国所败，实行生聚教训，才开始零星地围堤筑塘，进行耕作。到东汉顺帝永和五年（公元 140 年），会稽太守马臻（字叔荐）为了保持和发展农业生产，发动民众，大规模地围堤筑湖，从而形成鉴湖。鉴湖水来自会稽山的大小溪流，研究分析水源地区的地质结构得知，在基岩、风化壳、底泥中，对人体有害的重金属含量较低，且处于收敛状态，所以水体所含的重金属元素很少，同时含有适量的矿物质和有益的微量元素如钼，水的硬度也适中。这些地区又大都有良好的植被，水流经过沙石岩土的层层过滤，水源不仅没有受到污染，反而清洁甘冽。

2. 鉴湖水

鉴湖水具有清澈透明、水色低（色度 10）、透明度高（平均透明度为 0.96m，最高达 1.4m）、溶解氧高（平均为 8.75mg/L）、耗氧量少（平均 BOD 为 2.53mg/L）等优点。又因为上游集雨面积较大，雨量充沛，山水补给量较多，故水体常年更换频繁。据估算，每年平均更换次数为 47.5 次，平均 7.5 天更换一次。

更特别的是，湖区还广泛地埋藏着上下两层泥煤。下层泥煤埋在湖底 4m 深处，分布比较零散，对湖水仅有间接作用。上层泥煤分布在湖岸和裸露在湖底，直接与水体相接触，其长度约占鉴湖水域的 78%，湖底覆盖面积约 30%。这些泥煤含有多种含氧官能团，能吸附湖水中的金属离子和有害的物质等污染物。研究结果表明，岸边泥煤层所吸附的污染物质高于上下土层，说明它的吸污能力远胜于一般土壤。而实测的结果又表明，甚至这些泥煤层所吸附的污染物的含量还是很低，仍有巨大的吸污容量。这是由特殊的地质条件所形成的，是其它湖泊水体所没有的。

大凡酿酒用水，必须水体清洁，不受污染，否则酿成的酒会浑浊无光，称为失色，如有杂质，酒味就不纯正而有异味。同时对水的硬度也有一定的要求。水质过硬不利于发酵，硬度太低，又会使酒味不甘洌而有涩味。鉴湖水即有上述的一些特点，用它来酿酒，自然酒色澄澈，酒香馥郁，酒味甘新，而且对人体还有营养价值。无怪乎绍兴人把绍兴黄酒称为"福水"了。这是绍兴得天独厚的自然环境和地质条件所赐予的，非人工所能合成。一年之中，鉴湖水的最佳季节在当年10月至翌年5月之间。这时正值农闲，四周农田很少污水排入湖中，经过秋天的台风雨季，山水大量流入，促使水体恢复到贫营养化状态。且此季节中水体溶氧值高，变化幅度小，水质稳定。同时冬季水温低，含杂菌少，是酿酒发酵最适合的季节，两相配合，所以绍兴黄酒必重冬酿。这是千百年来劳动人民实践得来的宝贵经验，也是完全符合科学道理的。

鉴湖的优良水质，形成了绍兴黄酒的独特品质，因此离开了鉴湖水也就酿不成绍兴黄酒了。清人梁章钜在《浪迹续谈》中就曾说过："盖山阴、会稽之间，水最宜酒，易地则不能为良，故他府皆有绍兴人如法酿制，而水既不同，味即远逊。"

抗日战争时期，绍兴有些酒坊在上海附近的苏州、无锡、常州、嘉兴等地设坊酿酒，就近取当地的优质糯米为原料，从绍兴本地聘用酿酒师傅和工人，用绍兴传统的酿酒艺术如法酿制。但所造的酒，无论色、香、味，都不能与绍兴所产相比，因而只能名为"苏绍"或"仿绍"。所以绍兴酒只能是绍兴产，非外地所能仿造。今年来有些外地厂商和外国商人，他们或者雇佣绍兴工人，引进绍兴曲种，或者把绍兴黄酒的生产流程全部拍成照片，回去仿制，但仍然酿制不出堪与绍兴黄酒媲美的酒来，其中一个最重要的原因就在于他们没有鉴湖水。

四、工艺操作

在工艺操作上，一直恪守传统操作工艺。即使以时间讲，就有严格的季节性，即冬季"小雪"淋饭（制酒母），至"大雪"摊饭（开始投料发酵），到翌年"立春"时开始榨就，然后将酒煮沸，用酒坛密封盛装，进行储藏，一般三年后才投放市场。酒越陈，越香，味越厚。

绍兴酒独一无二的品质，既得益于稽山鉴水的自然环境和独特的鉴湖水质，更是上千年来形成的精湛的酿酒工艺所致，三者巧妙结合，缺一不可。

绍兴酒工艺流程：

浸米→蒸饭→落缸→发酵→压榨→煎酒→封坛→陈储

见图7-1和图7-2。

工艺质量控制繁杂，技术难度较大，要根据气温、米质、酒娘和麦曲性能等多种因素灵活掌握，及时调整，如发酵正常，酒醪中的各种成分比例就和谐协调，平衡生长，酿成的成品酒口感鲜灵、柔和、甘润、醇厚，质量会达到理化指标的要求。此项工艺前后发酵时间达90天左右，是各类黄酒醇期最长的一种生产方法，

图 7-1　绍兴酒的浸米

图 7-2　绍兴酒的工艺操作

所以风味优厚，质量上乘，深受各阶层人士的喜爱。采用传统工艺制酒过程中的"开耙、发酵"。

有以上三个独特的条件，加上有优良的小麦做麦曲，就保证了绍兴黄酒与众不同的质量。绍兴地区气候温和，四季分明，属亚热带季风气候；境内河网交织、湖泊众多，有"江南水乡"之称。优越的自然和地理环境，适宜酿酒有益菌种的繁育，给绍兴酒生产创造了极为有利的酿造条件。

特别是绍兴酒的工艺技术经历了几千年的改革和发展，积累了极为丰富的经验。历经沧桑，代有创造，至宋代品种基本定型，到了明末清初已驰名中外，行于天下，其酿造工艺精益求精，逐渐达到了出神入化，炉火纯青的地步。

这种精湛工艺，经现代科学检验是完全合理的。它的宝贵经验，与科学原理是基本一致的。从理论上说，它涉及到化学、微生物、食品、营养等多种学科的知识。这些知识经我们祖先反复实践、反复检验，口传身教，不断充实，几乎成为一种绝技，这是先人留下的宝贵财富，是绍兴酒业的骄傲。

绍兴酒之所以名扬四海，成为酒林珍品，其工艺特点：一是有好水酿酒；二是用料精良；三是有一套独特技艺。

五、特点选料

绍兴酒的主要酿造原料为：得天独厚的鉴湖佳水，上等精白糯米和优良黄皮小麦，人们称这三者为"酒中血"、"酒中肉"、"酒中骨"。

绍兴是风景迷人的江南水乡，境内河湖纵横。绍兴酒的用水，就是古今文人墨士反复吟唱的鉴湖佳水。鉴湖水来自林木葱郁的会稽山麓，有大小 36 条溪流，由南向北蜿蜒流入，沿途经沙砾岩石层层过滤净化注入湖中，澄清一碧。水质甘洌，密度大，呈中性，硬度适中，有微量有益于酿酒微生物繁育的矿物质，一到隆冬浮游生物下沉，水质尤为稳定，绍兴酒酿季就选在农历十月至次年三月。20 世纪 60 年代前，每到酿季，绍兴的酒厂就用船取水于湖心载回酿酒。水质具有鲜、嫩、甜的特点，"鉴湖名酒"的盛名即由此而来。

绍兴水与外地水最根本的区别在于 10 亿～14 亿年前，板块碰撞所形成的矿物给水带来不同的微量元素，从而引起水质的差别所致；再辅以泥炭层的净化作用及鉴湖、三江闸等水利工程对水质的淡化作用，在上述三者的综合作用下，才造成绍兴水非外地水可以替代的真正奥秘所在。也正因为如此，绍兴水才成为"天成人功"的"福水"，使绍兴酒成为独一无二的真正高质量的中国名牌黄酒。

绍兴酒因品质优良，影响深远，国内外也多仿制，但即使全部照搬制酒处方酿制，因缺鉴湖佳水，酒质仍无法与绍兴产的酒媲美。如苏州、杭州、无锡、上海、北京、温州、台湾以及日本等地均有仿制的绍兴酒，但终因水质不同，细品比较，与地道的绍兴酒风味差别明显。

20 世纪 70 年代末，绍兴在一坛储藏了 50 年之久的绍兴酒泥封盖内，发现一张"坊单"（即说明广告之类），该酒是鉴湖边上阮社"善元泰、丽号"章鸿记酒坊酿制的，坊单中说："浙江绍兴自汤、马二先贤续大禹未竟之功，建堤、塘、堰、坝，壅海水在三江大闸之外，导青田鉴湖于五湖三经之内，用斯水而酿黄酒，世称独步，实赖水利之功。近今酒税，绍兴独重，比较别处，数逾 5 倍。有避重税之酿商，迁酿坊于苏，属仿造绍酒，充盈于市。质式与绍酿无异，惟饮后常渴，由于水利非宜。更有唯利是图之售商，售仿绍则利重，售绍酿则利轻，每使陶、李之雅士，有难购真货之势……"。

戊辰年即 1928 年，说明绍兴自汤绍恩、马臻继大禹治水后，营造与治理了鉴湖，并使鉴湖之水与众不同，"世称独步"，因此外地"仿造绍酒"者不能乱真，这是一张宣传鉴湖水与绍兴酒的极好说明书。所以，鉴湖水是绍兴酒得天独厚的优越条件，如今几十年过去，真是"唯有门前鉴湖水，春风不改旧时波"。

六、工艺科学

我国是世界上文明发达最早的国家之一。有丰富的远古文物的遗存，又有近四千年文字记载的历史。我们的祖先在长期的生产实践中，积累和创造了大量的文化和科学技术，取得了辉煌成就，直到 18 世纪以前，我国的科学技术水平，包括酿酒技术，处在世界领先的地位。今日欣欣向荣的发酵工业和酶制剂工业，就是在我国古代酿酒技术的基础上发展起来的。

绍兴酒的酿造是一门综合性的发酵工程科学，涉及到多种学科知识。先人们虽然不可能去理会这些科学知识，但凭借无数次的实践—总结—再实践，把经验转化为技能和技巧，于是形成了传至现今的一套娴熟完善的绍兴酒工艺。

绍兴酒是以糯米为原料，经酒药、麦曲中多种有益微生物的糖化发酵作用，酿造而成的一种低酒度的发酵原酒。明代《天工开物》记载："凡酿酒，必资曲药成信，无曲即佳米珍黍，空造不成。"说明了酒药和麦曲在酿酒中的重要作用。

酒药，又称小曲、白药、酒饼，是我国独特的酿酒用糖化发酵剂，也是我国优异的酿酒菌种保藏制剂。东晋嵇含是浙江上虞人，他是中国历史上第一个讲到"小曲（药曲）"的人，他的被誉为古代植物学大全的《南方草木状》中记述制曲原料中加入植物药料，为我国酿酒时用酒药之始。他这样论述"小曲"："草曲，南海多矣。酒不用曲蘖，但杵米粉，杂以众草药，治葛汁，涤溲之，大如卵，置蒿蓬中荫蔽之，经月而成，用此合糯为酒。"他的意思是说，用草药做的酒，南方很多，做酒不用传统的曲蘖，只要把米舂成粉，添加各种草叶，准备葛草的汁（辣蓼草之类的植物），一起混合搓成鸡蛋大小，用蓬蒿盖好（保温，让微生物繁育），隔一个月就成熟了，用它和糯米混合做成酒。

这段记载，说明了中国制曲技术上的一项重大改进。酒药一般在农历七月生产，其原料为新早籼米粉和辣蓼草。酒药中的糖化（根霉、毛霉菌为主）和发酵（酵母菌为主）的各种菌类是复杂而繁多的。绍兴酒就是以酒药发酵制作淋饭酒醅作为酒母（俗称酒娘），然后去生产摊饭酒。它是用极少量的酒药通过淋饭法在酿酒初期进行扩大培养，使霉菌、酵母逐步增殖，达到淀粉原料充分糖化的目的，同时还起到驯养酵母菌的作用。这是绍兴酒生产工艺的独特之处。

酒药还分白药、黑药两种，白药作用较猛烈，适宜于严寒的季节使用，至今绍兴酒传统工艺仍采用白药；黑药则是在用早籼米粉和辣蓼草为原料的同时，再加入陈皮、花椒、甘草、苍术等中药末制成，作用较缓和，适宜在和暖的气温下使用。现在因淋饭酒酿季在冬天，用的都是白药，黑药已基本绝迹。

第二节 中国黄酒与日本清酒生产技术与工艺

清酒俗称日本酒，是古代日本受中国"曲蘖酿酒"影响所酿制的日本民族传统酒，与我国黄酒有许多共同点。其酒精含量一般为15％～17％，是一种营养丰富的酿造酒，酒液色淡，香气独特，口味有甜、辣、浓醇、淡丽之区别。

一、日本清酒的酒品特点

自然发酵而成，酒质金黄透明，酒味呈水果香型，品味纯正高雅、芳醇甘美、无论细酌还是畅饮，皆回味悠长，不口干、不上头、唇齿留香。

口味独特：精磨至30％～60％优质米芯纯酿，自然发酵，不勾兑酒精，色泽淡黄清澈透明，保有营养成分，具有酸甜苦辛涩的丰富口感变化，余味清爽柔顺，散发出淡淡果香味。

健康保健：富含 20 余种氨基酸，其中有 18 种人体必需氨基酸及有机酸、微量元素、蛋白酶等营养成分，据日本医学界研究报道，适量常饮清酒有助于预防动脉硬化、冠心病、糖尿病等疾病。

日本大石酒造已有 300 多年历史，出产之清酒在日本家喻户晓；秉承 300 年祖传工艺秘方，精选好水好米，结合现代生物技术，以优质大米和优质天然矿泉经低温发酵而成。

下面扼要介绍清酒质量级别分类、日本清酒酿造工艺。

二、清酒质量级别分类

1. 精米率定义

糙米外层被研磨后所余下精米的重量占原糙米重量的比例，以百分数表示。公式为：精米率＝（千粒精米重量/千粒糙米重量）×100％如精米率为 35％，表示糙米经精米机研磨后，米粒外层被磨去 65％。经研磨后米粒大小均匀、晶莹剔透，似一颗颗小珍珠。

2. 按精米率要求分类

精米率≤50％的属大吟酿酒；精米率≤60％的属吟酿酒；精米率≤70％的属本酿造酒；普通酒对精米率不作要求。

3. 质量等级

最高档的 4 个品种为吟酿类酒，被誉为"清酒之王"。从其发明至今，只有 40 年左右的历史。按质量等级排序（从高到低）：大吟酿酒＞吟酿酒＞本酿造酒＞普通酒（餐桌酒）。在日本清酒酿造过程中，允许添加食用酒精，未添加食用酒精的为纯米型酒。在不同档次酒中添加酒精，其目的也不相同，在高档酒酿造过程中添加少量酒精，主要是为了提高酒的香气与风味；而在普通酒酿制过程中添加酒精，主要是为了提高产能，一般添加量为 120L 纯酒精/t 米。

不同级别的清酒间存在明显的风味差异，精米率越低，则越淡爽、越柔和，香气越幽雅。

三、日本清酒酿造工艺

日本清酒的制作工艺考究、酿造技术精湛，结合现代生物技术，以优质大米和优质天然矿泉经低温发酵而成。在原料米的精选与研磨方面更具特色，尤其酿造清酒的原料是经过严格挑选的优质稻米和水。其各工序操作要点阐述如下。

1. 清酒用米

不同品种的米对清酒的酒质与风味影响较大，故日本清酒在制曲、酒母及发酵用米品种选择方面比较讲究，一般（高档酒）均使用清酒生产专用米，俗称"酒米"。一般酒米千粒重 25～30g，富含淀粉并集中在米心，且蛋白质、脂肪含量低

（即吸水力强，米粒经蒸熟后内软外硬且有弹性，米曲霉易繁殖，在酒醪中易溶解），有利于稳定与提高酒的品质。酒米分为 5 个等级：特上、特等、一等、二等、三等。高档酒一般选用特上、特等级别的米。大约有 100 个品种酒米用于清酒生产，其中，日本官方注册的酒米有 87 个品种（2007 年开始），主要品种 12 个，2010 年产量排名前三位的酒米品种为：Yamada Nishiki（18634 t），Gohyaku-mangoku（17710t），Miyama Nishiki（7174t）。

2. 清酒酵母

日本清酒酿造最早只用米曲，在 1897 年发现清酒酵母以后才用酒母。现在日本 70％左右以上的清酒厂都用速酿酒母，酒母用量为原料米量的 7％左右。

在清酒酿造中，发挥主要作用的是酵母（清酒酵母），属于酿酒酵母类。酵母通过糖代谢生成醇、酯、酸等物质。因不同的酵母菌株，其代谢产物也不同，对酒的香气、风味影响较大，故酵母的应用选择是根据酒的风格类型来确定的。日本清酒酵母由日本酿酒协会按编号提供给各个工厂使用，目前使用较广泛的有协会 7 号、9 号，其中 7 号分离于 1946 年，发酵性能好，主要用于普通清酒的发酵；9 号分离于 1953 年，因其代谢产物富含果香，口感清爽，主要用于吟酿类型酒生产；协会 601 号、701 号、901 号酵母为无泡酵母，因在发酵过程中不会形成高泡，罐利用系数较高，产能可提高 20％～30％，有些工厂为提高产量也使用这类酵母。清酒酵母品种繁多，各有特色，同时，一些厂家也在进行着不同酵母菌种混合使用的可行性研究。

3. 水

生产不同清酒采用不同水质的水。如酿制辣口酒用硬水（又称强水），其中钾、镁、氯、钠等成分较多；软水（又称弱水）用于酿制甜口酒。日本清酒呈淡黄色或无色，因此要求水中增色物质的含量低，特别注意对水中铁、锰等增色成分的去除。

水在清酒酿造过程的各个环节都需使用，如洗米、浸米、蒸饭、酒母培养以及成品酒稀释。一般用水量为原料米总用量的 20～30 倍，清酒成分的 80％以上是水，由此可见水质的重要性。"名酒产自名水"的说法自古有之，故酒厂一般都建在有好水源的区域。传统酿造判定水质优劣的简单标准为水的硬度：使用硬水酿造的酒口感较烈，而使用软水酿造的酒则口感较甘。原因是在硬水环境下，酵母的活性较使用软水时高，酒精发酵（亦即糖分的代谢）速度加快，既能促进微生物的生长，又能促进醪发酵。通常含有钾、镁、氯、磷酸等成分高的水被视为硬水；反之在使用软水时，酵母活性低，发酵的程度便低于硬水。从江户时代开始，生产日本清酒的滩五乡便使用被称为"滩之宫水"的硬水。然而在 19 世纪时，广岛县的三浦仙三郎开发出了软水酿酒法。随着现代人饮食习惯的改变，软水酿造清酒越来越受欢迎。因此，酿酒用水有逐渐向用软水的发展趋势。

4. 制曲

制曲是清酒酿造的核心环节，日本历来有一曲二酛（酒母）三造（醪）的说法，曲的作用有三：其一，为酒母和酒醪提供酶源，使饭粒的淀粉、蛋白质和脂肪等溶出和分解；其二，在曲霉菌繁殖和产酶的同时生成葡萄糖、氨基酸、维生素等成分，这是清酒酵母的营养源；其三，曲对成品酒香气、风味作用关键，有助于形成清酒独特的风味，是酿酒的核心。曲中淀粉酶分解淀粉可生成发酵性糖，供酵母繁殖代谢；米曲霉代谢过程中，还可产生多种维生素、氨基酸、多肽等。

日本清酒所使用的米曲霉约是公元 200 年前后由中国传入，其历史来源悠久。清酒全部用粳米制曲，菌种为米曲霉类。酿造用曲量较高，达 20％左右。

米曲霉孢子经培养于蒸熟的饭粒而形成的产品称为米曲（原理同中国红曲）。米曲培养时间一般为 40～60h，48～50h 比较合适，培养时间过长，会导致成品酒口感浓烈，不适应现代人饮酒习惯；曲的添加量为 20％～25％，最低不少于 15％，从酒母至前发酵，共需使用米曲 4 次，其中用于酒母 3 次、发酵 1 次。

5. 精米

"米越白越能酿出好酒"，这一现象是兵库县滩地区的山邑太左卫门最早发现的。米外侧的蛋白质、脂肪等成分比较多，用于酿酒则有损香气和色泽，难以酿出好清酒。大米经研磨除去外皮后，大大减少了米中蛋白质、脂肪等含量，浸渍时米粒吸收水更均匀、更快速，蒸饭时米粒易糊化，有利于提高酒的品质。随着精米生产技术不断创新，精米设备不断改进，糙米研磨后的精白度越来越高，酒质也越来越好。如古代采用水车碾米，明治末期后使用横型精米机，昭和初年，垂直型精米机投入使用。

6. 洗米、浸米

洗米的目的是除去附在米上的糖、尘土及杂物。洗米设备为专用洗米机，通常兼有搅动、输送及分离米、水的功能。浸米用浸米槽，浸米的时间与米的精白度有关，从几分钟到一昼夜不等，其中，吟酿米浸米时间控制以秒为单位；浸米时间一般为（20℃下）一昼夜左右，浸米温度以 10～13℃为宜，浸后的白米含水量以28％～32％为适度，沥干即放水。通常洗米耗水 5～10t，也有采用特殊碾米机先除糠、后浸米的不洗米的浸米法，该方法 1t 米仅用水 1.5t 左右。

7. 蒸米（蒸饭）

蒸米（蒸饭）是将白米的生淀粉（β-淀粉）加热变成 α-淀粉。即淀粉的胶化或糊化，以使酶易于作用，如糖化酶利用 α-淀粉的能力比利用 β-淀粉强 5000 倍。蒸饭可分为两个阶段，前期是蒸汽通过米层，在米粒表面结露及凝结成水；后期是凝结水向米粒内部渗透，主要使淀粉糊化及蛋白质变性等。糙米在研磨过程中水分会蒸发而导致白米水分下降，白米水分含量对浸渍吸水率的影响极大，吸水率大小也会对饭粒质量造成影响，故研磨后的白米，一般需装袋并库存回潮两周，以达到合适的水分。要得到好的蒸米，必须控制好白米水分以及浸渍吸水率，以精米率 70％的白米为例，如其水分控制为 13％，浸渍后其吸水率为 29％时，属于比较理想的蒸米，否则水分偏高、偏低都不理想，白米水分与吸水率存在一定关系。

蒸饭、冷却及输送　通常每天投料 3t 以下的用甑桶，3t 以上的用立式或卧式蒸饭机蒸饭。冷却方式有自然放冷和鼓风冷却两种。夏季时可采用冷却投料用水或投料水加冰的方法来降低水温。米饭的输送有人力、传送带或罗茨涡轮式鼓风机气流输送法。

8. 原料配比和投料

① 原料配比　日本清酒典型的投料方式为 3 次投料加第 4 次补料。投料配比可按 3 次投料及水量的不同分为三种标准投料（酵母增殖促进型、酵母增殖缓慢型、中间型）配比类型。

② 初投　在投料前 1～3h 按规定量将酒母、曲和水配成水曲，水曲温度以 7～9℃ 为标准。加米饭后将物料搅拌均匀，品温为 12～14℃。如果饭粒较硬，则投料温度与水曲温度要高些，以促进饭粒的溶解。投料后 11～12h，为使上浮的物料与液体混合均匀，应稍加搅拌。

初投后次日醪温保持在 11～12℃。初投后约 30h 出现少量气泡，波美计测定为 10°Bé 左右，酸度应在 0.12% 以上，温暖地区酸度约达到 0.30%，酸度不足应补酸。

③ 二投　当醪液酸度为 0.16% 左右时，已具备安全发酵的条件，这时应进行第二次投料。水曲温度同初投，投料后品温为 9～10℃，除特别寒冷的地区外，不必保温。同初投一样适时粗略搅拌。

④ 三投　投料温度以三投为最低，投料后品温为 7～8℃。若室温、饭温高于水曲温度，应将水曲温度降低。如果投料后温度高，发酵就会前急而短（10～14天）；反之，如温度过低，3 天后仍不能起泡，则易污染有害菌。三投后 12～20h 物料上浮，应粗略搅拌，若浓度过高应追加适量水。

9. 发酵

清酒醪发酵是清酒酿造过程成败的关键，它起着组合原料、米曲、酒母的作用，直接影响到酒的质量。清酒醪在敞口状态下发酵，采用低温长时间发酵工艺，发酵温度通常为 15℃ 左右（10～18℃），吟酿酒在 10℃ 左右，具体参考如下数据。

① 发酵过程及现象　发酵现象是发酵管理的依据和指标，按发酵过程泡沫情况分为以下几类。

小泡：三投后 2～3 天，出现稀疏小泡，表明酵母菌已开始增殖和发酵。

水泡：三投后 3～4 天，出现肥皂泡似的薄膜状白水泡，说明发酵产生二氧化碳，但发酵还较微弱。醪液略有甜味，糖分达最高值，酸度为 0.05% 左右。如此时醪液翻腾则属发酵过急。

岩泡：品温急速上升，二氧化碳大量产生，醪液黏稠度增加，泡沫如岩面状，岩泡期为 1～2 天。

高泡：品温继续上升，泡沫呈黄色，形成无凹凸的高泡期，高泡期为 5～7 天，醪液具有清爽的果实样芳香和轻微的苦味、酸味及甜味，泡层沉实、活动而不黏。在高泡期应经常开动消泡机，使泡中的酵母溶入醪液。

落泡：高泡后期泡大而轻，搅拌时有落泡声。这时醪液酒精含量为 12%～13%，是酒精生成最快、辣味激增的阶段。一般酒精含量在 15% 以上而酵母发酵力弱时，可加少量水稀释醪液，以促进发酵。如果泡黏、发酵速度慢，可提前加水，加量为 3%～5%。落泡期为 2～3 天。

玉泡：从落泡进入玉状泡而逐渐变小，最终泡呈白色。这时醪已具有独特的芳香，酒体已较成熟。

玉泡后酒醪表面呈土状，因酵母菌种类、物料组成及发酵条件的不同，分为无泡、皱褶状泡层、饭盖、厚盖等几种。

② 发酵温度　清酒醪的发酵品温不宜超过 18℃，在此以内温度对糖化和发酵的影响程度基本相同，即能保持两者平衡。三投 10 天达 15～16℃ 为标准。

10. 补料、添加酒精

① 补料　若采用三投法，通过调节发酵温度来达到预定的日本酒度和酒质，管理操作较难，往往发酵期参差不齐，同样的发酵期其酒精含量和出糟率相差较多，因此，日本普遍在玉泡（三投后约 20 天）后、酒精添加前 1～2 天，采用补料方式（称四段法）酿制辣口酒及甜口酒。四段法所用的物料类型较多，有米饭的酶糖化液、米饭的米曲糖化液、米糠糖化液，也有直接投入米饭、酿酒糟或成熟酒母的。四段法在调整酒醪成分的同时，增加了酒醪的糖分及浓醇味。

② 添加酒精　日本在 1945 年原料不足的情况下，推行酒精添加法，后来酒精使用量逐渐减少，以后随米价上扬及酒质淡丽化倾向的增加，仍有继续增加酒精用量的趋势。为了控制清酒中酒精添加量，日本规定，在全年清酒产量中，平均每吨原料白米限用 100% 的酒精 280L。多在落泡后数日、酒醪快要成熟时添加。因该法添加酒精量大，使吨白米的清酒产量骤增，所以不能单用酒精，而需配成加有糖、有机酸、氨基酸盐等成分的酒精调味液。

11. 压滤、澄清、过滤

清酒醪压滤工艺有水压机袋滤和自动压滤机（类似黄酒醪压榨用的气膜式压滤机）两种操作法。压榨所得的酒液含有纤维素、淀粉、不溶性蛋白质及酵母菌等物质，需在低温下静置 10 天进行澄清，静置澄清后的上清液入过滤机过滤。一般用板框压滤机进行第一次过滤，卡盘型或薄膜型过滤器进行第二次过滤，这类过滤机通常为除去助滤剂及细菌的精密过滤器或超滤器。大部分一次过滤机用滤布或滤纸作为滤材。二次过滤的滤材最好用各种过滤膜，其孔径为 0.6～0.7mm。

另外，一般为袋滤和自动压榨机压滤，袋滤的酒质量最好，所以高档酒一般都采用袋滤。经压滤得到的酒液，含有纤维素、淀粉、蛋白质及酵母等物质，会使清酒香味起变化，必须通过澄清、过滤。为脱色和降低异杂味，过滤前应加一定量的活性炭。

12. 灭菌

灭菌装置有蛇管式、套管式及多管式热交换器，较复杂的为金属薄板式热交换器。灭菌温度为 62～64℃，灭菌后的清酒进入储罐的温度为 61～62℃。为防止储存中清酒过熟，灭完菌的酒应及时冷却。

13. 储存

清酒的储存期通常为半年至 1 年，经过一个夏季，酒味圆润者为好酒。影响储存质量的主要因素为温度，温度提高 10℃左右，清酒的着色速度将增加 3～5 倍。有的厂用 30～35℃加温法促使生酒老熟，但成熟后的清酒色、香、味不协调，而采用低温储存的成熟清酒较柔和可口。

清酒很容易受日光的影响，白色瓶装清酒在日光下直射 3h，其颜色会加深 3～5 倍。即使是酒库内灯光，长时间的照射，影响也很大。所以，应尽可能避光保存，酒库内保持洁净、干爽。

14. 成品酒

清酒出库前，应进行最终成分的调整。添加沉淀剂除去清酒中的白浊成分，补酸、加水和用极辣或极甜的酒进行酒体调整，最后用活性炭或超滤器做最终过滤。滤过酒进入热交换器，加热至 62～63℃后灌瓶、装箱。

四、日本清酒理化分析

1. 日本酒度

清酒的日本酒度为 −2～12，平均 4 左右，其数值用于清酒甘辛味的参考与判断，度数越高，则酒液越干，反之越甜。日本酒度计是根据清酒密度设计而成，密度大，则日本酒度低，反之则高。日本酒度计是通用的甜型、干型酒判断仪器，标注在标签上的日本酒度数就是用日本酒度计测出的数据。日本酒度计不但用于成品酒检测，也用于酒母培养，前发酵、后酵过程中的检测。

2. 酸度

酸度一般为 1.0～1.8mL/10mL，平均 1.3mL/10mL，主要含的酸有：琥珀酸、苹果酸、乳酸和酸性氨基酸。酒中的酸主要由酵母代谢产生，酒母阶段生成量占 20％、发酵阶段占 80％。氨基酸含量一般为 0.8～1.2mL/10mL，氨基酸含量偏高，影响口感。

第三节 现代黄酒调味技术的改良与黄酒新工艺

一、概述

在现代黄酒生产与生产改良型黄酒中，必须在全面分析传统黄酒在口味上的优缺点的基础上，来进行改良。一般传统黄酒中存在着苦味过重、曲香过于突出、酸味过于独特、后劲过大等影响黄酒推广的不利因素，改良型黄酒要针对这些问题，从工艺上、从基酒源头上进行改良，同时改良型黄酒应该以淡爽型为主。

甜、酸、苦、辣、鲜五味调和，应该是现代优良的黄酒改良口味的基础。如食品调味古已有之，人类为了自身的发展，不断探索和改善食物结构，以满足人类自身对口感的本能需求和美味的欲望一样。据查，黄酒的特征香味是由许多挥发性化合物组成，这些化合物来自各种渠道，对香味成分的详细研究表明，一些香味成分存在于原料中，另一些成分则是产生于老熟（陈酿）过程，但含量较少。总的研究结果表明，酒的主体香味产生于酵母发酵期，而且任何一种单一的香味化合物似乎都不能形成产品的特征香味。为使产品达到醇香柔和、丰润爽口，给人以怡雅的感受，这就是要香气的浓淡与味感的浓淡相适应，不要使人有香大于味或味浓香淡的感觉，更不能有异香。因此，必须进行调味。调味是近期发展起来的一项新技术，它是在勾兑基础上的总结和提高，特别是在创名优产品的生产中，起着明显的重要作用，调味和勾兑一样，没有一个统一的认识，存在着不同的理解和看法，为什么添加微量调味酒后就能使成品发生明显的变化呢？其奥秘还需进一步探讨。调味是通过一项非常精细而又微妙的工作，用极少量的精华酒来弥补基础酒在香气口味上的欠缺程度，使得风味更加优美，准确地说，调味就是产品质量的一个精工过程，从而使产品更加完善。

黄酒是满足人们对色、香、味感官享受和兴奋精神的特殊食品。在现今激烈的市场竞争中，要依据市场需求和未来的发展趋势，研发顺应时代潮流的品种。品质的可靠和口感的认同相结合才能立足市场。

但是传统的黄酒是依靠糖化酶和酒母的作用，使谷类淀粉发酵成黄酒。在整个生产过程中，在批与批之间，总是存在着种种差异，如原料质量有优劣，糖化发酵剂有差异，生产季节有前后，发酵期有长短，工艺操作有差别，致使不同批次的黄酒，其质量也有所不同。在储存后熟期间，又受到储存条件（容器、温差、湿度、通风）和储存时间的影响，使酒质发生不同的变化。

黄酒调味即面对质量各异的黄酒基酒，按照预期理想设计要求，以不同的比例兑加在一起，使其分子间重新排列和组合，进行协调平衡，且突出主体香气，形成独特的风格特点，最终成为符合预期研发需要的产品。即黄酒调味是调整酒的成分比例，黄酒调味的主要目的就是，调整成品酒的成分，使各品种的基酒优势互补，优点带领，同时缺点稀释，最终平衡协调的机理使酒质更完善，酒体更加协调柔和，风味典型性更加突出，色、香、味均达到相当完善的程度，既能体现类型的典型风格，又能满足市场所需。

因此，黄酒调味工艺是酿酒行业的一门传统技艺。黄酒由于过去重视不够，缺乏科学研究，因此没有像白酒、葡萄酒行业那样达到相当成熟的程度，作为黄酒产品研发人员，要不断总结和发扬传统的勾兑理论知识，不但要有过硬的品尝本领还要研究了解黄酒各品种的色、香、味成分的组成来源，在实践中创造更多的、更好的勾兑方法，使黄酒的勾兑工作趋向科学化。

对于传统的事物，保持和发展始终是个矛盾，如何在保持传统的基础上，通过吸收外来文化，使现代文明得以发展，也就是保留传统中合理的部分，对不适应部分加以改造，是解决这一矛盾的重要原则，但是合理部分和不合理部分非常难分，而且越是古老，越难分，但如果不分清，这一事物必然成为古董，对黄酒也如此，一方面作为中华民族最古老的酒种，其独特风味，独特的工艺，永远是我们的骄傲。另一方面随着社会的发展，时代的进步，黄酒企业长时间没有大的突破，市场也只局限于江浙一带，而且现在又受到啤酒和葡萄酒的强有力的冲击，消费人群日益老龄化，如果我们再抱残守缺，不改变，将真正走向古董。

20世纪末，很多黄酒界人士都意识到这个问题，最先打破僵局并大获成功的是上海的"和酒"，为什么不是号称黄酒老大的绍兴酒呢？我认为这很合理，因为绍兴酒界传统势力太强，想一下子改变确实难，事实上绍兴酒此时也有改良型黄酒推出，但不敢大造声势，比如会稽山公司就开发了"帝聚堂"，但随着"海派黄酒"的成功，绍兴黄酒界猛醒，先后推出很多改良型黄酒。如有名的"帝聚堂"、"状元红"、"水乡国色"等。经过几年发展，改良型黄酒大有后来者居上的势头，但大获成功的不多，失败的不少，如何减少开发的盲目性，是当前迫切需要解决的问题。

二、现代黄酒调味技术的改良

对于现代黄酒调味技术的改良问题，郑燕华等人就现代黄酒调味技术的改良方面提出过一些观点，在本节中，我们与黄酒界同仁们进行探讨。

1. 确定基酒组合

基酒是勾兑的基础物质，它的质量的优劣以及组合是否得当，与成品酒独特风格的形成关系密切。为此，在调味前，必须弄清楚基础酒的质量情况，存在什么问题。勾兑时，必须先确定类型，明确主攻方向，做到心中有数，然后要求选择基酒组合。然后，在调味之前还必须了解调味酒的性能，以便确定选用什么类型的调味酒，可以解决基酒哪些缺陷，对调味酒性能的了解及其选择是否准确是十分重要的。调味酒选准了，用量不大即可取得理想的效果。否则，不但会效果不明显，甚至会越调越坏。然而，酒是一种很敏感的饮料，各种因素均极易影响酒质的变化，除了十分细致外，使用的器具必须干净，比例要明确恰当，计量要准确，否则会使调味结果发生差异，不但浪费原料，还破坏原酒的质量。因此，准确鉴别基础酒，选用什么样的调味酒最合适，是调味工作的关键，这就需要在实践中，不断总结和摸索，练好基本功。因此，要掌握各种酒的自身特点，可根据品种、突出优缺点、糖度、酸度、酒精度等问题对本单位的基酒做一个基本盘查；将具有不同特点的原酒，重新进行组合，明确本单位各年份、各品种原酒的基本状况。酒的质量高低的关键取决于配方，配方设计时首先必须确定模拟什么类型，其色、香、味、风格的突出特点是什么，其酒质内在关联怎样，做到心中有数。此项工作要由具有较丰富品评经验的技术人员承担。

在基酒组合时需要考虑的两个方面：

① 根据理化指标要求确定品种及成分比例。

② 根据样品的预期品质要求，确定选用的基酒品种及比例。酒精度、酸度、糖度在符合 GB 13662—2008 的指标内，还要明确一个范围更小的内控指标。心中有明确的任务，才能搞好基酒组合。

最后，删选基酒组合，取最佳组合。删选时要考虑以下几个方面：

① 理化指标能否合格　质量是口味的基础。

② 对产品定位的考虑　企业的全部生产经营活动都是为了获取经济效益，应该从库存酒的实际出发，通过合理组合，创造出较好的经济效益来。

③ 基酒的库存量　企业的库存酒必须有一个长远的规划，保留适当数量的各年陈酒、优质酒和有特殊用途的配伍酒，以保证产品质量的长期稳定。

2. 优化组合中的基酒

确定基本品种后，产品定位综合经济效益和产品质量选择适合酒龄的社会消费是分层次的，企业仓库中原酒的质量也是有层次的。

基酒　一般，新酿造出来的黄酒有香气较差、暴辣等缺点，口味不协调，必须储存。酒的陈酿，从目前可知的机理来看有加成反应、聚合反应等，使酒中各种成分发生变化。例如醇经氧化成醛，醛经氧化成酸。经过光、温度、空气（溶解氧）对酒的作用，水与酒之间的缔合等。酒在饮用时，只有自由乙醇分子才和味觉、嗅觉器官发生作用，故酒中自由乙醇分子越多、刺激越大。

随着酒的储存和老熟时间增加，乙醇分子与水分子缔合数量增多，自由乙醇分子数量减少，减轻了对味觉和嗅觉器官的刺激作用，暴辣味大大改善，饮酒时就感到柔和纯香，这是酒在储存过程中引起的重要物理变化。

根据所选中的基酒配制小样，品评并优化进行优化组合。这种调整和组合多数属于物理变化的范围，但也存在一些化学变化的现象，除酸碱中和反应外，其它的化学反应是长时间的、微量的，如氧化还原反应、醇与酸的反应等。在勾兑过程中一时觉察不出来。而物理变化的基本原理主要有：原酒之间的互补机理；平衡协调机理。把酒体变得协调、平衡、丰满、充实、完整的各具特点的黄酒。

考虑优化基酒组合，从四个面考虑：

① 原酒之间的互补机理　不同生产批次的原酒，其成分是有差异的，就以酒精度、糖分、总酸 3 个主要理化指标来说，有的酒精度偏高，有辣口、酒体不够柔和的感觉，有的酒精度偏低，有柔弱无刚的感觉。总酸高了有酸感；低了又觉得木口和不鲜爽。糖分的偏高与偏低，也同样有其长处和短处。黄酒的微量成分是很丰富的，如有机酸的成分有乳酸、柠檬酸、琥珀酸、酒石酸、乙酸及少量苹果酸。由于工艺的不同，乳酸的含量可以相差一倍多；由于陈储时间不同，乙酸的含量会随着时间的推移，逐渐减少，一部分乙酸与乙醇结合生成乙酸乙酯。黄酒还含有丰富的氨基酸，总量在 $4000 \sim 10000 \text{mg/L}$，氨基酸种类达 26 种之多，不同氨基酸呈不同口味，如甘氨酸、丙氨酸、丝氨酸呈甜味；亮氨酸、组氨酸、蛋氨酸、苯丙氨酸、缬氨酸、精氨酸呈苦味；谷氨酸钠、天冬氨酸钠呈鲜味；苏氨酸是又甜、又

苦、又酸；赖氨酸是又甜、又苦、又鲜。此外，黄酒还含有醇类、醛类、酯类、维生素类及微量元素。上述各种成分含量之多寡及其成分之间的比例关系都影响酒的风味，有的成分少了是一种缺陷，多了也是一种缺陷。如呈苦味的氨基酸太多，酒味就显得苦口老口。而勾兑可以取长补短，甲酒的某长处弥补乙酒的某短处，这就是互补机理。

② 优点带领机理　某原酒具有某种明显的优点，而需要勾兑的大宗酒却缺乏这种优点，为具备这种优点，就让那种具有明显优点的酒（称为带酒）起带头作用，从而使酒质获得提高。这种机理，称之为"带领机理"，也可以理解为优势强化机理。如大宗酒陈香味不足，掺入少量的多鲜爽的好酒，鲜爽味就带出来了。

③ 缺点稀释机理　某原酒具有某些明显的缺点，又无法矫正，如酸度过高的酒、带有异杂味的酒、又黑又苦的陈年甜黄酒，这些酒在仓库里，如不利用损失很大，但又无法出售，这种酒称为"搭酒"。勾兑时可以用稀释机理，把它的缺点稀释到"许可程度"，这个"许可程度"必须遵守：理化指标不能超标；感官指标不能降低要求。平常说的："酸不挤口"、"甜不腻口"、"苦不留口"、"咸不露头"等是比较笼统、粗线条的概念，搭配起来要因酒制宜慎之又慎，别因小失大，败坏了大批酒的质量。

④ 平衡协调机理　勾兑的目标之一是实现酒体的平衡协调。如有的酒酸度并不超标，但喝起来有酸感，查其原因是酒体较薄，负荷不起酸度，对这种酒除用降酸的办法以外，还可以采用增加酒体的醇厚度，使它载得起酸度，使酸度与酒体相协调。如酒体比较弱的酒，加一些较老口的酒使之刚劲。总之，要用平衡协调的机理，把酒体变得协调、平衡、丰满、结实，使之成为完整的黄酒。

按照以上四个机制，各取所长或取长补短，然后按照合格酒标准要求做出不同的配比方案，用小容器勾兑小样。勾兑小样时一定要细致耐心，做好原始记录，配完小样后，进行品尝，找出不足之处，再进行调整，多次反复，直到满意为止。然后列出配方，进行大样生产。

纵观黄酒生产和经验，成品酒质量与风味的优劣，多因为原料、辅料、菌种和酿造工艺等不同，而产生较大差异。因此，各种不同质量和风味的酒，采用不同的配方，使之达到设计要求的质量标准，有一定的难度，需要我们靠平时的经验积累和精心细致的工作精神，必须坚持原则和实事求是的科学态度。

三、酿造工艺方面从基酒开始与工艺改革

1. 传统黄酒中存在的问题

为什么传统黄酒经过这么多年的发展，市场还大部分局限于江浙一带，其它地区的消费量一直上不去，除了企业缺乏引导外，我们认为黄酒自身也存在一些问题，特别在口感上。我们通过大量调查，外地消费者的意见集中为以下几点。

（1）黄酒的苦味相对于其它酒种过于突出

这在我们调查中是消费者意见最多的问题。这也能解释半甜型酒、甜型酒，外

地消费者容易接受的原因（用甜味来掩盖苦味）。在这一点上我们要向啤酒学习，为了适应中国消费者，大幅度地降低苦味。

（2）黄酒的香气问题

黄酒特别是绍兴酒，曲香过于突出，对于不习惯的人来说，很容易认为是中药香，因此在酿制改良酒时，必须要注意这个问题。如何降低曲香或用其它香来掩盖曲香，应作为一个重要课题。

（3）黄酒酸味问题

相对于饮惯白酒的人，黄酒酸味也成了问题，这里并不指黄酒酸味过重的问题（葡萄酒酸味远高于黄酒），而是指黄酒酸味组成部分的独特性，黄酒的酸过于偏重于后口，因此这里不是降酸的问题，而是如何想方设法来改变黄酒酸组成成分。

（4）黄酒后劲问题

既吃黄酒又吃白酒的人，大多都有这样的经验，白酒吃醉后，酒劲过去较快，而黄酒的后劲很长。主要原因是黄酒中高级醇含量过高，因此在改良黄酒中，要将降低高级醇作为一个长期的重要的因素来抓。

（5）黄酒的入口与后口的问题（前味与后味）

消费者在市场调查中没有反映这一点，但我们认为目前在黄酒酿造界中还有这种思维，认为后口比前口重要，非常讲究后口，要求绵长、留香等，我们认为对于这种思维在研制改良型黄酒时必须改变，应把入口放在第一位。因为：①现代饮酒大多是佐餐酒，酒后味被菜味掩盖了；②现代流行口味是清淡、清爽，都要求后味清、净。

2. 有关限制黄酒发展的问题

针对以上存在的限制黄酒发展的问题，我们认为在开发改良黄酒时，要针对这些问题进行有目的的开发，同时，我们认为最好从基酒开始，通过工艺改革，从根本上来消除这些不足，从而为下一步勾兑打下扎实的基础。

（1）采用淡爽型工艺，改变目前采用的浓醇型工艺

① 稀释发酵醪的浓度　发酵醪浓度过高，一方面抑制了酵母的生长，另一方面使酵母在生长过程中次级代谢物分泌过多，从而使酒的口味变得十分丰富，这与现代消费者所喜爱的淡爽背道而驰，通过稀释发酵醪，能使酵母生长加快，发酵度也能上升，次级代谢物减少。

为什么不采用目前啤酒淡爽型工艺（在后酵稀释）？主要原因是黄酒与啤酒不一样，改良型黄酒主要针对的是从来没有吃过黄酒的消费者，是引导与适应两者的有机结合，而啤酒是适应消费者的，消费者已经有了啤酒口味的概念了。

② 提高糖化度，尽量使酒发酵彻底　在淡爽型工艺中，对残糖的控制比原工艺要高，一般要求控制在 3g/L（以葡萄糖计）左右。由于要防止曲香过浓，用曲量受到了控制，一般采用添加糖化酶来解决。但一定要注意用量，过高容易引起苦涩味抬头，同时要注意不同米质、发酵工艺及配料比，酶的用量也不同，总的原则是在使用前要进行试验，能少则少。

（2）降低酒中高级醇、杂醇油的含量，使酒后劲减低，上头减少

黄酒是所有酒中发酵温度最高的酒，发酵控制得不好很容易产生大量高级醇与杂醇油，使酒上头快，后劲足。现在大多数改良型黄酒由于酒精度低，消费者饮用时量较多，这个问题更加特出。

一般认为上头快、后劲足的原因是由于酒中代谢缓慢的丙醇、异戊醇、活性戊醇、苯乙醇及一些高级醇含量过高，一般要求高级醇及杂醇油与乙醇的比例在1∶500。

① 提高曲中蛋白酶的活力或添加蛋白酶　主要原因是某些氨基酸，如亮氨酸、异亮氨酸、缬氨酸等能有效地抑制杂醇油的生成，但也要注意用量，过多容易引起酒的口味异常。

② 减慢发酵速度　发酵速度越快，高级醇越多，主要原因与酵母生长状况有关，酵母在整个生长周期中越健康，高级醇分泌就越少。因此要通过控制发酵速度来保证酵母的健康生长，主要是控制发酵温度（降低主发酵温度）、降低醪液中酵母浓度（2×10^8 个/mL 左右）、减少酵母增殖代数（不超过 10 代）。

③ 提高酒中挥发脂的含量　挥发脂在人体中代谢结果与高级醇相反，能有效地扩张、松弛神经，能有效地降低上头效应。

挥发脂的生成与酒体中的挥发酸含量有关，因此可通过增加挥发酸来达到目的，如后醇减少开耙次数等，当然最有效的办法是增加储藏时间，但这不是本节讨论的范畴。

（3）适当减少曲的用量，特别是自然培养曲的用量，改革自然培养曲的工艺，适当降低曲香

对于黄酒中（特别是绍兴酒）存在的曲香过于浓郁的问题，主要是减少自然培养曲的用量，增加纯种曲的用量。同时对目前自然培养曲工艺进行改良。经过试验，曲香生成与发酵温度及高温保持时间正相关，具体见表7-1。

表 7-1　曲香生成与发酵温度及高温保持时间

曲发酵最高温/℃	曲高温保持时间/h	曲　香	备　　注
50	12	+	有少量烂曲
50	24	++	
50	36	+++	
55	12	++	
55	24	+++	
55	36	+++	
60	12	++	
60	24	+++	
60	36	—	烂曲

注：1. 曲香以感官检测为主，最低为＋，其次为＋＋，依次类推。

2. 60℃曲温保持36h出现烂曲，香曲不合格。

经过分析，我们认为曲培养最高温度以 50℃、并以保持 24h 为佳。

（4）改革浸米工艺，减少乳酸发酵时间

在绍兴酒（仿绍酒）工艺中，为了保证乳酸发酵的正常进行，基本上不采用淘、洗米工艺，而且对米精白度的要求也较低，但由于乳酸发酵是自然进行的，前期酸度较低时，有很多杂菌大量繁殖，其分泌物都溶解在浆水中，再加上乳酸菌种类繁多，使得浆水成分十分复杂，而且又采用了带浆蒸煮的工艺，使得酒口味更加丰富，与大多数改良型黄酒所追求的淡爽型不符，因此必须改良浸米工艺，增加淘、洗米工艺，缩短浸米时间，从而来减少乳酸发酵时间，蒸饭也相应采用淋饭工艺，pH 值通过添加乳酸来调节。

社会在不断进步，人的需求也在不断提高，如何跟上时代的步伐，是当前黄酒界必须回答的一个问题。吐故纳新，是一个事物长盛不衰的秘诀，墨守成规，抱残守缺是一个事物走向灭亡的先兆。只有改革、改良，黄酒的未来才会更加美好。

第四节　机械化香雪黄酒酿制和多种原料对比与工艺质量的影响

一、概述

国内会稽山酿酒专家曾通过对粳米、籼糯米、粳糯米、泰国籼糯米和加糟烧白酒量的五种原料机械化酿制香雪酒进行实践与应用。应用结果证明：原料的不同对机械化酿制而成的香雪酒质量是有影响的，以糯米作为原料机械化酿制香雪酒为最佳，以粳糯米作为原料机械化酿制香雪酒更佳；只要原料米中淀粉含量足够，机械化酿制香雪酒的糖度可达 300g/L 以上，最高可达 313g/L。

众所周知，香雪酒是绍兴酒中的一种高档品种，是甜型黄酒的代表，其酒味幽郁芳香，味醇浓甜，酒色橙黄清亮，由于糖度较高，香气独特，它不但可以作为产品出售，还是其它黄酒的调味酒，增强其它酒的香气和口感。

机械化香雪酒以摊饭法酿制，饭、麦曲、酒母、少量糟烧白酒一起加入，糖化和微弱发酵，而后加糟烧白酒抑制发酵，使其继续糖化，保留大量的糖分而成。

专家们从香雪酒醪的微生物变化的研究中发现，香雪酒醪中酵母数量少，到中后期已无活的酵母，酵母作用小；因此，原料的不同对机械化酿制香雪酒影响明显。毛青钟、陈宝良等人现以五种原料（粳米、籼糯米、粳糯米、泰国籼糯米和加糟烧白酒量的不同）对机械化酿制香雪酒质量影响进行试验研究报告。

二、机械化香雪酒酿制工序

生麦曲、熟麦曲、水、速酿酒母和糟香白酒。

糯米→筛选→浸米→蒸饭→投料→开耙、前酵→后酵→榨酒→储存

三、五种原料

多种原料（粳米、籼糯米、粳糯米、泰国籼糯米和加糟烧白酒量的不同）对机械化酿制香雪酒进行试验。

1. 材料

（1）试验材料

取五种不同粳米、籼糯米、粳糯米、泰国籼糯米和加糟烧白酒量不同的试验罐中醪液，取试验样品用器具须杀菌。

粳米、籼糯米、粳糯米、泰国籼糯米和糟烧白酒及机械化酿制香雪酒的其它材料取自公司仓库。

（2）主要仪器设备

电子分析天平、恒温水浴箱、国产精密 pH 试纸、分析用仪器一套等，$30m^3$ 前发酵罐、浸米罐、蒸饭机、$30m^3$ 后发酵罐、榨酒机、煎酒设备等一套。

2. 方法

（1）大罐试验

五种原料粳米、籼糯米、粳糯米、泰国籼糯米和多加糟烧白酒五个批次按正常的机械化制香雪酒工艺和配方进行投料试验，且为同期投料生产，温度等条件基本一致，一同取样进行检测对比。多加糟烧白酒的批次其投料米为粳糯米，在配方中多加糟烧白酒，其它原料和工艺相同。

（2）检测

理化检测样品用四层纱布过滤，测总酸样品用澄清液或滤纸过滤液测定；酒精度、糖度（还原糖，以葡萄糖计）按《黄酒》GB/T 13662—2008；原料米中淀粉和水分的测定、总酸（以乳酸计）、挥发酸测定按参考文献；pH 值用国产精密 pH 试纸测定。

（3）口味品评

到糖化发酵结束，对五种原料酿制而成的香雪酒进行口味品评。

3. 结果与分析

（1）结果

① 原料米中淀粉和水分的测定结果见表 7-2。

表 7-2　原料米的测定值

品　种	项　目	测定值	品　种	项　目	测定值
粳米	水分/%	13.93	粳糯米	水分/%	13.86
	淀粉含量/%	71.50		淀粉含量/%	71.63
	互混/%	3		互混/%	2
	小碎米/%	<2.0		小碎米/%	<2.0
	不完善粒/%	<4.0		不完善粒/%	<4.0

续表

品　种	项　目	测定值	品　种	项　目	测定值
籼糯米	水分/%	13.10	泰国籼糯米	水分/%	12.33
	淀粉含量/%	72.37		淀粉含量/%	77.20
	互混/%	3		互混/%	0.5
	小碎米/%	<2.0		小碎米/%	<2.0
	不完善粒/%	<4.0		不完善粒/%	<4.0

② 五种原料机械化酿制香雪酒试验结果见表 7-3。

表 7-3　五种原料机械化酿制香雪酒试验测定值

	项目	头耙	三耙	4 天	10 天	20 天	30 天	40 天	50 天	65 天	80 天	100 天	148 天
粳米	酒精度/%	17.1	17.0	22.1	22.0	20.1	19.9	19.8	19.8	19.5	19.5	19.5	19.5
	总酸/(g/L)	3.12	4.30	4.68	4.56	4.41	4.32	2.72	4.48	5.11	5.23	5.52	5.75
	还原糖/(g/L)	57.3	90.2	109.3	148.2	163.4	184.8	192.6	208.7	224.4	228.1	230.2	237.6
	挥发酸(以乙酸计)/(g/L)	0.0541	0.0562	0.0631	0.0522	0.0545	0.0312	0.0320	0.0426	0.0213	0.0225	0.0256	0.0320
	pH 值	4.0	4.1	4.2	4.2	4.1	4.2	4.2	4.2	4.2	4.2	4.2	4.2
籼糯米	酒精度/%	17.2	17.1	22.0	22.1	21.9	21.9	21.7	21.2	20.9	20.2	20.0	19.5
	总酸/(g/L)	3.27	4.28	4.60	5.41	5.41	5.32	5.30	5.28	5.40	5.38	5.42	5.11
	还原糖/(g/L)	43.2	92.7	115.5	183.3	210.4	228.1	241.5	250.7	265.4	266.5	267.8	273.3
	挥发酸(以乙酸计)/(g/L)	0.0440	0.0545	0.0763	0.0327	0.0545	0.0320	0.0320	0.0426	0.0533	0.0213	0.0320	0.0426
	pH 值	4.0	4.1	4.2	4.2	4.3	4.4	4.4	4.4	4.4	4.4	4.5	4.4
粳糯米	酒精度/%	17.2	17.2	22.2	22.1	21.7	21.9	21.5	21.3	21.0	20.1	19.9	19.6
	总酸/(g/L)	3.35	3.92	4.57	4.92	4.32	4.84	4.90	5.12	5.30	5.35	5.41	5.58
	还原糖/(g/L)	68.6	135.9	159.4	185.0	223.0	232.5	242.9	253.1	259.9	268.3	272.0	276.3
	挥发酸(以乙酸计)/(g/L)	0.0356	0.0545	0.0654	0.0545	0.0639	0.0639	0.0639	0.569	0.0959	0.0687	0.0321	0.0356
	pH 值	4.0	4.1	4.1	4.2	4.2	4.2	4.3	4.3	4.3	4.4	4.4	4.4
泰国籼糯米	酒精度/%	17.2	17.2	22.2	22.1	22.0	21.8	21.7	21.5	21.1	20.5	20.1	20.0
	总酸/(g/L)	3.56	3.89	4.58	4.78	4.72	4.89	4.92	5.12	5.39	5.34	5.52	5.61
	还原糖/(g/L)	72.1	142.0	186.2	218.6	242.0	259.5	268.5	279.6	283.4	294.6	308.8	313.2
	挥发酸(以乙酸计)/(g/L)	0.0251	0.0239	0.0327	0.0218	0.0639	0.0568	0.0645	0.0356	0.0423	0.0389	0.0320	0.0240
	pH 值	4.0	4.1	4.2	4.2	4.3	4.3	4.3	4.4	4.4	4.4	4.5	4.5

续表

	项目	头耙	三耙	4天	10天	20天	30天	40天	50天	65天	80天	100天	148天
多加糟烧白酒	酒精度/%	19.3	19.8	23.6	23.1	23.2	22.8	22.2	22.1	22.1	21.7	21.5	21.5
	总酸/(g/L)	1.31	2.53	3.41	4.01	4.20	4.32	4.48	4.40	4.48	4.40	4.50	4.51
	还原糖/(g/L)	43.2	97.5	137.0	183.3	214.0	227.5	233.6	239	241.4	243.2	245.0	246.3
	挥发酸(以乙酸计)/(g/L)	0.0327	0.0254	0.0251	0.0327	0.0533	0.0533	0.0426	0.0325	0.0533	0.0415	0.0458	0.0426
	pH值	4.2	4.2	4.2	4.2	4.3	4.3	4.4	4.4	4.4	4.4	4.4	4.5

③ 口味品评　到糖化发酵结束，对五种原料酿制而成的香雪酒进行品评及打分见表7-4，品评结果打分名次从高到低为：1，2，3，4，5。

表 7-4　五种原料酿制而成的香雪酒品评结果

品种	粳米	籼糯米	粳糯米	泰国籼糯米	多加糟烧白酒
口味	香气:浓甜香气浓(如蜜香);色:澄清、淡红黄色;口味:浓甜(如蜜甜)、较鲜爽、较黏稠;略欠顺	香气:浓甜香气浓(如蜜香);色:澄清、淡红黄色;口味:浓甜(如蜜甜)、鲜爽、较黏稠	香气:浓甜香气浓(如蜜香);色:澄清、淡红黄色;口味:浓甜(如蜜甜)、鲜爽、黏稠	香气:浓甜香气浓(如蜜香),有果花香;色:澄清、淡红黄色;口味:特浓甜(如蜜甜)、鲜爽、黏稠	香气:浓甜香气浓(如蜜香)、略有白酒气;色:澄清、淡红黄色;口味:浓甜(如蜜甜)、较鲜爽、黏稠;略有辣味
打分名次	4	2	1	5	3

（2）分析

① 从表7-2和表7-3可知　原料淀粉含量高，其它原料和工艺不变，则机械化酿制而成的香雪酒糖度高，而粳糯米与籼糯米、粳米有不同的结果，这是由于糯米中的支链淀粉比粳米多，粳糯米中的支链淀粉比籼糯米中多，支链淀粉易被绍兴酒特殊工艺制成的麦曲中酶和特殊工艺香雪酒醅中细菌利用，而分解为糖类，虽然，淀粉含量稍低，但酿制而成的香雪酒糖度反而略高；不同的原料、原料中淀粉含量和成分的不同，机械化酿制而成的香雪酒糖度是不同的。

② 从表7-4可知　用的五种原料酿制而成的香雪酒的口味是有区别的。由于泰国籼糯米带有果花香，其酿制而成的香雪酒也有果花香气，但其淀粉含量高，则香雪酒的糖度也高。只要原料米中淀粉含量足够高，机械化酿制香雪酒的糖度（还原糖，以葡萄糖计）可达 300g/L 以上，最高可达 313g/L。多加糟烧白酒而酿成的香雪酒，略有白酒气和辣味，因此，多加白酒对成品酒口味有不利的影响。但少加糟烧白酒，无法抑制产酸细菌的生长繁殖，则引起香雪酒酸败。用粳米机械化酿制而成的香雪酒口味也有欠缺。以糯米机械化酿制香雪酒为佳，最好的是粳糯米。

4. 结论

① 五种不同的原料对机械化酿制而成的香雪酒质量是有影响的。

② 不同的原料、原料中淀粉含量和成分的不同机械化酿制而成的香雪酒，虽

然，理化指标都符合绍兴酒中香雪酒标准，但其糖度和口味有所不同，以糯米作为原料机械化酿制香雪酒为最佳，以粳糯米作为原料机械化酿制香雪酒更佳。

③ 只要原料米中淀粉含量足够高，机械化酿制香雪酒的糖度（还原糖，以葡萄糖计）可达 300g/L 以上，最高可达 313g/L。

第五节　黄酒的创新产品——庐陵王黄酒的生产技术与功能

一、庐陵王黄酒名牌

庐陵王黄酒在 1999 年获第五届中国国际食品博览会"中国名牌产品"。

2005 年通过 ISO 9001：2000 国际质量管理体系认证。2005 年经专家组织验收，通过了食品安全 QS 认证。

二、"庐陵王黄酒"的来历

庐陵王，武则天之子——唐中宗李显。唐嗣圣元年（公元 684 年），唐中宗李显被贬为庐陵王，左迁房州（今湖北省房县）。在房 13 年，李显嗜酒，人称"品酒郎君"。庐陵王入房时，随行 700 余人中带有宫庭酿酒工匠，利用世界著名的青峰大断裂带天然神农架矿泉水，特选当地稻米（糯米）酿制出醇香的黄酒佳品。李显复位后，特封此酒为"皇封御酒"，故房县黄酒又称"皇酒"。后来此酿造工艺流传到民间，至今千年有余。

房县地处鄂西北山区，与神农架相连，具有独特的自然气候和微生物菌群及来自地层深处的优质矿泉水。利用地产优质糯米和特殊酿造工艺配制出的黄酒具有独特风格，属半甜型黄酒，色玉白或微黄，清澈透明，芳香细腻、鲜爽，酸甜可口，回味怡畅，酒体完整。2000 年 3 月 18 日湖北省经贸委在十堰市房县召开庐陵王黄酒鉴定会，与会专家一致认为庐陵王黄酒生产工艺独特，采用本地产优质糯米和天然矿泉水，加入米曲发酵，发酵过程中不加麦曲，不加纯酵母，不冲缸，不冲水，采用糖化醪回淋工艺而使产品具有特色。

三、庐陵王黄酒的功能

1. 庐陵王黄酒的保健功能

在中药处方中，常用黄酒来浸泡、炒煮、蒸灸各种药材，借以提高药效，因此黄酒是调制各种中成药（丸、散、膏、丹）的重要辅助剂。《本草纲目》中详细记载了 69 种药酒均以黄酒制成，可以说这是我国最早的配制酒，《神农本草经》中对黄酒的药用更有具体解释："大寒凝海，惟酒下冰，明期热性，独冠群物"。

黄酒的药补方法很多，如浸黑枣、胡桃仁不仅补血活血，且能健脾健胃，是老幼皆宜的冬令补品；浸泡龙眼肉、荔枝干肉，于心血不足，夜寝不安者甚有功效；黄酒冲鸡蛋是一种大众食补方法；浸鲫鱼、清汤炖服，哺乳妇女的乳汁即能明显增加；产后恶露未净，用红糖冲黄酒温服不但补血，且能祛恶血；阿胶用黄酒调蒸服用，专治妇女畏寒，贫血之症。同时经常适量饮用黄酒具有舒筋活血、养颜、消除疲劳等作用。

饮用温和的黄酒可以开胃。因为黄酒含有有机酸、维生素等物质，都具有开胃的功能，能刺激、促进人体腺液的分泌，增加口腔中的唾液、胃囊中的胃液以及使鼻腔湿润，这样就可增进食欲。

2. 庐陵王黄酒的营养功能

黄酒是现代时尚的养生瑰宝，人们追求健康长寿，渴求回归自然，讲究生活时尚，重视生活情趣，成了社会的必然和时代精神。因此，在选择饮用酒方面也不例外，十分追求保健养生与生活时尚。

黄酒具备现代营养保健所需要的物质。庐陵王黄酒是纯糯米发酵的原汁酒，它保留了发酵原料和发酵过程中产生的一切有益成分，富含低聚糖类、有机酸类、蛋白质、氨基酸类、醇类、维生素、微量矿物元素等，据权威部门分析，归类如下：

① 糖类　黄酒中的糖，基本上都是发酵产生的单糖、双糖和低聚糖，在低聚糖中又产生有功能性低聚糖，它们是异麦芽糖、异麦芽酮糖、潘糖等，这些糖不能被人体消化吸收，但能被肠道中的双歧杆菌所利用，改善肠道微生态环境，促进维生素的生成和钙、镁、铁等矿物元素的吸收，从而提高代谢免疫和抗病能力，分解肠道内的毒素及致癌物质，降低胆固醇和血脂水平，是新型的生物糖源。发酵中产生的单糖可直接吸收到血液中，进而遍布全身，产生能量。其多余部分，以糖原形式储存到肝脏和肌肉中，不易使人体发胖，很有现代塑身价值。

② 氨基酸　黄酒中含有 $18\sim21$ 种氨基酸，含量在 $0.6\%\sim1.2\%$。特别是鲜味的谷氨酸达 $315mL/100g$，天冬氨酸 $99.4mL/100g$。同时，八种必需氨基酸齐全，含量充足，占氨基酸总量的 29.91%，是形成黄酒味感的重要成分。

③ 维生素　黄酒中含有多种多量的维生素。维生素在人体中是蛋白质、脂肪和碳水化合物代谢的催化剂，营养学上意义很大。而且这些维生素在人体内不能自行合成，必须从饮食中摄取。应该说，黄酒是酒类中维生素含量最广泛的酒种。

④ 矿物元素　黄酒中含有多种多量的矿物元素。中国预防医学科学院编的"食物成分表"中普查了 10 种矿物元素，而黄酒单独分析出 18 种，主要是钙、铁、锌、镁、钾、硒等。锌是人体 100 多种酶的组成成分，对糖、脂肪和蛋白质代谢及人体免疫调节有重要作用。硒能消除体内的自由基，对提高免疫力、抗衰老、抗癌、保护心血管有重要作用，被西方称为抗癌之王，是国内外生物和医学界的热点物质。其它微量矿物元素，都是对人类健康有益的物质，由此看出，黄酒是微量矿物元素的营养宝库，常喝常饮确实大有益处。

3. 庐陵王黄酒的调味功能

黄酒还是很好的烹饪调料，有些菜肴添加适量黄酒其香鲜异常，风味别致。

① 炒黄豆芽添加少许黄酒，可去豆腥味；

② 烹制绿叶蔬菜时，加入黄酒可使菜肴色泽鲜艳；

③ 烹调腥臭气味较重的水产品时，用黄酒腌制，有增鲜除腥作用；

④ 腌渍的小菜过咸或过辣时，可将小菜切好浸在黄酒中，能冲淡咸辣味；

⑤ 烹调肉类时加入适量黄酒，可增加肉类细嫩鲜香味；

⑥ 黄酒还能除羊肉腥膻气味，促进异类物质挥发；

⑦ 烹调菜肴时加入食醋若过多，可适当添加些黄酒，可减轻其酸味感；

⑧ 黄酒里放几枚黑枣或红枣，能使酒不发酸，且味道香醇。

综上所述，黄酒确实是酒中佳品，蕴含着中国人数千年的文明，在人类文化的历史长河中，它不仅仅是一种客观的物质存在，还是一种文化的象征。

第六节　现代黄酒生产技术和生化工程新技术与应用

　　黄酒是中国最为古老的传统发酵酿造工业，具有 5000 年以上的历史。但就是因为是传统产品，很少吸收现代科学技术，导致黄酒工业在中国的酒类行业中是技术含量最低、生产设备最粗犷的。黄酒作为中国的一种国粹，其传统的粗犷型生产已越来越让人感到原始和落后，赶不上时代前进的步伐。

　　尤其是随着人们物质文化水平的提高，消费者品评鉴赏能力的提高，黄酒产品和技术一成不变的老面孔受到了越来越严峻的挑战。因此合理利用现代生化工程技术，已成为改造落后黄酒工业的一个有效手段。

一、现代黄酒生产工艺及特点

　　工艺流程图如下：

　　从 图 7-3 工艺流程图中可以看出，黄酒是通过淀粉糊化，经麦曲中的酶和酒母中的酵母共同作用，再通过发酵控制，酿造而成的纯发酵酒，如经灭菌则可保存的酒类品种。黄酒生产有几大关键的控制点，第一是用作糖化与发酵剂的麦曲制备与酒母的制备，第二是发酵的控制，第三是酒酿成后的灭霉与除菌，而这几大关键控制点恰恰又是生化工程中的主要内容之一。如何将黄酒生产中这些关键控制点与现代的生化工程技术相结合，这实际上也是黄酒提高科技含量必须采取的一种必要手段。因为传统的黄酒生产一直是沿用凭借操作工眼看、嘴尝、耳听的感官经验，无论是原料的选择，麦曲的自然培养，制作酒母的酒药的培养，到发酵控制的人工开

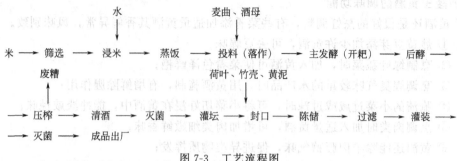

图 7-3　工艺流程图

耙，都是以熟练技术工人的经验为基础的，没有从理论的深度和广度去探讨和研究，这也是黄酒在各大酒种中技术含量最低的根本原因。

二、黄酒中酵母生长动力学问题

根据酵母生长规律，黄酒在整个发酵酿造过程中，最根本的是通过微生物的作用，通过生物发酵底物——饭、曲、水得到产物酒精。也就是说给微生物以一定的条件（如菌体的浓度、营养基质、温度和水分等），使发酵的代谢产物酒精得以积累，如把这些随时间变化的培养参数进行定量表达，就可根据这些特征值比较，评判发酵过程中的微生物动力学的解释。

因为微生物进入一个新的环境后，需要进行一系列的生理调整，才能进入旺盛的对数生长期。如酵母接种后，芽孢萌发及裂殖成细胞，需要一定的时间，即使接种生长旺盛的细胞，由于细胞周围促进细胞生长的某些物质被稀释，酵母必须用一定时间从新的环境中摄取积累这些物质并达到一定的浓度水平后才能进入旺盛的生长。不同的种子、不同的培养条件和种龄在延滞期的表现上存在很大的差异，因此在发酵实践中，为使接种的延滞期缩短，发酵活性高，有必要建立一套特定的控制培养技术。

三、黄酒酿造中生化工程理论

1. 配方

黄酒生产中有一个十分重要的参数，这就是某一产品的配方标准，所谓的配方标准，实际上是黄酒生产历来约定俗成的一个较为合理的配料比例，但这只能说较为合理，而非完全合理。因为每生产一批黄酒，其原料并不完全相同，也由此导致其所含淀粉量的不同，其所加的糖化发酵剂也需要经过动态的调整；也有糖化剂糖化能力的变化，需在配方中作一微调等，但所有这些，在黄酒生产中是不变的，也由此引起了生产的各批次黄酒风味与质量产生明显的差异性，造成成品勾兑的艰难。其实黄酒发酵时，其酵母的各个阶段的营养物质的消耗与新细胞的生成和代谢产物的累积与一般的化学反应有显著的不同，因为微生物细胞生长的需要，参与反应的成分很多，其反应途径通常不是单一的，又会受到环境条件的影响。如果只考虑对微生物反应过程作概念性描述，则可将黄酒发酵表示为：

饭、水、曲（营养物质）$\xrightarrow{\text{酶、酵母}}$新酵母＋酒精＋二氧化碳＋热量

如果我们将其写成反应式，则上式可简化用化学方程式表示：

$$XCH_2O + YO_2 + ZH_2O \longrightarrow 新酵母 + X'C_2H_5OH + Y'CO_2 + Z'H_2O + Q$$

$$XCH_2O + ZH_2O \longrightarrow X''C_2H_5OH + Y''CO_2 + Z''H_2O + Q'$$

其实上面的两个反应式，在黄酒发酵中表示的是两种情况，大量繁殖新酵母时是有氧反应，此时应充分接触空气，以补充大量的氧气；当酵母增殖到一定的时候，则要减少与空气大量接触的机会，使其营造酒精。因为酿造黄酒的基质原料是碳氢化合物，它用作酵母的碳源是属于非均一体系，如何使不溶于水的碳氢化合物均匀地分布在基质中，以最大的接触面供菌体利用是至关重要的。因此，黄酒投料时充分的搅拌是十分必要的。

从上面的理论可以看出，对酵母的生理过程的了解和化学反应的实质，可以通过反应过程中的操作和控制，为发酵器具的设计提供依据。特别是通过碳源衡算、氧气消耗衡算、产物与底物的衡算，可以较为精确地计算出黄酒的不同配方，甚至可以用数学建模理论，供计算机分析和提供科学的标准配方数据。如果我们从更深的层次上去研究，则应结合温度与 pH 值对酵母生长速率的关系；基质消耗与代谢产物生成的动力学原理等，只有不断地以生化工程的理论去研究与探索，黄酒酿造的机理才能逐渐明朗。

2. 灭菌

黄酒成品，最关键的是能否切实做好酒体的灭菌，它直接影响到黄酒能否久存。我们日常采用的灭菌方法是加热，保存时间较短的采用巴氏灭菌法，要保存更长时间的往往以提高灭菌温度为主要手段。根据微生物的均相死灭动力学原理，除热死速率常数外，温度对死速率常数也有影响。实验表明死速率常数 K，与温度 T 之间的关系如下：

$$K = Ae^{-\Delta E/(RT)} \tag{7-1}$$

式中，A 为频率因子（min^{-1}）；ΔE 为活化能（J/mol）；R 为通用气体常数 [J/（mol·K）]。从式（7-1）可以看出，活化能 ΔE 的大小对 K 值有重大影响。其它条件相同时，ΔE 越高，K 越低，热死速率越慢。但不同的菌类其热死灭反应 ΔE 也可能各不相同，在相同温度 T 条件下灭菌，尚不能肯定 ΔE 低的菌类的热死速率一定比 ΔE 值高的为快，因为 K 并不唯一地决定 ΔE。如果对式（7-1）两边取对数，则可得到：

$$\ln K = -\frac{\Delta E}{RT} + \ln A \tag{7-2}$$

式（7-2）中，K 是 ΔE 和 T 的函数，K 对 T 的变化率与 ΔE 有关，如果将式（7-2）两边对 T 求导，就可得到：

$$\frac{\mathrm{d}\ln K}{\mathrm{d}T} = \frac{\Delta E}{RT^2}$$

(7-3)

由上式可得出一个重要结论，灭菌过程中的 ΔE 越高，$\ln K$ 对温度 T 的变化率越大，也就是 T 的变化对 K 的影响越大。黄酒灭菌既要杀死各类杂菌及其孢子，又要保持黄酒固有的风味，尤其是要保存经多年储存后的黄酒固有的风格特征。从实验室的结果表明，细菌热死灭反应的 ΔE 很高，而诸如像陈年黄酒中的某些有效成分破坏反应的 ΔE 较低。因而将温度提高到一定程度会加速细菌孢子的死灭，从而缩短在升高温度下的灭菌时间，由于其它有效成分热破坏的 ΔE 很低，上述的温度提高只能稍微增大其热破坏速率，但由于灭菌时间的显著缩短，其结果是有效成分的破坏量反而大为减少。这样高温短时间灭菌便能快速灭菌又能有效保持酒中的其它有益成分，这是灭菌动力学得出最为重要的结论。当我们认为加热灭菌对黄酒的风味有影响时，尤其是超过巴氏灭菌温度且不达沸点时的较长时间灭菌，会对黄酒固有的风味造成影响。这样如果我们尝试用超高温的瞬时灭菌，来替代灌装后的瓶酒的长时间巴氏灭菌，或许就是黄酒成品酒加热灭菌手段中的最好办法。

其它还有像发酵罐的比拟放大，固定化酶与固定化酵母的应用，通气与搅拌的设计，连续流加发酵的研究和尝试，这些生化工程在黄酒行业都有最好的应用前景。只有用科学的方法去研究、去探索、去尝试、去实践，黄酒摆脱落后的传统技术才不会是一句空话。

第七节　雪阳黄酒生产中高、中温麦曲混合应用新技术与新工艺

一、概述

从殷墟的造酒遗址及出土的酿酒大瓮中尚存的酵母残骸证明，我国殷代已进行大规模的谷物酒生产。古人经不断的积累生产经验，对酿酒发酵技术的改进，在汉代实行了九米饭法，即现在的喂饭发酵法，到宋代苏东坡创出混合发酵和三次投饭以及曲的发酵生产工艺，推进我国在世界上的独一无二的复式发酵技术更为成熟。古代发酵方式主要以混合发酵为主（中温麦曲混合），采用根霉曲和米曲霉作为菌种，用曲方式为浸曲法。

在传统黄酒酿造工艺上，以黍米煮酒为主。自 18 世纪中叶，随着绍兴酿酒工艺的传入，使煮米与蒸米技术得到有机的结合，从而形成了独具中原特色的工艺技术。本节主要介绍河南邓州雪阳集团股份有限公司生产的雪阳黄酒，该酒是以糯米为原料，小曲、中温麦曲做糖化发酵剂。

二、雪阳黄酒酿造新工艺

其酿造工艺如图 7-4 所示。

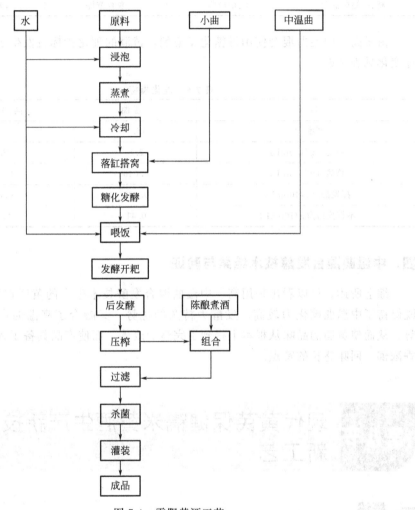

图 7-4 雪阳黄酒工艺

该工艺采用小曲、中温曲做糖化发酵剂，生产的黄酒，口感较淡薄、余香较短。

三、中高温曲混合使用的创新技术与鉴定

近年来，国内雪阳酒业公司在原生产工艺的基础上借鉴白酒工艺中高温曲的生香特点，将高温曲和中温曲混合使用做糖化发酵剂，使黄酒的色、香、味发生了较大的变化，口感更加醇厚、绵柔、余香悠长，其感官指标见表 7-5。

表 7-5 所示的指标，系省级评委鉴定结果。

表 7-5　感官指标

曲	色	香	味
中温曲	橙黄透明	香气较浓郁	醇和、较淡薄
高、中温曲混合	琥珀透明	酱香浓郁	醇厚、绵长

由于高、中温曲混合使用做糖化发酵剂，黄酒的理化指标也发生了变化，其指标变化见表 7-6。

表 7-6　理化指标

项目	中温曲	高、中温曲
酒度/%	16.2	15.9
糖度/(g/100mL)	2.8	2.6
总酸/(g/100mL)	0.046	0.049
挥发酸/(g/100mL)	0.028	0.033
不挥发酸/(g/100mL)	0.41	0.45

四、中温曲混合发酵技术结果与验证

综上所述，可以看出采用高、中温曲混合发酵技术生产的黄酒在发酵过程中，既保持了中温曲糖化力较高、发酵力持久的优势，又融合了高温曲产生酱香的优势，从而使黄酒的品味从根本上得到了完整的改善，而使产品具备了入口饱满、酱香浓郁、回味悠长的特点。

第八节　现代黄芪保健糯米黄酒生产新技术与新工艺

一、概述

国内研究表明，黄芪含有黄芪苷类和多糖类等化学成分，在脑血管方面具有多种药理作用：能抑制血小板聚集，降低血黏稠度及凝固性，松弛平滑肌，扩张脑血管，降低血管阻力，改善血微循环，可以抑制动脉血栓的形成；能有效地降低脂质过氧化作用，有较强的清除自由基的作用，进而减轻中风缺血引起的损伤。

本节阐述了汪建国等人研发的保健糯米黄酒，以粳米制淋饭酒母，糯米为喂饭主料，在后酵完成压榨分离的清酒中，添加一定量的黄芪提取液和精制蜂蜜，然后杀煎，储存，组合，勾调而成的一种保持黄酒固有独特风格，具有一定保健养生作用的黄酒，是现代黄酒的一种典型代表。

一、黄芪的性能、成分和对人体的保健作用

黄芪，又名北芪，是中药补气药中最为常用，且功效显著的一味药物，黄芪的作用与功效及使用方法，除能治疗因气虚引起的多种病症外，更有良好的保健防病作用。

《本草纲目》将黄芪列为上品，为补气药之最。在历代著名方剂中如补中益气汤、十全大补汤、黄芪当归大枣汤、黄芪生脉汤、黄芪健中汤、黄芪升举汤等都配有黄芪或以黄芪为主。在民间采用黄芪煮乌骨鸡、黄芪煮鲤鱼来滋补调养身体，补益气血，补益脾胃，提高免疫力。

民间常以黄芪为主，配以其它药物或佐料，作为保健防病的食疗方，如黄芪煮黑豆、黄芪红枣汤、黄芪煲赤肉、黄芪煲血骨、黄芪大米粥、黄芪杞子汤等。

一般由于药物制法不同，作用有异。中医认为，黄芪味甘性温，入脾、肺经。其作用：黄芪能补气固表，用于表虚自汗易补感者的补益，黄芪有明显提高白细胞和单核巨噬细统吞噬功能的作用，能增加抗体，可增加人体抵抗能力；补气养血，治疗气血两虚之证，亦治疗贫血和白细胞减少；补气益脏，用于治疗心气虚的心悸，治疗肺气虚的呼吸微弱声低气短，治疗脾胃气虚的消化不良，腹泻，消瘦，有很好的强心、保肝作用；补气升提，治疗中气下陷所致的下垂，子宫下垂，脱肛，宗气下隔所致的呼吸微弱；生肌托毒，治疗疱疡久不愈，疮口不易收口等症；补中利水，治疗气虚水肿等症。

二、黄芪的药理功效与抗癌的作用

现代药理研究表明，黄芪含有多种对人体健康有益的生物成分与微量元素，如黄芪多糖、单糖、黄酮苷、叶酸、胆碱、多种氨基酸、黏液质、纤维素及硒、硅等，能兴奋中枢神经系统，增强机体的抗病能力与免疫力，调节机体平衡，对改善心肺功能，扩张血管，改善微循环，降血压，降血糖，保护肝肾，促进细胞的新陈代谢及抗病毒，抗菌等，均有良好的作用。

在临床应用中，黄芪能治疗病毒性心肌炎患者部分免疫失控现象及改善心动能状况。同时还可减少感冒发作次数，改善胸闷、心悸、乏力等症状，而感冒常可使病毒性心肌炎患者病情出现反复。最新研究发现，黄芪中含有微量元素硒，具有抗癌、防癌作用，世界上凡是食物中含硒量较高地区，其胃癌、肺癌、食道癌、膀胱癌、结肠癌的发病率都比较低。

三、半干型清爽型糯米黄酒的保健养生作用

黄酒是一种深受广大消费者喜爱的低度原汁酒。含有麦芽糖、葡萄糖、低聚糖、有机酸、多肽、氨基酸、维生素、矿物质等，营养丰富，酒性温和，滋味醇和。在黄酒生产工艺的基础上，采用一定的加工方法添加一种或多种中药材混合发酵或在压榨分离的清酒中添加适量植物提取液，勾兑而成的营养保健黄酒，具有一

定的保健养生作用。

本节根据名贵中药黄芪的性能、成分和对人体的保健作用，在传统黄酒酿造后道工序，压榨分离的清酒中加入适量的黄芪提取液和精制蜂蜜。增加酒基的功能成分和调和酒质，生产半干型清爽型糯米黄酒。适量饮用这种保健糯米黄酒，具有补气养血，固本益脏，预防疾病，保健养生之功能，一方面增加了黄酒的花色品种，扩大了黄酒在市场销售面；另一方面在原有营养基础上注入新的功能活性物质，增加了保健养生功能。

四、半干型清爽型糯米黄酒制备方法

1. 材料和方法

（1）试验材料和要求

① 黄芪　要求以条长而粗，皱纹少，肉色黄白，气清香，质坚，味甜，无空心者为佳（嘉兴中药饮品厂购买）。

② 粳米　粒形较阔，呈椭圆形，透明度较好。淀粉含量高，蛋白质、脂肪含量低（嘉兴金福米业公司采购）。

③ 糯米　米质洁白，气味良好。呈椭圆形，粒短，含有淀粉全部为支链淀粉，糯性好（嘉兴金福米业公司购买）

④ 强化生麦曲　质量要求：菌丝稠密粗壮，略有新鲜黄绿色；曲香正常。曲的糖化率在150u/单位左右，水分25％以下（嘉兴公司自制）。

⑤ 常州酒药　呈粉白色，质地松脆，断面呈白色菌点，过心，清香。水分12％以下（常州万年青酒药厂生产）。

⑥ 糖化型淀粉酶　粉剂，（酶活力50000u/单位）（无锡锡梅生物酶制剂厂）。

（2）试验方法

① 工艺流程

粳米→筛选→浸泡（水温20℃，时间24h）→冲洗沥干→蒸饭（温度100℃，时间50min，闷15min）→吃水（水温50℃）→翻匀打饭→复蒸（温度100℃，时间20min）→出饭冲凉（温度30～32℃）→米饭入缸→米饭拌药→搭窝培养（温度28～31℃）→来酿液（酿温32～33℃，时间36h）→翻酿加水→稀酿酒母→加强化生麦曲，活化糖化酶→喂糯米饭→开耙（温度32～33℃）加强化生麦曲→二喂糯米饭（温度32℃）→开耙→灌坛移醅→后发酵（温度18℃以下）→压榨分离→生清酒→加黄芪提取液，蜂蜜→混匀→澄清→过滤→杀煎（温度84～85℃，时间15min）→灌坛→荷叶，竹壳盖面→扎口→黄泥封口→堆酒储存→成品坛黄酒

② 黄芪的成分提取　选用质地干燥、气味清香的黄芪，处杂、切片、粉碎。然后加15倍水量，煎煮1.5h，用95％的乙醇提取一次，可有效地对黄芪的成分进行提取。另外，在提取精制后，每500mL加入1％的低聚糖液120mL，风味更好。

③ 蜂糖液的制备　选取口味纯正、清凉芳香的蜂糖，加入1：10倍清水，加热煮沸，保温20min，趁热过滤，备用。

④ 黄芪提取液的添加量　黄芪提取液在清酒中添加量直接影响到黄酒感官和

风味。由于黄芪本身的风味和药用特点，若添加量过多，则黄芪药味偏重，影响成品黄酒风味，添加量过少，又难以体现黄酒的保健功效。我们综合了黄酒风味和黄芪口味的相互协调以及黄芪自身的药用性能，设计了黄酒提取液添加量的试验，经品尝，得出合适的添加量，见表 7-7。

表 7-7   黄芪提取液添加量的确定（与标准半干型黄酒比较）

序号	添加量	风味特征
1	4%	有轻微黄芪味
2	5%	黄芪味较合适，味道协调
3	6%	黄芪味略重，味道欠缺

从表 7-6 可以看出，黄芪提取液的添加量在 4%～5% 比较适宜。

⑤ 黄酒酿造工艺和控制要点   对黄酒酿造工艺可参照汪建国等人发表在《中国黄酒》2005 年（4）期的"嘉兴粳糯黄酒喂饭法初探"。控制要求，根据古今操作经验可概括为 14 要诀：稻米必得其实，人必得其好，水必得其净，药必得其优，曲必得其时（七、八月间最宜），器必得其洁，缸必得其温（上阳，下阴），汽必得其足，工必得其细，管必得其严，酿必得其精，勾兑必得其衡，煎必得控温，储存必得其适。只有掌握好了以上 14 要诀，才能制得质量优良的黄酒。

2. 产品质量

（1）感官要求

色泽：橙黄色，清亮透明。

香气：具有幽雅的黄酒醇香气和黄芪轻微特有清香。

口味：醇和，协调，爽适，微甜润。

（2）理化指标

酒精度（20℃）/%   13.5～14.0

糖度/（g/L）（以葡萄糖计）   35.0～40.0

酸度/（g/L）（以乳酸计）   4.0～5.0

氨基酸态氮/（g/L）   0.40～0.50

（3）卫生指标

符合 GB/2758《发酵酒卫生标准》。

五、黄芪保健半干型清爽黄酒评价结论

① 黄芪保健半干型清爽黄酒在保证黄酒原有风格的前提下，调入适量黄芪提取液和精制蜂糖液，经合理调配平衡，储存成品。具有补气固表，止汗脱毒，延缓衰老，保健养生的作用，是一种理想的保健饮料酒。

② 黄芪保健黄酒可采用企业原有酿造设备进行安排生产，不需要大的投入和改造，生产工艺简单，产品价值高。

③ 黄芪资源丰富，取材方便。在黄酒中添加成本不高，并可增加保健养生作用，适应消费者追求养生保健需求，对企业也会带来社会效应和经济效益。

第九节 营养型黄酒与果蔬汁型清醇低度黄酒的新技术与新工艺

一、概述

黄酒界元老、中国食品科技学会黄酒学会理事长毛显照说，和酒以其大胆的思维创新改变了传统黄酒缓慢的前进步伐。和酒突出了黄酒有益无害的特征，提出了营养型黄酒的全新概念，从而成为黄酒发展的加速器和黄酒发展史上的里程碑。

以和酒为代表的中国新一代营养型黄酒现已大量走出国门，流向美国、法国、韩国、日本等国际市场。

海派营养型对传统黄酒主要有三大创新：一是产品创新，是超越普通黄酒的高营养型黄酒；二是口味创新，醇和敦厚，不同于传统黄酒的淡雅口感；三是文化创新，倡导"和谐、和为贵"的中华民族传统礼仪和道德准则，在市场营销的同时也传输了"诚、信、协、和"的理念。据有关资料统计，2007年全国黄酒总产量约为230万千升，其中苏、浙、沪就占了180多万千升，而广大北方地区黄酒产量却呈现下滑趋势。造成这种状况的原因是多方面的，但大多数消费者不接受传统黄酒口味却是不争的事实，即便是南方嗜好黄酒的消费者，随着生活品位的提高，加上啤酒、补酒、葡萄酒和洋酒等的冲击，对黄酒也提出了更高标准，不仅要求色、香、味俱佳，而且注重营养丰富、保健功能强和清亮透明的悦人感官。

近年来，随着市场经济的发展、人民生活水平提高以及消费习惯的变化，使大多数消费者对高浓、高糖、高酒度的传统黄酒逐渐疏远，而新颖、时尚、经典、低醇、清爽、营养、天然、绿色、安全的酒类新产品已受到大多数消费者，特别是年轻人的喜爱和欢迎。因此，为迎合消费者的口味变化和需求，适应市场发展规律，黄酒企业通过科学合理组伍、改良工艺过程、优化黄酒营养结构、强化保健功能，研究开发符合现代、时尚、经典，又不失传统黄酒优良酒体风格，并兼备优雅清醇、柔和爽适、富有个性的低醇营养黄酒，具有一定实用价值和市场发展前景。

黄酒是我国最古老的酒种，是以稻米、黍米、玉米等为主要原料，经蒸煮、糖化、发酵、压榨、过滤、煎酒、勾兑而成的酿造酒。黄酒国标规定，其生产过程中除添加一定量的焦糖色外，不得加入任何非自身发酵产生的物质，另对黄酒酒精度及固形物含量的最低值作了严格限制，因此黄酒确实具备了纯发酵性、酒精度低和营养丰富的特点，但其独特风味也决定了黄酒的特定地域和特定消费群体。

由于国家标准对"黄酒"有严格定义，营养型黄酒不能算作真正意义的"黄酒"，可以归入露酒，它是以发酵黄酒为酒基添加国家允许使用的某些物质（如食用动植物、食品添加剂等），然后经过一定生产工艺加工而成的饮料酒，或在黄酒酿造过程中添加某些特殊物质酿制而成的饮料酒。营养型黄酒在保持传统黄酒优点的基础上进一步改善了原酒的色香味，增强了原酒的营养成分和保健功能，更加符合现代人的消费需求，如古越龙山在继承传统生产工艺的基础上推出的"状元红"，浙江东风绍兴酒有限公司生产的"低聚糖黄酒"，上海冠生园添加钙、枸杞子、蜂蜜等开发的"和酒"，山东兰陵集团添加枸杞、大枣、姜汁推出的低酒精度"兰陵美酒"，以及中华全国供销合作总社济南果品研究院开发的"果蔬汁型清醇营养低度黄酒"等，这些改良后的营养黄酒已普遍被消费者认可接受，市场也呈现出较好发展势头。刘剀等人曾对我国营养型黄酒的发展优势提出过建议，受到中国酿酒协会黄酒分会的高度重视。

二、营养型黄酒的发展优势

国内优势主要表现在以下几个方面。

1. 营养型黄酒消费市场空白点多，有较大上升空间

大多数正规黄酒企业对营养型黄酒认识不足甚至抱有偏见和忌讳，仅仅守着传统产品在狭小市场范围内低价竞争从而获得更多一点的市场份额，企业之间缺乏技术交流和沟通，产品创新和营销创新观念落后，纳新创新能力较差，与以白酒等酒类为酒基的营养酒生产企业相比差距甚远，真正叫得响的营养保健型黄酒在市场上寥寥无几。因此，营养型黄酒具备一定先天条件，市场发展潜力巨大。

2. 营养型黄酒具有丰富的酒基和原料来源，能够充分拓展黄酒新品种

全国黄酒总产量虽然不是很大，但黄酒企业却遍布20多个省市，由于原料、工艺、地域及民俗文化不尽相同，酿造的黄酒也千差万别，各具特色。因此，黄酒企业可以结合当地消费者口味习惯，利用不同原料和类型黄酒进行科学配制，取长补短，开发适销对路的黄酒新产品，培养新的消费群体。目前，有些北方黄酒厂家尝试用绍兴糯米黄酒与自己生产的黍米黄酒以合适比例搭配，开发推出的半甜型黄酒市场销路看好。另外，黄酒企业可以在传统黄酒中添加营养性物质（如蜂蜜、蔗糖、低聚糖、核酸等）和食用动植物（如枸杞、大枣、冬虫夏草等），通过改良口感和强化功能开发营养保健型黄酒。由此可见，营养型黄酒是对传统黄酒的继承和创新，堪称"黄酒"家族的新生力量。

3. 黄酒消费有向低酒精度和高酒精度两极发展的趋势

通常情况下传统黄酒发酵生成的酒精含量在8%～20%，这属于国家标准要求的正宗"黄酒"，低于或高于该酒精度的黄酒目前只能依赖特殊工艺进行生产和配制，此类型黄酒也将被排除在黄酒国家标准之外。但据分析这部分黄酒今后可能会在北方地区的城镇和农村具有巨大市场潜力。可以畅想，酒精含量20%～30%，适当带些甜度，入口比较柔顺，一般人饮量在半斤左右，本身具有营养保健作用，价格又比同消费量的白酒和葡萄酒便宜，面对这样的营养型黄酒，北方消费者何乐

而不饮！

4. 营养型黄酒能够充分采用和借鉴其它酒种的新工艺新技术

首先，黄酒的浑浊沉淀一直是困扰制约黄酒行业发展的难题，原因是黄酒成分复杂，营养丰富，随时间及温度条件变化而产生蛋白质凝聚，有些厂家不得不在瓶酒标签上敬告消费者，这直接的感官刺激毕竟会大大降低饮用者的消费欲望。国家黄酒标准中关于非糖固形物、氨基酸态氮等营养性物质的最低限值，也影响到黄酒的后处理技术和程度。因此，对不受国标限制的营养型黄酒来说，可以有选择地借鉴啤酒、白酒、日本清酒等其它酒类先进成熟的工艺和设备技术，比如低温冷冻除浊和膜过滤技术等，在保证原有口感前提下尽可能保持瓶装酒液的澄清度。对于有些营养型黄酒，更可以针对性地采取有效措施来降低固形物含量，保证其特定的淡爽纯净口感。其次，营养型黄酒可以采用诸多催熟新技术，特别是低酒精度营养型黄酒，更需要加快酒基各成分之间缔合程度，保证酒体协调，同时缩短黄酒储存期，降低生产成本。而对于高酒精度营养型黄酒，则可充分利用现代先进的白酒勾兑技术，完善和调节酒液中微量成分，开发具有白酒特色的营养型黄酒。

5. 营养型黄酒能够整体提升黄酒家族外包装档次

传统黄酒的性质决定了包装形式，比如黄酒容易浑浊沉淀则使用棕色瓶，容易染菌变质则首要关心瓶口密封性，保质期短则基本不采用酒盒包装等，给人一种土气单调的感觉。营养型黄酒通过酿造工艺革新和后期除浊等技术，解决货架期沉淀问题后可以选用透明瓶，如此将还黄酒的真实颜色于消费者。特别是高酒精度营养型黄酒，省掉传统黄酒不可缺少的热杀菌工序，精处理后较长时间内清亮透明，完全可以同白酒一样进行精包装。高档的异型透明瓶，精美的瓶盖，漂亮的酒盒，这些将会树立现代黄酒"内优外洋"的新形象。

6. 营养型黄酒可以享受国家优惠税收政策

近年税制改革后，国家开始对酒类产品开征消费税，但对黄酒以及用黄酒为酒基的营养型黄酒则实行从量定额征税，每吨税额为240元，而对白酒和酒精等为酒基调制而成的营养型露酒，则按其使用酒基分类征税，较营养型黄酒相比税额很高。因此，国家对营养型黄酒征税较低，从而使生产成本降低，利润空间增大，产成品可以做到物美价廉，极具价格竞争优势。

综上所述，营养型黄酒作为传统黄酒的重要补充，自身具有许多优势，但要有大规模发展，必须依靠整个黄酒企业的共同努力。首先，黄酒企业要正确认识和对待营养型黄酒，不要因噎废食，把它混同于"三精加一水"的假冒伪劣黄酒，相反，它能够利用消化传统黄酒，促进和带动传统黄酒发展，可能会成为黄酒业新的增长点。其次，营养型黄酒没有统一的国家或行业标准，黄酒企业可以执行轻工行业露酒标准（QB/T 1981—94），或依据国家黄酒标准（GB/T 13662—2000）制定和备案自己的企业标准。由于执行的标准相对宽松并且尺度不一，这就要求企业本身加强自律，坚持产品质量和安全为本，杜绝粗制滥造，以免重蹈保健品市场衰落的覆辙。另外，黄酒企业一定要对营养型黄酒引起足够重视，加大科研力度，调整产品思路，潜心研制精品，通过优质营养型黄酒适应和同化消费者，实现黄酒销售市场的北移，以便让黄酒业走向辉煌。

三、果蔬汁型清醇营养低度黄酒的新技术与新工艺

"果蔬汁型清醇营养低度黄酒"根据市场需求采用黄酒专用果蔬浓缩汁在传统黄酒中添加组合的研究与试制，正如冠生园（集团）有限公司总经理翁懋认为，黄酒是中华民族独特的酒种，是中国的国粹，也是中国的国酒。黄酒是最富营养的酿造酒，它的热量是啤酒的 5 倍，氨基酸含量为啤酒的 9 倍，应提倡中国人喝国酒（黄酒）。营养型黄酒是全新概念，解决了黄酒易沉淀和浑浊的技术难题，延长了黄酒的保质期，从而在工艺技术上突破了黄酒发展的瓶颈，引领中国黄酒走向现代化，和酒的消费人群也从中老年扩大到中青年。在本节中，我们现简述试制结果与黄酒界同仁们参考。

1. 材料与方法

（1）实验材料

14.5％（体积，下同）传统型麦曲稻米半干型黄酒，产品执行标准符合 GB/T 13662 黄酒（优级），嘉兴酿造总公司生产。

14.0％、12％、10％三种清爽型复合曲稻米半干型黄酒，产品执行标准符合黄酒 GB/T13662（一级和二级），嘉兴酿造总公司生产。

营养强化型原果汁基料/果蔬浓缩汁：枸杞汁、红枣汁、桂圆汁、鲜姜汁。产品所用原料为药食两用植物果实。产品相关指标和检验方法符合 GB 17325《食品工业用浓缩果蔬汁（浆）卫生标准》，产品执行标准 Q/01HD001—2007。

原材料主要指标如下：

① 枸杞汁：有机酸（以柠檬酸计）1.23g/100mL，总糖 29.8g/100mL，氨基态氮 263mg/100mL；

② 红枣汁：有机酸（以柠檬酸计）1.15g/100mL，总糖 29.1g/100mL，氨基态氮 263mg/100mL；

③ 桂圆汁：有机酸（以柠檬酸计）1.65g/100mL，总糖 26.9g/100mL，氨基态氮 158mg/100mL；

④ 鲜姜汁：有机酸（以柠檬酸计）1.17g/100mL，总糖 5.50/100mL，氨基态氮 210mg/100mL。

中华全国供销合作总社济南果品研究院提供。

（2）检测主要设备和分析方法

① 仪器与设备　圆盘电炉：500W、800W 各 1 台；酒精计：标准温度 20℃，分度值为 0.2℃，1 支；水银温度计：50℃，分度值为 0.1℃；冷凝管：玻璃直型，2 套；量筒，三角瓶：100mL、250mL、500mL、1000mL 各 1 套；电热干燥箱：温控±1℃，1 台；180G 双门电冰箱 1 台；精密酸度计 1 台，精度 0.01pH，并备有玻璃电极和甘汞电极；磁力搅拌器、分析精密天平各 1 台；滴管：1mL、2mL、

5mL 各 1 支；品酒玻璃杯 1 套。

② 检测项目与方法　化验项目有：酒精度（%）；总糖（以葡萄糖计，g/L）；非糖固形物（g/L）；总酸（以乳酸计，g/L）；氨基酸态氮（g/L）；β-苯乙醇（mg/L）。分析方法、原理、试剂、仪器、步骤、计算按 GB/T 13662—2008 执行。

（3）试样添加果基料/果蔬汁方法的设定

① 传统型半干稻米麦曲黄酒与清爽型半干稻米复合曲黄酒添加果基料/果蔬汁的感官品尝对比。

② 清爽型半干稻米黄酒分 3 个酒精梯度添加果基料/果蔬汁的对比。

③ 以 12% 清爽型半干稻米黄酒为酒基，按比例添加 4 种果基料/果蔬汁（红枣汁、枸杞汁、桂圆汁、鲜姜汁）的对比。

④ 以 12% 清爽型半干稻米黄酒为酒基，采用复合果基料/复合多种果蔬汁，按比例添加后的对比。

（4）感官品尝的程序和要求

① 事先将酒样编号，按试样添加果基料/果蔬汁设定要求和方法，混匀后，密封标注。移入冰箱，控温 −5℃，放置 5 天后，移出转到品酒室，恢复到温度 25℃左右，注入洁净、干燥的评酒玻璃杯内，对号注入酒样约 25mL，开始品尝。品尝人员由本公司技术、化验人员和经验丰富的酿酒师傅一起参加。

② 外观评价　将注入酒样的评酒杯置于明亮处，举杯齐眉，用眼观察酒中的透明度、澄清度以及有无沉淀物，做好详细记录。

③ 香气和口味评价　手握杯柱，将酒杯置于鼻孔下方，嗅闻其挥发香气，细闻或复闻，正确判断是酒香、复合香或果香及其它异香，写出评语。

同时，饮入少量酒样（约 2~3mL）于口中，尽量均匀分布于味觉区，仔细品评口感，有了明确感觉后咽下，再回味滋味、口感及后味，记录风味特征。

④ 风格评价　依据色泽、香气、口味的特征，综合评价酒样的风格以及个性程度，写出评价结论。

（5）黄酒为酒基添加果基料/果蔬汁后的品评对比和结果

① 2 种半干类型黄酒添加果基料/果蔬汁的比较　在 4 种果基料/果蔬汁（红枣汁、桂圆汁、枸杞汁、鲜姜汁）中，从香气、成分、口味分析：红枣汁最适宜和黄酒相搭配和融合。在江南一带民间百姓常用红枣或黑枣浸酒，带有浓醇香甜的滋味，适量长饮，具有补脾和胃，养血安神、益气生津、保护肝脏等功效。因此，试样首先选择红枣汁为基准料在 2 种半干类型黄酒中添加，经组合定型，品尝结果见表 7-8。

表 7-8　传统型与清爽型稻米黄酒添加果基料/果蔬汁的品尝比较

类　　型	果基料/果蔬汁品种	比例/%	感官风味评语
传统黄酒	红枣汁	1.2	有黄酒应有醇香,较浓郁,醇和,协调,微涩
清爽黄酒	红枣汁	1.2	有黄酒清醇芳香微带枣香,醇和,爽适,微甘润

从表7-8品尝得知，在传统半干黄酒中添加1.2％红枣果基料/红枣汁，香气和口味并不明显，虽然能丰富传统黄酒的营养成分，但对酒的风味改善上，从香气与滋味，回味中在嗅觉和味觉上不能感悟到。分析原因，可能由于传统黄酒曲香、酒香、酯香气较浓郁，味感丰满，固形物、氨基酸态氮含量高，所以添加1.2％红枣果基料/红枣汁不能达到有效的改善作用。同样，在清爽型黄酒中添加1.2％红枣果基料/红枣汁，对酒质优雅放香和酒体协调性较好，在闻香上有舒适感，口味柔和度有所改善。从清爽型黄酒工艺分析：主要是采用单一酒曲（不加麦曲的半干黄酒工艺）或采用复合曲（麦曲、红曲、复配酶制剂、纯种酵母为糖化发酵剂）的半干黄酒工艺。故香气清雅，柔净鲜爽，非糖固形物、氨基酸态氮含量低，有利于果基料/果蔬汁的融合、显味、放香和改善风味，协调酒体。经过2种类型酒基品尝对比，基本认为，清爽型黄酒组合添加果基料/果蔬汁对黄酒的品质、风味、营养、功能都有所改善和提高。因此，选择清爽型黄酒在果基料/果蔬汁中组合要比传统黄酒中组合更有优势及先决条件。

② 不同酒精度清爽型半干黄酒添加果基料/果蔬汁的品尝对比 不同酒精度含量的清爽型黄酒虽然在主要成分（糖、酒、酸、固、氨）和风味物质的种类上基本一致，但在风味物质含量与酒体黏度高低上有一定的差异，从而左右人们品尝饮用的味觉和喜好。故试验采用不同酒精含量清爽型黄酒对果基料/果蔬汁添加组合的对比，结果见表7-9。

表 7-9　不同酒精度清爽型黄酒添加果基料/果蔬汁的对比

项目	果基料/果蔬汁品种	比例/％	感官风味评语
14°清爽黄酒	红枣汁	1.2	有黄酒清醇香气微带枣香，醇和，清爽，微甘润
12°清爽黄酒	红枣汁	1.2	有黄酒清醇芳香微有枣香，柔和，爽适，微甜润
10°清爽黄酒	红枣汁	1.2	有黄酒清醇芳香略有枣香，醇和，淡爽，微润甜

在选择以清爽型黄酒对果基料/果蔬汁添加的基础上，同时根据清爽型黄酒不同酒精含量14.0％、12.0％、10.0％，添加红枣果基料/红枣汁1.2％品尝对比。从结语看：添加果基料/果蔬汁对不同酒精度清爽型黄酒的风味都有所改善，但在口味显示评语中不同酒精度的口感特征为清爽、爽适、淡爽。因此，在开发果基料/果蔬汁清爽型黄酒中，企业可根据不同地区、层次、年龄、口味生产研发不同酒精度的果基料/果蔬汁清醇低度营养黄酒，满足消费者的需求。但从实际品尝结果认知度上看，清爽型半干黄酒，酒精度12.0％，总糖在30.0g/L（以葡萄糖计），总酸在4.5g/L（以乳酸计）左右，对酒体协调性、柔和度、融合性要比14.0％、10.0％清爽型黄酒风味要佳。所以暂选定12.0％清爽型黄酒果基料/果蔬汁的组合，有利于改良风味和品质的提升。

③ 4种果基料/果蔬汁品种的性能及在清爽型半干黄酒按不同比例添加后风味的比较 4种果基料/果蔬汁的性能、成分、作用：不同果基料/不同品种的水果蔬菜其所含营养成分、风味物质、品种性能、功能作用都有本身产品特征。因此，在研

究与开发中必须要对果基料/果蔬汁品种性能有个基本了解，以便在清爽型黄酒组合、复配添加中做到心中有谱、灵活应用。4 种果基料/果蔬汁的成分、性能、作用如下。

枸杞汁　枸杞味甘性平，入肝、肾经。其成分含有氨基酸、甜菜碱、胡萝卜素、硫胺素、核黄素、隐黄素、阿托品、维生素（A、B_1、B_2、C）烟酸、抗坏血酸、亚油酸、酸浆果红素。又含挥发性成分，主要是藏红花醛、β-紫罗兰酮、3-羟基-β-紫罗兰酮、左旋 1,2-去氢-α-香附子烯、马铃薯螺二烯酮、矿物质等成分。具有滋补肝肾，益精明目，抗衰老，耐早衰，健脑之功能。现代药理研究表明，枸杞具有增强机体免疫功能、降低胆固醇含量、降血糖、抗脂肪肝、抗肿瘤、抗应激、抗辐射、改善皮肤弹性及延缓衰老等作用。实验以无熏硫优质宁夏枸杞为原料，经压榨，过滤，浓缩，香气回收，高温瞬时灭菌等工艺制成的棕红色液态产品，具有浓郁的枸杞风味，浓醇，回味持久。

红枣汁　红枣味甘性平，入脾、胃经。其中含有的糖类主要为葡萄糖，也含有果糖、蔗糖、由葡萄糖与果糖组成的低聚糖、阿拉伯聚糖及半乳醛聚糖等。氨基酸包括赖氨酸、天冬氨酸、甘氨酸、谷氨酸、氨基丙酸、脯氨酸、亮氨酸等 13 种。所含有机酸有桦木酸、齐墩果酸、山楂酸、儿茶酸、油酸、三萜苷类山楂酸和朦胧木酸，最近还发现一种物质——红枣果胶 A，其由半乳糖醛酸、L-鼠李糖、L-阿拉伯糖和果糖组成。此外，红枣中还含有谷甾醇、豆甾醇、链甾醇、维生素 B_1、维生素 B_2、胡萝卜素、尼克酸等。另外，还含树脂、黏液质、香豆素类衍生物、黄酮类、儿茶酚、鞣质及包括 Se 在内的 36 种微量元素。具有补脾和胃，养血安神，益气生津，解药毒，保护肝脏等功效。现代药理研究进一步证实：红枣具有 Camp 样活性成分的作用，抑制癌细胞增殖的作用，镇静助眠及保护肝脏，增强肌力等功能。实验采用山东优质红枣为原料，经浸泡，压榨，过滤，浓缩，香气回收，高温瞬时灭菌等工艺制成，枣香浓郁，风味甜润纯正，回味余长。

桂圆汁　桂圆营养丰富，是历来滋补之佳品。味甘性温，入脾、肝经。现代研究表明，桂圆含葡萄糖、蔗糖、蛋白质、脂肪和维生素 A、B 等多种营养素。具有壮阳益气，补益心脾，养血安神，润肤美容，延年益寿等功效。实验以优质桂圆肉为原料，采用先进的提取加工设备及工艺制成，产品保留了桂圆的原香、原味、口感清醇之特点。

鲜姜汁　鲜姜味辛，性微温，入肺、胃、脾经。其含有挥发油 0.25%～3.0%，主要成分为淀粉、多种氨基酸、姜醇、姜烯、水芹烯、莰烯、姜辣素、柠檬醛、芳樟醇、甲基庚烯酮、壬醛等。有解表和中，促进血液循环，散寒发汗之效。实验以莱芜大姜为原料，采用先进的提取加工设备及工艺制成，产品具有浓郁的鲜姜风味，回味暖而持久。

以上 4 种浓果基汁/浓缩汁皆不含香精和防腐剂，可根据不同性能、成分、功效、风味，单配或复配添加到清爽型黄酒中，从而起到改善黄酒风味和强化营养功能的作用。

4 种果基料/果蔬汁添加到清爽型黄酒中的对比结果见表 7-10。

从表 7-10 感官品尝比较可知，分别添加红枣汁、枸杞汁和桂圆汁，都能不同程度地改善和提高清爽型黄酒的营养成分、功能、风味。但原有果基料/果蔬汁的果香气和特征性口味并不明显。但同样添加鲜姜汁 0.65%，从闻香、口感、回味中都能觉察到姜香味的存在。分析原因，主要是生姜中含有姜烯、水芹烯、柠檬醛、芳樟醇和姜辣素等。这些成分风味活力值高，所以在闻香和品味阈值上就有明显的感知。而红枣汁、枸杞汁和桂圆汁含有较高的葡萄糖、果糖、低聚糖、多种有机酸，甘平质润，味醇柔和，对调和口味有利，但风味活力值低，所以原有果香味达不到一定的添加量，就很难呈现明显的原果风味。

表 7-10　4 种果基料/果蔬汁在清爽型黄酒中添加品尝结果

黄酒类型	果基料/果蔬汁品种	比例/%	感官风味评语
清爽型黄酒	红枣汁	0.65	有黄酒应有清醇香气,醇和,较爽口,协调,微涩
		0.85	有黄酒应有清醇香气,柔和,较清爽,协调,微涩
		1.0	有黄酒特有清醇芳香,柔和,爽适,协调,微涩甘润
清爽型黄酒	枸杞汁	0.65	有黄酒应有清醇香气,醇和,较爽口,协调,微涩
		0.85	有黄酒应有清醇香气,较柔和,爽适,协调,甘涩
		1.0	有黄酒特有清醇芳香,柔和,爽适,协调,微涩甘润
清爽型黄酒	桂圆汁	0.65	有黄酒应有清醇香气,醇和,较爽口,协调,微涩
		0.85	有黄酒应有清醇香气,较柔和,清爽,协调,微甘涩
		1.0	有黄酒特有清醇芳香,柔和,爽适,协调,甘润微涩
清爽型黄酒	生姜汁	0.65	有黄酒清醇香气兼姜香,醇和,较清爽,协调,微涩有姜味
		0.85	有黄酒清醇香气略姜香,较醇和,清爽,协调,有姜味微涩
		1.0	有黄酒清醇香气带姜香,较爽适,协调,有姜味微涩

④ 复合果基料/果蔬汁在清爽型黄酒中添加比较　将红枣汁、枸杞汁、桂圆汁 3 种果蔬汁按相等比例复合，然后添加到清爽型黄酒中经品尝风味的比较，结果见表 7-11。

表 7-11　复合果基料/果蔬汁在清爽型黄酒中添加品尝结果

黄酒类型	果基料/果蔬汁品种	比例/%	感官风味评语
清爽型黄酒	复合果汁	0.65	有黄酒应有清醇香气,较醇和,清爽,协调,微涩,无异味
		0.85	有黄酒应有清醇香气,醇和,清爽,协调,甘涩,无异味
		1.0	有黄酒特有清醇香气,柔和,爽适,谐调,微涩甘润,无异味

从表 7-11 可以看出，添加合适的复合果基料/果蔬汁，以清爽型黄酒总体来对照，都能起到增香、调和、平衡、压杂的作用。这主要是复合果汁中含有清雅果香

气、多种果糖，有机酸能调和、融合、协调酒体的结果。

2. 清醇果基料/果蔬汁低度营养黄酒的生产工艺

（1）工艺流程

坛装清爽型黄酒→开坛品尝→检验→按质搭配→加果基料/果蔬汁→加蜂蜜液→循环均匀→取样化验→酒基调正（酒精度 12.5%、总糖 35.0g/L、总酸 4.5g/L）→粗过滤→进保温罐→冷冻处理（−5℃、5 天）→分级精过滤→瞬时灭菌（85℃、5min）→灌装→压盖→灯检→贴标→压盖→喷码（生产日期）→装箱→检验→成品

（2）操作要求

① 事先按比例调试酒样，采用品尝法和优选法确定最佳配比组合，然后转入大生产。

② 操作前，对坛装清爽型黄酒开坛品尝和化验，在对清爽型黄酒的果基料/果蔬汁、蜂蜜的理化指标、特性、口味全面了解、心中有数的基础上，进行酒基风味组合和配料准备，然后按程序将清爽型黄酒按质搭配，再加入果基料/果蔬汁、精制蜂蜜及软化水，用计量泵输送到配兑罐，循环混匀，取样化验，根据基本成分（糖、酒、酸）数值情况，添加少量陈年精华调味酒给予微调，初步定型后，经圆板拒棉饼过滤或立式硅藻土过滤，转入保温罐冷处理。

③ 果基料/果蔬汁的添加，根据不同层次、年龄段、需求爱好酌情掌握，避免盲目性。添加品种可用单一或复合，添加量应从改善风味、丰富营养、强化功能、降低成本综合考虑。一般在清爽型黄酒中添加量为 5～8kg/t。

④ 酒基转入保温桶通过冷处理，温度控制在−5℃左右，时间 5 天。经过冷处理，有助于加速酒基中胶体物质和蛋白质大分子吸出、凝结和沉降。同时促使酒液中各分子互融、缔合，减轻苦涩味，提高柔和性与爽适度。

⑤ 将冷处理的清爽型酒基，采用分级过滤，先经板拒式多层纸膜纳滤，再经柱式陶瓷膜精滤，将有效去除蛋白质、糊精、灰分中等不稳定的细小物质，较好地保留果基料/果蔬汁营养低度黄酒中多糖、多肽、有机酸、氨基酸、黄酮类、酚类、维生素等功能性成分和风味物质。并进一步提高酒质的透明度、功能性、稳定性。

⑥ 经过分级过滤后转入定量罐。采用薄板式热交换器瞬时杀菌、灌瓶、压盖、灯检、贴标、检验、装箱、成品。

3. 果基料/果蔬汁型清醇低度营养黄酒的质量标准

（1）感官指标

色：呈橙黄色，清亮透明；香味：有黄酒应有清雅醇香或兼轻淡的原有果香气；滋味：柔和、爽适、和谐、回味甘润微涩；风格：酒体协调具有本类型清醇营养低度黄酒独有风格。

（2）理化指标

酒精度：12.0%～12.5%；总糖（以葡萄糖计）：30.0～35.0g/L；总酸（以乳酸计）：

4.50～5.0g/L；氨基酸态氮：0.50～0.60g/L；β-苯乙醇：35.0～36.0mg/L。

4. 果基料/果蔬汁型清醇低度营养黄酒的特征和优势

① 果基料/果蔬汁型清醇营养黄酒保留了传统优质黄酒特有的风味和营养成分。同时，融入了果基汁/果蔬汁中独有清香、果糖类、有机酸、氨基酸等风味物质，起到强化营养，改善香气，协调滋味，养生保健作用。

② 将传统的果实料采用先进生产设备和技术，经破碎、酶解、萃取、过滤、浓缩、灭菌制成果基料（汁、浆）/制成黄酒专用的果蔬浓缩汁，然后巧妙地根据果汁基料中不同品种、营养、风味在后序生产过程中和黄酒组合，使酒中含有更多的人体必需的营养成分和生理活性物质。具有调节人体功能，改善人体微循环等生理功能。此产品的开发是继承和发扬我国特有的"药食同源"理论及实践科学发展观的具体体现。

③ 果基料/果蔬汁型清醇营养黄酒，色泽悦目，酒精度低，营养丰富，风味独特，并有一定的保健功能。而且，品质清醇幽雅，口味柔和爽适，含有醇、酯、醛成分较低，符合国家所提倡的酒类政策方向以及国际酒类饮品发展趋势。集天然、营养、低度、卫生、安全、饮用、鉴赏、娱乐多种功能于一身。具有民族特色与时尚经典的特征。

④ 果基料/果蔬汁型清醇营养黄酒，工艺操作灵活简单，可调可配，可单可复，品种多样。改变黄酒企业传统的添加枸杞方式加工周期长、利用率低、灵活性差的缺点。经过多种品种的添加、复配、组合具有各类型黄酒独有个性和风格，适用于不同消费者的口味要求。

⑤ 果基料/果蔬汁型清醇营养黄酒的开发，既保持了黄酒的本色，又弥补了黄酒单一品种的缺憾。同时又完善了黄酒的营养结构，并且满足了人们以食养生的传统保健意愿，将改变我国几千年传统的黄酒饮用习惯，促进黄酒新的消费，推动黄酒多元化发展，促进黄酒技术的进步和品质提升及发展。

第十节 机械化黄酒生产操作中的开耙技术

一、开耙与黄酒酿造概述

酿制黄酒的主要阶段是糖化发酵，它是在前发酵罐中完成的，开始时由于酵数量少，增殖速率慢，发酵醪的温度上升也较慢，经过十多个小时以后，开始进入主发酵，由于醪母的发酵作用进入旺盛阶段，多量的糖分分解成酒精和二氧化碳，并放出大量的热量，温度上升快，此时缸中可听到嘶嘶的响声，并会产生气泡把酒醅顶到液面上来，形成厚被盖现象。

此时的发酵醪已略带酒香，品温也比落缸前高 $14\sim17℃$，为使糖化发酵均匀和控制发酵品温，此时要及时开耙，开耙即通常所称的加水，四次开耙后，每日早晚搅拌两次，经过 $5\sim8$ 天，待品温与室温相近，糟粕下沉主发酵阶段才结束，于是要停止搅拌，进行灌坛。

一般干黄酒是指含糖量小于 1.00g/100mL（以葡萄糖计）。"干"表示酒中含糖量少，糖分都发酵变成了酒精，故酒中的糖分含量最低。该酒属稀醪发酵，总加水量为原料米的三倍左右。发酵温度控制得较低，开耙搅拌的时间间隔较短。酵母生长较为旺盛，故发酵彻底，残糖很低。

开耙作为干型、半干型黄酒酿造中一项关键工序，在各种文献中鲜有专门论述。刘屏亚、金诚等专家专门做过此项研究。

发酵期间的搅拌冷却，俗称"开耙"，其作用是调节发酵醪的温度，补充新鲜空气，以利于酵母生长繁殖。它是整修酿酒工艺中较难控制的一项关键性技术，一般由经验丰富的老师傅把关。开耙在黄酒酿造中是一道工序，开耙技术是酿好酒的关键，开耙技工在酒厂享有崇高的地位，工人们习惯称开耙技工为"头脑"，即酿酒的首要人物。

开耙品温掌握的高低不同，直接影响到成品酒的风味，它对黄酒的鲜淋老嫩等口感起很重要的作用，特别是在传统发酵中因为容器多，缺少自动化控温装置，各缸酒的变化情况不一定相同，操作上多凭感官和经验，所以对开头耙的要求有所讲究，根据各地方口感不同，传统操作中开头耙有两种方式：高温开耙和低温开耙。高温开耙因发酵温度较高，酵母易早衰，发酵能力减弱，酿成的酒含有较多的浸出物，口味较浓甜，俗称热作酒；低温开耙的酒发酵比较完全，成品酒的酸味较低而酒度较高，易酿成没有甜味的辣口酒，俗称冷作酒。所以在操作过程中多以温度的变化情况来决定开耙，这就是所谓的"人等耙"之说。但随着机械化黄酒研究的深入，设备条件趋于统一，加之冷冻设备的发展，控制条件日渐成熟，大宗原材料使用基本定性，因此操作手段也趋于统一，机械化半干型、干型黄酒酿造的开耙操作方式在各大厂家中也就趋于同一了，一般来说趋向于低温开耙。见图 7-5。

图 7-5 传统黄酒酿造中的开耙操作

因此，在上述实践中系统总结了半干型、干型机械化黄酒酿造中的开耙操作与温度、时间、次数及压力的要求和关系，有利于以后机械化黄酒酿造自动化控制。

二、开耙技术目的与基本原则

开耙有以下几个目的：

① 供给发酵菌类充分的氧气，以满足这些菌类生长繁殖的需要，同时抑制其它杂菌的生长；

② 释放热量，降低温度，排出二氧化碳；

③ 对物料进行搅拌，使物料处于均匀状态；

④ 排除邪杂气味。

贯穿整个发酵过程开耙操作的一个基本原则是：在适宜的条件下，前期适量多开，保证酵母生长繁殖的需要，后期少开或不开，控制酵母营造酒精，促进各类物质的生成和转化。根据这一原则，在主酵后适当的时机后要适量减少开耙次数，仅是为了降温散热，保持酵母活性、排除杂味和各类气体或是为了取样的需要。这也就是行业内所说的"开冷耙"。

三、生产过程中开头耙的时间和要求、规律与环境条件

那么在正常生产过程中开头耙的具体时间和要求是怎样确立的呢？一般来讲是根据酵母的生长规律而确定的，而酵母的生长又与具体的环境条件有关，因此它也是一个动态的平衡。当所使用的酵母（酒母）一经确定，它就取决于以下几个方面：

① 所使用的糖化剂（麦曲）以及辅助酶系的性能，甚至麦曲投放的均匀程度。

② 原料的品质，一般来讲无论使用何种原料，要求同一产地同一季节同一品种同气候条件下生长的为好。

③ 原料的浸泡时间和蒸煮质量。

④ 落料温度控制的均匀程度。

⑤ 酵母的培养方式及培养程度。

总而言之，既要保证酵母生长繁殖到一定程度，也要保证醪液液化糖化到一定程度开头耙才比较合适。

在正常生产中，头耙时间一般确定在落料结束后 8~12h，这个时间既是各黄酒厂家从传统酿造中总结出来的，也是近几十年来机械化黄酒生产的一个成功经验的总结。

在这个时候酵母增殖数量应达到 5 亿个/mL 醪液左右，基本上可以保证发酵的正常进行。一般来讲，投料结束后前期静置培养时间偏短（也就是说提前开头耙），醪液尚未疏松，用无菌空气强制开通，致使酵母繁殖数量偏少，容易导致酒的酸败，即使正常，成品酒的苦涩味也会偏重。提前开头耙大多出现在特定情况，如出现设备问题、浸泡不良引起淋饭水入罐问题、淋饭缺水导致饭层板结不能有效降温问题等原因导致的整体落罐温度偏高，几近酵母死亡温度（俗称泡娘），这个时候要提前开头耙，但提前开耙并不能完全解决问题，同时还要采取降低品温等其它一系列措施才能保证该罐发酵情况的正常，出现这种情况的酒的品质一般在中下等，易出现口味淡薄、苦涩味重、燥辣。这种情况虽然是很少出现的，但有时也必须不得已而为之。

四、开耙过程中不良情况与控制

反之推迟开头耙（酵母静置培养时间过长）也会出现一些不良情况：

① 酵母数量繁殖偏弱，数量达不到要求，会导致杂菌繁殖快速抬头，一是易出现酸败，二是易出现异香、杂味。

② 这种方式下也可能出现发酵上常讲的一种"前缓后急"现象，如果控制得

当还是可以酿出好酒的。推迟开耙是相对落罐温度偏低而言的。如果说，在正常温度控制情况下推迟开耙，就会导致酵母受到抑制，发育不良，繁殖不旺，而出现异常情况。

对开耙过程中温度控制状况的要求是什么呢？对半干型、干型黄酒而言，要求落料温度控制在 24～28℃（在这个范围内操作工可以凭经验结合具体的气温情况自行调节），整体的投料后物料品温要求控制在 25℃ 左右，第一耙后温度要求在 28～30℃，之后要求主酵温度升至 32℃ 左右（最高主酵温度也可以根据原料情况、酒质要求等其它实际状况来作具体的规定），这一要求是千百年来黄酒生产经验的一个总结，也是近代生物工程（微生物学、酶分子生物学工程）发展研究的一个证明。

在实践中我们大多是可以控制到这个要求的，但也存在一些特殊因素的影响：

① 设备流程不完善制约了温度的准确性；

② 发酵罐的单点温度显示不能准确反映整罐物料的温度；

③ 我们使用的是活性干酵母（最高可耐 42℃ 的高温），它的母种是衢绍 2 号，其活化温度是 36～40℃，活化后落罐前要求其温度保持在 34℃ 以上，这一要求增强了单点温度显示缺乏代表性；

④ 在酵母大量繁殖、罐内醪液液化效果尚未达到理想状态之前，罐内物料还是一种半固态形式，它的温度的均匀程度不决定于热电阻的显示温度，而取决于落料过程中的操作温度，它后来的温度（酵母繁殖过程中产生热量导致升温）可依据生物学方面的知识估算出来；

⑤ 对于不使用活性干酵母的工厂一般采取自培酒母，而它的培养温度一般控制在 25～28℃，最高不超过 31℃，发酵大罐传递温度指示的热电阻基本上是中部和下部都有，所以只要落饭温度控制均匀就不会出现我们所讲的单点温度偏高的现象。

鉴于上述种种情况我们对开耙操作的要求是比较严格的，那就是依据各种情况进行综合考虑，确定这一工艺路线。考虑单点显示温度，仅仅是很小的一个方面。这也就是我们为什么在操作过程中要求操作温度、投曲要控制均匀的道理。

特异情况我们就有必要作不同处理：

① 整个落料过程温度控制偏高，显示温度即使不偏高也要求提前开耙；

② 温度偏低，即使是显示温度偏高也要推迟开耙；

③ 落料温度控制正常，显示温度偏高，只要温度是由落罐后自然缓慢上升，偶尔高一点，也要求按正常要求开耙；

④ 落料温度正常，显示温度偏低也要按要求开耙。

此后的二耙及以后各耙在传统黄酒中大多是灵活掌握的，如气温低，品温上升慢，酒味淡，开耙的间隔时间可以适当拉长，直至以后可以不再注意耙次。

在机械化黄酒中要特别注意：

① 大容器发酵，物料量大，一般在 30t 左右；

② 操作过程中麦曲投放、温度控制可能会有差异；

③ 酵母添加是自培的话，添加的均匀度会大一点，如果是使用活性干酵母则要注意活化，如果不活化直接使用，则要根据投料时间的长短，均匀加入；

④ 有可能存在的过热急冷饭团的形成，等现象容易导致发酵大罐出现发酵不彻底，或在压罐时形成堵罐等问题，所以一般要求在第六到八耙以前按每两小时一耙操作，以后可以再按"开冷耙"的要求进行。

一般来讲，进入后酵以后，前15天每天至少保持开耙一次，通入一定的新鲜空气，保持酵母活力，使酒体逐渐丰满协调，以后保持静置以利压榨。

开耙的确定必须是理论和实践的结合，也应该有明确的工艺要求和严格的执行纪律，不能随心所欲。这样才便于工业化的生产和管理，才有助于产品质量的稳定和提高。

第十一节 现代黄酒的生产与调味技术的应用

一、概述

黄酒是一种享用性的食品，必须具有独特的色、香、味、格。所以，黄酒酿制、储存、陈化后，还须勾兑和调味。

2004年在河南贾湖遗址出土的陶片上，发现有食物的沉淀物，中美考古学家运用现代科技痕迹分析手段，对这些沉淀物进行痕迹分析，沉淀物中含有酒类挥发后的酒石酸及残留物的化学成分，与现代稻米、米酒、葡萄酒、蜂蜡、葡萄丹宁酸以及一些古代和现代草药所含的某些化学成分相同，认为8600年前我国已掌握了酒的制造方法，且所用原料包括稻、蜂蜜、水果等。专家们认为这些陶器盛放过以稻米、蜂蜜和水果为原料混合发酵而成的饮料酒，而且因为掺有蜂蜜，这种最古老的酒，味道"甘甜可口"。

这一考古发现证明我们的祖先，很早就对酒的味觉极为关注，并初步掌握了最早的酿酒技术，包括酒的调味技术。由于各方面的原因黄酒调味一直归类于黄酒勾兑工艺中，没有单独成为一门专有技术。

随着现代食品科学技术的发展，国内大专院校和酒类研究机构（包括塔牌绍兴酒业潘兴祥、王阿牛等人）对食品化学和食品风味有一些研究，特别是酒类风味和食品调味学的提出，以及当今低酒度新型黄酒的开发生产，黄酒调味技术的概念逐步显现。在本节就黄酒调味技术进行讨论，希望能起一个抛砖引玉的作用，与黄酒同仁一起共同探讨。

二、黄酒调味与勾兑的重要性问题

黄酒调味与黄酒勾兑既有联系又有区别，所谓联系，它们的加工对象和目的都是黄酒的理化和感官质量要求，但两者的侧重点和具体操作上有所不同。黄酒的勾兑以原酒之间进行组合和调整，借以达到预期的目的，包括产品新的理化和感官质量要求；而黄酒的调味则是在黄酒勾兑后，运用一些少量的高酸、高糖、高酯等特征性十分明显的调味酒，在不改变产品理化和感官质量要求的前提下，对黄酒进行调味，在感官方面达到让好酒更好的目的。黄酒调味是在黄酒勾兑基础上的总结和提高，也可以说黄酒勾兑是搭架子，是画龙，而黄酒调味是黄酒勾兑的美化，起点睛作用。

要熟练地做好黄酒的调味工作，除了必要的培训和长期的实践操作外，了解和掌握一些味的基本知识十分必要。

三、味的基本概念

味，即味感，是指食物在人的口腔内对味觉器官系统的刺激并产生的一种感觉，这种表现为"可口"或"不可口"，也叫味觉。也有对味觉的描述是"从看见食品到将其送入口腔咀嚼，这一完整过程所引起的感觉。"这种"可口"或"不可口"的感觉，除视觉、嗅觉、听觉、触觉和味觉外，还有人们的饮食习惯、嗜好、饥饱、心情、健康状况和气候等各种因素。如黄酒冬天喝的人多，夏天则少，就同气候有很大的关系。

食品的味与气味密切相关。食品气味能用鼻嗅到，在口内咀嚼品尝时也可感觉到，前者称为香气，后者称为香味，也可称余香，食品作为一种刺激物，它能刺激人的多种感觉器官而产生各种感官反应。

一般在食品领域人们对风味的解释有很多观点。有的认为"风味"决定于人们对食品的选择、接受和吸收，它是食物刺激味觉或嗅觉受体而产生的综合生理响应，即风味主要是指食物刺激人类感官而引起的化学感觉。

有一种观点认为："风味"是由摄入口腔的食物使人产生的各种感觉，主要是味觉、嗅觉、触觉等所具有的总的特性。

还有一种观点认为"风味"意味着食物在摄入前后刺激人的所有感官而产生的各种感觉的综合，它包括了味、嗅、触、视、听等感官反应而引起的化学、物理和心理感觉，是这些感觉的综合效应。

从上述几种观点综合分析，作为食品酒的各种风格特征，一定是通过眼、鼻、口、喉、舌尖等器官来感觉和评定的。从视觉获得酒的颜色、光泽；从嗅觉获得气味；从唇、齿、舌、口腔感受酒的厚度、温度、口感、余香等，进而是舌表面的味蕾经过神经纤维传导到大脑味觉中枢而产生的对于黄酒味型的感觉。这种感觉的"可口性"就是"美味"。美味是人类最易感知、最欲感觉的美好追求。

四、味觉的各种现象

黄酒中含有的许多呈味物所产生的复杂味道，被人们感觉后才能判断可口或不可口。当品出两种或两种以上的味道，又品出交替味道时就需要注意味的对比现象、相乘效果、相抵效果及变味、疲劳的各种现象。

1. 对比现象（作用）

对比作用是指一个味感显出比另一个的刺激强，两个同时的味感称同时对比，而在已有的味感之上再感受新的一个则称继时对比。由于条件的不同，感觉显然是不同的，这如同拿过不同重量物品的两只手，再拿同样重的物品时拿过轻物品的手首先感到沉。如先尝酸度较高的酒，后尝酸度较低的酒，则感觉不到后者的酸度；又如在15％的砂糖溶液中添加0.001％的奎宁，所感到的甜味比不添加奎宁时的甜味强；同样还有食盐使砂糖溶液甜味浓度提高，日常生活中常有人在西瓜上抹点食盐再吃。

日本的太田静行在10％、25％、50％的蔗糖溶液中分别添加蔗糖量的3/200、3/500和1/500的食盐，感官评价结果是50％的蔗糖溶液添加1/500食盐的感觉最甜。

表 7-12　味的对比现象

第一味感	第二味感	阈值变化
甜味	咸味	下降
甜味	酸味	下降
苦味	咸味	下降
苦味	甜味	上升

味的对比作用（表7-12）不只是由人脑意识的次序决定，它还与味细胞有关，表现为增强与抑制的交替出现。因此在黄酒品尝比较时，为把比较效果的范围缩小，必须在品尝过程中进行漱口。

2. 变味现象（作用）

两种味感的相互影响会使味感改变，特别是先摄入的味给后摄入的味造成质的变化，这种作用就叫做变味现象，也有人称之为变调作用或阻碍作用。如口渴时喝水会有甜感，同样在吃了很咸的食物之后，马上喝普通的水也会感到甜。而喝了涩感很强的硫酸镁溶液后再喝普通的水，也同样会有甜感。

变味作用和对比作用都是先味影响后味的作用，对比作用是指第二口味的忽强忽弱，变味作用则指味质本身的变化。

3. 相乘作用

这就是因另一呈味物质的存在使味感显著增强的作用，这就是相乘作用，也有称协调作用。如在1％食盐溶液中分别添加0.02％谷氨酸钠和0.02％肌苷酸钠，两者只有咸味而无鲜味，但是将其混合在一起就有强烈的鲜味。另外，麦芽酚对甜味的增强效果以及对任何风味的协调作用，已为人们应用。

4. 相抵作用

与相乘作用相反，因一个味的存在而使另一个味明显减弱的现象叫做相抵作用，也称为消杀作用。例如在砂糖、柠檬酸、食盐和奎宁之间，若将任意两种以适当比例浓度混合后，都会使其中任何一种的味感比单独存在时减弱。

在橘子汁里添加少量柠檬酸，会感觉甜味减少，如再加砂糖，又会感到酸味弱了。

在给清汤汁调味时，咸味淡，可以适当地用食盐或酱油来弥补，如果咸味太浓了就不好办，不过，不要紧，可以用添加谷氨酸钠等办法来消减咸味，这是相抵效果的典型例子之一。

在进行黄酒调味时，也必须充分考虑相抵效果。

5. 疲劳作用

当较长时间受到某种味感物的刺激后，再吃相同的味感物质时，往往会感到味强度下降，这种现象称为味的疲劳作用。味的疲劳现象涉及心理因素，例如吃第二块糖感觉不如第一块糖甜。有的人习惯吃味精，加入量越多，反而感到鲜味越来越淡。

味的这些相互作用现象是十分微妙和复杂的，既有心理感应，又有物理和化学的作用，由于各呈味物质的浓度不同，引起的作用也不同，在适当的条件下还会转化，其作用机理至今尚未研究清楚。

五、影响味觉的主要因素

1. 呈味物质的结构

呈味物质的结构影响味觉的内因。一般来说，糖类如葡萄糖、蔗糖等多呈甜味；羧酸如醋酸、柠檬酸等多呈酸味。但也有许多例外，如糖精、乙酸铅等非糖有机盐也有甜味，草酸并无酸味而有涩味，碘化钾呈苦味而不显咸味等。总之呈味物质的结构与味觉间的关系非常复杂，有时分子结构上的微小改变也会使其味觉发生极大的变化。

2. 温度

四种基本味的味感因温度而异。在 $17\sim42℃$ 的范围内，食盐、硫酸奎宁的阈值随温度升高而增大，苦味在 $40℃$ 显示最高，甜味在 $30\sim40℃$ 味感最高，咸味 $15℃$ 为味感最高。大体上呈味物质接近体温的舌温对味的感知最高。

因为食品（包括酒）的美味是以味觉感度为基础，而味觉感度与食品的温度密切相关，所以食品（酒）的感官品味，应该在一个合适的温度下，才能被品尝出来。不同的食品，理想的品尝温度是不同的，黄酒的最佳品尝温度在 $20℃$ 左右。即在正常冬天饮用时黄酒的品温也不宜过高，因为在较高的温度下，反而感觉很苦。另一方面气温对黄酒的品评也有很大的影响，在较高的环境温度下，如夏天，人们如喝加热或品温较高的黄酒会感觉不爽，感觉酸度较高，而此时将黄酒冰镇或在黄酒中加适量的冰块，则感觉很好。德国啤酒商早就发现了啤酒销量与天气的关系，并不是天气越热销量越高，而是气温与啤酒的最适品温有一个基本关系的啤酒指数。见表 7-13。

表 7-13　气温与啤酒的最适品温

气温/℃	最适品温/℃	气温/℃	最适品温/℃
15	10～15	35	6
25	10		

3. 浓度和溶解度

味觉物质在适当浓度时通常会使人有愉快感，而不适当的浓度则会使人产生不愉快的感觉。

可以看出，浓度对不同味感的影响差别很大。一般来说，甜味在任何被感觉到的浓度下都会给人带来愉快的感觉；单纯的苦味差不多总是令人不愉快的；而酸味和咸味在低浓度时使人有愉快感，在高浓度时则会使人感到不愉快。

呈味物质只有在溶解后才能刺激味蕾。因此，其溶解度大小及溶解速率的快慢，也会使味感产生的时间有快有慢，维持时间有长有短。例如蔗糖溶解快，故产生甜味快，但消失也快；而糖精较难溶，则味觉产生较慢，维持时间较长。

但单一呈味物质持续时间过长，会给人以单调无变化的感觉，缺少回味而使人不爽。

4. 人的年龄

当今时代发展迅速，工作节奏加快，生活习惯不断变化，人的生理、心理既有横向比较的差异，也有上一代与下一代线性差异，加上外界的环境变化，引起人们对饮食及嗜好的变化。特别是随着年龄的增长，味觉的衰退给饮食造成很大影响。如何应对这些变化，对于黄酒生产企业来讲是一个机遇，但前提条件是黄酒产品的口味要适应消费需求。如低酒度黄酒、清爽型黄酒的生产就是一个最好的例子。

人们通过调查，研究了年龄与味觉的关系，发现如下特点：

① 采用砂糖、食盐、柠檬酸、盐酸奎宁、谷氨酸钠分别代表甜味物质、咸味物质、酸味物质、苦味物质、鲜味物质，日本人调查各种年龄层对它们的阈值和满意浓度（就是感觉最适口的浓度），大人对甜味的阈值为 1.23%，孩子对糖的敏感是成人的两倍，阈值仅为 0.68%，特别是 5～6 岁的幼儿和老年人对糖的满意浓度呈极大，而初、高中生则喜欢低甜度。咸味则随着年龄的不同而没有显著的变化。

在四种呈味物质中苦味较特殊，虽然人们开始逐渐接受它，但总的来说人们一般都不喜欢它，特别是单独的苦味。对苦味幼儿最敏感，老年人则显得较为迟钝。

② 另一个变化特征是随着年龄的增长，人的敏感性发生衰退，年龄到 50 岁左右，敏感性衰退得更加明显。对不同的味敏感性衰退有差异，对酸味的敏感性衰退不很明显，但甜味会降低 50%、苦味 70%、咸味仅剩 25%。

六、黄酒的质地对口感的意义

质地是通过视觉、触觉等来感知食品的品质，反映食品的软硬、结构等特征。食品质地对消费者来说十分重要。黄酒的质地表达口腔对酒味的触觉感觉，即软硬、顺滑、黏稠、细腻等，日本人称之为物理的味觉，它与酒的基本成分、组织结构和温度有关，是酒品品质的重要方面。

1. 黏稠度对味觉的影响

黏稠度是影响酒品口感的重要因素。在日常饮酒过程中，我们往往会将刚倒入杯中的酒对着光照观察酒液附着在杯壁上的附着度，以判断酒的黏稠度。黏稠度是一种物理现象，是对物质外观的直接反映，良好、适当的黏稠度使酒看上去具有一种浓厚感、真实感，虽然只是外观表象，但是对酒是非常重要的性质，因为酒讲究色、香、味俱全。良好的外观表象必须有相应水平的内在品质支持，否则就会给人以虚假的感觉，人们就会认为这一酒品是低档的。事实上黏稠度会影响酒的风味。黏稠度高可能延长酒中呈味成分在口腔内黏着的时间，给较弱的味感更多的感受时间，同时降低了呈味成分从酒中释放的速度，对于过强的味感可以给予一定程度的抑制，这些作用都有益于味蕾对滋味的良好感受。我们体会一下，一只酒体丰满的黄酒，虽然其酒度较高，但我们感觉不出酒精的刺激味，所谓"至酒者无酒味也"，就是这种作用的结果。但是酒的黏稠度必须适当，黏稠度过高后味不净，严重的有糊住嗓子非常难受的感觉；黏稠度较稀，味感迅速消失，酒的风味不完整、不细腻、不丰满。可见，品质优良而又适当的黏稠度，可以做到锦上添花，提升品质，给人以满足的愉快感。黏稠度的适当是至关重要的，是黄酒的调味操作的重要组成。

2. 醇厚感对味觉的影响

与黏稠度不同，醇厚感是指味觉丰满、厚重的感觉，涉及味的本质，属于化学现象。因而醇厚感是诸多呈味成分平衡、协调作用的结果，因此黄酒调味的主要对象就是对黄酒呈味物质酸、甜、苦、辛、咸等进行调味或作微小的调整，以达到黄酒醇香浓厚，酒体醇美而爽口的目的。

3. 柔和感对黄酒味觉的影响

黄酒口味的柔和感就是黄酒酒体平和、柔顺、细腻的统称，这是一种触感。在黄酒的品味过程中，有相当一部分的口感如老嫩、软硬、柔顺、丰满等不是味觉所能胜任的，而必须依赖触觉，触觉的感受是获得黄酒美味的重要条件。黄酒属于液体类饮料，发酵正常的酒内所含的呈味物质分子量较小，非常有利于呈味成分的释放，易被味蕾所感受，同时对口腔的触动较柔和，对味觉的影响有利，让人感觉酒体细腻，给人以柔和滑顺的质感。由于黄酒生产的原料不同，发酵过程不正常，总酸较高，诸味的不协调等原因，这类黄酒酒体粗糙，不够平滑，影响了人的饮用快感。

七、黄酒的诸味调整

口味是黄酒风味的基本要求，口味是黄酒中各类呈味物质共同作用的结果，这些呈味物质如同人的五官，它们不仅有各自的本味，更重要的是它们要能够协调地组合在一起，表现出合理的架构、纵敛、平衡、浓淡等关系，达到满一点过多，浅一点过少的境界，即黄酒调味要达到"甘而不浓，酸而不酷，咸而不减，辛而不烈，淡而不薄，肥而不腻"的口味要求，从而构成一味真正好酒，给人以舒愉的感受。要实现这些目标要求，掌握各类呈味物质的特性和调配技术，达到"五味调和"是黄酒调味的关键。

1. 咸味

与绝大多数食品生产不同，黄酒酿造中不需要盐类调味。而且黄酒中感觉到有咸味，消费者是不欢迎的，但因酿造用水及原料中含有一定量的盐类，以及有些传统工艺用盐卤调酒调味，了解和掌握咸味的一些特征，对于黄酒调味有一定的帮助。

咸味是中性盐显示出来的味感，正负离子都会影响咸味的形成。我们日常接触的主要是氯化钠，氯化钠较浓的水溶液是纯咸味，但较稀的氯化钠水溶液有甜味。

在氯化钠的水溶液中，由于添加了蔗糖，咸味减少。在蔗糖溶液中添加少量食盐，甜味增大，咸味因添加少量的醋酸而加强，同时因添加多量醋酸而减少；少量食盐有加强醋酸酸味的作用，但添加大量的食盐则酸味变弱。因此适量咸味可以使酸甜感柔和协调，风味逼真，更适口。同时咸味是谷氨酸钠的引发剂，即没有咸味谷氨酸钠就没有鲜味。

2. 甜味的调整

黄酒中的甜味成分主要是糖类（葡萄糖为主），占总糖量的$50\%\sim66\%$，其次是异麦芽糖、低聚糖等。甘油等多元醇及某些氨基酸也构成甜味，甘油赋予黄酒甜味和黏厚感。葡萄糖与糊精使黄酒具有甜味和黏稠感，异麦芽糖、麦芽三糖和潘糖等低聚糖，增强了酒的醇厚性。黄酒的甜味要适口，不能甜而发腻。

需要指出的是消费者在品尝酒时最喜爱的甜味是"甘"。"甘"是微甜，带有鲜味的甜，是甜美之本意。清代的段玉裁云："甘为五味之一，五味之可口皆曰甘"，这里的"一"不是一种味道，而是诸种味道的协调统一。"甘"之美味，经人的口腔品味之后，引起人们触觉、味觉及心理的惬意感、舒服感。故我们黄酒调味时切忌简单调甜味，而要联系诸味调甜味，要调出"甘甜"味来。在黄酒中甜味与酸味是重要的基础风味物质，在一定的范围内，它们是相互抑制的，即甜味因添加少量的酸而减少，添加量越大，甜味越少；酸味因糖的添加而降低，添加量越大，酸味越弱。故在黄酒调味时，糖度高的酒总酸应稍高一些。同样甜味与苦味也是相互抑制的，但苦味的抑制作用比酸味强。在黄酒调味确定糖度时，要注意选择合适的甜酸比，注重与其它各种味的协调和相互影响。

3. 酸味的调整

酸味感是动物进化最早的一种化学味感，许多动物对酸味刺激都很敏感，人类由于早已适应酸性食物，故适当的酸味给人以爽快的感觉，并促进食欲，但酸度过高会产生令人不愉快的感觉。酸味是黄酒的重要口味。黄酒中的酸主要是有机酸，它对黄酒的风味和缓冲作用很重要，要求酸味柔和、爽口，酸度应与糖度互相协调。在黄酒中酸有减甜增浓的口感作用。黄酒中的有机酸有乳酸、醋酸、琥珀酸、柠檬酸、苹果酸、酒石酸等，还有氨基酸和核酸等；一般以乳酸、琥珀酸、柠檬酸为主。

在黄酒调味确定总酸时，要了解和掌握黄酒中的特征酸成分和含量，以保证酸感正确，要研究酸味与其它各味之间的定量关系或者建立酸味与其它味的定量调味模型。

需要注意的是，如前所述酸味与甜味易引起相杀的效果；酸味会随着温度上升而增强，因而黄酒一经加温会感觉较酸。

4. 苦味和涩味

单纯的苦味是不可口的，可以说是不受人喜爱的口味。但是在生活中，人们往往对于一些带有苦味的食品情有独钟，如苦瓜、莲子、啤酒、咖啡、茶等。之所以出现这种现象，是与苦味在调味和生理上所发挥的重要作用分不开的。黄酒生产过程中由于麦曲的应用，发酵老嫩的控制，酒储存时间的长短等因素，黄酒中存有一定感觉的苦味物质，当这些苦味物质与甜、酸或其它味感调配得当时，可使黄酒的风味更加丰富和独特，并给人以落口爽净的感觉，具有提高黄酒嗜好性的意义。一般而言，苦味的阈值极低，即使是极少量也能为舌头感觉到，因而在黄酒调味时应特别关注苦味特征比较明显的原酒，合理调配可以丰富黄酒的风味，提升酒的品质，尤其是在进行清爽型黄酒的调味操作中，更要合理运用苦味的调味技巧。所谓"运用之妙，存乎一心"。总而言之黄酒的苦味必须严格控制，绝不能有非常明显的苦味，况且黄酒饮用时如一经加温，苦味会随着酒温的升高而越加明显。

涩味是口腔黏膜蛋白质凝固时所引起的收敛感觉的滋味，因此涩味不是味蕾受刺激的感觉，而是触觉的神经末梢受刺激而产生的。黄酒中的涩味主要是乳酸含量过多和存在酪氨酸等产生的，有时在调酸时加石灰过多也会造成涩味。强烈的涩味是一种能使人产生不愉快的味感，然而极淡的涩味则近似苦味，与其它味道作用可以产生独特的风味，因此亦有特殊的调味作用。但这种调味作用要协调，即要达到"和"的标准，要调成特有风味的效果，否则便是失败。因为一般而言，少量的涩味物质会使黄酒呈现浓厚感，但若过量，则破坏了酒味的协调，如同烹调中的盐和胡椒一样，少则增味，多则坏事。

八、黄酒调味注意事项

在黄酒调味中，不存在划一的、统一的调味技术。虽然黄酒的风味具有某种共同性，所谓"口之于味有同嗜者"，但这并不排斥不同的口味和风格要求。在黄酒调味上，追求统一的标准是没有意义的，"食无定味，适口者珍"，品味者感到适口的黄酒才具有美酒的意义，所以一切要以消费者为中心，调出有自己个性和特色的黄酒。

第八章
现代黄酒质量控制及检验分析

控制黄酒质量的常规指标及其检测技术的研究进展，包括总糖含量、酒精度、非糖固形物等；并对可成为控制黄酒质量的新指标及其检测方法进行归纳总结，旨在为提高黄酒企业产品的检测效率和降低生产成本提供理论参考，本章主要内容围绕黄酒质量控制及检验分析展开。

第一节 现代黄酒发酵醪的酸败及防治

黄酒发酵是开放式的，是在没有灭菌的状态下进行的，外界的许多微生物都有可能有机会侵入其中。黄酒发酵是糖化和以多品种、高密度酵母与乳酸杆菌（细菌）协同作用的混合发酵并行的过程。发酵醪中存在着多种微生物，如多品种、高密度的酵母和多品种、高密度的有益细菌（乳酸杆菌），它们之间有互生、共生，互相促进的关系，也有互相对抗、互相抑制的关系；正常情况下，它们之间互生、共生，互相促进、协同发酵平衡进行。因此，只有在异常条件下，当发酵醪液中的自身乳酸菌（细菌）、其它乳酸杆菌、外界侵入的有害菌大量生长繁殖，产生过量的乳酸和其它有机酸，致使发酵醪的酸度上升，抑制正常酵母发酵产酒精，当总酸度超过 7.5g/L 以上，发酵醪的香味和口味就变坏，称为酸败。本书介绍引起传统黄酒发酵醪酸败的原因及防止措施，与大家共同探讨。

一、引起传统黄酒发酵醪酸败的原因

黄酒淋饭酒母酸败机理：淋饭酒母是酒药中霉菌、曲的糖化和以酵母与乳酸菌（细菌）协同作用的混合糖化发酵并行的过程〔即：边糖化与边酵母糖化发酵、边乳酸菌（细菌）糖化发酵同时协同进行的三边发酵〕。乳酸菌产生的乳酸、乳酸菌

素等代谢产物，在糖化一定时间产生窝液后（一般在 24～30h），降低和维持窝液 pH 值 4.0 以下，甚至 3.8 以下，酵母快速增殖，并产生和累积酒精，它们的共同作用，抑制其它细菌的生长和霉菌的继续生长，阻止外界细菌、霉菌（有害微生物）的侵入，及抑制淋饭酒母醪内自身乳酸菌（细菌）的发酵产酸量。这个过程在正常的淋饭酒母醪中是平衡的，是一个动态平衡；而且乳酸菌（细菌）抑制霉菌生长、繁殖也有种的特异性。如果原料、工艺条件、操作手法等改变，改变淋饭酒母醪液内酵母、乳酸菌（细菌）的种类和比例等，搭窝糖化时窝液 pH 值不能快速下降到 3.8 以下，破坏上述平衡，就无法抑制其它细菌、霉菌的生长，无法阻止外界细菌、霉菌（有害微生物）的侵入，及无法抑制淋饭酒母醪内自身乳酸菌（细菌）的发酵产酸量，引起选择的酵母种类和正常、有益乳酸菌的缺少，而引入其它种类乳酸杆菌等有害菌，而使淋饭酒母不能用作摊饭酒的酒母或酸败。引起淋饭酒母醪酸败的菌群主要有非正常和有害的乳酸菌（如专性异型乳酸菌，短的椭圆形或短的棒状杆菌，一端长一端短的对生或短链杆菌，长的是短的两倍左右，单生或对生两端向同一方向弯曲的杆菌等），次要的菌群是会运动的细长型杆菌（未检定）、醋酸菌、对生芽孢杆菌（未检定）等。

引起淋饭酒母酸败的因素较多，主要有以下几种：

1. 淋饭酒母质量差

① 酒药保存和制作不当，或淋饭酒母制作不当，引起淋饭酒母中酵母种类的改变、变异或发酵力降低；淋饭酒母培养过程酒精上升缓慢；用这样的淋饭酒母接入发酵醪进行发酵，将导致发酵缓慢，酒精度上升慢，对细菌（有益乳酸杆菌）产酸的抑制能力降低，营养成分偏高，给细菌（有益乳酸杆菌）的大量繁殖提供机会，发酵醪中酵母和有益乳酸杆菌（细菌）协同发酵作用被破坏，失去平衡，污染有害菌造成酸度升高幅度大，酒精含量上升缓慢，则酸度上升就快，淋饭酒母就易酸败。

② 酒药制作不当，酒药质量差，因为酒药仅是传统手工操作，控制质量非常困难，其微生物系发生改变，正常和有益的乳酸杆菌缺失，或者有害菌增多，这样的酒药制淋饭酒母就易超酸。

酒药中无正常和有益的乳酸杆菌，而污染有害菌如短的椭圆形或短的棒状杆菌，一端长一端短的对生或短链杆菌，长的是短的两倍左右，单生或对生两端向同一方向弯曲的杆菌等，造成酸度升高幅度大，酒精含量上升缓慢，则酸度上升就快，淋饭酒母就易酸败；或者淋饭酒母在使用时（15 天左右）酸度并不太高，没有达到酸败程度，但淋饭酒母中正常和有益的乳酸杆菌少、很少或无，而污染了有害菌，这样的淋饭酒母应用于摊饭酒酿制，将引起摊饭酒大面积酸败；有害菌如一端长一端短的对生或短链杆菌，长的是短的两倍左右、单生或对生两端向同一方向弯曲的杆菌对酵母发酵产酒精有抑制作用，使酵母产酒精少和慢，经初步分析，抑制酵母发酵产酒精的机理是，有害细菌分泌一种特殊物质，促使酵母细胞膜的物质通透能力降低，从而使酵母产酒精缓慢；经试验，当醪液中酒精度达到 17% 以上，上述两种有害菌受到酒精的抑制，上述两种有害菌对酵母发酵产酒精的抑制作用降低。

③ 淋饭酒母成熟醪有异味，酒精度、总酸正常，有异味（非酵母味）。镜检：酵母形态不正常的较多，细菌数量少；或酵母形态基本正常，细菌数量多。这样的淋饭酒母接入发酵醪，表现出升温稍慢，开耙稍迟；或者表现为主发酵期升温和开耙正常；抑制乳酸杆菌自身产酸能力降低，到发酵后期，酒精度上升缓慢，酸度上升较快，出现超酸。尤其是后发酵期，当气温升高时，酸度上升快。

④ 淋饭酒母成熟醪质量差，总酸偏高，培养过程酒精度上升缓慢。镜检：酵母形态不正常的多；正常形态的细菌（有益乳酸杆菌）数量少，细菌形态不正常的多；这样的淋饭酒母接入发酵醪进行发酵，将导致发酵缓慢，酒精上升不快，对细菌的抑制作用降低，营养成分偏高，给细菌的大量繁殖提供机会，发酵醪中酵母和有益乳酸杆菌协同发酵作用及保障安全发酵系统被破坏，失去平衡，造成主发酵期或后发酵前期酸度升高幅度大，酒精上升缓慢，则酸度上升就快。

⑤ 后期投料的酒（俗称后性酒），淋饭酒母是在冬酿前期一起制成的，则淋饭酒母由于存放时间长，酵母活力降低，死亡率高，酵母数量减少，发酵力弱；此淋饭酒母用于发酵，则酵母起发慢，而乳酸杆菌（细菌）生长快，数量急剧增加，乳酸杆菌和酵母的协同发酵作用失去平衡，乳酸杆菌产乳酸量增加，主发酵醪的酸度上升快。

2. 生麦曲质量差

① 麦曲质量差主要表现在曲块内部菌丝不均匀，有黑心、黑圈、黄心、红心、烂心等现象，曲块表面菌丝少，有干皮现象。这将引起曲的酶系改变，其液化力低，饭液化慢，使酵母繁殖、生长慢，产酒精慢，累积酒精慢，酵母与乳酸杆菌协同作用不平衡，抑制有益乳酸杆菌自身产酸作用小或无，乳酸杆菌的数量和产酸量逐渐增加，使后发酵醪液酸度升高快而酸败；同时，还引起曲的菌系改变，有益乳酸杆菌少，其它细菌数量多，提供给发酵醪中酵母和有益乳酸杆菌生长的营养有所改变，使得发酵醪中正常菌减少，有害菌增加，有害菌发酵产酸，后发酵醪中酸度上升快。

② 局部麦曲中有益乳酸杆菌数量少，其它细菌数量太多，这是由于麦曲在制作过程某一小块区域的工艺条件控制不当，刚好加入同一缸中，浆水中的低酸条件和乳酸杆菌菌素无法选择正常的乳酸杆菌，不能抑制其它细菌的生长，其它细菌的大量繁殖和产酸，使主发酵醪酸度升高快，导致酸败。这就是开耙中产生"跳缸"（在同一批中只有一缸或个别缸发酵醪酸败的现象）的原因之一。

3. 浸米浆水酸度的影响

浸米浆水可调节发酵醪的 pH 值，使发酵醪在微酸性环境下，抑制其它细菌的生长，确保酵母安全生长、发酵，选择有益乳酸杆菌（细菌）的数量和种类，使酵母和有益乳酸杆菌（细菌）协调作用；并提供营养，如各种营养物质和生长因子：氨基酸、核酸、维生素等，可促进酵母的快速生长和发酵，产生酒精，累积和提高发酵醪液的酒精含量，又可抑制有害菌的生长。浸米浆水酸度不符合要求，使发酵醪酸败有下列几种情况（以加饭酒的浸米浆水为例）：

① 浸米浆水酸度太低，浸米池底部浆水酸度在 9.0g/L 以下，无法抑制其它细菌的生长，使其它细菌快速生长，醪液中会运动的杆菌很多，细菌种类很杂、很多，发酵液挥发酸含量高，乙酸和乙酸乙酯香很明显，这样的酒一天或头耙开出就酸败，以后酸度快速增长，甚至发臭。

② 浸米浆水酸度低，浸米池底部浆水酸度在 9.0～11.0g/L，不符合要求，非有益乳酸杆菌数量多，异型乳酸杆菌多，其它细菌如醋酸菌、芽孢杆菌、对生芽孢杆菌等多，发酵产生较多的醋酸，抑制酵母的正常发酵，2～3 天后，酸度快速增加而酸败。酒精度上升缓慢。

③ 浸米浆水酸度稍低，浸米池底部浆水酸度在 11.0～14.0g/L，这样的浆水酸度有两种情况，若其它工艺条件（曲质量、蒸饭、投料、酒母质量等）都控制得好，发酵能正常进行；若其他工艺条件也有缺陷，则发酵可能无法正常进行，异型乳酸杆菌数量很多，其它细菌醋酸菌、芽孢杆菌等多，有益乳酸杆菌少，在后发酵期，若气温上升，则发酵醪酸度上升较快，使发酵醪酸败。

④ 浸米浆水酸度过高，其池底部浆水酸度在 20.0～22.0g/L，或米质差，浆水发稠，则蒸饭困难，生米增加，也易使发酵醪酸度过快升高；或在后发酵期，发酵醪酸度上升较快，使发酵醪酸败；若蒸饭正常，饭质量好，对发酵影响不大。

⑤ 浸米浆水酸度太高，浸米池底部浆水酸度在 22.0g/L 以上，蒸饭更加困难，浆水中乳酸杆菌的种类发生改变，使发酵醪中的乳酸杆菌种类也发生改变，到后发酵后期，抑制酵母的发酵作用，酒精度上升慢，酸度上升较快。在同一浸米池中，浸米池上部浆水酸度低，浸米池底部浆水酸度高，相差大；由于在放浆水前没有翻匀或翻得不均匀，使得浸米池上部的米刚好投入同一缸中，其浆水酸度低，使这一缸发酵醪酸败。这也是开耙中产生"跳缸"的原因之一。

4. 米质差

① 米质软　浸米时间虽短，浸米浆水发稠，蒸饭困难，有大量生米，易使发酵醪酸败。

② 米质差　浸米后，大都成为碎米，淋饭不畅，搭窝困难，易倒窝，霉菌和拟内孢霉酵母等糖化菌作用不好，易碎，蒸饭后饭粒小，成为饼状，投料后成糊状，不能很好地形成醪盖，升温慢，或不能升到开耙要求的温度，有益乳酸杆菌繁殖慢，数量少，酵母发酵产生和累积酒精量少，其它细菌增殖就快，不能选择有益菌群，无法抑制有害菌群的增殖，产酸量大，使发酵醪酸败。

③ 米质变化频繁　软质米浆水酸度易浸出，浸米时间和温度可短一些和低一点。硬质米浆水酸度浸出困难，米质越好，浆水酸度浸出越困难，浸米时间和温度需延长和提高。由于米质变化频繁，又不能很好区分软质米和硬质米，浸米条件控制不恰当，要么浆水酸度过头，使蒸饭困难，生米多，发酵醪易酸败；要么浆水酸度不足，而使发酵醪易酸败。

5. 蒸饭质量差

由于饭蒸得不熟，有生米，或饭中有夹生现象；有些细菌能利用生淀粉进行代谢，并且能利用生淀粉进行代谢的细菌增加。一般前发酵尚正常，酵母繁殖旺盛，未见异常，但到发酵的中后期，酵母菌逐渐衰退，能利用生淀粉进行代谢的细菌则迅速繁殖，有些细菌快速生长繁殖，而且会抑制酵母的生长、繁殖、发酵，酸度上升较快。因米质不同，饭黏稠，冷却困难，饭温太高，投料温度太高（这种情况很少见，不应该发生），超过酵母的适宜繁殖和发酵温度，酵母繁殖被抑制，耐高温细菌的繁殖就加快，细菌产酸，醪液酸度上升非常快，而酸败。极个别甑饭没有蒸透，表面饭熟，内部有较多生米，此甑饭投入缸中，能利用生淀粉进行代谢的细菌大量增加，产酸，使这一缸醪液酸败，这也是开耙中产生"跳缸"的原因之一。

6. 投料配比不正确

传统黄酒生产的配方是经过几十年甚至上百年的生产实践检验、不断完善而成的，不是随意可调整的。配方的随意调整，要破坏"边糖化与边酵母发酵、边乳酸杆菌（细菌）发酵同时协同进行的三边发酵的平衡"，无法抑制乳酸杆菌的发酵产酸量或外界其它微生物的侵入，在发酵醪中大量繁殖而酸败。在投料过程中，各种物料称量不正确，也即配方不正确：如麦曲加多了，糖化快了，麦曲中细菌加入多了，细菌繁殖就快，酸度上升快；饭量少了，相应的麦曲、水就多了；投料初始pH值提高，糖化快，麦曲中细菌加入多，就更容易酸败。

其它投料量不正确也会如此。

7. 窝液大小控制不当

（1）放水加曲时窝液太大

放水加曲时窝液太大，糖化作用过头，营养过量，酵母、乳酸菌等有益菌利用不及，利于有害菌的增殖，有害菌的数量增加，使淋饭酒母易酸败。

（2）放水加曲时窝液太小

放水加曲时窝液太小，糖化作用不充分，营养不足，酵母、乳酸菌等有益菌增殖不顺，数量上达不到抑制有害菌群的增殖，有害菌的数量增加，使淋饭酒母易酸败。

8. 工艺控制不当

制淋饭酒母的各工序控制点由技工掌握，工序控制点多，而且要昼夜把守，搭窝糖化时间、放水加曲时间、开头耙时间、开二耙时间、灌坛时间、开坛耙时间等，稍有不慎，只要有一个工序控制点掌握不好，就会改变淋饭酒母中微生物菌群，影响淋饭酒母质量，淋饭酒母易酸败。

（1）前酵温度控制偏高或偏低

前酵温度控制偏高，超过发酵温度上限（37.5℃），或高温期持续时间长，前期发酵激烈，前期酒精上升速度超过一般水平，旺盛期短，发酵中期酵母即开始衰退，引起细菌快速繁殖。发酵醪进入后酵期，尤其当气温升高，酒精上升缓慢时，而酸度却随即上升。检测发现，发酵醪还原糖含量高，味甜带酸涩；镜检：酵母死亡率增加，细胞个体变小，有些酵母形体发生改变；细菌数量大大增加。前酵温度控制偏低，前4耙耙前温度低于下限（32℃），则有益乳酸杆菌不能很好增殖，发酵产酸，降低和维持pH值在4.0以下，不能抑制其它细菌的增殖和自身乳酸杆菌的发酵产酸量，酸度上升快。

（2）后发酵期后期气温的快速升高

后酵后期气温的快速升高，则导致发酵醪的品温也快速升高，而乳酸杆菌的耐酒精性比酵母高，可达24%（体积）以上，高耐酒精度的乳酸杆菌（细菌）就会快速生长繁殖，从而产生大量的酸，也会造成发酵醪酸败。

9. 卫生工作不好

发酵容器、工具的卫生工作做得不好，就会在发酵容器、工具中有大量的微生物繁殖生长，这样的发酵容器、工具，必然会把有害菌大量带入发酵醪内，使得发酵醪的正常菌系发生改变，其它细菌会快速生长，使酵母和有益乳酸杆菌（细菌）协调发酵作用遭破坏，发酵醪的酸度上升快。

10. 原料不清洁

加入的原料不清洁，如不清洁的水、曲粉带有大量细菌等。水中含有大量的有害菌如对生芽孢杆菌，此菌发酵产乳酸和醋酸。产醋酸量大，对酵母和有益乳酸杆菌有严重的抑制作用，若用这样的水作为投料水，则淋饭酒母不正常，酸度高，淋饭酒母中对生芽孢杆菌数量多；米浆水酸度浸不出，浆水中对生芽孢杆菌数量多，乳酸杆菌菌素及生长因子无法满足发酵过程的需要；在发酵醪中有害菌的大量生长繁殖，对生芽孢杆菌数量多，产多量的醋酸，抑制有益乳酸杆菌和酵母的正常繁殖、生长和发酵，保障安全发酵的体系被破坏，那么发酵醪中酒精上升慢，而酸度上升很快。

除上述因素外，操作不当、失榨（气温升高，酒已发酵完成，来不及榨酒）等，使高耐酒精度的乳酸杆菌（细菌）和其它细菌大量繁殖，也会造成酸败。传统黄酒发酵醪酸败往往不一定是由某一种因素引起的，有可能是综合因素造成的，有时还比较复杂，因此，我们要经常检查醪液的发酵和微生物情况。

二、控制淋饭酒母醪酸败的技术

在传统黄酒酿造中，创造良好的工艺条件，确保酵母菌和乳酸菌（细菌）等有益菌群的正常活动，确保酒药中霉菌和具糖化能力的酵母及细菌、曲的糖化和以高密度、多品种酵母与乳酸菌（细菌）协同作用的混合糖化发酵并行的过程的平衡，保持糖化、酵母的增殖和糖化发酵的正常进行；淋饭酒母中正常和有益乳酸杆菌是从酒药、生麦曲、稻草中接入的，必须保证酒药、生麦曲、稻草中有正常和有益乳酸杆菌，目前对淋饭酒母、速酿酒母、摊饭发酵醪的普查研究得知：正常和有益乳酸杆菌有4～6种；抑制自身乳酸菌（细菌）产酸量和抑制有害菌群的侵入污染繁殖而产酸的大幅增长，是防止淋饭酒母酸败的根本方法。解决淋饭酒母酸败问题，主要采取以下一些控制技术：

1. 保持清洁卫生工作

发酵容器、工具等必须每批清洗灭菌，因淋饭酒母在搭窝期很容易染入有害菌。尤其是缸经过使用后再次用于淋饭酒母制作，特别是当缸已用于酿制摊饭酒后再次用于制淋饭酒母，因缸壁的不平或死角，杀菌不易达到，用过的缸留有大量的细菌，必须进行严格多次灭菌。做好淋饭酒母制作的保温工作，灭菌消毒可采用消毒剂和热水并举进行灭菌，减少有害菌的污染，并做好场地的清洁卫生工作。

2. 提高生麦曲的质量

严格按照制生麦曲工艺操作，控制生麦曲厚度在 7.5cm 左右，控制加水量为 24%～26%，发酵最高温度必须达到 55～60℃左右。不能一味为了追求产量而制得太厚，使生麦曲发酵不正常，以保证生麦曲中正常有益微生物的生长繁殖，使生麦曲中酶系正常，提供给淋饭酒母醪有足够的营养物质，对生麦曲中的糖化力、液化力、蛋白酶活力进行测定，确定指标，保证质量；减少生麦曲中有害菌的污染，提高正常、有益菌系（有益乳酸杆菌）的数量，保证接入淋饭酒母醪正常、有益的乳酸杆菌。由于机制生麦曲比传统生麦曲质量差，机制生麦曲不能用于淋饭酒母生产。挑选优良的传统生麦曲用于制淋饭酒母，以浅灰白色生麦曲为佳。

3. 保证酒药的质量

做好酒药的制作和保存工作，选择优良陈酒药作为娘药进行接种。酒药制作时其培养的最高温度要到 34～37℃，制酒药的各个环节不能有半点马虎；制作好后选择香气正、色正、菌丝好、试验淋饭质量好的酒药，试验淋饭中镜检：酵母菌、乳酸菌、拟内孢霉酵母、霉菌等形态正常；试制淋饭酒母到 15 天后进行理化和微生物检测，淋饭酒母理化指标酒精度达到 15% 以上、总酸 6.1g/L 以下，酵母和乳酸杆菌形态正常，4～6 种正常和有益乳酸杆菌不能缺失（机械化生产加饭酒发酵醪中正常和有益乳酸杆菌为 3 种左右），保证酒药中多品种混合酵母菌、乳酸菌、拟内孢霉酵母、霉菌等微生物菌群优良，用于制淋饭酒母。并在生产时继续进行挑选，不同批酒药之间有一定的差别，应单独用于制淋饭酒母，并单独用于酿制摊饭酒，这样便于挑选优良的酒药，作为来年娘药，保证优良微生物菌种代代相传；也能防止个别批次酒药中正常和优良乳酸杆菌的缺失，而污染了有害菌，可以防止此批酒药中有害菌污染到其它淋饭酒母中，从而可以防止引起摊饭酒大面积酸败，又可挑选最优良的酒药用作来年娘药。

4. 重视浸米工艺

浸米是淋饭酒母的重要工序，浸米是黄酒酿造的传统工艺，大米浸渍过程中主要由乳酸杆菌产生乳酸等有机酸、乳酸杆菌菌素、营养物质、生长因子等，不但能改善黄酒的风味，而且能抑制大部分有害细菌的污染，有利于出酒率的提高，浸米浆水也是保证发酵能正常、顺利进行的关键因素之一。浸米浆水酸度须控制在 13.0g/L 以上；并根据浆水取样位置不同，确定浸米浆水的酸度指标；浸米浆水酸度太高也不适合，一是米的损失大，二是蒸饭困难，易产生生米或夹心米。加水量大的发酵醪，其浆水酸度须更高。投料后醪液的初始 pH 值控制在 4.5 以下，浆水酸度不足，用乳酸调节；而且，投料后醪液的 pH 值在 4～6h 内须快速下降到 4.0 以下。根据米质变化情况和气温的变化适时调整浸米温度和时间，保证浸米质量。浸米结束，把浸米池内的米翻匀，而且不能增加碎米量，而后，放浆水并沥干浆水。

5. 采购优质原料、提高蒸饭质量

采购优质原料，不使用劣质原料，用于淋饭酒母的粳糯米以硬质米为佳。提高蒸饭质量使饭粒疏松不糊，熟而不烂，内无白心，均匀一致，抑制能利用生淀粉微生物增殖的细菌。米质差，投料后应做好保温工作。

6. 严格按配方投料

严格控制投料配比，生产上要调整投料配方，须经过多次反复的试验，经实践检验可行，才可推广应用。投料时各种物料须称量正确，加料均匀，使米、酒药和生麦曲、水的投料量正确适宜，以确保边糖化与边酵母发酵、边乳酸菌（细菌）的增殖（发酵）同时协同进行的三边发酵的平衡。一般发酵一开始，酵母菌、乳酸杆菌等有益菌就占绝对优势，以抑制其它细菌的生长，抑制乳酸杆菌自身的产酸量和抑制其它细菌的产酸。另外，控制放水时窝液大小，以窝液达到 1/5～3/5 窝饭高度放水为佳，低于或高于此值为不佳。控制好淋水冷却用水量和温度，使缸与缸之间搭饭温均匀，以 29～31℃ 为佳，便于放水时间的掌握和控制。

7. 严格控制工艺条件

搭窝保温时间控制在 36～48h，并根据窝液的量来确定放水加曲时间；开耙温度的控制见表 8-1。

表 8-1　淋饭酒母的开耙品温控制要求　　　　　　　　　　单位：℃

耙序		室温	耙前温度	耙后温度
头耙		5～10	28～30	27～28
		11～15	28～29	26～27
二耙		5～10	30～31	29～30
		11～15	28～29	27～28

根据气温来适当调节开耙温度，可以减少有害菌群的增殖数量，降低自身乳酸菌的产酸量，并控制好灌坛、开坛耙的时间。若头耙温度太低，如个别缸，头耙后品温低于 26℃，需增加保温措施，用塑料壶加满 40～50℃ 热水，放在较低温度缸的外围，严格保温，或者挑选前几批做得较好的淋饭酒母 1～2 坛，加入较低温度缸内，搅匀，增加缸内酵母密度和细菌，严格保温，使品温快速上升，以利于酵母增殖，到二耙时与其它缸品温达到一致。

8. 提高原料的清洁度

所有投料和浸米用水须用清洁水，无污染有害菌，以减少有害细菌的数量；饭、麦曲也需清洁，不能被杂质、异物、污物所污染；减少从配料中接入有害细菌

的数量。

9. 协调三边发酵平衡

淋饭酒母的三边发酵平衡是酒药中霉菌和具糖化能力的酵母及细菌、曲的糖化和以高密度、多品种酵母与乳酸菌（细菌）协同作用的混合糖化发酵并行的过程［即：边糖化与边酵母糖化发酵、边乳酸菌（细菌）糖化发酵同时协同进行的三边发酵］，是指高密度、多品种酵母菌和有益乳酸菌（细菌）能够在一个较长时间内，协同作用，并从糖化中持续获得足够的营养，迅速、大量地生长繁殖形成高密度的酵母数量和持久发酵，快速产生酒精，适量的有机酸，从而抑制有害菌的侵袭，也抑制有益乳酸菌（细菌）自身的产酸量。

淋饭酒母的酸败往往不一定是某一种因素引起的，有可能是综合因素造成的，有时还比较复杂，其控制技术也不是一概而论，而要根据具体情况，具体分析，具体对待，从而解决之。

三、酸败发酵醪的处理

已经酸败的发酵醪液，若酸度超过国家标准 7.5g/L 以上，不经处理，生产出的黄酒是不能出厂的。因此，要根据超酸情况进行必要的处理。轻度超酸，酸度在 7.5～9.15g/L 的发酵醪，可采用与低酸度发酵醪混合搭配的方法，使酸度符合要求。酸度在 9.15g/L 以上的发酵醪，能与低酸度发酵醪混合搭配的方法处理的，即搭配处理；不能处理的，则单独榨酒、调色、煎酒、灌坛、储存，这样的酒经煎酒储存，其乳酸乙酯和其它有机酸酯含量大大超过正常酒，而且，经过较长时间的储存，其香气优，可作为勾兑、调味用；也可与来年低酸度黄酒进行勾兑，提高来年黄酒的口味和香气。但对于腐败变质、已发臭的发酵醪，只能作为饲料和废水处理。

第二节 现代黄酒的污染微生物及质量控制

一、概述

黄酒污染微生物的研究有利于制定针对性的控制措施。目前从成品黄酒检测出的污染微生物有乳酸杆菌、乳链球菌、戊糖片球菌、醋酸菌、短芽孢杆菌、类芽孢杆菌、霉菌、酵母菌等，其中大多数微生物会引起酒的酸败、浑浊、产生白花。

如何防止黄酒微生物污染一直是黄酒行业的一大难题，而污染微生物的研究有利于制定针对性的控制措施，对黄酒中污染微生物及质量控制问题，上海市质量监督检验技术研究院国家食品质量监督检验中心提出过对黄酒的污染微生物及质量控制方面明确的意见，因此，本节对有关问题进行综述。

二、黄酒微生物感染而导致菌落总数超标

1. 质量病灶

近年来，我国黄酒产品供大于求，国内市场竞争非常激烈。黄酒生产企业大多是小型企业，年产量有的只有几百吨，甚至几十吨。行业技术落后，整体装备水平落后于啤酒和葡萄酒等行业，工艺和包装水平也相对落后。有许多小企业生产环境差，条件简陋，无机械化生产设备，不少工序都是人工操作，从业人员卫生意识差，造成产品质量不稳定。黄酒企业实行机械化生产的企业约为100多家，占总企业数的7％左右。由此可见，黄酒生产企业技术落后的状况尚未得到改观。黄酒行业专业化程度低，企业小而全，缺乏专业化分工。黄酒市场低质低价、无序竞争问题仍较为严重。

（1）成品感官问题

① 成品酸败　黄酒发酵是典型的边糖化边发酵的过程。酸败主要发生在发酵过程中，如发酵温度、时间控制不当，极易产生酸败。

② 成品感官不合格　黄酒勾兑配方不合理，会造成感官指标不合格；也有一些企业为了获取高利润，在生产过程中偷工减料，在酒中多掺水；还有个别企业甚至用少量的黄酒掺大量的水，再加食用酒精、色素进行兑制。

③ 成品中有异物残留　容器清洗不彻底，有些回收瓶中有残留物，未彻底清洗干净，或最后灯检过程中未发现，导致成品中有异物残留。

（2）成品微生物超标

造成菌落总数超标的主要原因是生产过程中产品杀菌不彻底。部分黄酒生产企业生产环境、质量意识差，条件简陋，无机械化生产设备，不少工序都是人工操作，无自动灌装线和洗瓶设备，从业人员卫生意识差，产品容易受到污染，从而造成微生物超标。

（3）成品出现浑浊问题

其原因是煎酒操作不当，酒液中残存微生物或者盛酒容器不洁引起的微生物污染。另外，蛋白质引起的冷浑浊也是成品酒发生浑浊的原因。

（4）成品违规使用甜味剂及防腐剂，蒙骗消费者

黄酒是发酵酒，根据国家标准规定，不允许在黄酒中使用食品添加剂甜味剂。按正常工艺生产的不同类型的黄酒，其本身就有黄酒固有的甜味，也没有必要添加甜味剂。但近年来，部分企业为了迎合当前消费口味的变化，希望黄酒口感稍甜，又要降低生产成本，就在产品中添加甜味剂糖精钠或甜蜜素。根据国家标准规定，不允许在黄酒中使用食品添加剂防腐剂。由于小企业的生产环境差，条件简陋，产品容易受到污染。为了达到抑制食品中微生物的繁殖，企业违规添加防腐剂。也有个别企业由于对原材料把关不严，使用了其它企业生产的含有防腐剂的基酒，在勾兑黄酒时使产品含有防腐剂。

（5）成品非糖固形物低于标准规定

黄酒中的非糖固形物含有糊精、蛋白质及其分解物、甘油、不挥发酸、灰分等物质,是酒味的重要组成部分,糊精等物质赋予黄酒滋润、丰满、浓厚的内质,饮时有甜味和稠黏的感觉。造成黄酒中非糖固形物不合格的主要原因是企业为了获取高利润,偷工减料,或在原酒中多掺水而引起。

(6)人为降低标准,为低劣产品披上合法外衣

黄酒的质量标准是国家推荐性标准,国家鼓励企业制定高于国家标准的企业标准。但有些企业钻空子,制定低于国家质量标准要求的企业标准,使低劣产品披上合法的外衣。

(7)成品标签不规范

国家标准规定,黄酒标签必须标明产品名称、产品类型、生产日期、保质期、质量等级、制造者的名称、地址、酒精度、净含量、配料表等。国家酒类标签标准已执行多年,但仍有些企业对标签不重视,有的产品标签上未标明产品的质量等级,有的产品无保质期,有的产品名称不规范。使消费者无法掌握所购买商品的真实情况。黄酒标签存在的另一问题是标明酒龄为3年、5年等年份的黄酒中的基酒含量目前无法确证,只能靠企业的诚信来保证。根据国家标准规定,标注酒龄的基酒应不低于50%。但据了解,大多数产品达不到这一规定。有的甚至根本没有相应年份的基酒在产品中,完全是假冒产品,欺骗消费者。

2. 对症下药

针对以上情况,笔者认为应采取具体措施加强黄酒质量监管。各地质量技术监督部门应加大对生产不合格产品企业的查处力度,坚决杜绝不合格的产品流入市场,确实保护消费者利益。

加强对企业《产品质量法》和《标准化法》等法律法规的宣传,提高企业经营者的法律意识。

根据国家标准要求组织生产、完善管理体制,健全检验制度,严格把好质量关。坚决取缔以食用酒精、甜味剂为原料配制的"黄酒"。

通过已经实施的黄酒生产许可证制度,帮助企业建立质量管理体系,严格把关,对备案的企业标准的合理性进行严格审查,保证产品质量。对不符合要求的企业,则不允许其生产销售。在条件成熟的生产企业中,提倡建立HACCP安全保证体系。从生产的每一个环节上控制产品质量,以保证消费者获得安全优质的食品。

目前,黄酒国家监督抽查已连续进行了3年,经过几年的国家监督抽查,产品抽样合格率呈逐年提高之势。大型企业在抽查中质量一直保持稳定,中型企业产品质量逐年提高。

三、夏季黄酒的酸败防止措施

夏季的黄酒生产如何防止酸败和有什么措施?下面为读者作简单的解答。

夏日,因气温较高,杂菌繁衍较多,尤其在长江以南的一些黄酒厂,假定在生产过程中管理不严格,当发酵醪中有一定数量的细菌存在时,在适宜的条件下,短

期内细菌总数就会大大添加；结果，醪液的酸度大幅度上升，进而影响酵母的生产。

如在广西，许多地方个体户酿造黄酒均选在重阳节（农历九月初九），这段时间天色好，温度适宜、杂菌少，生产的黄酒很少泛起酸败，所以广西的黄酒大多数叫"重阳酒"。

而作为一个正规的黄酒生产制造企业，要是只等到重阳节这段时间才生产制造黄酒，那么就没法满足市场需求，所以只有认真剖析黄酒酸败的缘由，采取相应的对策，才能制造出品质优越的黄酒以满足消费者需要。

1. 夏季黄酒的酸败原因

（1）生产器械及发酵容器消毒不过关。

（2）饭粒太烂或夹生。

（3）黄酒淋饭水及酿造用水微生物超标。

（4）糖化发酵温度太高。

（5）煎酒温度达不到要求或煎酒不及时。

（6）储酒容器顶部留有空地。

2. 防止措施

（1）生产器械收工后应洗刷洁净，使用前要用蒸汽或化学药物灭菌。

（2）要使米饭不出现过烂或夹生现象，首先要把好浸米关，对要蒸的糯米，必须在头天加水浸泡，浸泡至少20h，途中要换一次水；其次要掌握洒米的能力，汽到哪里米就洒到黄酒哪里，上汽后5min再盖好锅盖，继续蒸20min左右就可，最后的要求是使米饭"熟而不粘，内无生心"。

（3）淋饭用水及酿造用水若是城市自来水，必须进行水处理：自来水→砂棒过滤器过滤→装黄酒有活性炭的清水器脱氯→砂棒过滤器过滤→紫外线杀菌器灭菌→无菌水。

（4）在南方进行黄酒生产时，不一定要把糖化与发酵合并，因为根霉的糖化温度在30～32℃较好，而发酵时由于温度不时升高，必须使用空调设备，使发酵时温度在20～22℃左右。

（5）压滤后黄酒要实时煎酒。

（6）煎好的黄酒储存时储罐顶部最好不要留有空间，以满罐为佳。要是有少量空间，可用60℃以上的糟在黄酒液面上铺一层；要是顶部空间太大，必须注入惰性气体（氮气）以阻隔氧气，防止好气性菌侵入。

3. 验证与论断

多年实践证实，只需采取以上6个方面的对策，黄酒的发酵完毕后酸度基本上都符合黄酒国家规范 GB/T 13662 规定的 8.0g/L（以乳酸计）之内。

若因后期储存不善导致酸度回升到 9g/L 时，可采取化学纯碳酸钙进行降酸处理，在降酸幅度不超过 2.5g/L 的情况下，其黄酒色、香、味不会有多大改变，再经由一段时间的陈酿后，对黄酒的感官质量未造成影响。

四、夏季黄酒酿造控制温度和发酵时间是关键

目前国内清凉解暑的黄酒成为不少消费者热衷的选择，但是有很多消费者却很少喝超市购买的成品黄酒，对于市场销售的成品来说，消费者最大的顾虑莫过于勾兑和添加剂的存在了，有不少消费者会选择自己动手酿造来一饱口福。

对于有经验的酿酒师傅来说，冬季是一年之中最为适合黄酒酿造的季节，但是对于初次酿造黄酒的朋友来说也许并不容易把握，有些甚至选择在夏季酿造黄酒，而对于在炎热的夏季酿造黄酒其实是一件非常有技术含量的工作。

众所周知黄酒丰富的口味和营养都是源自冬季缓慢的发酵产生的，但是夏季温度过高，会加快黄酒的发酵进度，这样很容易导致黄酒变酸坏掉，这里并不是说夏季不能酿造黄酒，重要的是要把握温度的高低。在夏季要把室温控制在 $10\sim15℃$，不能过热，这样有利于黄酒的缓慢发酵。

俗话说得好，心急吃不了热豆腐，黄酒酿造更是如此，不能急于求成，和米酒、白酒、葡萄酒的短时间发酵相比，最短半年的发酵时长是黄酒独树一帜的重要标志之一，喜好黄酒酿造的朋友也要注意控制发酵的时间长短，不能顾此失彼，温度和时间都要得到控制。

其实想要在夏季喝上黄酒，最好是去年的冬季就要着手黄酒酿造事宜了，冬季有适宜的温度并且很少有蚊虫的出没，对黄酒的发酵和保存都有很好的帮助作用，同时经过冬季和春季的发酵之后，黄酒酒液在夏季就会自然析出，饮用时口感更好。

五、黄酒质量控制中对双核臭氧杀菌技术的应用

1. 黄酒的质量控制

黄酒具有营养健康、酒精度低的特点，是未来酒类发展的一个方向。适当饮用黄酒，既可满足生活和应酬的需要，又不会影响健康和工作。目前，我国黄酒的消费区域已从传统的江浙沪地区向其它地区扩散，销量呈逐年增长的态势。

但黄酒的酒度较低，生产环节又较多，也容易感染微生物而导致菌落总数超标等卫生安全质量方面的问题。

一般在黄酒生产过程中，应采用全程质量控制原理，从多个环节入手，以消除可能存在的污染源，确保黄酒的质量。在黄酒酿造生产过程中，采用双核臭氧杀菌技术等先进的食品保质技术，可有效预防微生物的污染、提高黄酒的安全质量。

黄酒虽为酒精饮品，且经过杀菌处理，但如果生产环境的卫生条件差，黄酒也会受到微生物污染，出现卫生安全质量不合格的问题。

在黄酒生产过程中，采用双核臭氧杀菌技术，可有效减少微生物的污染、提高黄酒的卫生安全质量、延长黄酒的保质期。

臭氧是一种高效杀菌剂，具有强烈的消毒灭菌作用，杀菌彻底迅速。在消毒灭菌的同时，臭氧可自行还原为氧气，不留任何痕迹，无二次污染，环保安全。同

时，使用臭氧杀菌，也可避免紫外线杀菌能效低、化学熏蒸污染大的缺点。

臭氧杀菌技术适用于食品生产企业的原料及成品储存、保鲜、消毒的工艺过程之中，例如，可用于：冷库杀菌消毒；黄酒等食品生产车间空气的灭菌净化；蔬菜水果加工、储藏及防霉保鲜；矿泉水杀菌保质；食品生产用水、生产工具、生产容器、包装物等的消毒；有助于食品生产企业通过食品行业的 GMP 及 HACCP 体系的认证。

2. 臭氧杀菌技术在酿酒行业的应用

具体来说，臭氧杀菌技术在酿酒行业的应用有以下几方面：

① 酿酒生产车间空气杀菌消毒　生产车间的微生物污染是影响黄酒等食品安全质量的重要因素，臭氧不但可有效杀灭这些微生物，还可有效去除车间异味。使用臭氧消毒，能使生产车间的空气、地面、操作台、设备、器具等物体表面的细菌指标合格，且可显著减少车间的异味。

② 酿酒更衣室和工作服消毒　大部分细菌等微生物都会通过生产人员的工作服带入生产车间，严重时会导致大面积传播，应引起足够的重视。不少食品加工企业采用紫外线照射消毒，但紫外线照射的消毒效果较差，而臭氧气体可渗透到工作服的各个部位，故利用臭氧对工作服进行消毒是高效、简单的方法。

③ 生产用水的杀菌净化　臭氧在水中对细菌、病毒、微生物等的杀灭率高、速度快，对水中有机化合物等污染物质去除彻底，又不产生二次污染。这对酿酒生产车间加工用水的安全性提高有重要作用。

④ 制备高浓度的臭氧水，作为新型消毒剂　将高浓度的臭氧溶解于水中制成的臭氧水，具有极强的广谱杀菌效果，可对黄酒车间的生产设备（如发酵罐、调配缸、洗瓶机、灌装机、封口机）、工器具（如储料桶）、地面、操作台等进行杀菌消毒。

3. 黄酒加工过程中双核臭氧杀菌设备应用特性

根据双核臭氧杀菌原理，开发了先进的"双核臭氧杀菌设备"。在黄酒加工过程中，康久双核臭氧杀菌设备具有这样一些应用特性：

① 设备稳定性高，杀菌效果良好。该机采用智能稳风和过滤系统、耐高温陶瓷膜抗氧化技术、红外线控制技术、动态消毒升级端口等多项创新技术，使臭氧的发生量更大，设备长时间工作的性能更稳定。

② 为降低臭氧对人体可能产生的伤害，上海康久消毒技术公司开发了模拟工作环境的双 CPU 控制系统，臭氧机可根据车间生产需要，进行自我开关机、自我安全管理。该机配套超长波红外线控制系统，可手工进行远距离零伤害的操控。

③ 基本可做到两年内无故障、无维护费用，且价格适中。

我国酿酒厂很多、产量很大。酿酒是一种耗粮高、耗能大的产业，从粮食安全、节能降耗等角度考虑，应限制酿酒产业的过度发展。近几年，对酒类产业，国家一直贯彻"优质、低度、多品种、低消耗"的方针。相对于白酒而言，黄酒是一种酒精含量较低、耗能较少的酒类产品。国家宏观的酒业导向政策，有利于黄酒产业发展。

尽管黄酒的市场空间广阔、未来前景美好，但微生物超标等问题的存在，也限制了黄酒产业的健康发展。黄酒企业只有积极采用双核臭氧杀菌技术等先进的杀菌保鲜技术，提高黄酒产品的安全质量，并从新品开发、在营销方式创新等方面加大力度，才能推动黄酒产业快速、稳步发展。

第三节 现代黄酒质量检验测定

一、酒精度的测定

黄酒—酒精度的测定—酒精计法

1. 范围

本方法采用酒精计法测定黄酒的酒精度。

本方法适用于各类黄酒中酒精度的测定，结果表示为体积分数，测定值保留一位小数。

2. 原理

黄酒经直接加热蒸馏，馏出物用水恢复至原体积，然后用酒精计测定20℃时馏出液的酒精度。

3. 仪器

① 全玻璃蒸馏器，带500mL蒸馏烧瓶和直型玻璃冷凝管。

② 恒温水浴。

③ 酒精计，精度为0.1°。

④ 水银温度计，0~50℃，分度值为0.1℃。

⑤ 量筒，100mL。

4. 试样制备

在约20℃时，用容量瓶量取试样100mL，全部移入500mL蒸馏瓶中。用100mL水分次洗涤容量瓶，洗液并入蒸馏瓶中，加数粒玻璃珠，装上冷凝管，用原100 mL容量瓶接收馏出液（外加冰浴）。加热蒸馏，为保证酒精蒸气的冷凝，冷凝器长度应不短于40cm，蒸馏时冷凝管出水端温度应不高于25℃。收集约95 mL馏出液，取下容量瓶，等馏出液在20℃水浴中保持约20min，加水恢复蒸馏液至原体积100mL，混匀，备用。

5. 操作步骤

将馏出液倒入洁净、干燥的100mL量筒中，静置至馏出液中气泡消失后，将洗净擦干的酒精计缓缓沉入量筒中，静止后再轻轻按下少许，待其上升静止后，水平观测酒精计，读取酒精计与液体弯月面相切处的刻度示值，同时插入温度计记录温度，根据测得的酒精计示值和温度，查GB/T 13662中的附录A，换算成20℃时的酒精度。

6. 精密度

同一样品两次测定值之差，不得超过 0.2%。

二、黄酒甜度/糖度的测定

含糖量 40~100g/L 黄酒属于半甜黄酒，低于 15g/L 叫干黄酒，高些的还有半干黄酒，大于 100g/L 叫甜黄酒。

糖度：糖度也是以含糖量的百分比计算的。三种甜度黄酒含糖量的百分比分别为：甜型黄酒约在 10%~20%；半甜型黄酒约在 1%~8% 之间；不甜型黄酒一般为 1% 左右。

黄酒甜度又称比甜度。甜度是一个相对值，通常以蔗糖（非还原糖）作为基准物，一般以 10% 或 15% 的蔗糖水溶液在 20℃ 时的甜度为 1.0，其它糖的甜度则与之相比较得到。

三、多糖含量的测定

多糖主要有淀粉、纤维素、糖原。

1. 淀粉的鉴定

最简单的方法是加碘液后变蓝。

淀粉具有遇碘变蓝的特性，这是由淀粉本身的结构特点决定的。淀粉是白色无定形的粉末，通常由 10%~30% 的直链淀粉和 70%~90% 的支链淀粉组成。溶于水的直链淀粉借助分子内的氢键卷成螺旋状。如果加入碘酒，碘酒中的碘分子便嵌入到螺旋结构的空隙处，并且借助范德华力与直链淀粉联系在一起，形成了一种分子量较大的络合物，这种络合物能够比较均匀地吸收除了蓝光以外的其它可见光，因此使淀粉呈现出蓝色来。

2. 纤维素鉴定

纤维素（cellulose）为 β-葡萄糖残基组成的多糖，在酸性条件下加热能分解成 β-葡萄糖。β-葡萄糖在强酸作用下，可脱水生成 β-糠醛类化合物。β-糠醛类化合物与蒽酮脱水缩合，生成黄色的糠醛衍生物。颜色的深浅可间接定量测定纤维素含量。

3. 糖原的鉴定

① 浓 H_2SO_4 使糖原脱水生成糠醛衍生物，后者再和蒽酮作用形成蓝色化合物。

② 糖原水溶液遇碘呈红棕色，所以也可用碘液鉴定。

四、单宁的测定

单宁，是英文（tannins）的译名，它是黄酒中所含有的两种酚化合物其中的一种，尤其在红葡萄酒中含量较多，有益于心脏血管疾病的预防。葡萄酒中的单宁一般是由葡萄籽、皮及梗浸泡发酵而来，或者是因为存在于橡木桶内而萃取橡木内的单宁而来。单宁的多少可以决定黄酒的风味、结构与质地。缺乏单宁的黄酒质地轻薄，没有厚实的感觉。单宁丰富的黄酒可以存放经年，并且逐渐酝酿出香醇细致的陈年风味。比如当葡萄酒入口后口腔感觉干涩，口腔黏膜会有褶皱感，那便是单宁在起作用。

（1）酿酒中单宁测定的对比

目的：对比酿酒中测定缩合单宁的甲基纤维素沉淀法（MCP 法）和蛋白质沉淀法（A－H 法），以寻找一种快速准确的测定方法。

（2）酿酒中单宁测定的方法

方法：采用两种方法测定不同类型、产地、品种酿酒的缩合单宁，考察其测定值和变异系数；采用液相色谱－质谱联用法（HPLC－MS 法）测定缩合单宁含量，采用吸光度法（A280）测定总酚含量，并与上述两种方法的结果对照。

（3）酿酒中单宁测定的结果

① MCP 法和 A-H 法均只适用于红葡萄酒缩合单宁测定，MCP 法精度略高但差异不显著。

② MCP 法测定值平均为 A-H 法的 9.13 倍，但二者存在较好的线性关系（$R_2 = 0.6029$）。MCP 法与 HPLC-MS 法线性关系良好（$R_2 = 0.7733$），A-H 法较差（$R_2 = 0.4843$）。

③ MCP 法与总酚存在良好的线性关系（$R_2 = 0.9095$），A-H 法与总酚无显著线性关系（$R_2 = 0.2872$）。

（4）酿酒中单宁测定的结论

两种方法均能反映红葡萄酒缩合单宁含量，但 MCP 法与 HPLC-MS 法、总酚具有更高的一致性，如采用 A280 测定总酚，应采用 MCP 法测定缩合单宁。

五、蛋白质的测定

黄酒沉淀是困扰黄酒行业的老大难问题，严重影响黄酒的外观质量和档次的提高，是造成保质期内退货的主要原因。黄酒的保质期较短，优质黄酒只有 2 年，主要是受到沉淀的限制，由原料、工艺及酒的内在品质所决定，黄酒中的蛋白质含量居各酿造酒之首，是造成黄酒沉淀的最大隐患和主要因素。

蛋白质的测定方法有凯氏法和隆丁法。瓶装黄酒酒脚中粗蛋白含量达 50.56 %，其中高分子蛋白质占 72.62 %。控制高分子蛋白含量对防止黄酒沉淀有重要作用。

六、细菌总数的检测

1. 菌落总数介绍

菌落是指细菌在固体培养基上生长繁殖而形成的能被肉眼识别的生长物，它是由数以万计相同的细菌集合而成。当样品被稀释到一定程度，与培养基混合，在一定培养条件下，每个能够生长繁殖的细菌细胞都可以在平板上形成一个可见的菌落。

菌落总数就是指在一定条件下（如需氧情况、营养条件、pH、培养温度和时间等）每克（每毫升）检样所生长出来的细菌菌落总数。按国家标准方法规定，即在需氧情况下，37℃培养48h，能在普通营养琼脂平板上生长的细菌菌落总数，所以厌氧或微需氧菌、有特殊营养要求的以及非嗜中温的细菌，由于现有条件不能满足其生理需求，故难以繁殖生长。因此菌落总数并不表示实际中的所有细菌总数，菌落总数并不能区分其中细菌的种类，所以有时被称为杂菌数、需氧菌数等。

菌落总数测定是用来判定食品被细菌污染的程度及卫生质量，它反映食品在生产过程中是否符合卫生要求，以便对被检样品作出适当的卫生学评价。菌落总数的多少在一定程度上标志着食品卫生质量的优劣。

2. 检验方法

菌落总数的测定，一般将被检样品制成几个不同的10倍递增稀释液，然后从每个稀释液中分别取出1mL置于灭菌平皿中与营养琼脂培养基混合，在一定温度下，培养一定时间后（一般为48h），记录每个平皿中形成的菌落数量，依据稀释倍数，计算出每克（或每毫升）原始样品中所含细菌菌落总数。

基本操作一般包括：样品的稀释—倾注平皿—培养48h—计数报告。

国内外菌落总数测定方法基本一致，从检样处理、稀释、倾注平皿到计数报告无明显不同，只是在某些具体要求方面稍有差别，如有的国家在样品稀释和倾注平皿，对吸管内液体的流速，稀释液的振荡幅度、时间和次数以及放置时间等均作了比较具体的规定。

检验方法参见：

GB 4789.2—94《中华人民共和国国家标准 食品卫生微生物学检验 菌落总数测定》

SN 0168—92《中华人民共和国进出口商品检验行业标准 出口食品菌落计数》

3. 检测的说明

（1）样品的处理和稀释

① 操作方法　以无菌操作取检样25g（或25mL），放于225mL灭菌生理盐水或其它稀释液的灭菌玻璃瓶内（瓶内预置适当数量的玻璃珠）或灭菌乳钵内，经充分振摇或研磨制成1∶10的均匀稀释液。

固体检样在加入稀释液后，最好置于灭菌均质器中以8000～10000r/min的速度处理1min，制成1∶10的均匀稀释液。

用1mL灭菌吸管吸取1∶10稀释液1mL，沿管壁徐徐注入含有9mL灭菌生理盐水或其它稀释液的试管内，振摇试管混合均匀，制成1∶100的稀释液。

另取1mL灭菌吸管，按上述操作顺序，制10倍递增稀释液，如此每递增稀释一次即换用1支1mL灭菌吸管。

② 无菌操作　操作中必须有"无菌操作"的概念，所用玻璃器皿必须是完全灭菌的，不得残留有细菌或抑菌物质。所用剪刀、镊子等器具也必须进行消毒处

理。样品如果有包装，应用 75％乙醇在包装开口处擦拭后取样。

操作应当在超净工作台或经过消毒处理的无菌室进行。琼脂平板在工作台暴露 15min，每个平板不得超过 15 个菌落。

③ 采样的代表性 如系固体样品，取样时不应集中一点，宜多采几个部位。固体样品必须经过均质或研磨，液体样品须经过振摇，以获得均匀稀释液。

④ 样品稀释误差 为减小样品稀释误差，在连续递次稀释时，每一稀释液应充分振摇，使其均匀，同时每一稀释度应更换一支吸管。

在进行连续稀释时，应将吸管内液体沿管壁流入，勿使吸管尖端伸入稀释液内，以免吸管外部附着的检液溶于其内。

为减小稀释误差，SN 标准采用取 10mL 稀释液，注入 90mL 缓冲液中。

⑤ 稀释液 样品稀释液主要是灭菌生理盐水，有的采用磷酸盐缓冲液（或 0.1％蛋白胨水），后者对食品已受损伤的细菌细胞有一定的保护作用。如对含盐量较高的食品（如酱油）进行稀释，可以采用灭菌蒸馏水。

（2）倾注培养

① 操作方法 根据标准要求或对污染情况的估计，选择 2～3 个适宜稀释度，分别在制 10 倍递增稀释的同时，以吸取该稀释度的吸管移取 1mL 稀释液于灭菌平皿中，每个稀释度做两个平皿。

将凉至 46℃营养琼脂培养基注入平皿约 15mL，并转动平皿，混合均匀。同时将营养琼脂培养基倾入加有 1mL 稀释液（不含样品）的灭菌平皿内做空白对照。

待琼脂凝固后，翻转平板，置 36℃±1℃温箱内培养 48h±2h，取出计算平板内菌落数目，乘以稀释倍数，即得每克（每毫升）样品所含菌落总数。

② 倾注用培养基应在 46℃水浴内保温，温度过高会影响细菌生长，过低琼脂易于凝因而不能与菌液充分混匀。如无水浴，应以皮肤感受较热而不烫为宜。

倾注培养基的量规定不一，12～20mL 不等，一般以 15mL 较为适宜，平板过厚影响观察，太薄又易于干裂。倾注时，培养基底部如有沉淀物，应将底部弃去，以免与菌落混淆而影响计数观察。

③ 为使菌落能在平板上均匀分布，检液加入平皿后，应尽快倾注培养基并旋转混匀，可正反两个方向旋转，检样从开始稀释到倾注最后一个平皿所用时间不宜超过 20min，以防止细菌有所死亡或繁殖。

④ 培养温度一般为 37℃（水产品的培养温度，由于其生活环境水温较低，故多采用 30℃）。培养时间一般为 48h，有些方法只要求 24h 的培养即可计数。培养箱应保持一定的湿度，琼脂平板培养 48h 后，培养基失重不应超过 15％。

⑤ 为了避免食品中的微小颗粒或培养基中的杂质与细菌菌落发生混淆，不易分辨，可同时做一稀释液与琼脂培养基混合的平板，不经培养，而于 4℃环境中放置，以便计数时做对照观察。

在某些场合，为了防止食品颗粒与菌落混淆不清，可在营养琼脂中加入氯化三苯四氮唑（TTC），培养后菌落呈红色，易于分别。

（3）计数和报告

① 操作方法　培养到时间后，计数每个平板上的菌落数。可用肉眼观察，必要时用放大镜检查，以防遗漏。在记下各平板的菌落总数后，求出同稀释度的各平板平均菌落数，计算原始样品中每克（或每毫升）中的菌落数，进行报告。

② 到达规定培养时间，应立即计数。如果不能立即计数，应将平板放置于0～4℃，但不得超过24h。

③ 计数时应选取菌落数在30～300的平板（SN标准要求为25～250个菌落），若有两个稀释度均在30～300时，按国家标准方法要求应以二者比值决定，比值小于或等于2取平均数，比值大于2则取其较小数字（有的规定不考虑其比值大小，均以平均数报告）。

④ 若所有稀释度均不在计数区间。如均大于300，则取最高稀释度的平均菌落数乘以稀释倍数报告之。如均小于30，则以最低稀释度的平均菌落数乘以稀释倍数报告之。如菌落数有的大于300，有的又小于30，但均不在30～300，则应以最接近300或30的平均菌落数乘以稀释倍数报告之。如所有稀释度均无菌落生长，则应按小于1乘以最低稀释倍数报告之。有的规定对上述几种情况计算出的菌落数按估算值报告。

⑤ 不同稀释度的菌落数应与稀释倍数成反比（同一稀释度的两个平板的菌落数应基本接近），即稀释倍数愈高菌落数愈少，稀释倍数愈低菌落数愈多。如出现逆反现象，则应视为检验中的差错（有的食品有时可能出现逆反现象，如酸性饮料等），不应作为检样计数报告的依据。

⑥ 当平板上有链状菌落生长时，如呈链状生长的菌落之间无任何明显界限，则应作为一个菌落计，如存在有几条不同来源的链，则每条链均应按一个菌落计算，不要把链上生长的每一个菌落分开计数。如有片状菌落生长，该平板一般不宜采用，如片状菌落不到平板一半，而另一半又分布均匀，则可以半个平板的菌落数乘2代表全平板的菌落数。

⑦ 当计数平板内的菌落数过多（即所有稀释度均大于300时），但分布很均匀，可取平板的一半或1/4计数。再乘以相应稀释倍数作为该平板的菌落数。

⑧ 菌落数的报告，按国家标准方法规定菌落数在1～100时，按实有数字报告，如大于100时，则报告前面两位有效数字，第三位数按四舍五入计算。固体检样以克（g）为单位报告，液体检样以毫升（mL）为单位报告，表面涂擦则以平方厘米（cm²）报告。

第四节　现代黄酒培养基的制备及检验分析

黄酒微生物检验中需保证对培养基各指标的严格控制，才能够保证黄酒微生物检验的有效性和准确性。

黄酒微生物检验目的：分析黄酒微生物检验中培养基质量的控制对策。

黄酒微生物检验方法：在培养基的相关配制、灭菌、性能测试、无菌试验和储存等方面探讨微生物检验中培养基质量的控制对策。

黄酒微生物检验结果：在黄酒微生物检验中，培养基配制所用的容器选用玻璃或者不锈钢等制品较合适，采用离子交换水和蒸馏水；在对培养基进行灭菌的前后要对 pH 值进行测定；在自行对培养基进行配制的过程中，需严格按照标准规定，对每次的支配做好详细记录；用于配制培养基的电子天平或者酸度计要每年都进行检定。

黄酒微生物检验分析结论：微生物检验中需实现保证对培养基各指标的严格控制，才能够保证微生物检验的有效性和准确性。

关于黄酒微生物检验中培养基的质量控制分析在下节详细介绍。

一、培养基的制备

不同类型培养基制备的程序不尽相同。一般培养基的程序主要可分为：配料、溶化、校正 pH、过滤澄清、分装、灭菌、检定、保存 8 个步骤。

1. 配料

按培养基处方准确称取各种成分，先在三角烧瓶中加入少量蒸馏水，再加入各种成分，以防蛋白胨等黏附于瓶底，然后再以剩余的水冲洗瓶壁。

2. 溶化

将各种成分混匀于水中，最好以流通蒸气溶化半小时，如在电炉上溶化应随时搅拌，如有琼脂成分时更应注意防止外溢。溶化完毕，补足失去的水分。

3. 校正 pH

（1）pH 测定

取与标准管同口径的试管（通常用华氏试管）3 支，于第 1、3 管各加入欲测定 pH 的培养基 5mL，并于第 1 管中加入 0.2g/L 的酚红 0.25mL 作为测定管，混匀；于第 2 管加入蒸馏水 5mL，标准管为 pH 标准比色管。

（2）pH 的校正

若测定管过酸或过碱可用 0.1mol/L 氢氧化钠或 0.1mol/L 盐酸溶液校正，直至颜色与标准管相同为止，加碱或加酸时要精确缓慢，每加 1 滴后要充分混匀，比色后再加第 2 滴（有时仅加半滴）准确记录加入的量。

（3）计算

设 5mL 培养基校正 pH 值至 7.4 时需 0.1mol/L 氢氧化钠 0.15mL，现有培养基 4990mL，需加氢氧化钠的量可按下列方法计算：

$5 : 4990 = 0.15 : X$

$X = 0.15 \times 4990/5 = 149.7$（mL）

如将此 0.1mol/L 的氢氧化钠改用 1mol/L 的氢氧化钠时，则需 14.9mL 即可。

4. 过滤澄清

培养基配制后一般都有沉渣或浑浊出现，需过滤成清晰透明后方可使用，常用的过滤方法如下：

（1）液体培养基

液体培养基必须清晰，以便观察细菌的生长情况，常用滤纸过滤，亦可在加热前加入用水稀释的鸡蛋白（1000mL 培养基用 1 个鸡蛋白）在 100℃ 加热后保持 60~70℃、40~60min，使其不溶性物质附于凝固的蛋白上而沉淀，然后再用虹吸法吸出上清液或以滤纸过滤。

（2）固体培养基

如系琼脂培养基，于加热熔化后需趁热以绒布或两层纱布中夹脱脂棉过滤；亦可用自然沉淀法，即将琼脂培养基盛入铝锅或广口搪瓷容器内，以高压（103.43kPa）蒸汽熔化 15min 后，静置于高压锅内过夜，次日将琼脂倾出，用刀将底部沉渣切去，再熔化即可得清晰的琼脂培养基。

5. 分装

① 根据需要将培养基分装于不同容量的三角烧瓶、试管中。分装的量不宜超过容器的 2/3 以免灭菌时外溢。

② 琼脂斜面分装量为试管容量的 1/5，灭菌后须趁热放置成斜面，斜面长约为试管长的 2/3。

③ 半固体培养基分装量约为试管长的 1/3，灭菌后直立凝固待用。

④ 高层琼脂分装量约为试管的 1/3，灭菌后趁热直立，待冷后凝固待用。

⑤ 液体培养基分装于试管中，约为试管长度的 1/3。

⑥ 琼脂平板：将灭菌（或加热熔化）后的培养基冷至 50℃ 左右，以无菌手倾入灭菌平皿内，内径 9cm 的平皿倾注培养基约 13~15mL，轻摇平皿底，使培养基平铺于平皿底部，待凝固后即成，倾注培养基时，切勿将皿盖全部启开，以免空气中尘埃及细菌落入。

新制成的平板培养基（简称平板），表面水分较多，不利于细菌的分离，通常应将平皿倒扣搁置于 37℃ 培养箱内约 30min 待平板平面干燥后使用。

6. 灭菌

不同成分、性质的培养基，可采用不同的灭菌方法。高压蒸汽灭菌法：高压灭菌的温度与时间随培养基的种类及数量的不同有所差别，一般培养基少量分装时高压（103.43kPa）灭菌 15min 即可，培养基分装量较大时，可高压（103.43kPa）灭菌 30min，含糖的培养基高压（55.16kPa）灭菌 15min。以免糖类被破坏。

7. 检定

每批培养基制成后须经检定方可使用，检定时将培养基放于 37℃ 温箱内培养 24h 后，证明无菌，同时用已知菌种检查在此培养基上生长繁殖及生化反应情况，符合要求者方可使用。

8. 保存

制好的培养基，不宜保存过久，以少量勤做为宜。每批应注明名称，分装量，制作日期等，放在 4℃冰箱内备用。

二、培养基制备的标准操作规程

1. 目的

保证培养基的质量。

2. 适用范围

使用成品培养基干粉制备各种分离培养基。

3. SOP 变动程序

本标准操作程序的改动，可由任一使用本 SOP 的工作人员提出，并报经下述人员批准签字：专业主管、科主任。

4. 步骤

① 在玻璃容器中加入所需蒸馏水的 1/2 量，然后放入一定量培养基干粉，补足水量，轻轻搅拌以促进溶解。

② 校正 pH　高压灭菌前可用 pH 计或精密 pH 试纸校正培养基的 pH。

③ 分装　液体培养基一般在灭菌前分装，分装时应注意每管的分装量不应高于试管的 2/3。琼脂平板是在培养基高压灭菌后冷至 50～60℃时再倾注平板。

④ 质量检查

a. 无菌试验　将制好的培养基在 35℃孵育过夜，判定是否灭菌合格。

b. 效果检验　按不同的培养要求，接种相应的菌种，观察细菌的发育、菌落形态、色素、溶血等特征，判断培养基是否符合要求。

⑤ 保存　液体培养基及琼脂平板须在 4℃保存，一般不超过 7 天，如用塑料袋密封至多保存 2 周。

第五节　黄酒微生物检验中培养基的质量控制分析

一、概述

培养基是黄酒微生物实验室检测工作的基础。培养基配制和管理是否合格，直接关系到微生物的生长、分离、鉴定及检验结果。《检测和校准实验室能力认可准则在微生物检测领域的应用说明》中指出，实验室应建立和保持有效的适合实验范围的培养基（试剂）质量控制程序。唯有培养基的质量过关了，微生物检验结果才可能有效与准确。下面是对培养基的配制、储存及质量控制做的总结。

二、培养基

1. 培养基容器的材质

配制培养基所用的容器，不宜使用铜或铁制品。每 1000mL 培养基含铜量超过 0.3mg 则细菌不易生长；含铁量超过 0.14mg 可妨碍细菌毒素的产生。常用的配制培养基的容器有玻璃、搪瓷或不锈钢制品。另外，玻璃器皿还必须是中性硬料玻璃，否则将影响培养基的酸碱度。对配制培养基过程中需要使用到的一切一次性无菌物品，如一次性试管、一次性平板，在使用前必须按卫生部 2002 版《消毒技术规范》进行验收。在使用中通过观察，在使用一次性平皿尤其是倾倒 SS 平皿时，应在灭菌两个月后使用效果较好。对灭菌时间较短的一次性平皿，因为灭菌时间短，平皿上有残留的环氧乙烷，倒出的 SS 平皿颜色不是橘红色而是变成了黄色。

2. 培养基的用水

配制培养基时应使用蒸馏水或离子交换水。因自来水或井水中含有钙和镁，会与蛋白胨或牛肉浸膏中的磷酸盐发生反应，生成磷酸钙和磷酸镁等许多沉淀，严重影响培养基的质量。

3. 培养基 pH 值

微生物的正常生长代谢依赖于一定范围内合适的 pH 值。不同微生物对 pH 值的需求不一样，因此配制时需进行严格测定和校正。灭菌前后都要测定培养基的 pH 值，因为培养基配方中要求的 pH 值为高压灭菌后的值，灭菌后 pH 值约降 0.1～0.2,所以灭菌前后对 pH 值进行测定和校正，才能最后保证 pH 值符合实验要求。培养基 pH 值的测定应在 20～25℃条件下进行，由于培养基成分的差异，热冷不同状态下测定的结果相差较大。对不同温度下营养肉汤和乳糖蛋白胨培养液 pH 值进行测定。营养肉汤，50℃时 pH 值 6.99，25℃时 pH 值 7.44。乳糖蛋白胨培养液，55℃时 pH 值 7.00，25℃时 pH 值 7.50。培养基 pH 值应在冷却后再测定：因为温度升高时，溶液中的离子游离数增多，pH 值减小；温度降低时，离子游离数减少，pH 值增大。用一般酸度计测定固体培养基的 pH 值，冷却至 25℃左右时培养基已经凝固，其值并不准确，故应按 YY/T 0577—2005《营养琼脂培养基》测定 pH 值的方法，取 6mL 新鲜配制的液体培养基，加蒸馏水至 40mL，灭菌后于 20～25℃时测定。此方法比常规方法高 0.08～0.29。

4. 培养基的配制

配制培养基应严格按规定进行。每次都应包括名称、配制量、各种成分数量、生产厂家、批号、最初及最终 pH 值、配制日期和配制者，培养基贴标签注明生产日期和有效期等内容的详细记录，这些资料可以帮助后期进行实验失败原因分析和成功经验总结。若使用商品培养基，购买时必须选择通过质量管理体系认证的生产厂家，并索要检测报告。收到培养基时仔细检查外观、包装、产品批号，以及产品标签是否标明各种成分、用途、培养基的 pH 值、有效期，并做好相应记录。

三、培养基配选用的容器、水、灭菌记录检定结果

培养基配选用玻璃或者不锈钢制品的容器较优；水采用离子交换水和蒸馏水较优；对培养基进行灭菌前后需对 pH 值进行测定；配制培养基的过程中需详细记录每次的支配情况；用来配制培养基的电子天平或者酸度计每年都需要进行检定才能使用。

四、微生物检验工作的讨论

在做培养基的灭菌或无菌实验时，如果培养基的容器较大，需相应延长灭菌时间。对有特殊需求的培养基，应严格按照要求采用高压灭菌，高压后迅速冷却，避免由于长时间保存影响培养基的营养成分。对灭菌有不同要求的培养基需分别进行灭菌，并逐个做好灭菌记录，对于灭菌不合格的培养基，需要舍弃，不能进行重复灭菌。

对配制好的培养基为了保证灭菌的效果需要进行无菌试验，合格后才能正式进行实验。如果培养基规模较大，可以抽样进行无菌试验，对样本进行观察，没有细菌生长的培养基才能被使用。做完无菌试验之后，在接种样本时，还要对液体培养基的颜色、是否有长菌、有没有脱水干裂等情况进行观察。

要对培养基的性能进行测试和储存，培养基上的细菌需发育良好，并能够充分体现出目标细菌的特征。在选择培养基时，应选择已知的阳性和阴性菌进行接种培养，保证应有的一些生化反应的发生。相对于商品培养基，没有开封的培养基的保质期应该在两到三年内，已经开封的只有六个月，商品培养基要储存在阴凉干燥并无强光直射的环境下，对过期的培养基应当舍弃，成品培养基不应放在冰箱里储存，并保证在保质期内使用。灭菌之后的培养基根据种类的不同、规模的大小、实验的要求等的不同其保质期也不同，不能一概而论。灭菌后不能立即实验，要在避光干燥的环境下保存一段时间。

微生物检验工作的基础就是保证培养基的质量，每年应请专业机构对配制培养基所有的酸度计和电子天平进行严格检定，对培养箱、高压灭菌器和无菌室紫外线等进行定期的检查，防止由于疏忽而导致的培养基质量问题，使微生物的检验偏离了科学性和客观性。培养基的质量直接影响到微生物的检验结果，因此首先要保证培养基质量，避免出现检验误差。微生物检验中需保证对培养基各指标的严格控制，才能够保证微生物检验的有效性和准确性。

第六节 现代黄酒主要原材料中水分的测定

一、测定酿酒原料中水分的意义

水分测定，是酿酒原料分析中最基本的测定项目之一。其中，水分含量是评价

原料质量和利用价值的重要指标。原料中水分含量越高，相对的固形物和可利用的成分就越少，生产原料的投料量就要增加。由于不同的原料或不同批次的同一种原料之间存在水分含量的差异，要比较其它测定项目的含量时，应该以绝对干试样为基础进行计算。因此，水分含量的测定准确与否，直接关系到其它各个测定项目的准确性。

酿酒原料中水分的测定，对原料的储存和使用也有重要意义。粮食与豆类种子为了维持其生命和保持其固有的品质，都需要含有适量的水分，一般在12%左右。如果水分过多，在储藏期间就能促使原料的呼吸作用旺盛，释放出更多的二氧化碳、水和热量，而消耗淀粉，使其可利用成分相对减少，同时易引起霉变发热及发生病虫害，使淀粉受到不应有的损失。

酿酒原料的水分含量高，在加工时还会增加粉碎的难度，使粉碎机的生产能力降低。

二、酿酒原料中水分存在的状态

① 根据酿酒原料中水分的存在状态，可分为两种：游离水分、束缚水分。

游离水分，由湿润水分和毛细管水分两部分组成。其中，物料外表面在表面张力的作用下附着的水分，为湿润水分；充满在原料中毛细管内的水分，称为毛细管水分。

以各种分子间力与原料中物质结合在一起的水分，称为束缚水分。

由于游离水分和束缚水分很难区分，因此，酿酒原料中测定的水分多为二者的总和。

② 根据酿酒原料中水分的存在位置，亦可分为两种：外在水分、内在水分。

外在水分，又称风干水分，是将原料放在空气中，风干数日后，因蒸发而消失的水分。性质上，它属于游离水分中的湿润水分。它的多少不仅决定于原料中湿润水分的多少，还与风干的条件，即风干时空气的温度和相对湿度有关。为此，必须规定统一的测定温度和相对湿度，一般规定温度为20℃，相对湿度为65%。分析测定时，一般没有时间等待其水分蒸发，因此，往往采用在40～60℃的烘箱中，快速干燥的方法。

内在水分，是指在风干原料中所含的水分。它包括游离水中的毛细管水分和束缚水分。但束缚水分往往不能100%被测定，且不同的测定方法所测得的结果通常是不同的。

三、酿酒原料中水分的测定方法

酿酒原料中水分的测定方法很多，其中，加热干燥法是常用的水分测定方法。它是在一定温度和压力下，将试样加热干燥，以排除其中水分的方法。

加热干燥法，包括常压干燥法和真空干燥法。

应用加热干燥法测定其水分含量的试样，应符合下列三项条件：①水分是唯一的挥发物质；②水分的排除应当完全；③在加热过程中，试样中的其它组分由于发生化学变化而引起的质量变化可以忽略不计。

加热干燥法的加热仪器多为电热烘箱。为了缩短干燥时间，已有不少测定水分的专用仪器试制成功。其中比较常用的是红外线水分测定仪。它靠红外辐射使试样内部升温加热，加速水分蒸发。同时，因其装有称量装置，所以，大大缩短了分析时间。

此外，微波加热水分测定仪也已研制成功，测定一份试样最多需十几分钟。

本书中，笔者主要介绍常压105℃的烘箱干燥法（标准法）。

1. 原理

一定量的试样置电热烘箱中，在常压下105℃时干燥至恒重，由减少的质量计算试样的水分。

2. 仪器和设备

（1）电热烘箱

控温灵敏度为0.5～1℃，并通过如下检查：取5g通过16目筛（筛孔大小为1mm）的纯硫酸铜（$CuSO_4 \cdot 5H_2O$），平铺在蒸发皿中，置已恒温至100～105℃的烘箱中干燥30min，如果硫酸铜减量23%～25%，此烘箱可以使用。

（2）称量皿（瓶）

直径为50～55mm，高25mm的铝制小型称量皿，并带有紧密的盖。如无此器皿，也可用相当的扁型称量瓶代替。

（3）干燥器

孔板直径20～22cm。干燥剂一般使用在135℃下，干燥几小时的变色硅胶。

3. 操作

（1）风干试样的分析

将洁净的铝制称量皿或扁型称量瓶置于105℃±1℃烘箱中，将盖子斜置于皿边，干燥0.5～1h，盖好取出，置干燥器内冷却0.5h，称量，重复干燥至恒重。

准确称取2～5g新粉碎至通过40目筛后充分混匀的试样，置于已恒重的称量皿中，试样厚度约为5mm（过厚应减少称样量）。将称量皿放入105℃±1℃烘箱，待烘箱恢复到105℃时开始计时。

干燥2～4h后，盖好取出，放入干燥器内，冷却至室温（约半小时）后称量。

再放入105℃烘箱中干燥1h左右，取出，放入干燥器冷却至室温后再称量。至前后两次质量差不超过2mg，即为恒重。

（2）高水分试样的分析

试样水分超过20%时，必须采用两次干燥法。用工业天平称取200g未粉碎的平均试样，用瓷盘置40～60℃烘箱中干燥2h，取出置干燥器内，冷却0.5h，称量。干燥所失质量，即为风干水分。然后将试样粉碎，再按（1）中操作测定。

4. 计算

（1）一次干燥法

$$水分＝（m_1－m_2）／（m_1－m_3）×100\%$$

式中，m_1 为称量皿和试样的质量，g；m_2 为称量皿和试样干燥后的质量，g；m_3 为称量皿的质量，g。

(2) 二次干燥法

$$水分＝w_1＋w_2－w_1w_2$$

式中，w_1 为第一次干燥中测得的水分（风干水分），%；w_2 为第二次干燥中测得的水分（内在水分），%。

计算结果精确为小数点后一位，测定误差为 0.1%～0.2%。

四、测定酿酒原料中水分时应注意的问题

1. 试样的粉碎

水分测定应是首先测定的项目。

粉碎时，水分可能变化，应在空气流动小的室内，尽可能迅速进行粉碎。通常，粉碎一份试样需 20～30s。

粒状试样粉碎后，全部用于测定时，粉碎时水分的变化在 0.1% 以内。如果粉碎量多而只取一部分用于测定，则试样会不均匀。所以，必须将粉碎后的试样全部混匀后采取。

水分含量在 20% 以上的试样，如果直接粉碎，可能使水分损失超过 0.1%，而且由于试样易粘在辊子上，会给粉碎带来困难。所以，一般先用整粒试样预干燥后，在二次干燥前再粉碎。

试样粉碎的粒度对于分析结果影响较大，试样粒度越大，误差越容易增大。我国统一规定为：粉碎至通过 40 目筛。

粉状试样表面积大，水分变化也快。如不能立即测定，水分在 15% 以下的试样可在室温下密闭保存，如需长期保存，则应在低温下（5℃以下）保存。水分在 16% 以上的试样，最好在低温下保存。特别在夏季温度高时，若在室温下保存，不仅容易损失水分，还会引起试样变质。

2. 干燥过程

干燥减量受很多因素影响，这些因素包括烘箱类型、称量皿类型、试样多少、干燥的温度和时间等。自然对流式的烘箱箱内不同高度的温差较大，试样放置的位置不同会给测定结果带来偏差。鼓风式烘箱风量较大，干燥大量试样时效率高；但质轻的试样有时会飞散。

如仅测定水分，不需要鼓风量很大的。最好采用可调节风量的鼓风式烘箱，而且能使风量调小后，上层隔板 1/3～1/2 面积保持温度变化不超过 ±1℃。

如果选用对流式烘箱，应调节箱顶插温度计的通风孔，使箱内各部位温度变化不超过 ±2℃。

不管用何种类型的烘箱，试样都不能放在烘箱底板上。因为底板直接被电热丝加热，一般温度都超过烘箱所控温度。

　　试样放置的最佳位置是在上层隔板。将温度计插在上隔板中心，距上隔板约3cm，试样则排列于以温度计为中心的隔板1/3～1/2面积上。所用烘箱的大小，则以在这1/3～1/2隔板面积上能排列12个用于测定水分的称量皿为宜。因为如果要把水分测定的误差控制在0.1%以内，为了减小称量皿取出过程中因吸湿而产生的误差，一次测定的称量皿最多为8～12个。

　　水分含量高的试样，干烘过程中会因表面固化结成薄膜，而妨碍水分从试样内部扩散到它的表层。对这样的试样应采用两步干燥法。

　　固化与否因试样的种类、性状不同而有差异，不能笼统地只根据水分多少来判定。如果测定时发现试样已固化或部分固化，则应采用高水分试样的测定方法重新测定。

　　干燥次数的确定，一般要求达到恒量为止。恒量的标准，因试样的种类、性状而异。我国对食品试样，统一规定为连续两次干燥质量差不超过2mg。有的试样虽干燥多次，减量总是在2mg以上，这多半是因为加热引起试样分解所致，可以减量3mg为标准，参照干燥前后的测定值作为恒量。

　　另一种确定干燥时间的方法，是规定一个统一的干燥时间来代替干燥至恒量的方法。为了保证在干燥时间内，试样的水分确已被除去，再继续干燥对测定结果改变很少，必须经过试验，而且操作条件比恒量法要更为严格。时间应自放入试样后，烘箱恢复到规定温度时开始计算。

3. 干燥器与干燥剂

　　干燥器大小，考虑测定份数，以选择孔板直径为20～22cm的为宜。如直径过大，则由于多余的空间大，取出称量皿称量时会因启闭干燥器而增加吸湿的影响。上述大小的干燥器能排列8个小型铝制称量皿。如果同一批测定的称量瓶经常小于这个数，则可选用更小的干燥器。

　　常见的干燥剂有五氧化二磷、高氯酸镁、氧化钙、浓硫酸、氯化钙和硅胶等。五氧化二磷去湿能力较强，但使用不便；高氯酸镁去湿能力非常显著，但价格昂贵；浓硫酸、氯化钙的去湿能力较差，而且硫酸的使用不便。硅胶因使用最方便、表面积大、去湿效果显著、再生简单，故多采用。但硅胶吸湿后，去湿能力会减弱，所以在使用加有钴盐的变色硅胶时，蓝色稍有减退，即要在135℃干燥2～3h，使其再生。

　　变色硅胶的用量，一般以装入干燥器底后，占底部1/3～1/2容积为宜。使用中要保持干燥剂的清洁，防止试样或其它污物落入干燥器底部。硅胶一旦吸附油脂等污物，其吸湿能力会明显降低，应特别注意。

4. 称量过程

　　称量应尽可能迅速，以防试样在称量过程中重新吸湿而引入误差。

　　称量时，应盖严称量瓶盖子，天平室也应保持干燥。为了消除大气湿度的影响，天平最好能放置在恒温恒湿（25℃，相对湿度40%）的室内，并为直读式分析天平。如不是直读式天平，最好在称量皿移出干燥器前，即已在天平盘上放好大致质量的砝码，称量皿放上天平盘后，很快就可在光幕上读出 10mg 以下的数值。

称量天平与称量皿的温度若有差异，会使天平内的空气产生对流，并使天平臂长度发生改变，从而影响称量结果。一个质量 10g 的铝制称量瓶的温度若比天平高5℃，则称量结果将低 1～2mg。因此，必须遵守使称量皿冷却到与天平的温度相同后，再称量的规定。

至于冷却时间，则与称量皿的大小和干燥器中一次放入称量皿的多少有关。一次放入 8 个小型铝制称量皿（质量 10～13g）时，冷却 45min，大型铝制称量皿，即使冷却 60min，也不会完全变冷，测定的冷却时间与空称量瓶求恒量冷却时间相同时，误差可以减小。如果称量皿少，一次放入的只有 2～4 个，那么求恒量和测定时都冷却 30min 左右即可。

第七节 现代黄酒中总酸的两种测定方法举例

一、概述

本节根据会稽山绍兴酒股份有限公司技术中心，对黄酒中总酸的两种测定方法问题，论述了酸碱直接滴定法和酸度计电位滴定法测定黄酒中总酸的原理；分析了两种方法可能产生误差的因素；并通过黄酒样品测定试验结果表明：酸度计电位滴定法测定总酸的数据精确且重复性好，而酸碱直接滴定法因受外界因素影响较明显，数据精确度相对较低。

黄酒中有机酸品种多，目前已检测到 20 多种有机酸，有乳酸、草酸、α-羟基异戊酸、α-羟基异己酸、琥珀酸、苹果酸、α-羟基戊二酸、酒石酸、柠檬酸、醋酸、甲酸、丙酸、糠酸、丙二酸、α-羟基丙二酸、葡萄糖酸、丙酮酸、4-羟基-3-甲氧基苯丙酸、2,4-二羟基苯丙酸、十六烷酸、丁酸以及高级脂肪酸（亚油酸、油酸、棕榈酸）等，黄酒中还有磷酸等无机酸，以乳酸为最多，这些酸对黄酒的呈香呈味和协调风味有很重要的作用，这些酸是在黄酒酿造过程由乳酸菌发酵产生的；黄酒中酸的含量高，绍兴加饭酒总有机酸量在 6000mg/L 以上，但太高就会引起黄酒酸败；酸也是黄酒一个重要的质量指标。因此，在整个酿造过程对黄酒中的酸要进行定期检测，确保黄酒的质量。

黄酒中的酸度通常用总酸度（滴定酸度）、有效酸度、挥发酸度来表示。总酸度是指黄酒中所有酸性物质的总量，包括已离解的酸浓度和未离解的酸浓度，采用标准碱液来滴定，并以样品中主要代表酸（乳酸）的含量来表示，常规的总酸测定结果中包含了挥发酸的含量。黄酒中酸度的测定有中和直接滴定法和电位滴定法两种。中和直接滴定法测定的总酸度即可滴定酸度，是根据样品中所含的这些酸成分能和氢氧化钠标准液进行中和滴定的原理，并以酚酞指示剂指示其滴定终点，以此进行定性定量分析，是一种强碱弱酸的中和滴定反应。电位滴定法进行总酸测定，是在电位测定仪中使用 pH 复合电极，该电极由 pH 玻璃电极和甘汞电极复合而成，插入待测样品溶液中组成测量电池。在电位滴定过程中，随着氢氧化钠溶液的不断加入，溶液的 pH 不断发生变化，而其 pH 或电位值的变化由复合电极测量出来并从屏幕上显示出来。通过仪器绘制的 pH-V（滴定剂）曲线或电位 E-V（氢氧化钠溶液）曲线可以得出滴定终点，由终点可以读出消耗的氢氧化钠溶液体积，用该体积来进行计算从而得出结果，所有过程由仪器自动完成。本节内容是叶芙蓉对用两种总酸测定方法对成品加饭酒、成品香雪酒、过滤前的半成品加饭酒进行比较测定与应用，与大家共同探讨。

二、材料与方法

1. 材料与方法

（1）原理

由于黄酒中含有的酸以弱酸为主，在用强碱滴定时，其滴定终点偏碱性，一般 pH 值在 8.2 左右，所以用酚酞做终点指示剂。黄酒中的有机酸（弱酸）用标准碱液滴定时，被中和生成盐类。用酚酞作为指示剂，当滴定到终点（pH＝8.2，指示剂显红色）时，根据消耗的标准碱液体积，计算出样品总酸的含量。其反应式如下：

$$RCOOH + NaOH \longrightarrow RCOONa + H_2O$$

（2）材料

① 试剂　酚酞、氢氧化钠分析纯外购；无二氧化碳的水，按 GB/T 603 制备；0.1014 mol/L 氢氧化钠标准溶液，按 GB/T 601 配制和标定；10g/L 酚酞指示剂。

② 样品　成品加饭酒、成品香雪酒、过滤前的半成品加饭酒取自公司瓶酒车间。

（3）主要实验仪器

PHS－3C 型数字式酸度计，精度 0.01 pH；复合电极；磁力搅拌器；10mL 微量滴定管；5mL 微量滴定管；150mL 锥形瓶；150mL 烧杯等酸度测定玻璃仪器。

（4）方法

① 酸度计电位滴定法

a. 按酸度计校正方法校正酸度计。

b. 分别吸取样品各 10.00 mL 于三个 150 mL 烧杯中，各加入无二氧化碳的水 50mL。烧杯中放入磁力搅拌棒，置于电磁搅拌器上，开启搅拌，用氢氧化钠标准溶液滴定，开始时可快速滴加氢氧化钠标准溶液，当滴定至 pH 值等于 7.0 时，放慢滴定速度，每次加半滴氢氧化钠标准溶液，直至 pH 值等于 8.2 为终点。记录消耗 0.1014mol/L 氢氧化钠标准溶液的体积（V_1）。同时做空白试验，记录空白试验所消耗氢氧化钠标准溶液的体积（V_3）。

c. 试样中总酸含量按下式计算：

$$X = \frac{0.090c \cdot (V_1 - V_2)}{V} \times 1000$$

式中　X——试样中总酸的含量，g/L；

　　　V_1——测定试样时，消耗 0.1014 mol/L 氢氧化钠标准溶液的体积，mL；

　　　V_3——空白试验时，消耗 0.1014 mol/L 氢氧化钠标准溶液的体积，mL；

　　　c——氢氧化钠标准溶液的浓度，mol/L；

　0.090——1.00 mL 氢氧化钠标准溶液相当于乳酸的质量，g；

　　　V——吸取试样的体积，mL。

计算结果精确至 2 位有效数字。

d. 每个酒样做三次平行实验。

e. 精密度　在重复性条件下获得的两次独立测定结果的绝对差值不得超过算术平均值的 5%。

② 酸碱直接滴定法

a. 每种样品各吸取 5.00mL 于两个 150mL 的锥形瓶中，加入无二氧化碳的水 50mL，分别加入 3 滴酚酞指示剂。用 0.1014 mol/L 氢氧化钠标准溶液滴定至溶液呈微红色，半分钟内不褪色为其终点。记录消耗 0.1014 mol/L 氢氧化钠标准溶液的体积 V_2，同时做空白试验，记录空白试验所消耗氢氧化钠标准溶液的体积 V_4。

b. 试样中总酸含量按前式计算：

计算结果精确至 2 位有效数字。

c. 每个酒样做三次平行实验。

d. 精密度　在重复性条件下获得的两次独立测定结果的绝对差值不得超过算术平均值的 5%。

2. 结果与分析

（1）结果

① 三种样品用酸度计电位滴定法测定总酸三次的结果见表 8-2。

表 8-2　电位滴定法测定的总酸

	测定	成品加饭酒	成品香雪酒	过滤前的半成品加饭酒
	V_1/mL	6.30	6.50	6.34
第一次	V_3/mL	0.00	0.00	0.00
	总酸/(g/L)	5.7	5.9	5.8
	V_1/mL	6.30	6.48	6.34
第二次	V_3/mL	0.00	0.00	0.00
	总酸/(g/L)	5.7	5.9	5.8

测定		成品加饭酒	成品香雪酒	过滤前的半成品加饭酒
第三次	V_1/mL	6.30	6.50	6.35
	V_3/mL	0.00	0.00	0.00
	总酸/(g/L)	5.7	5.9	5.8
总酸(平均值)/(g/L)		5.7	5.9	5.8

② 三种样品用酸碱直接滴定法测定总酸三次的结果见表 8-3。

表 8-3　酸碱直接滴定法测定的总酸

测定		成品加饭酒	成品香雪酒	过滤前的半成品加饭酒
第一次	V_2/mL	6.30	6.60	6.30
	V_4/mL	0.00	0.00	0.00
	总酸/(g/L)	5.7	6.0	5.7
第二次	V_2/mL	6.30	6.65	6.35
	V_4/mL	0.00	0.00	0.00
	总酸/(g/L)	5.7	6.1	5.8
第三次	V_2/mL	6.30	6.54	6.33
	V_4/mL	0.00	0.00	0.00
	总酸/(g/L)	5.7	6.0	5.8
总酸(平均值)/(g/L)		5.7	6.0	5.8

（2）分析

从表 8-2 和表 8-3 中的数据可以看出：用酸度计电位滴定法测定总酸和用酸碱直接滴定法测定总酸，两种测定方法的准确度差不多，精密度也符合要求。但直接滴定法容易受样品本身色泽和酒体杂质的影响，另外光线和肉眼观察对终点的确定会带来一定影响，而酸度计电位滴定法则把这些影响都排除了。因此为了准确测定黄酒中总酸含量，我们还是优先选用酸度计电位滴定法。

3. 结论和讨论

（1）结论

① 黄酒总酸的两种测定方法都很实用，准确度也较好，黄酒生产企业可以两种方法穿插使用。

② 在黄酒生产企业车间化验室中，用酸碱直接滴定法测定总酸，速度快，操

作简单，实用，以采用此方法测定黄酒半成品中总酸为佳。

③ 酸度计电位滴定法的重复性好，而且受外界因素的影响很少，数据精确；在测定成品黄酒总酸时以采用酸度计电位滴定法为佳。

（2）讨论

在不影响酸度的情况下，可以对黄酒样品进行脱色或澄清等处理，来摒除色泽和杂质等对酸碱直接滴定法测定总酸的影响，以提高酸碱直接滴定法测定总酸的准确度。

第八节 现代黄酒酿造中不同树脂对黄酒品质的改良与应用效果

一、概述

中国黄酒历来为国人所推崇，原因是其悠久的历史和独特的风格，又是中国酒文化的源头，有着深厚的文化底蕴，一直以来与葡萄酒和啤酒合称人类的三大古酒，享有"国酒"之美誉。杂醇油是黄酒的香味成分之一，构成了酒体香味的骨架，含量的差别形成了不同香型的酒。但其量过高，对人体有一定影响，能使人的神经系统充血，使人口干、头痛。其分子量越大，在体内的氧化速度越慢，停留时间越长，毒性增大。

本节利用不同型号的树脂吸附降低黄酒中杂醇油，同时对黄酒理化指标进行测定，最终确定一种既对杂醇油有较好的吸附效果又不影响黄酒本身独特风味品质的最佳树脂，为实际生产提供一定的参考。

二、材料与方法

1. 原料与设备

XDA10 树脂，DM301 树脂，上海摩速科学器材有限公司；D101 树脂，HPD600 树脂，HPD700 树脂，沧州宝恩化工有限公司；和酒三年陈，上海冠生园华光酿酒药业有限公司。

LRH-100CL 低温生化培养箱，DKZ 电热恒温振荡水槽，上海一恒科学仪器有限公司；HHS 电热恒温水浴锅，上海博迅实业有限公司医疗设备厂；6890N 气相色谱仪，安捷伦科技公司。

2. 实验方法

（1）不同树脂吸附效果的初步筛选

吸附条件为 30℃ 恒温条件下，振荡速度为 100r/min，吸附时间为 30min，自然 pH 条件下处理。

（2）黄酒主要指标的测定

感官评价、酒精度、总糖、总酸及氨基酸态氮、总固形物、杂醇油的测定参照黄酒国标 GB/T 13662。

三、结果与分析

1. 不同树脂对酒中杂醇油含量的影响

树脂添加比例为 5％，对处理和未处理的酒样进行测定，结果见表 8-4。

表 8-4　不同树脂对黄酒杂醇油含量的影响

树脂型号	含量/(mg/L)		总量 /(mg/L)	平均去除率 /％
	异丁醇	异戊醇		
空白	92.44015	152.58625	245.02640	—
DM301	59.1282	104.95163	164.07983	32.7
D101	65.25386	108.89534	174.14920	29.0
HPD700	72.93537	115.97056	188.90593	22.9
HPD600	81.56583	116.62642	198.19225	18.8
XDA10	57.63334	110.71538	168.34872	31.3

型号 XDA10 和 DM301 树脂各有优点，吸附效果最佳且比较接近。XDA10 对异丁醇的去除率最高，DM301 对异戊醇的去除率最高。因此选择 DM301 及 XDA10 作为主要树脂进行进一步实验。

2. 树脂添加量对黄酒各理化指标的影响

不同添加量的树脂吸附处理酒样，采取常规检测，以酒精度、总糖、酸度、固形物含量和杂醇油的指标来反映树脂对黄酒品质的影响。

（1）树脂不同添加量对黄酒酒精度的影响

黄酒的酒精度一般在 10％～20％，国标规定酒精度至少在 8.0％以上，是一项重要指标。用不同比例 1％、3％、5％、7％的 XDA10、DM301 树脂对黄酒进行处理，由处理后酒样与未经处理的酒样的酒精度对比结果可见，酒精度随着树脂加入量增加而减小。当 DM301 添加量为 1％时，黄酒的酒精度变化不大，而添加量为 3％、5％、7％时，酒精度比较接近；XDA10 添加量为 7％时，黄酒的酒精度的变化显著增大，添加量为 1％、3％、5％时，酒精度比较接近。从总体来看，用 DM301 处理后酒精度要比用 XDA10 高 1％～2％。

（2）树脂不同添加量对黄酒总糖的影响

分别用不同比例 1％、3％、5％、7％的 XDA10、DM301 树脂对黄酒进行吸附处理，由处理后酒样与未经处理的酒样的酒精度对比结果可见，总糖含量均随着树脂加入量增加而减小。XDA10 的添加对黄酒的总糖含量影响较大，添加量为 1％～5％时，黄酒中总糖含量变化较为接近，加入量增至 7％时，总糖含量再次明显降低；DM301 处理后的黄酒总糖含量明显比 XDA10 高。

（3）树脂不同添加量对黄酒总酸的影响

分别用比例 1％、3％、5％、7％的 XDA10、DM301 树脂对黄酒进行吸附处理，由处理后酒样与未经处理的酒样的酒精度对比结果可见，树脂的添加量对树脂的酸度影响并不是很大；使用吸附树脂 DM301 加入量在 1％～7％，酸度随着树脂加入量增加而减小。XDA10 的添加对黄酒的总酸含量影响较大，但基本上维持在 4.6～4.8。DM301 处理后的黄酒酸度比 XDA10 高。

从上述综合来看，XDA10 处理过后的黄酒，酒精度、总糖、总酸含量都较明显减小，使黄酒的口感偏淡，略显单薄；DM301 处理过后的黄酒，酒精度、总糖、总酸含量略有减小，故在减少"上头"感觉的同时，使酒体显得更柔和。因此总体来看还是 DM301 效果更佳。

（4）树脂不同添加量对黄酒固形物含量的影响

分别用不同比例 1％、3％、5％、7％的 XDA10、DM301 树脂对黄酒进行吸附处理，由处理后酒样与未经处理的酒样的酒精度对比结果可见，固形物含量均随着添加比例的增大而减小，DM301 加入 1％时，就对其固形物含量造成较大的影响，而随着树脂的添加，减小幅度却不是很大；而 XDA10 加入 1％时，变化量不大，可随着树脂添加量的增大，固形物含量大大减小。

（5）树脂不同添加量对黄酒杂醇油含量的影响

杂醇油是酒体香味的骨架，含量的差别形成了不同香型的酒。若过高对人体有一定影响，使人的神经系统充血，口干、头痛。分别用不同比例的 XDA10、DM301 树脂对黄酒进行吸附处理，由处理后酒样与未经处理的酒样的酒精度对比结果可见，使用吸附树脂 XDA10，杂醇油含量随添加量的增加而减小。当添加量加至 5％时，杂醇油去除量接近 30％，而 5％与 7％的杂醇油去除量接近，杂醇油中异戊醇的含量比异丁醇大。

使用吸附树脂 DM301，杂醇油含量随添加量的增加而减小。当添加量加至 5％时，杂醇油去除量接近 30％，当添加量为 7％时，杂醇油去除量增大，但同时发现有杂峰出现。

可见，杂醇油的去除率随着树脂加入量增加而增加，并且当大孔吸附树脂加入量为 5％，可以去除 30％左右的杂醇油，其中 DM301 处理后的黄酒，杂醇油从 333mg/L 左右降到 195mg/L 左右，对酒的其它常规指标如酒精度、糖度和酸度影响不算很大。当树脂加入量超过 7％时，对酒中乙醇含量影响较大，且杂醇油的去除率在实验误差范围内基本不变。因此树脂加入量 5％为较合适量；同时对此条件处理的酒进行感官品评，处理后黄酒色泽略有降低，香气口感上无显著变化、正常无异味，并且常规指标均达到国标。

3. 不同树脂对黄酒感官评定的影响

见表 8-5。

表 8-5　不同树脂对黄酒的感官影响

树脂名称	色泽外观	口感
XDA10	色浅,橙黄色,清亮透明,有光泽	柔和,回味略酸
DM301	橙黄色略深,清亮透明,有光泽	醇厚,柔和鲜爽

从外观、酒样的芳香气味及酒样的口感来看,经 DM301 树脂处理的黄酒色泽比较符合其应有的纯净透明感,闻起来柔和清爽,没有异味,符合黄酒特有的酒香,口味醇厚,柔和鲜爽,符合黄酒特有的醇正口感;经 XDA10 树脂处理过的黄酒色泽和芳香与 DM301 相近,但回味偏酸,总体以酸味占上风,甜味显得不够足;经 HPD 系列树脂处理过的黄酒颜色过浅,闻起来比较淡,口味比较平板,个性不明显。

综上所述,黄酒经 DM301 树脂处理后色、香、味的保持及改良效果最佳。

四、结论

① 采用大孔树脂的吸附性,可以降低酒中杂醇油的含量。

② 比较五种不同型号的大孔吸附树脂对杂醇油的吸附性能,DM301 号树脂及白酒专用的 XDA10 号树脂对黄酒杂醇油的去除率较高。

③ 通过对杂醇油的去除率、黄酒的常化指标及感官评定,三方面进行综合评价,比较得到 DM301 号树脂及白酒专用的 XDA10 号树脂是比较理想的树脂,杂醇油去除率可达到 30% 左右,但 XDA10 在口感及色泽上会削弱黄酒浓醇厚实、金黄醇厚的复杂感官享受,所以相比之下更适合于白酒。

第九节　现代黄酒助凝剂和超滤处理对黄酒稳定性的影响

一、概述

本书研究了硅胶和超滤处理对黄酒非生物稳定性的影响。确定了超滤和硅胶处理的最佳工艺流程,引用该方法可大幅度提高黄酒的非生物稳定性,对理化指标进行了分析,结果显示处理后的酒样符合要求,保持了黄酒的传统风味,对黄酒的生产、储存有积极意义。

黄酒是中华民族传统瑰宝,它由于酒性醇和、风味独特、营养丰富而受到消费者青睐。我国瓶装黄酒发展很快,传统坛装黄酒逐渐减少,人们对黄酒的质量要求也由单一的口味要求发展到对色、香、味的综合要求。而我国很多黄酒生产厂家的产品存在着不同程度的浑浊、沉淀现象，严重影响了产品的感官品质和销售。因此，提高黄酒的稳定性，保证酒液的清亮透明是个重要、突出的课题。

黄酒浑浊沉淀的原因，一般可分为生物浑浊和非生物浑浊两个方面，前者是由微生物污染引起的，可通过彻底灭菌和预防杂菌污染来解决；后者则是由蛋白质、酱色、铁离子等引起的，其防止方法也有多种。传统黄酒生产中，采用煎酒来去除其中的酶和蛋白质等，以达到提高稳定性的目的，但同时酒液会产生较重的老酒味，新鲜感较差。

消除发酵酒非生物不稳定性的方法很多，啤酒、葡萄酒中应用微滤技术是一个非常有效的办法，但在黄酒领域中的研究报道较少。黄酒中蛋白质含量高，这是引起浑浊沉淀的主要因素之一。

本试验对半成品黄酒（生酒）采用助凝剂处理结合超滤技术，从而提高黄酒的非生物稳定性进行了研究。

二、材料和方法

1. 材料及主要仪器

黄酒，浙江善好集团提供的原酒；助凝剂，美国复合硅胶（北京捷科逊食品添加剂有限公司）；中空超滤装置（精滤膜、超滤膜截流分子量分别为 6000、10000，浙江飞英科技有限公司）；高效液相色谱仪（Ag1100 型），GC/MS 仪（Finnigan Trace MS，American）；722s 型分光光度计；凯式定氮装置。

2. 试验流程

黄酒样品助凝剂→ 搅拌→冷冻（−5℃，25h）→精滤→超滤→杀菌→理化分析及稳定性判定

助凝剂的组成及用量为：92 型硅胶 5/10000，915 型硅胶和 7500 型硅胶均为1/10000。

同时，设置不经过处理的黄酒样品作为对照，直接进行稳定性判定和理化分析。

3. 方法

（1）黄酒稳定性的判断

本研究中采用 3 种方法判断黄酒的稳定性，一为自然存放法，二为低温存放法，三为模拟强化法。低温存放法就是在 −5℃ 冰箱内存放较长的时间，通过比较酒体的冷浑浊现象来确定黄酒稳定性的高低；模拟强化法是在 45℃±2℃ 的干燥条件下存放黄酒，确定黄酒的稳定性。黄酒的存放时间都为 50 天。黄酒稳定性用肉眼判断。

（2）黄酒浑浊度的测定

在 722s 型分光光度计上，选定 800nm 为测定波长，以经助凝剂和超滤处理过的黄酒样品作为对照，将未处理酒样摇匀后立即测光吸收，处理过的酒样其光吸收

值为零。

（3）酒精度的测定

采用蒸馏法。

（4）还原糖的测定

费林（Fehling）试剂法。

（5）总固形物的测定

采用挥发称重法。

（6）醇、酯、醚类的测定

样品处理：取 8mL 样品于 15mL 顶空瓶中，将老化后的 $75\mu m$ CAR/PDMS 萃取头插入样品瓶顶空部分，于 40℃吸附 40min，吸附后的萃取头取出后插入气相色谱进样口，于 250℃解析 3min，同时启动仪器采集数据。

采用气相色谱/质谱法（GC/MS）对黄酒中醇、酯、醚等有机质进行分析。采用 EI 源，分析采用程序升温法，40℃→120℃→230℃，进样口温度 250℃，接口温度 250℃。

（7）蛋白质的测定

凯氏定氮法。

（8）游离氨基酸的测定

高效液相色谱法分析游离氨基酸。色谱柱 4.6mm×250mm，柱温 40℃，流速 0.8mL/min，进样量 $1\mu L$。

三、结果与分析

1. 黄酒稳定性

对照组存放 50 天后容器底部产生大量沉淀。试验组中均无沉淀产生，酒液呈现出清亮透明的深黄色。本试验结果说明，黄酒经过超滤处理后，其非生物稳定性大幅度提高。

2. 黄酒澄清度

对水的澄清已有量化方法，但对黄酒的澄清程度，目前只有感官评价方法。在 GB/T 13662—2000《黄酒》国家标准中，没有有关"澄清"的评价项目，由于评价人员和评价条件的不同，对"澄清"的认同往往有差异。作为一种对酒样处理前后比较的指标，如果用量化值，则可以避免人为的差异。因此选择仪器分析的方法是有必要的。浊度是指因试样中微粒物质的存在而导致的试样透明度的下降。本研究中用光吸收的方法来指示黄酒的浑浊程度。

一般测定波长根据处理后的黄酒在 400～800nm 波段的光吸收曲线来确定。可知，在 700nm 以后，黄酒吸光度趋于零。为减小测试时的误差，我们选定 800nm 为测定原酒光吸收的波长。在这个波长下，测得的原酒光吸收为 0.097，可见，相对于经过助凝剂和超滤处理过的酒样，原酒有较高的光吸收值。因此，处理后黄酒澄清度大幅提高。

3. 处理前后黄酒感官评定

由表 8-6 可知，黄酒样品在处理前后，酒的外观发生较大变化，这是由于超滤过程中，原酒中的焦糖色被截流，因而外观颜色由深褐色变为橙黄色。处理前后黄酒的其它感官指标没有发生显著变化。

表 8-6　黄酒处理前后感官评定

项目	结果	
	处理前（原酒）	处理后
外观	深褐色	橙黄色，有光泽
香气	有黄酒特有的醇香，无异味	有黄酒特有的醇香，无异味
口味	醇和，无异味	醇和，无异味
风格	酒体较协调，有黄酒品种的典型风格	酒体较协调，有黄酒品种的典型风格

4. 酒精度、还原糖和总固形物变化

经过硅胶、超滤处理后，酒样的酒精度、还原糖及总固形物的变化如表 8-7 所示。

表 8-7　处理前后部分理化指标的分析

指标	处理前	处理后
酒精度/%	15.5	14
还原糖/(g/100mL)	0.1	0.06
总固形物/(g/100mL)	3.28	3.05

由表 8-7 可知，酒精度由处理前的 15.5％ 下降到处理后的 14％，超滤后黄酒的酒精度略微有所下降，但仍然保持了黄酒原有的酒精度。黄酒中的还原糖含量很低，超滤后 100mL 酒液中还原糖含量由原来的 0.1g 降到 0.06g，考虑到仪器操作的误差，此结果提示对黄酒进行超滤，对还原糖含量影响很小。另外，经过超滤，100mL 样品中总固形物略有减少，由 3.28g 减少到 3.05g，可以看出，超滤对于降低黄酒中的总固形物含量有效果，从而对提高黄酒的稳定性有帮助。

5. 挥发性风味化合物的变化

黄酒样品在超滤前后主要的有机物组分的分析表明超滤前后各有机组分没有发生变化，说明对黄酒进行超滤这一流程对于酒液中的各种有机大分子没有滤除作用，因此黄酒的营养成分、风味没有发生变化。

6. 氨基酸的变化

由超滤前后黄酒中总氨基酸的变化分析可知，总氨基酸含量由超滤前的 11.96mg/mL 降到 11.68mg/mL。另一方面，经过超滤后总氨基酸含量变化微弱，说明超滤对于黄酒的风味没有大的影响，超滤后的黄酒仍然保持了原来的风味。

表 8-8　超滤前后总氨基酸的变化

氨基酸名称	含量/(mg/mL)		氨基酸名称	含量/(mg/mL)	
	处理前	处理后		处理前	处理后
天冬氨酸(asp)	1.20	1.10	酪氨酸(tyr)	0.01	0.60
谷氨酸(glu)	1.17	1.00	胱氨酸(cys-s)	0.17	0.15
天冬酰胺(asn)	0.14	0.07	缬氨酸(val)	0.78	0.62
丝氨酸(ser)	0.76	0.62	蛋氨酸(met)	0.28	0.23
谷酰胺(gln)	0.64	0.50	色氨酸(try)	0.15	0.02
组氨酸(his)	0.29	0.24	苯丙氨酸(phe)	0.65	0.63
甘氨酸(gly)	0.74	0.56	异亮氨酸(ile)	0.59	0.46
苏氨酸(thr)	0.42	0.35	亮氨酸(leu)	0.99	0.87
精氨酸(arg)	0.02	1.04	赖氨酸(lys)	0.69	0.56
丙氨酸(ala)	1.26	1.10	脯氨酸(pro)	0.78	0.74
γ-氨基丁酸(gaba)	0.22	0.22	总氨基酸	11.96	11.68

　　表 8-8 所示是处理前后总氨基酸变化情况。除个别游离氨基酸外，大多数游离氨基酸含量在处理前后变化不大。考虑到测定微量组分时操作和仪器分析的误差，可以认为游离氨基酸没有发生显著变化。

　　黄酒样品在超滤前后其蛋白质的变化，一般 100mL 酒液中蛋白质含量由原来的 1.83g 降到 1.76g。黄酒生产中的蛋白质主要来源于大米和麦曲原料，还有少量的微生物蛋白和酶蛋白，原料中的蛋白质在发酵过程中一部分被转化成肽、氨基酸以及醇。发酵结束后还有一部分蛋白质残余，它们在黄酒中以胶体状态存在。对黄酒进行超滤，其中的微小蛋白质粒子会被截留，所以总氨基酸含量不可避免会有微弱的降低。

四、结论

　　① 经过助凝剂和超滤处理后，效果明显，黄酒的非生物稳定性大幅度提高。

　　② 试验中发现，与未进行处理的原酒相比，处理后酒液的酒精度、还原糖、总固形物、蛋白质以及总氨基酸都有略微下降，从侧面证明了黄酒的非生物稳定性与这些因素有关。

　　③ 黄酒经过超滤后，其中的有机酸、酚及醇类等各组分没有变化，表明黄酒的风味超滤后没有大的改变。

　　综上所示，对黄酒进行超滤是可行的，对黄酒品质几乎没有影响。助凝剂结合超滤处理可以大大提高非生物稳定性，对黄酒的生产及储存有积极意义。

现代黄酒沉淀的产生原因与质量及澄清剂的应用

一、现代黄酒沉淀的产生原因

现代黄酒产生沉淀的原因很多，大致可分为生物因素和非生物因素两方面。

1. 沉淀原因

（1）非生物原因

非生物原因是由于黄酒成分复杂，并受外界环境影响，如温度、空气、阳光、气压等因素，各物质之间就会产生不同程度的生物、物理、化学变化，从稳定变为不稳定，产生沉淀。非生物沉淀主要分为蛋白质沉淀和重金属离子沉淀。

① 蛋白质沉淀　在一般情况下，蛋白质浑浊物质在煎酒前的酒体中是可溶的，随着杀菌加热，蛋白质变性并凝聚沉降；也可能是在长期的存放过程中，由于酒体中大量盐类的电离作用，使蛋白质颗粒上的同性电荷破坏，从而使细微蛋白质颗粒互相吸附、碰撞、絮绕、凝聚而沉降。影响蛋白质沉淀的因素有：

a. 原料　越粗糙的大米越易产生蛋白质沉淀；麦曲使用越多，即糖化型淀粉酶越多，越易产生沉淀。

b. 发酵醪液的 pH 值　发酵醪液的 pH 值越高，越不利于麦曲中的酸性蛋白酶分解原料中的大分子蛋白质。

c. 酒体的糖分　由于糖分的存在，破坏了蛋白质表面的同性电荷，最后使颗粒凝聚沉降。糖分越高，越易产生沉淀。

d. 氧的影响　由于空气中的氧能氧化 β-球蛋白中的—SH 成 SO_2，进一步形成具有—S—S—键的更难溶的物质。

② 重金属离子沉淀　重金属离子沉淀主要表现为铁离子的沉淀，由于罐体、管路、泵、压榨机及过滤介质中 Fe^{2+} 的溶入，又加上压榨、输送、澄清过程中酒体吸收大量的氧气，使成品酒中的 Fe^{2+} 逐渐氧化析出，并且由于变性蛋白的吸附，而加速了沉淀的析出。

（2）生物原因

黄酒产生生物沉淀的主要原因是原料引起的染菌，其次是发酵罐、清酒罐等容器内发酵储存过程中卫生管理不善。

① 原料引起的染菌　大米、小麦有霉烂现象，水质污染严重，麦曲糖化力不高，有杂菌，酒母不良，这些都易引起杂菌的侵入，杂菌的过度繁殖给黄酒带来很大危害，死亡的菌体可导致黄酒生物性沉淀。

② 发酵、储存过程中卫生管理不善引起染菌　发酵容器及设备工具要严格杀菌消毒，发酵醪液的 pH 和温度应严格管理，使黄酒在正常条件下发酵、陈酿，杀菌温度不宜太低，否则将促使杂菌的过度繁殖，使黄酒产生生物性沉淀。

2. 黄酒其它方面的沉淀问题

黄酒经煎酒杀菌灌坛后储存一定时间即可作为商品出售。出售的方式有两种，一种是将成品坛装酒直接作为商品出售，另一种是把陶坛中的酒吸出来，通过酒体设计、澄清过滤，然后灌装到小包装玻璃瓶或陶瓷酒瓶中，经两次灭菌，贴标包装，装箱出售。经过两次杀菌的小包装黄酒销量已成为黄酒市场销售的主角。尤其是名优产品，近年来更是在产品的储存年份和外观包装上下足工夫，动透脑筋。

近几年，黄酒产品的包装色彩鲜艳，制作精巧，品种琳琅满目，有的已进入艺术品等级，材质也从原来较为单一的陶土、玻璃向以玻璃、陶土为主线，青瓷、官窑、紫砂、青花瓷等多种材质并重、全方位的格局发展。但黄酒产品的市场营销也出现了一些不和谐的音符，这就是困扰业界的"沉淀"问题。目前，所有的坛装、瓶装黄酒都存在这一问题。

对黄酒沉淀的描述正确地讲应称之为黄酒的非生物浑浊。因为由细菌感染而造成的生物浑浊不在本书讨论范畴之列。"浑浊"和"沉淀"只是一个问题的两种表现方式，有关黄酒非生物浑浊的形成机理，黄酒是一种胶体溶液，其在一定的 pH和相对湿度条件下保持相对稳定，当外界条件发生变化如遇冷时，酒中的各种不同的成分会在新的条件下发生类似链式反应的一系列物理变化，最后达到一种新的平衡状态。

研究资料表明，黄酒的浑浊是蛋白浑浊、金属离子浑浊、多酚浑浊、色素浑浊、热浑浊，其实质是蛋白浑浊等多种浑浊的一个复合体，对黄酒这一影响因素纷繁复杂的传统产品还缺少系统而全面的检测分析。从目前情况来看，在没有彻底解决这一问题之前，冷冻并结合澄清剂的方法应是一个比较有效的途径。

国内黄酒业对大坛酒的灌瓶，一般先割脚，同时结合硅藻土等过滤方法，然后灭菌灌坛。也有的企业在硅藻土后面增加一道膜过滤，以滤除逃逸的硅藻土。还有的企业采取在勾兑好的基酒中添加澄清剂的做法，但由于加入的澄清剂对酒的品质和风味都会产生或多或少的影响，还有各酒厂之间以及不同批次之间酒的质量都有一定的差异，因此企业在采用时应较为慎重，需按照小、中、大试的顺序逐级进行，以确定最佳的澄清剂用量。

二、绍兴黄酒的沉淀与质量问题

绍兴黄酒蛋白质的含量为 0.80%；酒脚中的蛋白质含量为 50.20%。黄酒蛋白质的沉淀机理主要是由蛋白质的变性团聚，产生分子量大于 10000 的蛋白质分子，分子量在 5000~10000 的蛋白质分子易使黄酒形成沉淀；酒体中的多酚（单宁）、金属离子（如铁）、乙醇也会引起蛋白质沉淀。

绍兴黄酒和啤酒、葡萄酒一样，是一种含有复杂成分的胶体体系。作为胶体体系，由于其稳定性具有相对性而不断产生沉淀，俗称酒脚。绍兴黄酒酿造采用双边发酵，即边糖化边发酵，其间微生物活动频繁，而且又富含糖分、蛋白质、色素、多酚及各种酶系物质等成分，因此易产生沉淀，影响酒的感官质量。

三、现实生产中碰到的一些问题分析

杀菌工艺对瓶酒沉淀、稳定性当然有影响，这也是一个热沉淀的问题。黄酒在勾兑过程中也会产生沉淀，所谓勾兑就是按黄酒工艺发酵而成的不同批次的原酒之间进行组合与调整，是保证和提高质量的一道工序。勾兑后使酒体更加协调，因此勾兑过的酒质量更好了。因为黄酒本身也是一种胶体，一进行勾兑，胶体的稳定性就被破坏，它要重新形成一种新的平衡，在平衡的过程中一定会有物质析出形成新的沉淀。

瓶装黄酒在销售与储存的过程中引起沉淀的原因主要是发生冷浑浊与热沉淀及氧化沉淀，氧化沉淀在储存过程中是不可能再采取措施避免了，所以只有在冷浑浊与热沉淀上下工夫，即注意气温的变化，因为做到恒温是不可能的，尽量使储存的环境温度保持在合适的范围内。温度起伏不要太大，一冷一热更加容易加快沉淀的产生，同时销售员也应向消费者（经销商）提醒过冷与过热会加快酒体的沉淀，从而减少不必要的投诉。

改良型黄酒沉淀快的原因是因为改良型黄酒与传统的黄酒相比较，它的酒精度相对低些而糖度增高些。根据相似相溶的原理，酒精度低使一些有机溶剂更易析出，多糖是黄酒酒体内一些不稳定的因素之一，改良型黄酒由于糖度增加了，相对来说多糖也增加了，故它的酒体稳定性比传统黄酒的稳定性差了。

四、澄清剂在黄酒生产中的应用

1. 酒类专用炭作用机理

酒类专用炭的作用机理主要有两个方面。一是活性炭的孔隙结构，即活性炭中独特的多孔结构。二是活性炭的表面化学元素组成，活性炭除含有氧、氢、氮等外，还含有金属氧化物及金属微量元素。氧、氢、氮的存在对活性炭的吸附特性及其它特性有较大影响。酒类专用炭处理黄酒沉淀主要是通过活性炭的多孔结构对黄酒中小分子蛋白质的吸附来提高酒的稳定性。

表 8-9　酒类专用炭处理黄酒前后产品理化指标检测结果

单位：g/100mL

项目	酒精/%	总酸	糖分	氯化钙	固形物	氨基酸态氮	浊度
处理前	17.5	0.385	2.16	0.0013	6.23	0.0838	140
处理后	17.2	0.366	2.16	0.0013	6.21	0.0825	65

从表 8-9 看出，用酒类专用炭处理后的酒，除酒的浊度有所降低外，其余指标基本保持不变。酒类专用炭对去除沉淀和延迟沉淀的出现有一定的效果。但缺点是操作时活性炭污染较为严重，还有炭的吸附性导致澄清罐罐壁上会造成吸附，给罐的清洗带来一定困难。

2. 101 澄清剂加膨润土法

一般采用澄清剂＋助剂的方法进行处理，酒液中各种以常规过滤方法较难滤除的浑浊物可快速聚凝并沉降于底部，排放底部絮凝沉淀物后，高澄清的上清液较易过滤，经此工艺处理后，能确保黄酒产品在保质期内基本不出现质量问题。试验发现，该澄清剂对酒有一定的选择性，对粳米黄酒，出酒率在43％以上的产品效果较好。

3. 单宁明胶法

20世纪90年代，蒋同隽等对绍兴加饭酒进行分析研究后认为，黄酒和啤酒、葡萄酒一样，是一种含有多种成分的复杂胶体体系，其稳定性具有相对性。认为硅藻土、硅溶胶等吸附剂虽可有效吸附酒体中的蛋白质及其它物质，但并不能有效提高酒体的稳定性，选用合适的超滤膜截除酒体中相当数量的蛋白质后，胶体稳定性有所提高，但酒体黏度降低，失去原有风格，而用单宁、明胶结合低温处理（简称DMD法）不失为一种简便易行、成本低廉的方法。只要操作方法得当，对预防黄酒沉淀的产生，提高稳定性的确具有较好的效果。其缺点是每次处理基酒之前都应先进行小试，确定最佳用量，否则效果不好，还有这一措施如没有低温澄清工艺相配合，也不能取得好的效果。

单宁、明胶溶液配制　0.4％单宁溶液配制是称取0.4g单宁溶解于100mL水中。0.4％明胶溶液配制是称取0.4g明胶，冷水浸泡24h，倒掉冷水，溶解于70～80℃热水中，定容至100mL。

试验方法　取几只白色玻璃瓶，每只瓶中加入500mL黄酒，然后按表8-10加入单宁溶液，摇匀，再依次加入明胶溶液，摇匀，低温0℃左右静置48h，找出其中澄清最快而且明胶用量最小，而口味又基本保持不变的一只，作为大生产加量的依据。

表8-10　试验用单宁、明胶溶液的设计

项目	0#	1#	2#	3#	4#	5#
酒精量/mL	500	500	500	500	500	500
0.4％单宁/mL	0	0.5	1.0	1.5	2.0	2.5
0.4％明胶/mL	0	2.5	2.0	1.5	1.0	0.5

4. 皂土法

皂土能吸附8～10倍量的水分形成糊状物质，具有很强的吸附能力。由于黄酒所含成分和性能的不同，皂土使用量也不同，因此事前必须先做小型试验。

1％皂土溶液的制备　称取皂土1g用蒸馏水定容至100mL，膨化24h，搅拌成均匀的悬浮液备用。

澄清试验　取基酒2500mL，分别装在5个500mL白色量筒中，依次加入0.1％、0.15％、0.20％、0.25％、0.3％的皂土悬浮液并搅拌均匀，每隔24h观察酒液澄清度。

　　24h后选择澄清度较好，沉淀物较少且口感变化不大的为最佳使用量。一般黄酒中皂土的使用量为1‰～3‰。

　　注意事项　由于皂土本身不能促使蛋白质变性，故皂土比较适用于以下情况：①肉眼观察有悬浮物的酒体；②已经受到微生物感染的酒体；③已产生浑浊但无法快速澄清的酒体。

　　上述是常见的几种澄清剂应用，有一定的效果，处理黄酒非生物浑浊还有其它许多方法，如JA澄清剂法、JM澄清剂法、植酸除铁法、硅胶法、上海6#澄清剂法等，相关酒类企业可根据各自产品的实际情况选择一种或多种综合使用。

　　由于黄酒生产原料差异性较大，质量水平不一，以传统工艺酿制而成的黄酒更受到观念、气候、麦曲、水质、操作方法等众多因素的影响，对黄酒的非生物浑浊的防止带来一定的难度。从当前情况来看，黄酒业中澄清剂的应用依旧处于摸索阶段，相信随着科技的进步和黄酒业的复兴，黄酒业也一定能够在这个问题上取得突破性的进展。

第十一节　现代黄酒生产过程中的"浑浊现象"的预防和控制

一、生物浑浊的原因及表现

　　黄酒的生物浑浊是由微生物引起的，主要原因是原料的染菌，以及生产过程中发酵罐、储酒罐、设备工具及储存过程中卫生管理不善导致杂菌侵染。其次是由于杀菌不严而导致的杂菌过度繁殖，死亡的菌体导致黄酒的生物性沉淀。再次，糖化速度和发酵速度不平衡，醪中有过多的糖分，易导致杂菌增长。生物浑浊表现主要为酒液浑浊、不易过滤沉淀、生酸腐败、形成白色菌膜、出现异味、甚至发臭等现象。肖连冬等对生物浑浊中黄酒微生物的分离和初步鉴定证明：引起黄酒产膜酸败的微生物主要是酵母菌和醋酸菌，形状为杆状。

二、非生物浑浊的原因及表现

　　黄酒的成分相当复杂，除了含有多种醇、酸、酯以外，还含有糖分、蛋白质、多酚、色素、钙镁离子以及各种酶系。这些物质在受到外界环境如温度、空气、阳光、气压等的影响时，就会发生不同程度的物理、化学变化，会从稳定变成不稳定，出现浑浊失光等现象。黄酒的非生物稳定性明显地表现为冷冻稳定性、氧化稳定性和热稳定性三个方面。这三个方面尤以蛋白质的影响最为明显，蛋白质在黄酒中的比例高达50.56%。以高分子蛋白质为主，其次是糊精、还原糖、多酚等物。可见蛋白质在黄酒稳定性方面的作用非常重要。

三、黄酒非生物浑浊和沉淀的特点与解决方法

黄酒是我国的民族特产和瑰宝,誉为"国酒"。由于黄酒的生产工艺具有传统性和区域性,因而有许多不同种类的黄酒。尽管黄酒的品种繁多,但其品质都存在一个共同的问题,即出现浑浊而产生沉淀物。

主要表现在:一是黄酒的冷浑浊,即酒体遇低温(<5℃)而产生的严重浑浊;二是在黄酒坛装陈酿过程中或瓶装酒加热杀菌后出现的沉淀物。事实上,发酵酒都存在着非生物稳定性问题。目前,啤酒、葡萄酒通过添加助剂和先进的处理工艺已基本解决这一问题。但由于黄酒的营养成分特别丰富,酒体中含有较多的蛋白质、多酚(单宁)、脂肪、焦糖色素和多糖等大分子成分,而有关处理沉淀的工艺原始、简单,同时也缺少必要的检测手段和基础研究,这种处理沉淀的行为有时是凭经验操作,所以,迄今为止还不能有效解决这一问题。

为此,现行的国家和地方黄酒质量标准中也都允许成品黄酒有少量沉淀存在,以至于在瓶装黄酒的品牌说明中,无奈地注明"沉淀系蛋白质凝固,饮用无妨"。俗话说"黄酒有千层脚",但割除"酒脚"(即沉淀物)是黄酒行业梦寐以求的目标。

四、现代黄酒生产过程中的"浑浊现象"实验研究和数据分析,得到成果

目前,现代黄酒的"冷浑浊"和"热浑浊"、"铁浑浊"、"氧化浑浊"现象十分严重。

白少勇在《黄酒中蛋白质的沉淀机理与处理方法的研究》一文中谈及黄酒中蛋白质的沉淀主要表现为冷浑浊、热浑浊、铁浑浊和氧化浑浊,通过实验研究和数据分析,得到如下研究成果:

(1)冷浑浊

主要由蛋白质与单宁的聚合物所产生,这是一个可逆的过程;蛋白质的电性(所带的电荷)而不是分子量大小是酒体产生冷浑浊的决定因素;主要参与的是分子量小于10000的蛋白质,而多糖、α-氨基氮基本没有参与,铁离子有可能部分介入;当酒体的pH值为6或1时,冷浑浊消失。

黄酒在低温下(5℃以下),特别是在冬季,温度越低形成浑浊越显著,这种浑浊在室温放置会重新溶解,故称可逆浑浊,由于酒液中的β-球蛋白和醇溶蛋白在温度较高时可以和水形成氢键,成水溶性,当酒液温度较低时,它们的氢键断裂,它们又可以与多酚结合形成浑浊。

(2)热浑浊

主要由蛋白质变性团聚所引起,而不是蛋白质与多酚(单宁)聚合反应的结果,因为加热后酒体的蛋白质含量略有降低,而单宁的含量却比原酒样增加了5.22%;这是一种不可逆的沉淀过程,主要参与的是分子量较大的蛋白质,而多

糖、α-氨基氮和铁等物质基本没有介入。

尤其是因为加热实验后酒体的蛋白质总含量有所降低（10％～20％），同时，酒体中分子量大的蛋白质含量增大，而分子量较小的蛋白质含量略有减小。这是由于在一定的反应条件下受热使部分小分子蛋白质热变性而团聚成大分子蛋白质，大分子蛋白质又在一定的反应条件下慢慢地变成沉淀析出。

（3）铁浑浊

模拟试验表明，铁（Ⅲ）与蛋白质（牛血清白蛋白）不能直接形成沉淀物，但铁（Ⅲ）与单宁酸能生成蓝色沉淀物，而蔗糖和乙醇没有参与其中，因而，铁沉淀有可能是铁（Ⅲ）通过单宁或酒体中的其它共存物与蛋白质作用所产生。

（4）氧化浑浊

主要由氧气与蛋白质、单宁、多糖等物质相互作用所产生，其作用机理比较复杂，形成沉淀的时间较长。研究了常见澄清剂对黄酒澄清处理的效果与组成变化，并研制开发了黄酒专用助剂以及相应的处理方法，基本解决了蛋白质的沉淀现象，提高了黄酒的品质。

实际上氧化沉淀是一个缓慢的沉淀形成过程。一般认为是由于酒液长期放置，在溶解氧作用下蛋白质分子发生生化反应，含硫基蛋白质被氧化，聚合成大分子蛋白质；总多酚也发生聚合，变成聚多酚；此外成品酒瓶颈中如有过量的氧存在，在有铁离子、光照与温度条件下，蛋白质易与多酚发生氧化缩合反应而产生沉淀，这些物质产生沉淀的机理是：蛋白质与多酚、铁离子及一些带电荷的微粒相互作用吸附沉降。黄酒因其酒度低、营养丰富而深受广大消费者喜爱。但由于黄酒中所含的糖、酸和各种氨基酸物质，如蛋白质、糊精、低聚糖等，受冷、热、储存时间、仓储温度等条件的影响，会发生一系列的化合、凝聚反应，轻者造成色泽变深、口味不爽，重者沉淀结块，难以入口。沉淀是目前黄酒生产企业一直未能攻克的技术难题。

一般黄酒中含有多种成分，经测定，天冬氨酸、苏氨酸、异亮氨酸、丝氨酸等各种氨基酸有 21 种之多，其余部分是淀粉、糊精、焦糖色素、胶体颗粒。酒中成分众多，沸点和冰点各不相同，所带的正负电子也各不一样。因此，酒受外界的冷热刺激后直接影响酒的稳定性，使酒产生浑浊现象。

再有，目前国内黄酒灭菌的方法几乎都采用高温灭菌，高温灭菌后的酒因快速降温冷却，造成酒中成分不协调，酒的稳定性得不到有效控制，故出现加速沉淀现象。另外，仓储条件也与沉淀有直接关系。黄酒成品仓库除了通风、干燥外，最重要的是要恒温控制，但目前达到这一条件的企业很少。杀菌后没能将酒按规定程序入库以及仓储条件差是造成沉淀的重要原因。

暴热、暴冷也是造成黄酒沉淀的主要原因。因此，在黄酒加工中如何避免夏日的高温和冬日的寒冷对黄酒生产的影响，调整好杀菌后高温到常温之间的时间，使酒中成分互相协调磨合，控制好酒体的温度，是有效解决"冷浑浊"和"热浑浊"的关键。

增加"摊冷"工序 夏季瓶酒加工生产中，对高温杀菌的酒不能立即封箱码放，必须增加一道工序——"摊冷"。因为，夏季气温在30℃以上，酒温在80～85℃，这样的酒若立即封箱码放，酒温难以下降，生产15天后，酒温还会在40℃以上。因此，夏季黄酒加工中增加一道"摊冷"工序十分必要，一般是当天生产的酒不封箱，摊冷到第二天后才可装箱、码放。摊冷过程中，用排风扇吹冷降温，效果更好。

当天酒，当天封箱 冬季生产中，极容易造成酒"冻伤"，避免酒"冷浑浊"最好的方法是：当天生产的酒，当天封箱，当天包装，当天入仓。仓库条件要好，切不可让寒风直接吹打。仓库最好是恒温控制，冬天加热升温，夏天隔热降温。总之，夏天要让酒温快速冷却，冬天要让酒温慢慢冷却。因为，酒加热后，须有一定的稳定期，这个稳定期一般是1个月左右，稳定期内要给黄酒营造一个常温的环境。这样才能使酒不产生"热浑浊"和"冷浑浊"现象，从而解决黄酒沉淀的问题。

当然，要想彻底解决黄酒的"热浑浊"和"冷浑浊"问题，还需深层次研究黄酒酿造工艺、黄酒酿造特性、黄酒内在成分及黄酒对温度的要求，从根本上解决黄酒沉淀这个多年悬而未决的难题。

第十二节 机械化瓶装酒灌装工艺"热浑浊"的工艺控制方法

黄酒的沉淀问题，在坛装酒中称之为"酒脚"，在瓶装酒中称之为"沉淀"，都或多或少地影响了产品的正常销售，并成为当今企业关注的重大问题。在绍兴黄酒中表现尤为特别，原因在于绍兴黄酒独特的酿制工艺已列入国家非物质文化遗产保护项目范畴，较高的固形物含量，作为传统产品，其原有的特色又不允许被破坏，从而更加大了解决问题的复杂性和难度系数。

黄酒是世界上最古老的酒种，酒文化内容深厚，因此，黄酒包装所用的陶土烧制的古朴容器在史书上和古装电视中经常看见，即使是现在，全国各地的黄酒酿造企业也仍保留用大坛储存原酒的工艺，这个酿酒工艺可以说是世界酿酒史上的一个经典。

目前，陶土烧制的大坛内可装25L左右酒，整个酿酒工艺用传统手工工艺制作，优点是品味纯真、越陈越香。但大坛包装的黄酒，生产时劳动强度大、产量不高，严重制约了黄酒的发展，并且坛装黄酒的运输、携带和食用都不太方便，因此，现在国内好多黄酒企业采用了机械化瓶装酒灌装先进工艺，将大坛酒分装成一瓶瓶小包装的瓶酒。很好地解决了原来传统手工大坛灌装黄酒的许多缺陷，最明显就是生产量大大上升。

最近，国内几家有实力的黄酒酿造企业为加快生产发展，除了在黄酒灌装、封口、杀菌等工艺上采用机械化和自动化外，还在成品酒包装、打箱、码箱垛堆上，也用上了机械化，进一步提高了工作效率、改善了劳动环境。

在为机械化黄酒包装作业的一片叫好声中，我们发现由于机械化瓶酒包装中工艺不完善，出现了瓶酒"热浑浊"的新问题。瓶装酒中的"热浑浊"是个产品质量问题，轻则口味不爽，重则造成酒体变质，直接影响了企业的声誉和经济效益。祁传林就如何完善机械化瓶装酒包装、打箱、码箱垛堆等工序上的操作工艺和应采取的控制方法作过专题研究。本节围绕机械化瓶装酒灌装工艺"热浑浊"的工艺控制方法问题与同行探讨。

一、机械化瓶装酒灌装工艺流程

洗瓶机洗瓶→空瓶检验→注酒灌装→封口压盖→加热杀菌→灌瓶检验→贴标→检验补标→瓶盖日戳喷码→装入纸箱→外箱日戳喷码→码箱垛堆→成品入库

二、机械化瓶装黄酒生产流水线存在工艺缺陷

目前，国内黄酒酿造企业的机械化瓶装黄酒灌装机，在生产加工过程中采用的灭菌方法，一般都是用高温灭菌法，黄酒经加温灭菌后，瓶内的品温很高，成品酒装箱入库后无法散热降温，致使酒体持续在高温状态下，从而造成口味不佳，色泽发暗，沉淀积块等，严重影响了酒的品质、品位。

根据上述共同作用的结果，黄酒沉淀的多少直接反映该酒的质量状况。对于黄酒的生物性沉淀，大家已有较强的认识，容易解决，而对于非生物沉淀，应区别对待。由于蛋白质而引起的沉淀，一方面可采用在工艺上千方百计减小高分子蛋白质的含量，另一方面采用热过滤，使用澄清剂、沉降剂等方法；对于因铁离子而产生的沉淀，一方面必须改善发酵容器，采用不锈钢，另一方面可采用络合法等方法。

瓶装黄酒如果在短期内即产生沉淀，说明该酒存在质量问题，技术工艺不成熟。黄酒沉淀与黄酒质量密切相关，解决黄酒沉淀有利于其感官质量的提高。目前沉淀问题是许多厂家迫切需要解决的问题，啤酒、葡萄酒随着科技成果的大量引进，沉淀问题已能基本解决，一瓶上佳的成品葡萄酒 10 年、上百年始终清澈透明，但是瓶装黄酒的保存期还停留在 1 年左右，某些商标干脆注明了"本产品允许有少量沉淀物"，而大坛黄酒的酒脚在人们心目中是天经地义的事，因此研究黄酒成品各种沉淀的形成机理及防治，已经成为当务之急；只有解决了沉淀问题，黄酒质量才能有大幅度提高，中国黄酒才能走上健康发展的轨道。

三、原因分析

① 黄酒是粮食酿造的食品，其营养成分十分丰富，内含 21 种氨基酸及蛋

白质、维生素和对人体有益的低聚糖等成分，由于酒在生产和加工过程中，空气和容器上有杂菌，酒自身发酵中产生了大量的酵母菌、酶菌等，要让黄酒储藏增香，保证酒液久储不变质，关键要做好酒的灭菌工作。灭菌的方法很多，有高温灭菌法、紫外线灭菌法、臭氧灭菌法、膜过滤灭菌法等，目前，国内各黄酒企业一般都是用高温灭菌法。高温灭菌法成本低、操作简单、灭菌效果好，其它几种方法虽能达到灭菌的目的，但成本大，有的会影响酒的口味和黄酒特有的风味。高温灭菌法虽好，但它也有不足的一面，就是高温会引起酒中的成分不稳定。

以绍兴黄酒为例，因为绍兴酒中，分子结构复杂，酒中就各成分的沸点和冰点各不相同，所带正负电荷各不一样，所以，酒每加温一次，酒中就会产生一层沉淀物，黄酒"千层脚"就是在高温杀菌后引起的，所以说：高温杀菌法对黄酒来讲是把双刃剑，操作稍有不慎，就会对酒造成质量影响。

② 食客也好、专家也好，通常衡量食品感官优劣的标准是"鲜爽"。黄酒也同样，在 GB 17946—2000《黄酒（绍兴酒）》的质量品评标准中，对黄酒"味"的要求是："醇厚、较鲜爽、无异味。"要保证食品中的鲜爽味，日本有道生吃鱼片的美食；啤酒推出了"纯生啤酒"；民间有"生鲜熟有味"的俗语。也就是说，食品要"鲜"，前提是个"生"字。黄酒用传统的手工艺灭菌，因为是用大坛装，灭菌后将酒一坛坛摊在车间场地上，待封口的泥土干燥后再一坛坛入库，这样的工艺，根本不存在酒液熟化。因为，它在等待封口干燥的过程中，其实是个散热降温冷却的过程。而现在用机械化瓶酒杀菌后的酒，还没来得及散热降温冷却，就被堆入仓库中，这是引起"热浑浊"问题的主要原因。因为酒从杀菌机中出来时，品温还高达 60℃左右，这一瓶瓶酒从输送带上通过检验、贴标、喷码到装箱入库，前后总共不超过半个小时，如在冬季，酒在输送带上半个小时最多也只能降 10℃左右，在气温高的夏、秋季里，酒温几乎不降，如果高品温的酒入箱后，经过打箱码垛入库，十天半月酒温也还在四五十度，这样长时间高温捂着的酒，别说酒味失真，酒液还会发浑、色泽发暗、苦焦味重，待酒全部冷却后，酒瓶底下结成黑黑的沉淀物，这种现象就是"热浑浊"造成的。因此，产生"热浑浊"现象不是生产落后、自动化程度低造成的，而越是机械化、自动化程度高，越容易产生"热浑浊"，特别是有码箱垛堆机设备的厂家，更要提防酒出现"热浑浊"。

四、控制方法

1. 水冷法

机械化瓶装黄酒灌装流水线的操作工序上增加一道"摊冷"的工序，力求做到瞬间高温灭菌，瞬间降温保味，最有效的方法是水冷法，就是在酒瓶从杀菌机中出来后，用水温从高到低，一道道地对酒喷淋降温，一般降到 35° 为宜。用水带走酒的热量，效果最快。

2. 风冷法

酒从杀菌机中出来到装箱，要经过贴标、检验等工序，前后约需半小时左右，在每道工序的间隙中增加风扇，用吹风的方法进行冷却降温。有条件的企业用中央空调送风冷却，效果更佳。

3. 自然冷法

自然冷就是将酒在入库前分箱摊冷，一般是当天生产的酒不直接码箱垛堆，先分摊在车间内散热降温冷却，隔天再码箱垛堆、入库进仓。

第十三节　即墨黄酒质量控制及安全检测与营养成分评价

黄酒为世界三大古酒之一，源于中国且唯中国独有，南有"绍兴黄酒"、北有"即墨黄酒"；而即墨黄酒典型的优秀代表——即墨妙府老酒，具有中国黄酒特有的代表性，更具有天然性的营养成分。

一、即墨黄酒质量控制与目标

于秦峰撰写了《国家优质食品评选标准和方法——北方黄酒部分》、《即墨老酒的工艺特点及营养价值分析》、《即墨妙府老酒的历史继承价值及创新》、《中国黄酒的发展现状与特点》、《北方黄酒风格特点》等数十篇论文，奠定了即墨黄酒质量控制基础与发展思路。

新形势下，即墨黄酒企业如何走好竞合发展之路？"企业联合起来，才能让即墨黄酒有更好的发展。"有着"中国酿酒大师"头衔的于秦峰呼吁，要确保"黄酒北宗"的品质进一步细化，根据国家黄酒、北方黄酒生产工艺标准要求，制定老酒生产标准……据悉，妙府老酒申报的即墨老酒传统酿造工艺，已入选了市级非物质文化遗产名录。

二、即墨妙府老酒的主要原料

即墨妙府老酒主要原料为黍米、地下麦饭石、深井水、陈伏麦曲，妙府公司自1997年开始，在吉林省、辽宁省、内蒙古自治区逐步建起15万亩种植农田，其中有机农田1.6万亩，为妙府老酒发展奠定了发展基础。

三、即墨妙府老酒的工艺特点

即墨妙府老酒严格按照传统的"古遗六法"，结合现代科学管理，精心酿酿、自然发酵，一气呵成，原汁压榨，按年份储存出厂，不加任何添加剂，为天然绿色有机食品。

四、妙府老酒的营养成分分析

① 妙府老酒是发酵原汁压榨酒，所含的碳水化合物基本上都是发酵产生的葡萄糖、果糖、低聚糖（麦芽糖、异麦芽糖、乳糖），其可以直接被人体吸收，进而产生能量，其余部分以糖原的形式储存到肝脏和肌肉中，不易使人发胖。妙府老酒的发热量为 80～90kcal/100mL，啤酒一般为 50～60kcal/100mL，白酒一般为200～300kcal/100mL。妙府老酒的发热量比啤酒高、比白酒低，在体内消化吸收后，一方面，妙府老酒能满足和供给人体组织细胞的能量需要；另一方面，妙府老酒能转化成糖原储存在肝脏和肌肉中，以补充和平衡能量的需要；如果每天喝300～500mL 妙府老酒，少吃面食，对人体健康是相当有益的，既不会发胖，又能补充营养。

② 妙府老酒含有多种维生素，主要是 B_1、B_2、B_5、B_6、B_3、B_{12}。维生素是维持身体健康所必需的有机化合物，它是其它营养物质（蛋白质、脂肪、碳水化合物）代谢中的催化剂。一般而言，在人体内不能自行合成维生素，必须从饮食中摄取，而妙府老酒中的维生素含量较为丰富。

③ 妙府老酒含有十多种矿物元素，矿物元素是体内酶作用的催化剂，它在人体内的总量约占体重的 $4\%～5\%$，数量虽不算多，但都对机体的健康稳定起着十分重要的作用；矿物元素缺乏时，可使机体组织的功能出现异常，补充矿物元素后即可使机体组织的功能恢复正常。

④ 据有关部门测定，妙府老酒含有常量元素钾、钠、钙、镁等，微量元素铁、锌、铜、锰、硒，比啤酒、葡萄酒、白酒高出若干倍，其中硒元素有抗癌作用。

⑤ 妙府老酒中含有特殊功能性物质。

见表 8-11～表 8-17。

表 8-11 微量元素含量表

元素	含量	元素	含量
钙/(mg/L)	310	铬/(mg/L)	30.24
钠/(mg/L)	176.8	钴/(mg/L)	34.7
镁/(mg/L)	338.1	钼/(mg/L)	11.55
铁/(mg/L)	17.06	锌/(mg/L)	4.58
铜/(mg/L)	70.4	硒/(mg/L)	2.75
锰/(mg/L)	3.63	钾/(mg/L)	790

表 8-12 水溶性维生素含量   单位：mg/L

C	B_1	B_2	B_3	B_6
8.55	0.53	1.52	0.85	3.2

表 8-13　人体所必需却无法自身合成的氨基酸含量比较表　单位：mg/L

氨基酸	妙府老酒	啤酒		红葡萄酒
		（1）	（2）	
异亮氨酸	124	21	16	36
亮氨酸	236	34	36	36
赖氨酸	97	12	11	43
蛋氨酸	179.7	5	—	28
苯丙氨酸	119.7	73	72	22
苏氨酸	113	8	—	27
缬氨酸	177.7	74	53	19
组氨酸	82.6	—	—	—

表 8-14　酚类物质含量　单位：mg/L

儿茶素	表儿茶素	芦丁	槲皮素	没食子酸	原儿茶酸
3.84	1.80	1.53	0.49	0.063	0.45
绿原酸	咖啡酸	p-香豆酸	阿魏酸	香草酸	儿茶酸
2.56	0.16	0.35	1.25	0.81	3.84

表 8-15　主要功能低聚糖含量　单位：g/L

异麦芽糖	潘糖	异麦芽三糖
3.14	3.96	0.14

表 8-16　GABA 含量　单位：mg/L

游离态	水解后
140	348

表 8-17　即墨妙府老酒食品安全检验结果——酒检验

序号	检验项目		单位	技术要求	检验结果	单项判定
1	菌落总数		cfu/mL	—	<1	合格
2	大肠菌群		MPN/100mL	—	<3	合格
3		沙门菌	—	—	未检出	合格
4	致病菌	志贺菌	—	—	未检出	合格
5		金黄色葡萄球菌	—	—	未检出	合格
6		苯甲酸	g/kg	—	未检出（最低检出限：0.2mg/kg）	合格
7	防腐剂	山梨酸	g/kg	—	未检出（最低检出限：0.2mg/kg）	合格

续表

序号	检验项目		单位	技术要求	检验结果	单项判定
8		糖精钠	g/kg	—	未检出(最低检出限:0.4mg/kg)	合格
9	甜味剂	安赛蜜	g/kg	—	未检出(最低检出限:0.2mg/kg)	合格
10		甜蜜素	g/kg	—	未检出(最低检出限:2.5mg/kg)	合格
11		阿斯巴甜	g/kg	—	未检出(最低检出限:5.0mg/kg)	合格
12		柠檬黄	g/kg	—	未检出(最低检出限:0.2mg/kg)	合格
13		苋菜红	g/kg	—	未检出(最低检出限:0.2mg/kg)	合格
14	着色剂	胭脂红	g/kg	—	未检出(最低检出限:0.3mg/kg)	合格
15		日落黄	g/kg	—	未检出(最低检出限:0.3mg/kg)	合格
16		亮蓝	g/kg	—	未检出(最低检出限:1.0mg/kg)	合格
17	氨基甲酸乙酯		mg/kg	—	未检出(最低检出限:0.002mg/kg)	合格

妙府老酒含有酚类和黄酮类,具有抗氧化、清除自由基、提高免疫力的作用。

妙府老酒含有功能性低聚糖,是一种特殊的糖,不为人体消化吸收,反而能促进人体有益菌的繁殖,提高消化功能。

五、谷氨酸可预防骨质疏松

据日本一项新研究显示,谷氨酸具有抑制破骨细胞分解骨组织的作用,这一发现,将可能催生预防和治疗骨质疏松症的新方法。

日本岗山大学研究生院一项最新研究成果显示,谷氨酸有抑制破骨细胞分解骨组织的作用。破骨细胞中含有的谷氨酸,被浓缩于破骨细胞内,处于"休眠"状态,而一种名为"谷氨酸转运体"的蛋白质可以像水泵一样将谷氨酸排出破骨细胞,被"释放"的谷氨酸开始发挥作用,破骨细胞便不能顺利分解骨组织了。

经检测,每升即墨妙府老酒中,谷氨酸含量高达1088mg,适量常饮,被吸收的谷氨酸能有效抑制破骨细胞的分解作用,起到预防和治疗骨质疏松的作用。从科学角度解释了常饮即墨妙府老酒能有效防治腰腿痛。长期居住在沿海、高寒特别是潮湿地区的中老年人,适量常饮即墨妙府老酒,对保健是有益的。

总之,经上述大量的检测报告和研究初步成果表明,即墨妙府老酒由于严格的工艺标准化与食品安全的严格控制,实为健康、安全、营养型绿色有机饮品。

第九章

黄酒的感官与理化指标及评价

黄酒所含的多种成分是构成色、香、味的物质基础，这些成分储存陈化，形成浓郁的酒香，鲜美醇厚的口味，香甜和谐的酒体，成为营养价值极高的低酒度饮料。

黄酒是以稻米、玉米、小米、小麦等粮食为主要原料，经蒸煮、糖化、发酵、压榨、过滤、储存、勾兑等工艺生产的发酵酒。

黄酒是我国的特产，其中以浙江绍兴酒为代表的麦曲稻米酒是黄酒历史最悠久、最有代表性的产品；山东即墨老酒是北方粟米黄酒的典型代表；福建龙岩沉缸酒、福建老酒是红曲稻米黄酒的典型代表。黄酒酒精度低、耗粮较少、富含多种氨基酸、蛋白质、维生素和对人体有益的矿物元素，营养丰富。

第一节 黄酒的化学成分与色香味

一、黄酒的化学成分

黄酒的化学成分除了 5.5%～20% 的乙醇即酒精外，还含有酯类等多种物质。

据测定，每 100g 黄酒中，酒精的容量占 5.5%～20%，质量占 4.4%～17.1%，蛋白质占 1.2%～2.0%，热量为 150.7～355.9kJ，维生素 B_1 为 0.01～0.20mg，维生素 B_2 为 0.01～0.10mg，钙 9（武汉糯香酒 6.4°）～104（上海黄酒）mg，磷 9～30mg，铁 0.1（绍兴加饭酒）～1.3（绍兴元红黄酒）mg，另含一定量的锌、铜、镁、锰、硒等微量元素以及糖、糊精、甘油、有机酸或氨基酸。

黄酒属非蒸馏酒类，经长时间的糖化发酵，原料中的淀粉和蛋白质被酶分解为低分子糖类、肽和氨基酸等浸出物。

成分如下：①碳水化合物；②氨基酸；③蛋白质；④维生素；⑤矿物质；⑥功能性低聚糖。

二、黄酒的色香味

我国的黄酒生产，由于地域辽阔，各地酿造的原料不同，糖化发酵剂也各有差别，工艺操作各有一套传统方法，因而品种繁多，形成各自独特的风味。

黄酒发酵一般都在低温下酿造，因而可使酒精发酵的全部生成物及其微生物的代谢产物得以保存，从而形成黄酒特有的色、香、味、体。

色一般为黄色而有光泽，但由于用曲、操作、配方之不同，常常有橙黄、褐黄、褐红、棕红、紫红等不同颜色，但无论为何色，都要求鲜亮、透明、有光泽。

喝黄酒需讲究色、香、味，只有兼顾到三方面，才能在饮用中领略出它的独特风格。

1. 黄酒的色

一般为黄色，多为橙黄、褐黄、褐红、褚色等。尽管颜色多种多样，但都要透明、鲜亮、有光泽。

2. 黄酒的香

黄酒讲的是醇香，即具有该品种特有的香气。要求协调、自然、舒适、有韵味。

3. 黄酒的味

黄酒的味有甜、酸、涩、苦、辣、鲜等味。作为一种好酒，均要达到醇正、协调、丰满、柔和、幽雅、爽口。有的讲究酸、甜、香、鲜适口，有的讲究甜鲜香，有的讲究鲜美厚，有的讲究甜酸爽口，有的讲究干爽鲜美，有的讲究甜鲜香美。总之，味感是关系到酒质优劣的重要标准，古今中外都是如此。

另外，不管人们对味感怎么讲究，都要求有典型的风格特点。

风格是对色香味的综合判断和评价。凡名优黄酒，都在生产上经过多年的经验积累，形成了稳定的生产工艺，色香味成分相互平衡，融为一体，给人一种协调、完美和典型突出的综合感觉，酒体优雅，精美醇良，成为深入人心的名优产品。

三、绍兴黄酒的色香味

绍兴黄酒营养丰富，据科学测定含有 21 种氨基酸，其中包括人体必需的八种氨基酸。绍兴黄酒，芬芳醇厚，色香味俱佳。

1. 黄酒的色

绍兴黄酒主要呈琥珀色，即橙色，透明澄澈，纯洁可爱，使人赏心悦目。这种透明琥珀色主要来自原料米和小麦本身的自然色素和加入的适量糖色。

2. 黄酒的香

绍兴黄酒有诱人的馥郁芳香。凡是名酒，都重芳香，绍兴酒所独具的馥香，不是指某一种特别重的香气，而是一种复合香，是由酯类、醇类、醛类、酸类、羰基化合物和酚类等多种成分组成的。这些有香物质来自米、麦曲本身以及发酵中多种微生物的代谢和储存期中醇与酸的反应，它们结合起来就产生了馥香，而且往往随着时间的久远而更为浓烈。所以绍兴酒称老酒，因为它越陈越香。

3. 黄酒的味

绍兴黄酒的味是由 6 种味和谐地融合而成，这 6 味即：

① 甜味　米和麦曲经酶的水解所产生的以葡萄糖、麦芽糖等为主的糖类有八九种。另外，发酵中产生 2，3-丁二醇、甘油以及发酵中遗留的糊精、多元醇等。这些物质都呈甜味，从而赋予了绍兴酒滋润、丰满、浓厚的内质，饮时有甜味和稠黏的感觉。

② 酸味　酸有增加浓厚味及降低甜味的作用。绍兴酒中以醋酸、乳酸、琥珀酸等为主的有机酸达 10 多种。它们主要来自米、曲及添加的浆水和醇醛氧化，但大都是在发酵过程中由酵母代谢产生的。其中以醋酸、丁酸等为主的挥发酸是导致醇厚感觉的主要物质；以琥珀酸、乳酸、酒石酸等为主的挥发酸是导致回味的主要物质。酸性不足，往往寡淡乏味；酸性过大，又辛酸粗糙；只有多种一定量的酸，才能组成甘洌、爽口、醇厚的特有酒味。所谓酒的"老"、"嫩"，即是指酸的含量多少，它对酒的滋味起着至关重要的缓冲作用。

③ 苦味　酒中的苦味物质，在口味上灵敏度很高，而且持续时间较长，但它并不一定是不好的滋味。绍兴黄酒的苦味，主要来自发酵过程中所产生的某些氨基酸、酪醇、甲硫基腺苷和胺类等。另外，糖色也会带来一定的苦味。恰到好处的苦味，使味感清爽，给酒带来一种特殊的风味。

④ 辛味（辛辣）　辛味不是饮者所追求的口味，但却是绍兴黄酒中不可缺少的一味。它由酒精、高级醇及乙醛等成分构成，以酒精为主。适度的辛辣味，有增进食欲的作用，没有适度的辛辣味，就会像喝一般饮料那样，缺乏一种滋味感。

⑤ 鲜味　绍兴黄酒中的鲜味，来自众多氨基酸中的谷氨酸、天冬氨酸、赖氨酸等，以及蛋白质水解所产生的多肽及含氮碱。这些物质均呈鲜味。此外，琥珀酸和酵母自溶产生的 5-核苷酸等物质也具鲜味。鲜味为黄酒所特有，很受饮者欢迎，而绍兴黄酒的鲜味又比其它黄酒更为明显。

⑥ 涩味　绍兴黄酒的涩、苦两味是同时产生的。涩味主要由乳酸、酪氨酸、异丁醇和异戊醇等成分构成。苦、涩味适当，不但不会使酒呈明显的苦涩味，反而能使酒味有浓厚的柔和感。

以上 6 味化学成分互相制约，互相影响，和谐地融合在一起就形成了绍兴酒不同寻常的色、香、味。绍兴黄酒的澄黄清亮、醇厚甘甜、馥郁芬芳的色泽香味令人叹服。

第二节　黄酒的感官和理化指标与质量标准

一、黄酒的感官

1. 绍兴老酒的感官特征

因产于浙江绍兴而得名。因以鉴湖之水酿造，故又名"鉴湖名酒"。由于此酒越陈越香，当地又把它叫做"老酒"。绍兴酒是我国最古老的黄酒品种，是黄酒的代表品种。其特点是：酒液黄亮有光，香气芬芳馥郁，滋味鲜甜醇厚，越陈越香，久藏不坏。2000多年以来，因配料、制作方法和风味不同，绍兴酒中又产生了很多名品。

元红酒——又称状元红，最早因绍兴所用酒坛为朱红色而得名。酒液澄黄透明或琥珀色，口味清爽鲜美，具特有芬芳，味爽微苦。酒度在15°以上，属于黄酒。

女儿红酒——主要呈琥珀色，即橙色，透明澄澈，纯净可爱，使人赏心悦目。有诱人的馥郁芳香；而且往往随着时间的久远而更为浓烈。

加饭酒——在生产时增加原料（糯米或糯米饭）而得名，此酒的糯米用量比状元红要多10％以上，并视加入饭量的多少又分为"双加饭"和"特加饭"。加饭酒的酿造发酵期长达90天，其风味醇厚，是绍兴黄酒的代表。

加饭酒色泽橙黄清澈，香气芬芳浓郁，滋味鲜甜醇厚，具有越陈越香，久藏不坏的特点。酒液深黄带红，透明晶莹，有十分突出的芳香。一般此酒酒度在16°以上，糖度为0.8％～1％，属半干型黄酒。由于过去在储酒时常在酒坛外雕上或描绘上民族风格的彩图，故又称此酒为"花雕酒"、"远年花雕"等。

善酿酒——是用陈年老元红酒带水落缸酿制而成的，储存2年以上方可出厂。此酒酒度比元红酒稍低，糖分含量较高，属半甜型黄酒；酒质特厚，口味特香，是黄酒中的佳品。

香雪酒——是用糟烧酒（加饭酒酒糟做的白酒）带水落缸酿制而成。这种加工方法提高了酒精含量又抑制了酵母发酵，酒液呈淡黄色，清澈透亮，芳香幽雅，味醇浓甜。既具白酒浓香，又有黄酒醇厚甘甜之特色。一般酒度为20°左右，糖度在20％～24％，属甜型黄酒。

2. 大连老黄酒的感官特征

大连老黄酒的生产工艺与《齐民要术》记载的酿酒技法如出一辙，与山东即墨老酒雷同，称为北方黄酒。大连长兴酒庄的老酒作坊是我国北方老黄酒的发祥地。

大连老黄酒的酿造原料和方法很独到，大黄米必须是当年产的，籽粒整齐饱满，麦曲必须是每年夏至时节采制，选用适合酿酒的洁净山泉水，所用器具以陶器为主，浸米适度，不焦烟，红棕发亮，严格控制火候和时间，糖化与发酵适温，窖藏一年以上，得酒色泽澄亮，棕红透明，香气焦而不糊，醇厚而回味无穷。

3. 山东即墨老酒的感官特征

产于山东即墨的黄酒品类——即墨老酒，是食品工业中的一颗明珠。它以悠久的历史、独特的酿造工艺和典型的地方风味，受到人们的喜爱和赞誉。即墨老酒酒液清亮透明，深棕红色，酒香浓郁，口味醇厚，微苦而余香不绝。

现在即墨老酒采用了高温糖化、低温发酵、流水降温等新工艺，运用现代化科学技术手段对老酒的理化指标进行控制，现在生产的即墨老酒酒度不低于11.5°、糖不低于10％，酸度在0.5％以下。即墨老酒的色泽纯正，醇厚爽口，性质温馨，具有微苦焦香、后味深长的独特风格。

4. 龙岩沉缸酒的感官特征

福建龙岩沉缸酒是一种特甜型酒。酒液鲜艳透明呈红褐色。有琥珀光泽，酒味芳香扑鼻，醇厚馥郁，饮后回味绵长。此酒糖度虽高，却无一般甜型黄酒的稠黏感，使人觉得糖的清甜、酒的醇香、酸的鲜美、曲的苦味味味俱全。

一般酒精度在 $14\% \sim 16\%$ ，总糖可达 $22.5\% \sim 25\%$ 。内销酒一般储存两年，外销酒需储存三年。福建龙岩沉缸酒也是红曲稻米黄酒的典型代表之一。

5. 吉山老酒的感官特征

福建永安吉山老酒又名"吉山红"，因产于永安吉山乡而得名，是永安有名的一大特产。吉山老酒精选上等糯米为主要原材料，采用独特的制酒工艺，精心酿制而成，酒制成后需窖藏三冬方可饮用，所以又称"三冬老酒"。永安吉山老酒酒香浓郁，酒味甘美醇厚，而且营养价值很高。永安吉山老酒历史悠久，相传创始于清康熙年间，在当地已有 300 多年的发展历史。吉山老酒色、香、味、格俱全，特征显著，品质优异，为黄酒之上乘佳品。其感官特色如下：呈玛瑙红，清澈透明，浓郁甘绵，酒体协调，醇和鲜爽，具有吉山老酒特有的馥香。

6. 无锡惠泉酒的感官特征

惠泉黄酒作为苏式老酒的典范，它以江南地下泉水和江南优质糯米作为原料，主要采取半甜型黄酒的酿造工艺，经过数千年文化积淀和工艺完善，终于成为明代的江南名酒，直至清代的宫廷御用酒，完成了从普通民间黄酒，发展成皇家御用黄酒的神话，从此源远流长，直至今天。到了近现代，由于结合了现代技术、科学管理，"苏式老酒"的风格更臻完美，其味温雅柔和、甘爽上口，饮后让人怡神舒畅、回味悠长。

无锡米品质好，明代时列为皇室御用米，专建"无锡仓"，用以储存无锡米。惠泉酒就是以泉水浸无锡米，用独特方法酿成。泉水只用清冽甘甜有名的无锡惠山二泉水。

一般酒色为琥珀色，晶莹明亮、富于光泽。当酒液滋润到整个舌面，感觉到酒质协调、柔和顺口、清爽冰凉、别具风味。惠泉黄酒品位高格，被誉为"传世佳酿"的古代四大名酒之一。

7. 广东珍珠红酒的感官特征

地处客家聚居地广东梅州兴宁市（古时称齐县市），自古以来城乡酿酒十分普通，几乎挨家挨户都会酿造，特别是兴宁老酒（即黄酒，珍珠红酒的雏形），逢年过节、办喜事、生小孩坐月子、补身体都必须酿酒。因此，兴宁有酿造黄酒的久远历史，传承了我国几千年黄酒酿造的独特工艺。据有关史料记载，已有近600 年的酿酒历史。早在唐代，珍珠红酒就已名声显赫。1516 年，明朝江南才子祝枝山任兴宁知县时，曾雇请民间善酿酒师，开设"珍珠红烧坊"，从此，在兴宁得以传承。

一般酒色呈宝石红，清澈透明，芳香爽甜，色、香、味、格俱全，酒度 $40°$ ，有祛风湿、散寒气、健脾胃、理气血之功效。

二、黄酒的理化指标

1. 理化指标

① 干黄酒　每 100mL 中糖分（以葡萄糖计）的含量：稻米酒中，麦曲酒不得高于 0.5g，红曲酒不得高于 1g；粟米酒中不得高于 1g。每 100mL 中总酸（以琥珀酸计）的含量：稻米酒中，麦曲酒不得高于 0.45g，红曲酒不得高于 0.55g；粟米酒中不得高于 0.6g。酒精度（容量）：稻米酒中，麦曲酒不得低于 14.5%，红曲酒不得低于 13.5%；粟米酒中不得低于 11%。

② 半干黄酒　每 100mL 中糖分（以葡萄糖计）的含量：稻米酒中，麦曲酒为 0.53g，红曲酒为 1～3g；粟米酒中为 1～3g。每 100mL 中总酸（以琥珀酸计）的含量：稻米酒中，麦曲酒不得高于 0.45g，红曲酒不得高于 0.55g；粟米酒中不得高于 0.6g。酒精度（容量）：稻米酒中，麦曲酒不低于 16%，红曲酒不低于 14%；粟米酒中不低于 11%。

③ 半甜黄酒　每 100mL 中糖分（以葡萄糖计）的含量为 3～10g。每 100mL 中总酸（以琥珀酸计）的含量为 0.55g。酒精度（容量）：稻米酒中，麦曲酒不低于 15%，红曲酒不低于 14%；粟米酒中不低于 11.5%。

上述标准适用于稻米、粟米、小麦等原料酿造而成的黄酒。

2. 典型理化指标与特色

含有丰富的蛋白质、维生素、有机酸和糖分等人体所需的营养成分，适量常饮能帮助血液循环，促进新陈代谢、舒筋活络、强身健体、延年益寿，也是家常烹调的必备佐料。具有非糖固形物（g/L）、氨基酸态氮（g/L）、β-苯乙醇（mg/L）含量高，总酸（以乳酸计，g/L）适中等特点。指标按以上依次为：传统干型为 15.0～22.0、0.40～0.60、≥60.0、3.0～7.0；传统半干型为 19.0～28.0、0.40～0.60、≥80.0、3.0～6.0；清爽干型为 ≥8.0、0.40～0.50、≥40.0、3.0～7.0；清爽半干型为 14.0～17.0、0.40～0.50、≥40.0、3.5～6.5。

三、黄酒的质量标准

黄酒是一种酿造酒，由于黄酒的质量标准达到"酒精浓度适中，风味独特，香气浓郁，口味醇厚，含有多种营养成分"（氨基酸、维生素和糖等），故深受消费者欢迎。

黄酒除饮用外，还可作为烹调菜肴的调味料，不仅可以去腥，而且能增进菜肴鲜美风味。另外，黄酒还可药用，是中药中的辅佐料或"药引"，并能配制成多种药酒及其它药用。新中国成立后，我国的黄酒生产得到了较大发展，不仅满足了国内消费者的需求，有些品种（如绍兴酒等）还打入国际市场，在国际上享有很高声誉。

因此，黄酒品种繁多，名目多样，产品质量和规格不一，各地黄酒均有浓厚的地方特色。1993 年 6 月起实施的黄酒国家标准 GB/T 13662—92 规定了各类黄酒应达到的指标。

我国的黄酒生产，由于地域辽阔，各地酿造的原料不同，糖化发酵剂也各有差别，工艺操作各有一套传统方法，因而品种繁多，形成各自的独特风味。

黄酒发酵一般都在低温下酿造，因而可使酒精发酵的全部生成物及其微生物的代谢产物得以保存，从而形成黄酒特有的色、香、味、体。色一般为黄色而有光泽，但由于用曲、操作、配方之不同，常常有橙黄、褐黄、褐红、棕红、紫红等不同颜色，但无论为何色，都要求鲜亮、透明、有光泽。

黄酒中营养丰富，主要成分除了乙醇和水外，还含有葡萄糖、麦芽糖等许多容易被人体消化吸收的营养物质，仅酸类物质中就有乳酸、琥珀酸、醋酸，含氮物质中有肽及氨基酸。

第三节 黄酒与米酒的鉴别

黄酒，又称老酒、饭酒、绍兴酒，是我国特产，也是世界上最古老的人造饮料之一，已有6000多年的历史，由米与发酵曲和药酒酿造而成，性热味甘苦。

黄酒因地域、原料加工程序和饮用习惯的不同而种类各异，加工业简单，很可能是世界上品种最多的一种饮料。甚至在一乡一村中，各酒厂或各个家庭所制作的黄酒也各有不同，在全国范围内更加不计其数。

黄酒按产地分，著名的有绍兴加饭酒、福建沉缸酒、山东即墨老酒、江苏丹阳封缸酒、辽宁大连黄酒。

米酒按产地分，有江西九江封缸酒和湖北枣阳地封酒、广东佛山石湾米酒，还有米酒中的新佳品潍坊食久渡米酒。

一、黄酒的鉴别

鉴别黄酒品质的高低可以从色、香、味以及感官等方面来进行判断。品质好的黄酒主要呈琥珀色，即橙色，透明澄澈，无浑浊物。其气味浓郁，清爽，醇厚，无异味。黄酒所独有的馥郁芳香不是指某一种特别重的香气，而是一种由米、麦曲本身以及发酵中多种微生物代谢产生的复合香。此外，饮用时，品质好的黄酒具有滋润、丰满、浓厚的口感，有甜味和稠黏的感觉。而所谓酒的"老"、"嫩"则是指酸味的含量多少，它对酒的滋味起着至关重要的缓冲作用。

另外，要想鉴别出酿造的黄酒和用酒精、香精和色素勾兑的黄酒之间的区别，首先就是要去闻它的香味。酿造的黄酒有比较明显、浓郁的原料香味，这种香味在北方黄酒中闻到的是黍米焦香，在南方出产的黄酒中则是稻米的香味，而经过勾兑过的黄酒，不仅没有原料的香味，而且还有一种刺鼻的酒精味道。

另一种方法更为直观，消费者可以通过倒少量酒，感受它在手中的滑腻感来判断此种黄酒是否加水勾兑过。在手感上，酿造的黄酒与勾兑过的黄酒之间有着非常明显的不同。酒干了以后，酿造的黄酒非常黏手，而勾兑过的黄酒基本上没有这种感觉。

还有一个需要提醒消费者的就是，如果大家看到太便宜的黄酒还是要特别注意。因为如果它是用纯谷物陈酿的，需要经过三五年的陈酿过程，成本较高，因此不会太便宜，所以过低的价位是不可能出现的。选购黄酒时，允许有少量沉淀。

二、米酒的鉴别

米酒是中华民族的特产之一，具有悠久的饮用历史。

米酒与黄酒有很多近似之处，因此有些地方也把黄酒称为"米酒"。但它们是有区别的：米酒只用糯米和大米作为原料，而黄酒是用黍米为原料；米酒使用的是甜酒发酵曲，含酒精量较少，味道偏甜，适宜人群更广，宜作四季的饮料，而黄酒因为热性高，适合冬天饮用。一般来说，用糯米做出来的甜米酒质量最好，食用也最普遍；与黄酒相近，乙醇含量低。

米酒一年四季均可饮用，特别在夏季，因气温高，是消渴解暑的上好饮料，深受老年人和儿童的喜爱。用米酒煮荷包蛋或加入部分糖，是产妇和老年人的滋补佳品。

如新佳品潍坊食久渡米酒。食久渡米酒采取清水、优良糯米、特制酒曲，滋味幽香宜人，酸甜爽口，因此获得消费者的喜爱。米酒特色：①度数低，酒精含量都在 $5.5\%\sim19\%$，糖度适中，白中带黄或黄中带白，喷鼻气浓烈，醇厚可口，光彩敞亮，呈琥珀色；②养分价值高，比被列为世界营养食物的啤酒还要高 $5\sim10$ 倍（在日本被称为"液体蛋糕"）；③用途普遍，用法多样，而且有特异的调味功效。

米酒所含乙醇的度数固然低于白酒而高于啤酒，但热量却居于各类酿造物之首；米酒中的酒精是在淀粉糖化、成酸成酯和麦曲发酵的过程当中酿造出来的，绝非人工勾兑，所以它口感纯粹柔和，有利于人体健康的成分多。同一种米酒，封存时间越长，前提是低温下持久封存，氨基酸的含量会越高，酒香味就更浓。

米酒香气浓郁，酒味甘醇，风味独特，既可单独像白酒、啤酒那样饮用，又可像醋或酱油那样与饭菜掺到一起食用；既可作为饮料，又可作为调料用于百菜烹调，所以它的用途极度广泛。

一般认为，米酒能够增进血液循环，增进新陈代谢，存在补血养颜、舒筋活络、强体健身和延年益寿的功能，只要不是对酒精过敏的人都可选用。特别对产妇血淤、腰背酸痛、手足麻痹和震颤、风湿性关节炎、跌打损伤、神经虚弱、精力恍惚、抑郁、头晕耳鸣、消化不良、厌食焦躁、心跳过速、体质虚衰、元气降损、遗精下溺、月经不调、产妇缺奶和贫血等症大有补益和疗效。

米酒作为调味佳品的道理在于：它能消融其余食品中的三甲胺、氨基酸等物质，受热后这些物质可随酒中的多种挥发性成分逸出，故能除去食物中的异味。米酒还能同肉中的脂肪起酯化反应，天生芬芳物质，使菜肴增味。因此，米酒的这些去腥、去膻及增味功能，在菜肴烹制中广为人们采用。

米酒可以直接作为下菜的饮品开瓶生饮，也可以加热后饮用，还能与桂圆、荔枝、红枣、人参等同煮后饮用。把米酒与面条等混在一起食用，更具有独特的风味。具体来说，作为药用，对消化不良、心跳过速、厌食、烦躁等症，生饮疗效比较好；对畏寒、血淤、缺奶、风湿性关节炎、腰酸背痛及手足麻木等症，以热饮为好；对神经衰弱、精神恍惚、抑郁健忘等症，加鸡蛋同煮饮汤效果较佳；对月经不调、贫血、遗精、腹泻和元气降损等症，可酌情加桂圆、荔枝、红枣或人参同煮饮汤，效果较好。有关专家还发现，米酒具有修复脑细胞的作用，并可以加强人的记忆，因此，常食用米酒，有益于健康。

三、陈年绍兴老酒的鉴定

绍兴老酒也是有生命的，它能够存放很长时间，短则三五年，长则达十年以上。一瓶老酒放在你面前，自然不能够随随便便开起来喝掉，而是要先学会鉴定其是不是正宗的陈年老酒。鉴定陈年老酒的方法有哪些呢？下面作者简单为读者介绍如下：

1. 观察陈年老酒的颜色

陈年老酒的颜色通常稍微有一点发黄，就好像是一张陈旧的报纸，泛黄越深，那么老酒的酒龄越长，酒的颜色又稠又重，晶莹剔透。新酿造的酒则会酒色白净透明，没有什么颜色。

2. 闻一下陈年老酒的香味

绍兴黄酒存放的时间越长，那么酒的刺激性感觉就会越弱，陈年老酒的味道闻起来一点也不会刺鼻，并且酒的香味非常纯净、安静。相对于老酒的酒龄越长、酒香越静，新酿造的绍兴黄酒就会显得味道冲鼻、刺激一些，闻着让人感觉非常不舒服。

3. 品尝一下陈年老酒的味道

陈年老酒的味道非常软糯，并且不会显得辛辣，冷、净、柔里面夹带着浓郁的酒香，舌头上感觉有浓烈的酒香，而没有新酿制酒的辣舌不快感觉。酒的辛辣程度会伴随着酒龄的长短而有所差异，饮用之后感觉非常的平和愉快。

陈年老酒饮用之后不会像新酿制的酒那样容易上头，伴随着保存时间越长久，里面包含的沸点比较低的物质就会越少，饮用之后口渴的感觉也会降低。

第四节 黄酒的品评

一、评酒会简介

从 1955 年到现在，全国举办过五次评酒会，另外还有全国酒类质量大赛。各部、委评酒会、省市评酒会以及行业酒类质量分等级、酒节等活动。黄酒作为一个大酒种，也评出了许多优秀知名品牌，从而推动了黄酒工业的技术进步和健康发展。

中国黄酒具有丰富的风味成分，它的形成来源于原料品种多、糖化发酵剂种类多、酿造方法多种多样、酿造季节各有偏重、地域（环境）条件各不相同等诸多因素，因而生成的风味物质和香味特征自然不尽相同。但为了评定出质量等级和优劣状况，以推向社会，供消费者选择，黄酒（界）管理部门定出了行业标准（国家标准）和评定条件。

二、评定条件与内容

评定条件主要内容有两条：

① 物理化学指标，属硬性规定，必须先送样检测，合格后方能参评。

② 感官指标，主要是色、香、味、格四项，属品评的内容范围。检查是凭品评人员的视觉、嗅觉、味觉和思维器官来判断的。具体（操作）就是眼看色、鼻闻香、口尝味、脑判（断）格。评酒委员就是按照这个程序来工作的。

1. 品评内容

① 色泽　黄酒的色多为黄色，包括浅黄、金黄、禾秆黄、橙黄、褐黄等，另外还有橙红、褐红、宝石红、红色等。色泽为一种带颜色的亮光，指黄酒装在瓶里或倒入玻璃杯中显示的晶莹透亮，或迎光侧视而闪闪有光的现象。检查色泽是对黄酒品评的第一步。

② 香气　黄酒的香气成分主要是酯类、醇类、醛类、氨基酸类等，因黄酒工艺、原料、地域等传统习惯，经常呈现出的香气是醇香（酒香）、原料香、曲香、焦香、特殊香等，但一个好的黄酒要求诸多香气要融合协调，呈现出浓郁、细腻、柔顺、幽雅、舒适、愉快的感觉，不能出现粗杂的现象。

③ 口味（滋味）　口味中应该有甜、鲜、苦、涩、辣、酸诸多味道，但要各不出头，就是辛辣的酒精味也应该恰到好处，让品评者感到丰满纯正，醇厚柔和，甘顺爽口，鲜美味长，具有本类黄酒应有的滋味。

④ 风格　风格就是典型性。每一种成型的黄酒，都有其色香味构成的品种特性，尤其是历史名酒和地方特产以及有影响力的新特产品。

判断时注意三点：一是香味成分是否和谐统一；二是酒质酒体是否幽雅舒爽；三是风格是否独特典型。

2. 品评方法

酒杯：无色透明，郁金香形玻璃高脚杯，容量 50mL。

评酒：将酒注入酒杯，注入量为酒杯的 2/3 或 2/5。

举杯：在充分的光线下进行视觉检查。顺序为一看颜色，二看浊度（澄清度），三闻香气，四尝口味。

三闻：一闻静止状态下的黄酒整体的放香情况，香气协调完美程度；二闻摇动或转动酒杯后，香气和谐精细情况，反复几次，以确定该酒的品质和个性特征；三闻异杂气味，远近左右动静辨别，直到确定为止。

品尝口味（味觉检查）：主要用口腔和舌喉等触觉器官来完成。

第一口：饮入酒 3～5mL，通过口腔蠕动，酒液在舌面上逐渐向后移动，感觉到甜、酸、苦、香、辣、鲜、涩诸多味道。当香味充满口腔时，就会感知其流动性、圆润性、和谐性、持久性、舒适性等一系列感觉，以及浓淡、长短、强弱、厚薄等状况。当体会充分时，便可将酒咽下，接着便会从喉部冒出一种香味，经鼻腔或口腔喷出，这就是常说的回味。

第二口、第三口要看情况而定。如果第一口品尝中，发现什么不愉快或不协调之处，那就要再喝一口仔细品味，直到把疑虑解决之后停止，评酒员应该有很强的辨别力和记忆力。

风格判断：把色、香、味各方面的状况综合起来，经过思维判断，确定其典型性或特有风格，有时需要与类似的酒进行比较，以确定其风格特点。

中国黄酒酿出的酒质具有民族气质，饮用习俗具有传统美德，饮用方法纯朴而多样，呈现出许多饮酒经典和饮酒艺术的画面，品评过程中，肯定会感受到黄酒的美妙、深奥与优秀，在漫不经心的饮用中，一定会领略出它的别致、幽雅、浪漫和愉悦，益于身心健康。

三、黄酒（100 分制）品评法

黄酒品评时基本上也分色、香、味、体（即风格）四个方面。

1. 色

通过视觉对酒色进行评价，黄酒的颜色占 10％的影响程度。好的黄酒必须色正（橙黄、橙红、黄褐、红褐），透明清亮有光泽。黄酒的色度是由于各种原因增加的：

① 黄酒中混入铁离子则色泽加深。

② 黄酒经日光照射而着色，是酒中所含的酪氨酸或色氨酸受光能作用而被氧化，呈赤褐色色素反应。

③ 黄酒中氨基酸与糖作用生成氨基糖，而使色度增加，并且此反应的速率与温度、时间成正比。

④ 外加着色剂，如在酒中加入红曲、焦糖色等而使酒的色度增加。

2. 香

黄酒的香在品评中一般占 25％的影响程度。好的黄酒，有一股强烈而优美的特殊芳香。构成黄酒香气的主要成分有醛类、酮类、氨基酸类、酯类、高级醇类等。

3. 味

黄酒的味在品评中占有 50％的比重。黄酒的基本口味有甜、酸、辛、苦、涩等。黄酒应在优美香气的前提下，具有糖、酒、酸调和的基本口味。如果突出了某种口味，就会使酒出现过甜、过酸或有苦辣等感觉，影响酒的质量。一般好的黄酒必须是香味幽郁，质纯可口，尤其是糖的甘甜，酒的醇香，酸的鲜美，曲的苦辛配合和谐，余味绵长。

4. 体

体，即风格，是指黄酒组成的整体，它全面反映酒中所含基本物质（乙醇、水、糖）和香味物质（醇、酸、酯、醛等）。由于黄酒生产过程中，原料、曲和工艺条件等不同，酒中组成物质的种类和含量也随之不同，因而可形成黄酒的各种不同特点的酒体。在评酒中黄酒的酒体占 15％的影响程度。

感官鉴定时，由于黄酒的组成物质必然通过色、香、味三方面反映出来，所以必须通过观察酒色、闻酒香、尝酒味之后，才综合三个方面的印象，加以抽象地判断其酒体。现行黄酒品评一般采用 100 分制。

第十章
黄酒副产物的综合利用

第一节 黄酒废弃物

近年来通过一些研究证明，黄酒酒糟中的营养物质不亚于黄酒本身，含有丰富的氨基酸、维生素、蛋白质、脂肪等，这些营养物质经过发酵转变，更加容易被人体所吸收。因此，酒糟并不像大家认为的那样是酿造的废弃物，相反更像是粮食经过升华之后的一种结晶。同时连同酒糟使用还可以改善黄酒的口味。

近年来，随着车用燃料乙醇在全国范围内的推广使用，白酒以及黄酒消费能力的稳步增长，乙醇的年产量逐渐提升，作为乙醇生产的副产物——酒糟的产量也越来越大。如果不及时加以处理，就会腐败变质，不仅浪费了宝贵的资源，还会严重污染周围的环境。因此，酒糟的综合利用对我国的资源开发和环境保护具有十分重要的意义。

酒糟中不但含有丰富的蛋白质和18种氨基酸，还含有丰富的磷、钾等无机元素及戊糖、总糖和脂肪等成分，由此可见，酒糟营养价值及开发价值极高。此外，还可能存在由微生物菌体产生的核糖核酸及嘌呤等微量有益成分，所有这些是谷物所不能比拟的。因此，国内外对酒糟的研究一直不断，各种有关酒糟的研究报告层出不穷。本章针对黄酒机械化生产中的副产物的综合利用为题，就目前国内外对酒糟废弃物、白酒厂的黄水、黄酒米浆水的研究情况进行综述，并对酒糟利用的前景进行分析。

一、黄酒机械化生产中的副产物

黄酒生产历史悠久，从传统的手工操作逐步向今天的机械化过渡。传统生产过程，有许多副产物无法回收利用，造成经济损失。黄酒实现机械化生产，使副产物得到开发利用。从生产过程分析，黄酒生产中的副产物有米糠、米浆水、二氧化碳、酒糟、酒脚、老酒汗、废硅藻土等。

下面着重讨论麦曲黄酒机械化生产中副产物的开发利用。

二、黄酒糟

黄酒糟是黄酒生产企业的主要副产物。我国有黄酒生产企业 500 多家，每年生产大量的黄酒糟。2010 年全国黄酒产量为 134 万吨。黄酒的平均出糟率约为 20%～30%，数量相当可观。但对于黄酒糟的深加工利用，并没有引起太大的重视，多数企业仅把黄酒糟作为饲料处理或者作为废弃物白白丢掉，这样不仅附加值不高，限制了黄酒企业效益的提高，而且会污染生态环境，造成了资源浪费。

酒糟是黄酒酿造中的主要副产物，其中的主要成分有乙醇、淀粉、糖、丰富的蛋白质、纤维素和一些风味物质（挥发分和不挥发酸等）。黄酒糟中含有 30% 左右的蛋白质，氨基酸种类齐全，其中谷氨酸含量最高，为 55.8g/kg，占氨基酸总量的 18.30%，其次为亮氨酸和天冬氨酸，分别占氨基酸总量的 9.54% 和 9.11%；谷氨酸和天冬氨酸占氨基酸总量的 27.41%，丝氨酸、甘氨酸和丙氨酸占氨基酸总量的 16.15%，营养价值高。

目前，随着人们环保意识和废弃资源回收利用意识的增强，已逐步意识到黄酒糟具有广泛的开发价值；黄酒糟不仅可以直接使用，同时还有其它的一些妙用，其中有一道江西名菜——酒糟鱼便是利用黄酒的酒糟腌制而成，而且黄酒糟还可以辅助治疗一些慢性的疾病等。

酒糟还可用来培养食用菌，制作饲料，生产沼气，用于医疗上，提取蛋白等高价物质等。其中研究较深入和广泛的是生产饲料、培养食用菌和生产沼气，不仅节省资源，而且还可减少对环境的污染。

三、黄酒米浆水

1. 米浆水和淋饭水的沉淀物

米浆水和淋饭水是黄酒生产工序中的副产物，含有丰富的蛋白质、糖类、维生素及有机酸，其中氨基酸多达 18 种，它们用之是宝，弃之就会严重污染环境，但目前对米浆水和淋饭水的回收利用方法研究甚少。

国内有研究单位，针对残留的下层米浆水沉淀物，研究一种米浆水、淋饭水和米浆水沉淀物回收利用的新方法，然后研究对黄酒发酵过程和黄酒品质实施的影响，结果表明，添加 30% 米浆水沉淀物有利于黄酒发酵过程，提高出酒率，能生产出合格的黄酒产品。但添加过多，会负面影响酵母生长、酒精度的提高和黄酒的品质。

2. 米浆水回收利用的新方法

研究单位通过对黄酒厂的米浆水、淋饭水和实验室不同品种米的浸米浆水、不同温度下的浸米浆水进行污染物评估，测得米浆水和淋饭水不仅量大，而且 COD_{Cr} 和 BOD_5 较高，属于高浓度有机废水，会对环境造成污染。米品种和浸米温度都会影响米浆水的有机物组成，产生的米浆水污染程度也会有所差异。

通过分析循环浸米澄清过程中米浆水的有机物和微生物群系变化，发现米浆水在循环浸米澄清过程中可以富集有益微生物，提高原料的利用率，因此开发了米浆水和淋饭水回收利用方法，即将米浆水用于循环浸米，将淋饭水添加到发酵醪中，使大部分米浆水和全部淋饭水得到了回用。

通过跟踪黄酒酿造过程，对酒醪中的有机物和微生物群系进行分析，初步揭示了随着米浆水循环次数增加，酒精含量和酵母数量随之提高，发酵进程加快，在20天醪中酒精含量从第1批的16.5%提高到第5批的17.4%。此外，加淋饭水组的酵母数量和酒精含量也高于自来水组。因此，研究结果表明这种回用方法有利于酵母繁殖，可以加速发酵进程，提高出酒率。

3. 米浆水回收关键技术

米浆水和淋饭水回用不但没有影响黄酒的感官品质，而且利于提高黄酒的酒精含量、氨基酸含量。黄酒的风味成分含量没有下降，己酸乙酯、乙酸乙酯等重要风味物质还有所升高。并且对黄酒品质的提高起到积极的作用。

目前，黄酒米浆水和淋饭水，包括黄酒糟主要用来做饲料，就全国范围内其综合利用还存在着较大的问题，附加值不高，限制了黄酒米浆水和淋饭水及废弃物糟的综合利用。

第二节 酒糟用作微生物及其食用生产的综合利用

一、黄酒糟开发调味品

黄酒糟是黄酒生产企业的主要副产物，每年生产大量的黄酒糟。目前，黄酒糟主要用来做饲料，其综合利用还存在较大问题，附加值不高，限制了黄酒企业效益的提高。

目前对无锡两家黄酒企业的酒糟样品的水分、淀粉、蛋白质、氨基酸和风味成分的分析，并与黄酒进行了对比，又根据黄酒糟中主要的微生物，在此研究的基础上，论证了黄酒糟开发调味品的可行性。结果表明，黄酒糟是开发调味品的理想原料，目前无锡有黄酒糟开发调味品新产品上市。

二、利用酒糟生产食用菌

随着食用菌生产规模的发展和栽培原料价格的不断上涨，食用菌生产成本提高，而利用酒糟进行食用菌的培养，实验表明既可以提高酒糟的利用价值，又可以降低食用菌的生产成本，并且能够大规模进行生产。

三、作为糟渍食品的重要原料

糟渍食品在中国已有悠久的历史，深受大众喜爱。糟卤调料包括香糟和香糟卤，是生产糟渍食品的重要原料。香糟是由黄酒糟和香料经过数月到一年的再发酵得到的，香糟卤是香糟的卤汁。

目前围内科技人员，根据利用黄酒糟水解液调味生产香糟卤的配方及灭菌条件，利用水解法，建立快速生产香糟卤的工艺，为黄酒糟的综合利用开辟新的途径。

首先优化了酸法和酸酶结合法水解黄酒糟的工艺条件。

酸法水解黄酒糟的最佳工艺条件为：料液比 1∶2，15％盐酸，85℃水解 24h，加入 1％活性炭，60℃脱色 40min，可得到呈深黄色的澄清水解液。酸酶结合法水解黄酒糟的最佳工艺条件为：10g 黄酒糟加入 4％盐酸 50mL，100℃水解 6h，中和到 pH 6.5，加入 0.1g 风味蛋白酶，55℃酶解 18h，水解液颜色浅，不需脱色。

并且测定了酸法和酸酶结合法水解液的主要理化指标。

另外，分析了黄酒糟的理化指标和风味成分。结果表明：黄酒糟蛋白含量高，同时吸附了黄酒的大量风味成分，是开发调味品的天然理想原料。

四、作为培养基成分

日本古田等人研究了酒糟对肠道细菌的影响，证明添加酒糟可促进乳酸菌、双歧乳酸杆菌增殖；随后后藤等人证实酒糟可作为各种微生物培养基。

五、利用酿酒糟生产粗酶制剂

酶制剂是继单细胞蛋白饲料、活性饲料酵母之后的又一种微生物制剂。合理使用采用三级培养固体浅层发酵生产的这种酶制剂可提高饲料营养成分利用率，降低饲料成本和减轻畜禽粪便造成的环境污染。利用酒糟为原料，改进固体发酵，生产低成本饲用酶制剂，为我国酶制剂工业又探索出一条新途径。

第三节 利用橄榄和米酒双重副产物开发橄榄酒

一、双重副产物

油橄榄作为生产橄榄油的原料，如将其加工副产物与糯米黄酒配制，经勾兑、调味处理，可加工成橄榄酒。利用率增加，节约成本，也可开发口感具有橄榄和米酒双重风味的新产品，满足消费者的需求。

1. 油橄榄果汁水

新鲜，无污染，没变质，橄榄风味浓郁；糯米：洁白、颗粒饱满、匀称、无虫蛀，无杂质；甜酒曲：为 UV-11 菌株培养的麸曲，具有特有的曲香，无酸臭味，水分不超过 15％。

2. 食用酒精

符合国家二级食用酒精标准。

二、果汁预处理

油橄榄鲜果先去杂，用自来水清洗，然后用粉碎机打成浆，板框式压滤机压滤，油枯弃去，得混合滤汁。将混合汁用碟式离心分离机分离出橄榄油和果汁水，果汁水用不锈钢容器或陶瓷容器盛装，然后进行处理。

1. 脱苦涩

首先将果汁水用滤布粗滤一次，除去肉眼可见的杂质。然后按果汁水重量加入 0.4％的氢氧化钠，充分搅匀，调 pH 值 8～11，60～70℃保持 10～20min，并不断搅拌。为了使果汁水的有效成分在碱性条件下不受严重破坏，酚类物不严重氧化致使果汁水色泽变黑，一般在加氢氧化钠的同时，加入 100～200mg/kg 的 Na_2SO_3 或 $NaHSO_3$。

2. 碱处理

果汁带有的碱味，需用酸中和，去掉碱味，保持果汁水正常的 pH。一般按果汁水的重量加入 0.5％柠檬酸，充分搅拌，调到 pH 值 4～5，即可去除碱味。

三、醇化、澄清、抽滤

经过脱苦涩的果汁水，达到了食用的口感。为了去除其中的蛋白质、多糖等胶体物质，同时便于久储不变质，须进行特殊的醇化处理。

取 95°的二级食用酒精，加入 0.5％的活性炭搅拌均匀，24h 中搅拌 4 次，然后过滤。将脱臭后的食用酒精加入到脱去苦涩味的果汁中，调整酒度为 30°，搅匀，用大型容器盛装。7 天后可澄清，用虹吸法抽滤上层清液，即得到脱苦涩澄清果汁水。

四、米酒制备

浸泡、蒸饭：选择颗粒饱满、洁白的糯米，用 40～50℃水浸泡 24h，淘洗干净，滤起糯米。上甑蒸饭，蒸至米粒软熟，内无白心，带黏性，但不结成团为合适。

推饭、入缸：蒸好的糯米饭出甑应立即摊开，最好是用排风扇降温，待饭温降至 25～30℃时，按干糯米量拌入 1％的甜酒曲、1％的甜酒母液、100％的蒸饭水，盛入缸中，用手在中间掏一窝。然后用消毒的白布盖住缸口，让其发酵。

五、前发酵和后发酵

拌曲入缸约 24h 后，缸内料温上升，料液开始冒泡，每天搅拌 3～4 次，使其上下发酵均匀。这样约经 7～10 天，米粒开始下沉，酒液开始澄清，料温下降，气泡明显减少，前发酵结束。这时，将酒液连渣一起从发酵缸中转入小口酒坛中，用塑料布盖住坛口，上压沙袋密封。密封发酵 20 天左右，酒液基本澄清，抽出上层清液，酒脚用三层纱布吊滤，将两种酒液混合，即为米酒酒基。

该酒基呈乳白色半透明状，酒香浓郁、爽口，酸味突出。含酒精 10°左右，糖度 2％左右，酸度 0.6％左右。100kg 糯米可出米酒 250kg。

六、调配、 澄清、 灌装

1. 调配

按 1L 脱苦涩澄清果汁水同 1L 米酒酒基混合均匀，将白砂糖加水熬成 80％浓度的糖浆，加入以上混合酒中，调整糖度为 14％，用柠檬酸调整酸度为 0.4％，搅拌均匀，将酒液盛入土坛内封严。

2. 澄清（陈酿）

澄清过程也是陈酿过程。酒液入坛后，让其在室内阴凉处静置 7 天至酒液澄清，再静置 30 天以上酒液全部澄清，呈透明的红宝石色，且香气、滋味变得更加协调、醇和。

3. 装瓶、检验

酒液澄清后，用虹吸法吸出透明酒液，再用灌装机装瓶。装瓶后马上拧上瓶盖，套上封口胶，贴上标签。再逐瓶检验，看瓶内是否有异物，瓶口封严否，标签是否贴正，最后装箱出厂。

七、新产品标准

1. 质量标准

感官指标：产品色泽清澈透明；具有橄榄和米酒的甜香、纯正，风格独特；酸甜适口，浓厚醇和，酒体丰满，苦涩不露头，橄榄风味突出，略似葡萄酒口感。

2. 理化指标

酒精度（容积比）20％±1％；总酸（以柠檬酸计）（0.4±0.1）g/100mL；总糖（以葡萄糖计）（14±1）g/100mL。

第四节　酿酒糟生产蛋白饲料的综合利用

近几年，我国酿酒（白与黄）年产量约为 750 万吨，随之而来的副产品酒糟的年产量约为 1500 万～2000 万吨，这是一个不小的数字。我国轻工业对水资源的污染相当严重，其中发酵业对环境的污染程度仅次于造纸行业而位居第二。因而充分而有效的对酒糟加以综合利用，既可以减轻环境污染，又可以节约粮食、降低成本。

经测定酿酒糟中含有丰富的蛋白质，从酿酒糟中可检出 18 种氨基酸，这足以说明酿酒糟营养极其丰富。酿酒糟中还含有丰富的磷、钾等无机元素及维生素等成分。

此外，还可能存在由微生物菌体产生的核糖核酸及嘌呤等微量有益成分，所有这些是谷物所不能比拟的，这是酒糟饲料营养成分有别于粮食的重要特征。综合来看，酒糟作为饲料开发再利用具有得天独厚的条件。

一、酿酒糟直接用作家畜饲料

作为酿酒的副产品，酒糟是很好的饲料，营养成分极高，有利于畜禽生长。把固态酿酒糟分离稻壳干燥或晒干后，再与其它原料配合生产不同品种的饲料，这是中国轻工总会于 1997 年 8 月发布的酿酒工业环境保护行业政策、技术对策和污染防治对策提倡推广的技术之一。

现在全国一年的饲料用粮大概占全国粮食总产量的 23% 左右，酿酒行业每年耗粮达 2500 多万吨，而酒糟生产干饲料所节省的饲料用粮，相当于酿酒的 30%。一个年产万吨的酿酒厂年产酒糟 3 万吨，可生产干饲料 7000t，所节省的饲料用粮，相当于酿酒耗粮的 30%。一个年产万吨的酒糟加工饲料厂，每年可为国家节省饲料粮万吨以上。搞好酒糟的综合利用，在节粮的基础上还可以增加经济效益。

二、糟渣发酵蛋白饲料

以酿造糟渣和屠畜鲜血为原料，采用微生物发酵法生产，粗蛋白含量可达 35% 以上，并含有 17 种氨基酸，其气味纯正，适口性好，完全达到国家蛋白饲料的质量标准，饲喂试验表明：合理添加糟渣蛋白饲料，能提高畜禽的采食量，增重快，产蛋率高，用以代替相应常规蛋白饲料完全可行。

三、用作饲料添加剂

酿酒糟可作为家畜饲料的添加剂使用，而且酒糟中含有大量的生育酚（维生素E）。实验表明，以酒糟为饲料添加剂饲养的猪肉中，维生素 E 含量增加了 23 倍，并且由于维生素 E 的抗氧化作用，可减缓保藏过程中猪肉的脂肪氧化。

四、用于土壤改良

我国酿酒行业产生的糟液，基本上是直接排放。由于这种废水呈酸性，积存中耗氧量巨大，因而对空气和地表水的污染是国内最重大的环境问题之一。

有资料显示：用小麦、糜子、玉米等多种农作物，经过近两年的室内和田间试验，证明把适当发酵的糟液施入盐碱地，可降低土壤 pH 值，培肥地力，作物长势明显变好，植物平均高增加 73%～137%，产量提高 43.1%～60.1%，而且品质变佳。这一探索开辟了消除治理难度极大的污染源和改良盐碱地的双向新途径。

五、青储酒糟饲料

据有关资料报道，鲜酒糟与秕谷或其它碾碎粗料混合，进行青储（即在嫌气的环境中，让乳酸菌大量繁殖，从而将饲料中的淀粉和可溶性糖变成乳酸，当乳酸积累到一定程度后，便会抑制腐败菌的生长，从而把含水量高的饲料养分长时间保存下来。），混合比例以 3∶1 为宜，含水量在 70％左右，饲喂青储酒糟时，加石灰水中和其中的酸（100kg 糟加 100～140g 石灰）。其营养价值较鲜酒糟高。

过去我国生产的饲料几乎全部是配合饲料，料肉产出比不高。目前，世界发达国家正致力于发酵饲料的研究，配合饲料正向微生物发酵饲料的方向发展。通过微生物发酵不但可以提高蛋白含量，解决蛋白资源匮乏的问题，而且能够改变饲料中蛋白质结构、氨基酸比例，可以将无机氮、植物蛋白转化为菌体蛋白。发酵后大量微生物菌体繁殖，菌体中含有丰富的维生素和生物活性物质，如维生素 A、维生素 D、维生素 E、维生素 B_1、维生素 B_2、维生素 B_6、维生素 B_{12}、硫胺素、泛酸、叶酸、维生素 C、维生素 K、胆碱、生物素、肌醇、烟酸、麦角甾醇、辅酶 A、卵磷脂、细胞色素 C、谷胱甘肽等，这些物质是动物生理代谢不可缺乏的物质，虽然需要量不大，但生理作用极其重要。

发酵后饲料中含有丰富的维生素、多种微生物酶、生物活性物质及生长调节剂，蛋白质含量高，动物容易吸收，营养平衡，解决了目前配合饲料中营养水平低，吸收效率不高的问题。利用酒糟作为原料载体，采用多菌种混合固态发酵的技术，使生产成本大大降低，是适合我国生产高蛋白菌体饲料的有效途径，同时也给众多酒厂酒糟的综合利用，提高酒糟饲料的质量开辟了一条新路。

此外，还可以在酒糟中添加尿素和稀土饲养肥肉牛；将酒糟和玉米秸粉混合物进行尿素氨化处理，再结合添加剂等制成颗粒饲料饲养肥绵羊；利用酒糟培养家蝇幼虫，蛋白质转化率达 64.37％，为进一步分离纯化蝇蛆抗菌物质打下了基础。

另外，酿酒糟还可应用于食品工业，作为健康食品的生产原料。

我国的畜牧养殖业与世界发达国家相比远远落后，饲料工业更不可同日而语。由于饲料工业落后，必然制约畜牧业的发展。

据统计，世界上配合饲料年产量约 7 亿吨，发酵饲料约 2500 万吨。我国每年需要饲料量约 6000 万吨以上，而发酵饲料仅为几万吨。虽说是发酵饲料，但技术水平和产品质量都比较低。因此开辟饲料新资源，调整饲料生产结构，提高饲料资源的利用率，开发菌体高蛋白饲料等已成为我国饲料工业发展的必然趋势。

要满足畜牧业发展的需要，科学合理有效的开发利用饲料资源就显得尤为重要。我国是一个酿造大国，各种酒糟资源丰富，合理有效地开发利用它，将弥补我国饲料资源不足的现状，从而推动我国畜牧业的发展。

第五节 酿酒糟的开发与循环利用举例

　　一般酒糟是发酵醪经压榨、分离去酒液后的固形物。酒糟中含有淀粉、蛋白质和酒精等成分，并且数量较多，其用处较大。一般来说，酒糟的成分与原料相似，不过数量上不同。由于从原料到酒精经过一系列的糖化、发酵等生物化学的复杂变化，也产生了一些新的成分（见表 10-1）。

表 10-1　酒糟的成分（质量分数）　　　　　单位：%

糯米	糯米酒糟	粳米	粳米酒糟	挥发分	酒精	粗淀粉	蛋白质
53.0	0.45	14.80	14.17	5.97	0.83	1.04	0.75

粗纤维	灰分	总酸	不挥发酸
52.08	4.01	6.06	12.7

一、酿酒糟的开发

　　酿酒糟为固体，是发酵、蒸馏酒后剩余的渣子，除含有酵母菌及未利用的粮食外，还含有大量稻壳。

　　（1）工艺流程

　　酒糟→过筛→稻壳→酒发酵残料→烘干→饲料→配入新料→酿酒→通风发酵→烘干→粉碎→饲料

　　（2）操作要点

　　酒糟通过稻壳振荡分离机分离后，稻壳可重新用于新酒的蒸馏等，以加强通气、疏松。分离后的残料，其中还含有一些营养物质及微生物蛋白菌体，可用于以下几方面：

二、酿酒糟的利用

　　在酒糟中添加尿素和稀土，既有效地利用了酒糟等饲料资源，又缩短了肉牛的饲养周期，提高了生产效率，经济效益明显。

三、酒糟的青储

　　青储就是在嫌气的环境中，让乳酸菌大量繁殖，从而将饲料中的淀粉和可溶性糖变成乳酸，当乳酸积累到一定浓度后，便会抑制霉菌的生长，从而把含水量高的饲料养分长时间保存下来。

　　酒糟青储后可有效地保存其营养成分，可以使其中残留的乙醇挥发掉，更主要的是可以延长酒糟的保存时间。

四、"厌氧发酵" 废物酒糟循环利用的举例

　　酿酒的伴生产品酒糟是一种富含水分和多种营养成分的固液混合物，但如果

不及时进行消化处理，将会造成环境危害。如广东某酒业通过多年研究，探索出"二级分段干燥＋厌氧发酵"废物循环利用综合工艺，建成酒糟废物循环利用工程并投入使用，既成功解决了酒糟和糟液处理问题，又实现变废为宝，增加了企业效益。

二级分段干燥包括糟液混合物过滤、压榨、脱水工程和烘干。通过二级分段干燥，热空气中所含的化学性燃烧挥发有害成分被快速引出沸腾床外不被物料吸附，不对酒糟产生污染，物料水分自 35％降至 10％以下，酒糟达到了安全储存要求。而干燥后含水量 5.2％左右的酒糟富含粗淀粉、粗蛋白、粗脂肪、粗纤维、无氮浸出物等营养成分，成为生产动物饲料的优质原料。

厌氧发酵阶段包括湿式厌氧发酵和曝气处理。酒糟经压榨、脱水分离产生的过滤液是高浓度的有机废水，非常适合湿式厌氧发酵生产沼气。将废水引入调节池进行酸碱调节后，泵入湿式厌氧发酵罐中加入菌种进行厌氧发酵。发酵后的厌氧消化液进入曝气处理降低 COD，大部分有机物在厌氧微生物的作用下产生沼气。这些沼气经除 H_2S 后，一部分利用沼气炉燃烧用于酒糟的烘干，另一部分用于企业饭堂作为生活能源。同时，厌氧消化液经过曝气处理后可以作为果园和农田灌溉用水，从而减少化肥用量。

据测算，该工程可年产干酒糟 2000t、沼气 20 万立方米。干酒糟按每吨 1600元的价格卖给饲料企业可实现年收益 320 万元，沼气按 2 元每立方米计算年收益为 40 万元，两项合计收益为 360 万元，实现企业经济利益与环境效益"双赢"。

五、混菌固态发酵黄酒糟生产蛋白饲料的举例

由于各地黄酒厂生产的黄酒品种不同以及原料和操作方法等也不一样，出糟率差别很大。如普通黄酒中，出糟率高的可达 30％左右，而低的在 20％以下。黄酒糟中含有多量的淀粉、蛋白质和酒精等成分。

国内有研究人员通过固态发酵黄酒糟的最佳菌种组合、发酵工艺、中试规模的生产工艺及发酵黄酒糟（4 个试验）探讨了对蛋鸡生产性能的影响。

试验一，如选用黑曲霉（H）、康氏木霉（K）、米曲霉（M）、白地霉（B）、热带假丝酵母（R）、绿色木霉（L）对黄酒糟进行双菌和三菌组合固态发酵试验，以各菌种组合发酵产物的真蛋白绝对增幅及氨基酸含量为衡量指标，拟筛选出最佳菌种组合。结果表明，RLM 组合（接种比例 1∶1∶1），其发酵产物的氨基酸总量最高，达 24.94％，且必需氨基酸指数也最高，确定为最佳菌种组合。

试验二，在 30℃、90％以上湿度的条件下，采用试验一所筛选的 RLM 组合，以发酵时间、营养盐添加量、搅拌次数和菌种比例四个因素为变量进行正交试验，通过测定发酵产物的真蛋白含量，确定出最佳发酵工艺。

结果表明，最佳发酵工艺条件为发酵时间 48h，不搅拌，不添加营养盐，菌种比例（R∶L∶M）为 2∶1∶1，发酵产物的真蛋白含量达 27.27％，比未发酵黄酒糟真蛋白有了很大提高。

六、酒糟的降解发酵处理技术方法

1. 新鲜酿酒糟、谷酒糟的处理饲喂方法

酿酒糟其实并不是真正意义上的酒糟，因为它是啤酒厂麦芽进行糖化工艺，过滤后直接得到的滤渣，是没有经过酿酒发酵的糟，所以，啤酒糟的能量较高，糖分较高，营养成分比较丰富，但正因为如此，也很容易变质酸败，所以，新鲜啤酒糟必须尽快拖回养殖场，及时进行发酵和密封处理。

将当天出厂的酿酒糟（为湿料）运回来后（有条件的最好是先进行粉碎处理，再降解处理，效果极好），每 1000kg 中，加入 50kg 玉米粉（谷粉、高粱粉、麦粉、薯粉均可以），"粗饲料降解剂" 2 包，食盐 2kg，搅拌均匀，控制含水量在 50%～60%左右最好，即用手抓一把成团，有水从手指间渗出，但不滴出为度，混合后装入大缸或池中用力压紧压实后，用塑料薄膜压边密封，夏季发酵 24h 以上，冬春季节发酵 3 天以上即可饲喂。

酿酒糟比较松散，所以，会残留很多空气在物料里，夏天特别要注意用最大的力气或采用其它方法压实压紧，冬天则为了提高发酵温度，只需适当拍实即可，这一点比较关键。

2. 不新鲜酿酒糟、谷酒糟或酒糟粉的处理饲喂方法

出厂堆放几天后的酒糟，由于裸露在空气中产生了一些霉菌的原因，加上酸味加重，直接发酵很难达到较好的效果，因此要求对其先进行烘干（或晒干）后再进行发酵，最好是晒干后再进行粉碎，便成了酒糟粉，处理就更加方便了。

如果不想晒干，也可以进行湿粉碎，粉碎后，则物料比较容易压实压紧密封，则加入 10%左右的玉米粉等能量饲料（谷粉、高粱粉、麦粉、薯粉均可以），再一层一层地用力压实、密封发酵，也是可以的，关键是排除物料中的空气。

将 1000kg 干酒糟拌入 100kg 玉米粉（谷粉、高粱粉、麦粉、薯粉均可以），"粗饲料降解剂" 3 包，食盐 3kg，倒入 1200kg 干净的水中（如果是湿的料，则要适当减少用水，最后水分为用手捏成团，有水从手指间渗出为度，冬季建议用 35℃左右的温水），拌和所有原料，混合后装入大缸或池中压实后密封，夏季发酵 2 天以上，冬春季节发酵 5 天以上即可饲喂。饲喂方法同前。

3. 米酒糟、醋糟等的处理饲喂方法

米酒糟像粥一样，较啤酒和谷酒糟而言，能量更高一些，猪更加喜欢吃，但消化吸收率不高。以前很少用这种酒糟去发酵，因为米酒糟中含酒度高，再发酵会不会造成酒度的再一次提高？发酵后才发现，这种担心是多余的。发酵后的酒糟酒度一般仅为 2°，最高为 6°（发酵天数越长，酒度越高），与保健液相当，猪爱吃，且消化吸收率有所提高，具体处理方法如下：

每 1000kg 米酒糟添加：

① 100kg 玉米粉（谷粉、高粱粉、麦粉、薯粉均可以）；

② 25kg 豆粕（棉粕、菜粕、花生麸均可），米糠或秸秆粉 300kg（加米糠或秸

秆粉，主要目的是为了吸附米酒糟中大量的水分，加入的量不一定，只要能吸附掉米酒糟中的水分，成为半固体状态即可）；

③ 轻质碳酸钙 10~20kg；

④ "粗饲料降解剂" 2 包，食盐 3kg；调成适当含水量（手抓一把饲料，用力一握，即有水渗出手指间，或一滴一滴地滴出）。混合后装入大缸或池中压实压紧后密封，夏季发酵 8 天以上，冬春季节发酵 15 天以上即可饲喂。饲喂方法同前介绍。

4. 发酵后的酒糟物料保存

如果要长期保存，发酵后的酒糟物料则要密封严格，并压紧压实处理，尽量排出包装袋中的空气，这样不仅可以长期保存，而且在保存的过程中，降解还要继续进行，时间较长后，消化吸收率更好，营养更佳。其它固体发酵的糟渣也是这个原理，当然，前提条件是能确保密封严格，不漏一点空气进入料中，则时间越长，质量越好，营养越佳（但实际生产中，很多用户并不能保证密封严格，所以，建议尽快用完为好），如某用户发酵全价饲料，采取严格的密封措施，一年后，饲料非常完好，适口性极佳，酸度也没有升高多少，以 5％加入其它饲料中一起喂养，动物吃后，明显提高抗病力和消化吸收率。

5. 相关的用户经验介绍

江西省安福县有一个年出栏 8000 头的猪场，使用发酵料喂猪，他是以发酵酿酒糟喂猪，除了后备母猪不喂，其它都喂，尤其是以肥育大猪喂得最多，一年节约的饲料成本达到 90 万~100 万元。

相关的用户经验介绍没有感觉到强度大，只是按如下程序化操作即可。

① 发酵方法与上面介绍的不同，先用活力 99 制作保健液配用，备用，把粗饲料降解剂和少量玉米粉混合也备用。

② 酿酒糟用车拉回来的时候，直接拉到发酵池边上（发酵池是非常简易的水泥猪栏而已，甚至没有完全在四周都围上水泥墙，也就是有一边是开门的），从车子上下一层酿酒糟，就抓一把粗饲料降解剂和玉米粉的混合物撒上一点，很粗放的操作，再喷洒点保健液，再从车子上下一层啤酒糟，又撒上一点降解剂粉和保健液，直到全车的酿酒糟下完为止，用力踩紧。最后，用塑料薄膜盖上压边进行发酵，除冬天外，其它季节发酵第二天就开始喂了。

③ 记得他说第一次发酵酿酒糟时，由于没有经验，整车的酿酒糟已经下到了发酵池中，才发现忘记放粗饲料降解剂粉了，他就直接用保健液掺点水稀释好，直接从料面上淋下去，让保健液自己渗入料中，也发酵成功了。

④ 喂猪用一台混凝土搅拌机，是立式的，喂猪前，把自己配的全价饲料拖到搅拌机边上，加入 50kg 全价饲料，再加入 70kg 湿的发酵酿酒糟（相当于 20kg 折干物质的酿酒糟），再加入 1kg4％的预混料（补充酿酒糟中没有预混料的缺陷），混合 6min 左右，堆放在水泥地上盖好，再搅拌下一批，这就作为一天相应肥育猪栏中的饲料了，喂法一般是上午搅拌好下午喂，也就是说还要发酵几个小时才喂，也可以不发酵这几个小时，直接喂。要有专门的饲料手推车送料到猪舍，所以，也

不累，喂大猪时，用中猪全价饲料加发酵酿酒糟，喂中猪时，就用小猪全价饲料，加发酵酿酒糟。

⑤ 就是这样，一年需要使用2000t以上的酿酒糟湿料，也不会觉得累。猪生长速度与全价饲料没有差别。发病力更低，保存的话，密封好盖好就行，发酵过程中，也存在里面发热的现象，但不用过分担心这一点，发热损失的营养能量其实是很小的。

⑥ 一定的机械设备是必需的，有时候花费不多，却可以起到很大的作用，尤其是心理安慰作用。

⑦ 发酵糟渣常用的设备一定要有，如混凝土搅拌机用来搅拌湿料，猪场内的饲料转运要有手推车，要有发酵池，也可以在发酵池一边开门。能做到程序化操作的，一切按程序来，就不会感觉累。

⑧ 同时，也不要把发酵料的搅拌想象得太复杂，发酵糟渣类其实不必搅拌得很均匀，一些物料可以溶解到水中直接淋下去，包括保健液也可以从料面上淋下去。粉剂发酵剂则可以先和少量玉米粉混合，得到多一点发酵剂粉，则可以放一层糟渣，撒上点发酵剂粉，一直重复到放满发酵池为止，用塑料薄膜盖上压实即可。

七、酿酒糟养猪与生料酒糟养猪的应用举例

酿酒糟养猪生长速度快、节约饲料，降低养殖成本，增加效益。由于猪是杂食性动物，主要进食的能量来源是淀粉；而酒糟是一种"高蛋白"饲料，必须要有一定比例的能量饲料配合，才能成为营养基本平衡的猪全价饲料。现代高科技的应用，酿酒已改用"免蒸煮生料高产酿酒新工艺"，即酒糟已基本上是生料酒糟，不能直接饲喂畜禽，主要是增加同量的玉米粉、皮和青饲料等，按1∶1的比例进行搭配，才能发挥真正的效果和作用。传统工艺酿酒后的固态酒糟，必须与饲料搭配使用，一般不能超过日粮的20%～30%。用酒糟喂猪与传统方法饲养相比，猪只增重快，节约饲料成本，增加了养猪效益，平均每头猪增收约150元。

1. 生料酒糟养猪

据权威机构统计分析，利用酒糟养猪有以下优点：猪苗生长速度快，节约饲料，降低了养猪成本，增加了养猪效益。但有的酿造饲养户饲喂方法不当，常使猪患病，效果反而不佳，"食"得其反。

采用传统酿造工艺的小型家庭作坊，由于酒曲活性低、工艺落后，且出酒率一直以来都偏低（100kg大米，产量为40～50kg酒），收入效益不明显，随着高科技的逐步发展，现已逐步改用"免蒸煮生料高产酿酒新工艺"。该工艺无需蒸煮。具有：①产量高，1kg大米可产优质高度白酒1kg或低度白酒2～3kg；②酒质好，具有天然食品、纯粮酿造、口感好、无杂味、有后劲、好喝不上头等特点。经国家法定部门检测和专家鉴定，各项指标达到国家优级品标准，从而深受广大群众的欢迎，更对贫困山区的经济改善，起到一定的推动作用。

2. 利用酒糟液养猪方法

然而，利用酒糟液养猪方法，采用生料酿造工艺所残留的酒糟液饲养时，绝大部分的饲养户都因方法不对而导致猪经常腹泻、厌食、体质衰退等。

究其原因，得从酿酒的基本原理来分析：

酒主要是通过酶的作用，把粮食中的淀粉转化成糖，再由酒酵母把糖转化成酒。

以上述转化过程分析，结论是：出酒率越高，酒糟中的淀粉含量就越小。在生料酿造技术的高科技基础上，出酒率可达到100％。那么，从理论上分析，残余的酒糟液基本上已不存在淀粉的含量。只存在着大量在发酵过程中生长的菌种酶，在经过高温蒸煮后，形成一种"高蛋白"的成分。而猪是一种杂食性动物，主要进食的能量来源还是淀粉。

所以，利用单纯生料酿酒的酒糟液养猪是不可行的，这相当于人天天吃肉不吃饭一样。生料酒糟饲猪必须要有一定比例的能量饲料配合，才能成为营养基本平衡的全价饲料，如增加同量的玉米粉、皮、青饲料等等，按1∶1的比例进行搭配，否则不仅不能发挥真正效果和作用，甚至引起中毒，但是由于搭配其它饲料的成本太高，很多饲养户为此而浪费掉大量的酒糟液。

3. 秸秆综合利用方法

真正做到低成本养猪不妨试一试秸秆综合利用方法。具体步骤如下：

① 取秸秆粉100份，玉米油5～7份，温水（冬季）130～150份，"秸秆快速发酵复合转化剂"1份。

② 将以上材料混在一起进行充分拌匀，堆成0.5m左右的梯形堆，压平，盖上塑料布即开始发酵。

③ 注意观察温度计的变化，当温度升高到35℃时要进行翻动。发酵整个过程温度不宜超过42℃。

④ 室温在15℃以上为宜，夏季发酵6～8h，冬季发酵8～14h，秸秆饲料便发酵完成并散发出芬芳的醇香味，这时可与生料酒糟混合直接饲喂家畜或造粒。

在"秸秆快速发酵复合转化剂"产品说明中，推荐在使用"秸秆快速发酵复合转化剂"时，建议按比例配合。若所推荐的饲料与养殖户自产饲料不相符时，可按原料成分相互适当替换，使所配饲料基本符合标准。

第六节　其它副产物的综合利用

一、利用酒糟开发蝇蛆蛋白的研究

用薯干酒精酒糟培养家蝇，考察几种因素对培养结果的影响。研究结果表明：酒糟最适含水量为85％，最适温度为30℃。用以上条件进行2m³空间培养试验，蛋白转化率达 64.73％。

家蝇表现出极强的适应恶劣环境的能力，表明它们有一套有效的免疫体系，在这方面进行研究，具有潜在的理论和应用价值。王远程等曾进行家蝇血淋巴的提取及抗菌物质的诱导研究工作。酒糟中含有丰富的营养物质，其中干物质主要成分为蛋白质。目前国内酒糟除少量直接用作饲料外，大量酒糟成了废弃物，以致造成资源浪费和环境污染。本书研究利用酒糟培养家蝇幼虫，为进一步分离纯化蝇蛆抗菌物质打下基础，同时探索出一条酒糟综合利用的新路。

二、材料和方法

薯干酒精酒糟，由连云港市葡萄酒厂提供。含水量 90％～98％（平均值 96％），粗蛋白含量 0.28％～0.45％（平均值 0.36％）。家蝇虫源用昆虫网人工捕获。家蝇的培养方法参考文献（根据家蝇生活史的规律，在培养料中插入若干小木板，收集蛹化前的幼虫，放入冰箱备用）。

（1）生活史观察

成蝇被捕获后，在培养小室中放养产卵，卵孵化后，幼虫经过生长蜕皮逐渐增大躯体，7～15 天后，增大到 1cm 左右，在隐蔽的干燥处开始蛹化，2 天后形成一个不食不动的褐红色蛹。6～8 天后，羽化为成虫。

（2）培养料含水量的影响

① 对成虫的影响　成虫在含水量 80％～98％ 的范围内都能放养，但随着含水量的增大，成虫在 24h 内因被吸附而导致死亡的百分数也随之增大（表 10-2）。

② 对幼虫的影响　幼虫在含水量 80％～98％ 的范围内都能生长，在 85％～90％ 的范围内生长速度最快（表 10-3）。

表 10-2　含水量对成虫的影响

含水量/％	80	85	90	95	98
成虫 24h 死亡率/％	3	3	8	14	30

表 10-3　含水量对幼虫的影响

含水量/％	80	85	90	95	98
幼虫生长天数/天	19	7	7	10	15

综合酒糟含水量对成虫和幼虫的影响，选择含水量 85％ 的酒糟为培养料进行培养。但随着培养时间的延长，其中水分会因为在较高的温度（30℃）下不断蒸发而减少，所以，在培养的过程中，要适时补充水分，以利于培养。

（3）温度的影响

选择不同温度，用含水量 85％ 的酒糟进行培养，观察成虫的活动情况和幼虫生长期的长短，结果表明，当温度低于 24℃ 时，成虫基本不活动；幼虫的最适生长温度为 30～36℃（表 10-4）。

表 10-4 温度的影响

温度/℃	24	27	30	33	36
幼虫生长天数/天	15	9	5	6	7

（4）空间培养试验

自制 2m³ 培养小房，放养成虫，起始密度为每立方米 200 只。在培养料中插入 10 块小木板，作为蛹化、羽化场和幼虫收集器。经 7 天培养后，累计投放酒糟 10.2kg，收集幼虫 233.6g，经分析，蛋白转化率 64.73%。试验过程中发现：较大的空间有利于成虫体能的提高，从而降低其死亡率。

（5）蝇蛆中主要物质含量

对蝇蛆进行分析测定，结果说明其主要成分为蛋白质（表 10-5）。

表 10-5 蝇蛆中主要物质含量（按干基计）

物质	粗蛋白	粗脂肪	灰分	蝇蛆含水量
含量/%	62.3	8.02	2.52	78

三、EM 菌液发酵酒糟的方法

1. 原料准备

EM 益生菌发酵剂、酒糟 EM 益生菌发酵剂主要成分：光合细菌、酵母菌、乳酸菌、芽孢杆菌等多种复合微生物。

（1）菌液主要用途

本品活性高、能快速把秸秆、粗饲料，各种糟、渣发酵成营养全面的高活性生物饲料。

（2）功能特点

① 利用数十种微生物，经科学配合，对植物秸秆进行发酵，生产出成本低、营养高、味香可口的营养饲料。

② 秸秆经本品发酵后，其中的淀粉、纤维素、蛋白质等复杂的大分子有机物，降解为动物易消化吸收的低聚糖、单糖、双糖和氨基酸等小分子物质，可提高饲料转化率，减少饲料用量，降低养殖成本。

③ 加工后的秸秆维生素等营养增加，且蛋白含量高、酸甜适中、松软、适口性极佳。

④ 发酵饲料进入动物胃肠道后，可与胃肠道内有益菌一起形成强有力的优势种群，对增进生物体内蛋白质的合成起着促进作用，同时分泌合成大量氨基酸、蛋白质、维生素、各种消化酶、微量促进生长因子等物质，这些物质和功能就是本技术的主要功效。

⑤ 有益微生物分泌活性物质能促使动物肌体显著增强免疫力，减少兽药使用

甚至不用兽药（常规免疫除外），生产优质牧业产品。

⑥ 可使氨气和硫化氢气体的浓度大大下降，使养殖环境得到明显改善。酒糟、酿酒后剩下的废弃物适合喂养猪、牛、羊等家畜。

2. 发酵流程

（1）啤酒糟、谷酒糟的发酵

材料：1000kg 啤酒糟（有条件的最好先进行粉碎处理）、50kg 麦麸、25kg 豆粕、2kg 红糖、EM 益生菌发酵剂 5 瓶。具体操作如下：

① 菌种活化　取 2kg 的红糖，用温水化开（夏天不需要）。冷却至常温，加入 EM 益生菌发酵剂 5 瓶，搅拌均匀，最终加 20kg 水。尽量保持一定的温度（35℃），密封发酵。发酵过程中有产气现象，随时放气。一般 2～5 天左右，发酵液 pH 值降到 3.5～4.0，发酵过程完成（3h 可以使微生物从休眠至活化）。

② 均匀搅拌　用已活化发酵好的 5kg 菌液与 50kg 麦麸均匀地洒/撒在 1000kg 酒糟中，同时加入 25kg 豆粕（棉粕、菜粕、花生麸均可）。有条件的可用搅拌机搅拌均匀，无搅拌机可用人工掺和均匀。控制含水量在 40％左右最好，即用手抓成团，松手即散，手上有水的感觉但指缝无水渗出，混合后装入大缸或池中用力压紧压实后密封，夏季发酵 24h 以上，冬春季节发酵 3 天以上即可饲喂。

（2）米酒糟（白酒酒糟）、醋糟的发酵

材料：1000kg 米酒糟（有条件的最好先进行粉碎处理）、50kg 麦麸、2kg 红糖、25kg 豆粕、EM 益生菌发酵剂 5 瓶。具体操作如下：

① 菌种活化　取 2kg 的红糖，用温水化开（夏天不需要），冷却至常温，加入 EM 益生菌发酵剂 5 瓶，搅拌均匀，最终加 20kg 水。将容器密封，尽量保持一定的温度（35℃），静置发酵。发酵过程中有产气现象，随时放气。一般 2～5 天左右，发酵液 pH 值降到 3.5～4.0，发酵过程完成（3h 可以使微生物从休眠至活化）。

② 均匀搅拌　用已活化发酵好的 5kg 菌液与 50kg 麦麸均匀地洒/撒在 1000kg 酒糟中，同时加入豆粕（棉粕、菜粕、花生麸均可）。有条件的可用搅拌机搅拌均匀，无搅拌机可用人工掺和均匀。控制含水量在 40％左右最好（手抓一把饲料，轻轻一握，即有水滴出，堆放时水不自动流出，这就是最好的含水量，这个含水量一般是 40％），混合后装入大缸或池中用力压紧压实后密封，夏季发酵 24h 以上，冬春季节发酵 3 天以上即可饲喂。

③ 保存方法　发酵后的酒糟物料，如果要长期保存，则要密封严格，并压紧压实处理，尽量排出包装袋中的空气，这样不仅可以长期保存，而且在保存的过程中，降解还要继续进行，时间较长后，消化吸收率更好，营养更佳。其它固体发酵的糟渣也是这个原理。

④ 成品加工　发酵好的饲料直接造粒、晾干、成品检验、装袋，成品入库。

⑤ 饲喂方法　按 5％～15％的比例加入其它饲料中一起喂养。

⑥ 注意事项　能确保密封严格，不漏一点空气进入料中，则时间越长，质量越好，营养更佳（在实际生产中，很多用户并不能保证密封严格，建议尽快用完为好）。

四、利用酒糟高效养殖黄粉虫

1. 场地选择

养黄粉虫的房舍最好靠近酒厂，应有白酒糟存放室、黄粉虫成虫产卵室、黄粉虫幼虫饲养室、禽鸟等经济动物饲养室等。如果进行加温控温周年养殖，饲养室就需要装配上隔热材料、加温控温系统和通气排湿系统等。

2. 酒糟准备

白酒糟含有水分 65％、粗蛋白质 4％、粗脂肪 4％、无氮浸出物 15％、粗纤维（稻壳）12％和丰富的维生素。由于白酒糟含有大量水分，易霉变，所以最好不要储存，适宜随用随运。

3. 成虫养殖

黄粉虫成虫养殖是整个配套技术的关键。只有养好成虫，才能获得大量虫卵，最后养成大量幼虫。

产卵箱的制作：产卵箱的四边用木板制成，深 8～10cm，底为铁窗纱。将接卵纸改为用三合板裁剪成的接卵板，用小干鱼和马铃薯片或南瓜片或胡萝卜片代替麦麸作为成虫饲料，可大大提高工效。

虫蛹的投放：先将黄粉虫虫蛹投放于产卵箱中，然后均匀撒一层厚 5～6mm 的麦麸，再铺放适量小干鱼，待虫蛹全部羽化为成虫后，再投放适量鲜南瓜片、鲜胡萝卜片或鲜马铃薯片，成虫饲料应视取食情况适时添加。

交配及产卵　交配后，雌虫将卵产在接卵板上。接卵板一般每 3 天换一次，并撒上 5～6mm 厚的麦麸。取下的接卵板要按顺序水平叠放 5～6 层，不可过重，以防压坏卵粒。要向产卵箱中投放较高密度的成虫，以提高产卵箱的利用率和接卵板上卵的密度。成虫一般养两个月，以后产卵量下降，应予以淘汰。

4. 幼虫饲养

初孵幼虫养殖：卵经 6 天孵化出幼虫。用刮刀将幼虫连同麦麸一起刮下，放入饲养盆中，轻轻拧碎麦麸，供黄粉虫初孵低龄幼虫取食，不需添加其它饲料。为防止饲料干燥缺水，可以在麦麸中埋放几块马铃薯片等鲜料。

低龄幼虫养殖：发现低龄幼虫食完麦麸后，就在饲养盆中添加适量白酒糟，以后视取食情况不断添加湿白酒糟。当幼虫长大而密度过大时，就要适时分盆，分盆后再添加湿白酒糟。

温湿度控制　饲养室温度要控制在 20～25℃，如果室温超过 25℃，饲养盆内饲料层中的温度往往超过 30℃，过高的温度会影响幼虫的生长。因此饲养室要注意通风排湿，防止缺氧和滋生害虫。

防治螨虫：麦麸饲料容易滋生螨虫，螨虫不取食黄粉虫幼虫，但会竞争取食麦麸，影响幼虫的生长。

防治方法：一是麦麸不可过湿、过多；二是加大黄粉虫养殖密度，即可抑制螨虫滋生。

5. 高效利用

黄粉虫幼虫养殖期一般为 60～70 天，留种用的幼虫要稀养，一般留 3％～5％做种虫。养成的幼虫可采用气流风吹法分离。如果用于养鸡、养鸟，可以连同稻壳一起直接供鸡、鸟等取食。一般每吨湿白酒糟可以养殖 40kg 鲜黄粉虫。

第七节 酿酒副产物的循环转化途径与综合利用

本节主要综合介绍如何利用生物技术转化利用国内黄酒厂与白酒厂的酿酒副产物酒糟的途径，供同行与读者探讨。

酿酒发酵生产过程中，不可避免地会产生大量的酒糟等副产物，如不及时处理或处理不当，将对环境造成污染。近年来，国内白酒厂与黄酒厂根据酒业公司的实际情况，探索利用生物技术转化利用酒糟的途径，取得了良好的经济效益和环保效益。

一、副产物的来源及成分含量

1. 酒业废水的来源及成分

酿酒厂废水的来源，第一类是酿酒车间的冷却水，包装车间的洗瓶用水，均属于低浓度废水，污染浓度较低，这部分水经过循环处理可重复使用；第二类是高浓度有机废水，占总用量的 3％，主要是蒸馏底锅水、黄水（白酒厂）、米浆水和淋饭水（黄酒厂）、蒸馏工段地面冲洗用水等。

（1）黄水

酒醅在发酵过程中必然产生黄水，一般为酿酒产量的 20％，黄水含有 1％～2％残余淀粉，0.3％～0.7％的残糖，4％～5％的酒精，以及有机酸、酿酒香味的菌体物质、腐殖质和酵母菌体的自溶物、厌氧性微生物等。据测定，黄水 pH 3.0～3.5、COD 2500～4000mg/L、BOD 25000～30000mg/L，远远超过国家允许的废水排放标准。

（2）酒尾

酿酒厂蒸馏过程中，馏分的酒精度逐渐下降，酒精度在 20°以下的馏分称酒尾。酒尾中含有较多的高沸点香味物质，酸、酯、杂醇油、高级脂肪酸等含量高。但因其含量不协调及部分高沸点杂质的存在，使酒尾带有强烈的酸味和刺激性臭味。一般情况为了减少浪费，酒厂会将其直接倒入底锅内串蒸，少部分酒尾长期存放后做调味酒，但使用效果不佳。

（3）底锅水

在馏酒蒸煮工艺过程中，加入底锅回馏的酒梢和蒸汽凝结水，在馏酒、蒸馏过程中有一部分配料和有机质从甑内漏入底锅，致使锅底废水中 COD 浓度高。它们是酿造生产过程中的主要废水污染源。底锅水中含有大量的有机成分。

2. 酒糟

酿酒厂酒糟是酿酒的副产品，为淡褐色，具有令人舒适的发酵产物的味道，略具烤香及麦芽味，不仅含有相当比例的无氮浸出物，还含有较丰富的粗蛋白，更含有多种微量元素、维生素、酵母菌等，其中赖氨酸、蛋氨酸和色氨酸的含量也非常高，另外酒糟是经发酵后高温蒸煮而形成的，粗纤维含量较高，经加工可制作酒糟干燥饲料、酒糟青储饲料、酒糟菌体蛋白饲料、酒糟饲料添加剂、用于养殖蚯蚓和生产间接动物蛋白饲料。

二、发酵副产品的综合利用

1. 制作生物酯化液

浓香型白酒生产是传统操作，将黄水、酒尾在蒸馏糟醅时倒入底锅中一起蒸馏，将其中的醇和少量的易挥发酸、酯提取进入酒中，大量的不挥发酸和高沸点物质都未被利用，直接排放，造成环境污染。本节主要是某酒业应用红曲酯化酶对酿造的黄水、酒尾和底锅水进行酯化，生产酯化液及高酯调味酒。

（1）生物酯化液生产的原料及配比

黄水、锅底水 45%～55%，酒尾 15%～30%，窖底泥 3%～6%，曲粉 6%，香醅 6%，红曲酯化酶 8%～15%，超浓缩己酸菌液 8%～15%。

（2）生物酯化液生产工艺技术

把黄水、酒尾或酒糟挤压蒸汽灭菌、冷却，加入酒尾把酒精度调至一定浓度，加入己酸菌液，调节 pH 呈弱酸性，加入曲粉和香醅，再加入红曲酯化酶，在 32～35℃ 下培养，每天搅拌一次，封好密封口，培养 25～30 天，取样检查，若达到预定要求，则终止发酵培养。

2. 酿酒发酵的副产品

含有酒精、淀粉、有机酸、酿造功能菌、单宁及色素等，利用酒发酵的复合己酸菌液、香醅等，按一定比例混合，在 pH 6.5～7，32～35℃ 条件下发酵 25～30 天，即成液体养窖泥，用于养窖和灌窖，其效果远好于传统的养窖方式。

3. 蒸馏底锅水和酿酒酒糟浆生产液体水产饲料，进行池塘立体养殖，可取得较好的经济效益和环境效益

收集鲜酒糟打成浆，按 10%～20% 加入调节池中，用碳酸氢铵调节 pH 至合适范围，接种专用乳酸菌种，控制恰当的湿度进行乳酸发酵，微生物发酵代谢非常旺盛，经过一周时间的发酵，生产出的酸化液态发酵饲料，外观为浅黄色，气味微酸，呈流动的糊状，非常适合水产养殖，不仅提喂方便，而且适应性好，可满足鲢鱼、草鱼等生产和营养。

废水生产液态饲料的处理过程如下：

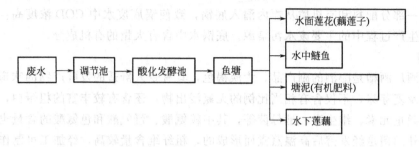

三、废水生产液态饲料的处理过程

废水液体饲料养殖的收益，以 2hm² 养殖水面为一应用试验单元，可产藕莲子 6000kg，产值 12 万元，鲜鱼 25t，产值 7.5 万元，莲藕 45t，产值 9.9 万元，2hm² 水面立体养殖可实现产值 29.4 万元，黄山头酒业的废水利用生物发酵生产液态饲料，进行水面立体养殖，不仅解决了废水和酒糟对环境的污染，同时还可以产生较好的经济效益。

四、酒糟的综合利用

清洁生产和循环经济要求酿酒厂对酒糟进行处理，数十年来，酿酒行业对酒糟的利用进行过研究和运用，例如：丢糟制曲、丢糟分离回窖酿酒，老糟制酯化液，提取蛋白质、淀粉酶和纤维酶、微量元素等，但都不能从根本上解决酒糟的最终走向问题。而通过对酒糟的深加工，还可制作植物蛋白饲料，牛、羊、青储饲料，酒糟菌体蛋白饲料，生物鱼饲料，酒糟用于养殖蚯蚓间接生产动物饲料。

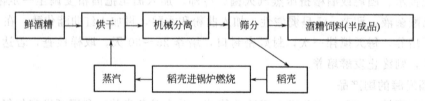

1. 酒糟干燥粗饲料的工业化循环

根据某酒业的生产规模扩大，酒糟的数量迅速增加，酒糟的产量与市场需求不相匹配，畜牧业对酒糟的用量在逐渐增加，特别是春节前后养殖场的牛、猪、羊等都出栏，这时酒厂的酒糟无法销售，湿酒糟长期堆积在生产区，发生霉变，影响环境微生物和经济效益。采用酒糟烘干机械分离，把酒糟干燥储存和销售，每吨酒糟可获利润 218～250 元左右。

2. 酒糟直接饲喂和生产肉牛（羊）青储饲料

酿酒糟是酿酒副产品，含有多种维生素、酵母菌等，其中赖氨酸、蛋氨酸和色氨酸的含量非常高，这是农作物秸秆所不能提供的。另外，酒糟是经发酵后高温蒸煮而形成的，作为牛羊的主要饲料，有很好的适口性，具有容易消化和生物学价值高的特点，而且还能有效预防牛发生瘤胃膨气，是一种物美价廉的牛羊饲料原料。

用酒糟生产青储饲料时，酒糟的储存方法要合理，否则容易霉变，影响饲喂效果。青储就是在厌氧的环境中，让乳酸菌大量繁殖，从而将饲料中的淀粉和可溶性糖变成乳酸，抑制霉菌和腐败菌的生长。养殖场可根据需用量建造储存量能饲喂半年以上的半地水泥地，在白酒发酵生产旺季如 11 月份及时购进，再压实密封，可长期储存，饲喂青储酒糟时，搞好日粮营养的调配，合理搭配其它饲料，满足肉牛生长发育所必需的营养需求，才能增重，少耗料，多收入，酒糟含有一定量的酒精，可以有效地促进育肥，缩短育肥周期，提高肉牛、肉羊的出栏率。

3. 酒糟直接喂鱼和生产发酵鱼类颗粒饲料

鲜酒糟除上述用于生产液体水产饲料外，还可以直接喂鱼和通过生物发酵后生产颗粒鱼饲料，鲜酒糟喂鱼需要注意以下几点：

① 养殖成鱼或新鱼可投喂新鲜酒糟，但不适宜饲喂种鱼。

② 酒糟喂鱼最多不要超过日粮的 30%，以免导致肠火病的发生。

③ 补充钙、维生素等营养元素。

④ 鲜鱼糟酸味过浓，可加少量的石灰粉，起中和酸的作用。

发酵鱼颗粒饲料，是以乳酸菌和酵母菌为核心菌种，利用发酵工程技术对白酒糟等原料进行发酵处理，以提高饲料养分的消化吸收率，改善鱼体肠道内环境，具有改善水质，提高抗病力，减少鱼病的发生概率等作用，基本生产工艺流程如下：

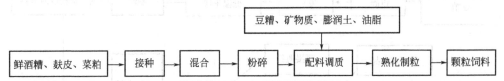

在制粒过程中为了好出模可以加 1% 左右的油脂，为了增加黏合性能可加 3% 的膨润土。颗粒饲料的制粒设备，根据养殖户的具体情况，可选择成套机组或饲料膨化机，生产膨化的颗粒饲料。

4. 酒糟菌体蛋白饲料（在实验推广中）

利用酒糟为基，采用多种微生物混合固态发酵可得到菌体蛋白饲料，以固态发酵工艺为主，生产工艺流程如下：

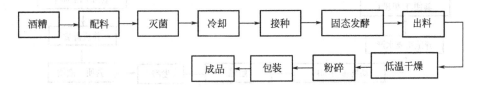

5. 酒糟用于养殖蚯蚓间接生产动物蛋白饲料

利用酒糟和动物粪便、秸秆等营养基料，养殖蚯蚓来作为动物的直接或间接饲料，这类饲料的营养特点是：蛋白质含量高，富含各种必需氨基酸，特别是植物性饲料缺乏的赖氨酸、蛋氨酸和色氨酸都比较高；含无氮浸出物特别少，脂肪含量高，蛋白质含量也高，所以它们的能量值高；灰分含量高，钙、磷含量丰富，利于饲料动物的吸收利用，同时蛋白饲料含有丰富的维生素。

（1）利用酒糟养殖蚯蚓在养鸡场进行实验推广

蚯蚓培养基料：酒糟 15%～20%，鸡粪 25%，秸秆草料 30%，猪粪 20%，粉碎后加微生物菌液，在水泥池发酵，将蚯蚓倒入发酵池中养殖。

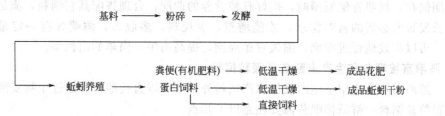

蚯蚓可直接喂养鳝鱼和甲鱼，养鸡必须把蚯蚓用打浆机打碎后，混入饲料中饲用，蚯蚓干粉作为高蛋白的饲料，将代替鱼粉、骨粉，养殖成本可降低 15%。

（2）酒糟植物蛋白饲料转化动物蛋白饲料的循环过程

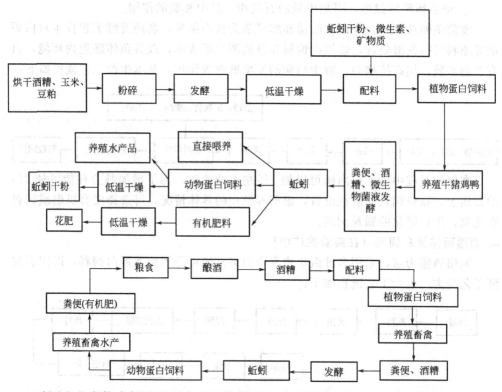

酿酒企业有能力把酿酒副产品开发利用好，从原料、设备、发酵等方面，技术力量强，又与养殖户和粮农联系密切，饲料成本比饲料加工企业的成本低 10%～15%，有很强的竞争力。

把酿酒生产的副产物转化成生物酯化液、养窖护窖液，液态水产饲料在养殖场或养殖户中推广运用，养殖牛、羊，青储饲料、植物蛋白饲料及养殖蚯蚓间接动物蛋白饲料，不仅解决了酿酒厂发酵过程中产生的副产物对环境造成的污染，同时也使某酒业的综合收益增加了 8.3％，实现经济效益、社会效益和环境效益的同步增长，提高了社会资源的综合利用率，促进酿酒业、饲料业和养殖业的良性循环。

第八节 回收利用酿酒副产物，发展绿色循环经济

酿酒业作为传统发酵行业，是一个污染物产生量相对较高的行业。酿酒生产过程中不仅消耗不少水、蒸汽和粮食，而且产生大量废水和酒糟，规模越大，产生量越大，如不能有效治理和利用，必将制约整个行业的健康发展。因此，酿酒行业发展循环经济，对于行业的健康稳定发展，具有十分重要的意义。

但长期以来，业内良莠不齐、法律监管缺失，致使高污染、高耗能的整体现状无法得到有效改善，与国家倡导的建立资源节约型、环境友好型社会不相协调。据统计，目前我国万元生产总值的能耗是日本、韩国的好几倍，全国每天有大量的污水直接排入水体，全国七大水系中约有一半以上河段的水质受到污染。可见，节能减排的形势非常严峻，发展循环经济、保持可持续发展已是迫在眉睫。

在这方面，山东泰山生力源集团股份有限公司立足行业特点和企业实际，依托科技创新，在综合利用酿酒副产物、推行清洁生产、节能减排等方面探索出了一套行之有效的循环经济模式，变废物为资源，在治理中求效益，取得了显著成效，使企业逐步走上了绿色经济发展的道路。

一、利用酿酒副产物拉长产业链

酿酒业作为发酵工业，副产物多，产量巨大，主要副产物如酒糟、黄水、池皮泥等，均含有大量的有益成分。过去受观念、技术、应用方法等因素的限制，对酿酒副产物的利用率较低，大都作为废弃物直接排放处理，造成了资源浪费和环境危害。近几年，泰山生力源集团以这些副产物的综合利用为突破口，以技术创新为依托，利用科学的技术手段和先进的生产工艺，实现了资源的变废为宝和综合循环利用，使传统的"资源—产品—污染排放"的开环式经济，转变为"资源—产品—废弃物—再生资源"的闭环式经济，取得了显著的经济效益和社会效益。

1. 综合回收利用酿酒副产物

黄水、酒尾是白酒在发酵和蒸馏过程中产生的，含有丰富的香味成分和有益微生物。但长期以来，有的企业采用底锅水串蒸生产"丢糟黄水酒"，质量一般，有的企业用于灌窖发酵，利用率很低，还有的企业将黄水作为废物直接排放，既浪费了宝贵资源，又污染了环境。针对这一难题，经过潜心研究，实施了《生化合成型复合酿酒调酒液的研究应用》项目，历时三年科技攻关，最终解决了这一技术难题，该技术目前在国内处于领先水平，并先后获得了山东省轻工业科技进步二等

奖、泰安市科技进步三等奖。

该项目利用生化反应机理，通过高温高酸催化酯化、蒸馏提纯等独特工艺，制取复合酿酒调酒液，开辟了工业化生产高级调酒液的先河。制取的调酒液可广泛应用于各种中低档浓香型白酒的勾调生产，增加了产品的协调感、固态感，同时降低了生产成本。该项目可年产调酒液400t，年增效益300余万元，同时实现黄水零排放，彻底消除了对环境的危害，经济效益和社会效益显著。

2. 丢糟再利用生产蛋白饲料

丢糟就是生产过程中丢弃的酒糟，过去的处理方式是：一部分鲜糟卖给农民喂猪，其余大部分自然晒干后直接作为饲料的添加剂，这样做容易产生两个问题。一是晒酒糟占用很大空地，气味也非常难闻，对环境造成一定污染，且靠天吃饭；二是酒糟直接加在饲料中，某些成分如纤维素、半纤维素等，单胃动物不能直接吸收利用，利用率低，仍然存在资源浪费。因此，如何处理丢弃的酒糟也是酿酒企业的一大难题。

为此，泰山生力源集团与山东农业大学联合攻关，实施了《酿酒酒糟生物酶蛋白饲料及复合酶添加剂的研发生产》项目，最终攻克了这一课题。该项目以丢糟为主要原料，作为良好的发酵填充剂，采用固液发酵相结合的生产工艺，自行筛选、分离多株优良菌种，由传统的单一菌种发酵改为多菌混合发酵培养，发挥多种微生物的作用，充分降解丢糟中的纤维素、半纤维素等动物不易吸收的成分，使纤维素酶活力达到1000U/g以上、蛋白质含量达到48%以上。生产的生物酶蛋白饲料和复合酶添加剂，对畜禽能起到防病抗病、促消化等作用，同时降低了饲料成本和有机物排放量，减轻了养殖业对环境的污染。目前，所有丢糟都已经进行了处理，生产的蛋白饲料及微生物添加剂以先进的技术优势使市场区域不断扩大，产品供不应求，目前，年生产规模达3万吨，每年可实现销售收入1.2亿元、利税3000万元。为做大做强蛋白饲料这一优势项目，泰山生力源集团又投资在四川新上了5万吨蛋白饲料项目，目前已顺利投产，并计划在3年时间内达到10万吨的规模，进一步拉长了酿酒产业链条，使蛋白饲料项目成为公司新的利润增长点。

3. 利用池皮和废糟生产生物复合肥

池皮是发酵池的覆盖层，也是重要的酿酒副产物，内含大量的有机质和丰富的微生物及其代谢物，肥力和有效成分很高。以前由于找不到利用途径，只能作为垃圾处理，非常可惜。近年来，泰山生力源集团与山东农大合资，成立了山东农大肥业科技有限公司，联合攻关，在利用酿酒副产物生产有机肥料方面走出了一条新路子。

双方联合研发的《生物复合肥的研究与开发》项目，顺利通过了山东省科技厅组织的科技成果鉴定，并获得山东省轻工业科技进步一等奖、泰安市科技进步三等奖等奖项。该项目以池皮和废糟为主要原料，应用现代生物技术，采用独特的发酵工艺混合培养成高浓缩生物有机肥。该产品含有大量的有益微生物及丰富的微生物代谢物，能够发挥多种微生物的共同协调作用，既能均衡、协调农作物的生长发育，刺激根系生长，增加作物的产量，改善作物品质，又能增强作物的免疫力，提高抗病、抗旱、抗寒能力。该产品一经上市便供不应求，深受有机蔬菜基地和广大农民朋友的好评。

目前，生产规模已达 20 万吨，年销售收入达到 4.5 亿元，逐步发展成为鲁中地区规模最大的生物肥料生产基地，从而进一步延长了产业链，增强了企业抗风险能力和发展后劲。

二、以清洁生产实现节能减排

泰山生力源集团成立了总经理任组长、各部门负责人为成员的节能减排工作委员会，以加强对节能减排工作的领导。在管理上，泰山生力源集团建立健全了一系列标准体系，通过了 ISO 10012 测量管理体系、ISO 14001 环境管理体系认证；进一步完善有关节能管理制度，先后制定、修订了《能源计量管理规定》、《能耗定额管理制度》、《节能管理制度》等一系列制度，使节能减排工作达到了规范化、标准化；将节能减排纳入绩效考核，与部门、个人绩效挂钩，从而增强了大家的节能减排意识，推动了此项工作的开展。

1. 彻底治理酿酒废水

酿酒企业既是水资源的消耗大户，也是污染大户。泰山生力源集团水域处于南水北调工程治理范围，更加大了公司彻底治理的决心。泰山生力源集团投资 1200 万元，在原有预处理设施的基础上，进行了全面改造和深化处理。

采用以国际上先进的"UBF 厌氧反应器＋生物接触氧化"为主体的三级污水处理工艺，使 COD 达到 50mg/L 以下，彻底解决了酿酒废水的污染问题，并做到节能与减排并举：

一方面，废水全部回用，达到零排放，处理后的水全部用作冷却、花草灌溉、锅炉用水等，实现了水资源的良性循环；

另一方面，投资安装了沼气发电装置，利用废水处理过程中产生的沼气进行发电，目前年发电可达 18 万千瓦时，年增效益 15 万元，产生了可观的经济效益，从而进一步延伸了产业链，降低了治污成本。

2. 先进的处理工艺，实施清洁生产

在锅炉上安装水膜除尘设施，并新上一套脱硫设备装置，解决了烟尘及二氧化硫污染问题；探索出用设备代替活性炭来处理酒精的新路子，解决了活性炭污染问题。为彻底解决大气污染，泰山生力源集团下一步决定关闭 20t 锅炉，从热电厂引进蒸汽，供应生产，目前该项工作正在实施中。

3. 以技术改造，降低能耗

节电方面，泰山生力源集团广泛采用变频技术，应用于锅炉给水泵、鼓风机、引风机、深井泵等设备，综合节电在 30％以上，仅水井泵一项，每年可节约用电 3 万多千瓦时，节电效果非常明显。

节水方面，各包装车间都采取措施，将刷瓶用水回收处理后循环利用；冲厕所

用水全部采用经处理后的废水，并采用门控开关，减小冲厕耗水量。这一系列节水措施，使公司耗水大幅下降，每年可为公司节约资金 30 多万元。

通过重大技术攻关和小改小革的有效结合，不仅减小了环境的污染，节约了资源，也有效提高了企业的经济效益。

4. 以生态促进绿色产业

泰山生力源集团充分利用酿酒副产物所生产的生物蛋白饲料和有机肥料，发展奶牛养殖及奶制品加工产业，在山清水秀、没有工业污染的地方圈地 400 多亩，先后投资 2000 余万元，从新西兰引进高产优质品种奶牛 1000 余头，建成了集科研、奶牛养殖、牧草种植、鲜奶加工、直销服务于一体的绿色环保型、生态型乳品公司，可年产巴氏杀菌奶 500 余吨。生力源奶的生产过程环保、绿色，并顺利通过有机奶认证，成为全国为数不多的有机奶生产企业之一。

依托科技创新，把白酒生产中产生的副产物转换成酿酒调酒液、蛋白饲料、生物复合肥，发展奶牛养殖，把酿酒废水处理回用，不仅解决了公司酿酒过程中产生的副产物对环境造成的污染，同时增加了公司的综合效益，实现了经济效益、社会效益和环境效益的同步增长，提高了社会资源的综合利用率，促进了酿酒业、饲料业、养殖业的良性循环。

第九节 黄酒工业综合利用与清洁生产

酿酒工业是我国传统优势产业之一，其历史悠久、文化底蕴深厚，是国民经济发展中增长最快、最具活力的产业之一。2008 年我国酿酒行业实现工业总产值 3524.4 亿元，占整个食品工业总产值的 8.4%，税金总额约 395 亿元，占食品工业的 20.8%。酿酒工业及相关产业的发展，解决了 141 万人的就业问题。

然而，作为中国传统工业，由于历史形成的原因，虽然通过数十年的高速发展，但尚未完全走出高投入、高消耗、低产出的不良发展轨道。因此，走清洁生产之路，是酿酒行业在原料、能源日趋紧缺和环境问题严峻的形势下破冰前行、突破发展瓶颈的最佳途径。从科技角度总结本行业发展清洁生产的要点及规律，提出下一阶段科技支持行业清洁生产发展要点，是非常及时的行业行动，对在金融危机下的酿酒行业健康稳定发展，至关重要。

一、从技术视角看中国酿酒工业具备的特点

酿酒工业作为中国传统的酿造行业，传统的多菌种固态发酵技术和以现代理论为基础的单菌种液体发酵技术，形成了成百上千种风味物质协调搭配的独特产品风格；较高的营养价值和上千年的文化积累，使酿酒行业成为效益较好、附加值较高的产业。充分剖析酿酒行业的技术特点，是考察、研究和实施清洁生产的前提。从

技术角度看，酿酒行业有以下几个特点：

① 传统酿造工艺与现代发酵理论支撑的工业化大生产并存；

② 工艺过程复杂且周期长；

③ 风味和文化融于产品；

④ 高附加值及规模效益。

如果按酒的种类归纳整个酿酒行业的特点，则如表 10-6 所示。

表 10-6　我国酿酒工业的特点

酒种	产品来源	理论基础	参考	发酵形式	发酵周期	微生物	文化	产品要求	产品效益
啤酒	外国	基本完全	欧美	液态	长	单一菌种	稍弱	综合风味	规模效益
白酒	中国	尚待完善	台湾地区	固态	长	复合菌种	重要	综合风味	附加值高
葡萄酒	外国	基本完全	欧美	液态	长	单一菌种	重要	综合风味	附加值高
黄酒	中国	尚待完善	日本	固态	长	复合菌种	重要	综合风味	规模效益

二、行业清洁生产发展的观察与思考

近几年，中国酿酒工业站在可持续发展的立场，自主创新，探讨出了一套有效的清洁生产模式。如啤酒行业的低压煮沸技术、黄酒行业的大罐生产技术、白酒行业的液态发酵技术和葡萄酒行业的废弃物深加工技术，这些清洁生产实践活动的成功，是尊重科学，深入实践，使科学实践符合酿酒行业的发展需求和技术特点所取得的成果。这不仅对酿酒行业十分重要，而且对其它行业也具有一定的典范作用，因此对其主要技术特点进行总结，为今后更多的研发，推广符合清洁生产的工业生产模式，是十分重要的。

1. 理论突破及装备创新

经过多年的发展，我国酒类产品形成了一条完整的工艺路线，独特的产品特点已被广大消费者所熟识，往往调整一个工序一项技术，改变工艺的某一点，就会产生一系列的连锁反应，会牵扯一系列技术问题。这些问题都直接关系到效益，关系到质量，所以这些问题不解决，节能降耗、发展清洁生产就是一句空话。因此对于理论比较健全的酿酒工业，必须进行理论突破，在理论突破的基础上，研发相应的装备，从而达到保证甚至是在提高产品质量前提下，实现清洁生产效果。

以啤酒行业为例，煮沸是啤酒糖化过程中的一个十分重要的环节，它的耗热占整个糖化耗热的 50%，占整个啤酒酿造过程耗热的 30%，如此的"耗热大户"在以前却认为是理所当然的，这是因为，煮沸在啤酒酿造中担当着 7 项重要作用，这7 项作用分别是：

① 钝化酶，稳定麦汁组分；

② 麦汁灭菌，确保发酵顺利进行；

③ 蛋白质变性和絮凝沉淀，确保啤酒的非生物稳定性以及起泡物质的形成；

④ 蒸发水分，确定麦汁的浓度及回收麦糟中的糖分；

⑤ 酒花成分溶出及异构化，赋予啤酒苦味和酒花香气；

⑥ 黑色素等物质的形成；

⑦ 蒸发出不良挥发性成分（如DMS），提高啤酒的风味。

经过理论研究，人们逐渐认识到，啤酒抗氧化过程的要素之一是减小麦汁的热负荷，也就是要减少麦汁的氧化，其中重要的是减少麦汁的煮沸，缩短煮沸时间既可以降低麦汁的热负荷又可以极大降低糖化过程的耗热量，但是其它由煮沸承担的作用又如何完成呢？经过理论完善及装备创新，开发了新型煮沸技术。通过加压（振荡）、二次蒸汽回收、洗糟残糖水回用和旋涡沉淀处的真空蒸发等技术实现了在极大降低煮沸耗能（节热50％以上）的情况下，同时提高麦汁质量的双赢效果。

品味、回顾这一成功经验，使我们更加认识到，理论的进步，认识的提高，专业装备的研发，是我们有效地践行清洁生产的重要保障。新型液态白酒发酵，海派黄酒的发展，也都从不同视角证实了理论、技术及装备的创新，对于清洁生产发展的重要作用。

2. 文化与风味的限制

文化与酿酒密不可分，一个古老的窖池，一个美丽的传说，使一个品牌带给了人们无限的想象。一个美妙的酒类产品存在着除酒精以外几百种甚至是上千种成分，除了成分的影响，化学物质的空间构象也同样对人的生理产生着重要影响。

考虑文化与风味和不考虑文化与风味对清洁生产措施有着根本的影响。如果我们仅认为白酒就是酒精＋水＋香精，那我们就可盲目地认为，固态白酒的发酵太奢侈了，因为酒精生产中其发酵温度可提高到36℃，时间仅为20~30h；但事实上对于以多种风味物质平衡协调为特点的酒类产品来讲，发酵周期长达十几天乃至数月，储存时间就更长了，现在还有洞藏文化，橡木桶储存等诸多与纯酒精发酵相左的工艺措施。

因为发酵及储藏的温度及环境的变化，会影响许多风味的含量、种类及空间结构发生变化，而任何风味物质的变化，都会影响到产品质量的变化，这种特点决定了酿酒行业工艺变更的困难性。虽然有困难，但科技人员探索酿酒品质与文化和清洁生产的统一与协调一刻也未停止，从新型液态白酒发酵、黄酒大罐发酵、葡萄酒的大罐储存等，都可以看见广大技术人员在探索前行的脚步。

3. 公用节能技术的二次开发

公共的节能降耗技术，是否能有效地应用于酿酒行业，是考验酿酒行业工程技术人员智能的考场。这是因为，很多技术都需要二次开发。

由于装备本身的局限性需要二次开发 如热电联产，对于大型企业使用热电联产是节能降耗的良好途径，但对于啤酒企业来说，由于存在用汽的波峰及波谷较大，所以增加蓄热装备能较好解决这一问题。在麦芽加工过程中使用单层高效炉安装热管，从而回收热风技术等都涉及此类问题。

再利用 很多很好的技术，所回收下来的资源如果不能被再利用，将是前功尽弃。广大技术人员在污泥利用、再生水的再利用、沼气利用等方面均做了大量的工作，使这些看似难利用的东西，找到了出路。如达到回收标准的二次水作为初次洗瓶的用水，利用沼气干燥麦糟等。

4. 生产高附加值产品

节能降耗，清洁生产，与产品质量的提高虽然在某些情况下可以达到统一，但在一些情况下，技术人员感到了矛盾。事实上，国家考核的是万元 GDP 的能耗水平，从这一点出发，我们不单单要看到吨酒综合能耗的降低，也应着眼于产品质量的提高，产品质量的提高，将有助于产品销售档次的提高，从而有助于降低万元 GDP 的能耗水平。

酿酒行业的科技人员，通过科技进步，努力攻关，努力向社会提供着物有所值的产品，提高产品的附加值。如啤酒的风味一致性及稳定性研究，白酒的极品酒酿造及洞藏文化技术的研究，葡萄酒酒庄酒的开发，黄酒的保健意识创建等，均为提高产品质量，增加产品参与竞争的能力创造了有利条件。也就是说提高产品质量，也是清洁生产、节能降耗工作的一个重要组成部分。

此外，有效转化，物尽其用，应该是清洁生产的另外一个概念。以粮食出酒率为例，在酿酒过程中，单位酿酒耗粮一直是一个重要的降耗指标。但也有句俗话叫"酒是粮食精"，也就是说，酒是由粮食最精华的部分所转化的。是否把粮食的可转化部分全部转化，还是将最精华的部分，最合理的部分进行转化，如何取舍？从酿酒品质的合理性及清洁生产的理念上的双重考虑，应该是在不影响酿酒品质的前提下，使粮食的转化达到最大化。而不是粮食转化成酒精产量的最大化。而对于粮食的利用，要达到"吃干耗尽"。即对废弃物进行回收利用，拉长酿酒产业链，走"高效、环保、高技术含量、持续发展"的道路，也是酿酒工业清洁生产的重要特征。如从葡萄皮渣中提取葡萄籽油、原花青素、白藜芦醇等高附加值的产品；利用白酒丢糟生产酒糟蛋白精饲料、生产膳食纤维等，不仅实现了企业零排放的目标，而且显著提高了企业经济效益。真正体现了清洁生产的理念，做到了物尽其用。

5. 行业间的相互借鉴

行业间的相互借鉴，是酿酒行业开展节能降耗、清洁生产的又一借鉴途径。向其它行业学习，行业内不同酒种间的相互借鉴，将有助于行业清洁生产的发展与提高。

压滤技术，是其它行业的常规技术，而后应用于黄酒工业上，大大提高了工作效率，目前啤酒酿造的糖化过滤，很多企业都使用了膜式压滤机，使生产效率有效提高。

啤酒采用了大罐发酵，而黄酒早在 20 世纪 80 年代即有黄啤一体化的探讨研究，即采用大罐发酵的方式，夏季生产啤酒冬季生产黄酒。虽然这种形式目前没有成功，但黄酒的大罐发酵已经实际应用于生产。此外，文化理念的相互借鉴，微生物、检测手段的相互借鉴，均为行业之间清洁生产的发展起到了促进作用。

三、对酿酒行业发展清洁生产的思考

清洁生产在酿酒行业大有可为。首先是技术理论的研究，在此基础上将技术应用于生产实际；此外是国家的支持及产学研的结合；还有就是国家基础工业的发展与酿酒工业匹配公用工程装备的提高。

从酿酒工业本身看：在发酵周期、原辅材料利用、能源利用、资源回收、微生物控制等领域尚有较大的研究及拓展空间。

1. 加大科技投入，做好行业示范

酿酒行业目前有许多节能降耗技术均处于初步应用阶段，如啤酒行业的快速糖化技术、高浓发酵技术、无土过滤技术、低耗灌装技术，黄酒行业的大罐发酵技术、米浆水回用技术和纯种制曲技术，葡萄酒行业的高效浸渍技术、快速发酵技术等。作为行业的基础研究工作，对单个企业来讲，存在着较大的技术和投资风险，国家需要给予相应的科研支持，以促进行业整体节能工作的开展。

此外，利用研究院所、高等院校的技术资源，做好产学研的联合技术攻关，是我国酿酒工业科技进步、走清洁生产之路的重要保证。

2. 提高企业科技队伍建设

再好的科技，也要靠企业技术人员的转化及实施。所以企业领导重视，企业科技人员的努力工作，是我国大型酿酒企业在节能降耗、实施清洁生产走在行业前列的重要保障。

从这一点上看，如何促进中小企业，特别是小型企业的清洁生产发展，是十分重要的。我国酿酒工业中除啤酒行业大型企业居多外，其它三个行业均以中小型企业为主，如全国 3.8 万家白酒企业，规模以上企业仅 980 家；葡萄酒 600 多家企业中，5000t 以下占 70％；黄酒全国 700 多家企业，生产规模千吨以下占 80％。与大型企业相比，这些中小型企业在资金实力、生产规模和技术设备等方面都不可同日而语。硬件的先天不足，以及缺少技术力量支持，使中小企业成为行业节能降耗的瓶颈。

3. 建立产学研一体的科研示范基地

酿酒工业作为中国的传统产业，长期以来存在企业自主创新能力差的缺陷。如我国 700 多家黄酒企业中，目前还没有国家级的企业技术中心，而 3.8 万家白酒企业，也仅有 4 个国家级技术中心，酿酒行业研发投入占销售收入的比重仅为 0.56％（大中型企业也仅为 0.71％），企业的技术创新主体地位还没有确立；而另一方面我国的高校、科研院所集聚了大量的科技资源，但是，科技成果转化率偏低，因此建立产学研一体的科研示范基地，是推动酿酒行业清洁生产快速有效发展的重要举措。

总之酿酒工业是我国传统优势产业之一，其历史悠久、文化底蕴深厚，是国民经济发展中增长最快、最具活力的产业之一。在新的历史条件下，从技术角度研讨、总结、展望酿酒行业清洁生产的发展，对于我国酿酒工业健康发展有着十分重要的意义。我们相信，在国家相关部委的支持、领导之下，酿酒行业的清洁生产技术研发及应用一定会迈上一个新的台阶。

参考文献

[1] 傅金泉. 中国酿酒微生物研究与应用. 北京：中国轻工业出版社，2008.

[2] 傅金泉编著. 黄酒生产技术. 北京：化学工业出版社，2005.

[3] 周家骐. 黄酒生产工艺. 北京：中国轻工业出版社，1988

[4] 康明官编著. 日本清酒技术. 北京：中国轻工业出版社，1986.

[5] 于秦峰. 妙府老酒的安全检测与营养分析研究. 华夏酒报.

[6] 王福荣. 酿酒分析与监测. 北京：化学工业出版社，2005；19-20.

[7] 黄平主编. 中国酒曲. 北京：中国轻工业出版社，2000.

[8] 毛青钟. 黄酒机制生麦曲与传统生麦曲的比较探讨. 中国酿造，2005 (5)：42-44.

[9] 杨国军. 沉香酒研制工作总结. 酿酒科技，1996，No.6：P57-58.

[10] 杨经洲，童忠东. 红酒生产工艺技术. 北京：化学工业出版社，2014.

[11] 徐岩等. 现代食品微生物学. 第五版. 北京：中国轻工业出版社，2001.

[12] 毛青钟等. 黄酒酒药微生物和在酿造中的作用. 食品工业科技，2004 (5)：138-140.

[13] 轻工业部科学研究院. 黄酒酿造. 北京：中国轻工业出版社，1960；56-61.

[14] 毛青钟. 黄酒浸米浆水及其微生物变化和作用. 酿酒科技，2004 (3)：73-76.

[15] 李家寿，陈靖显. 黄酒酿造工艺. 中国酿酒工业协会黄酒分会黄酒生产技术培训教材，2004 (9).

[16] 谢广发. 机械化黄酒酒母和麦曲的研究. 酿酒科技，1999 (1)：22-23.

[17] 刘峰. 黄酒中不挥发酸组分的分析研究. 食品与发酵工业，1989 (3)：16-29.

[18] 毛青钟. 黄酒发酵过程中乳酸杆菌的功与过. 酿酒，2001 (6)：72-75.

[19] 汪建国. 大米品种和品质与黄酒酿造的关系. 中国酿造，2006 (9)：60-63.

[20] 汪建国. 传统小曲的工艺特征及在黄酒酿造中的作用. 中国酿造，2005 (11)：4-6

[21] 汪建国. 小麦制曲在传统黄酒酿造中的工艺探讨. 中国黄酒，2003 (3)：43-45.

[22] 汪建国. 我国生麦制曲的特征和操作技艺. 江苏调味副食品，2007 (5)：38-41.

[23] 毛青钟等. 机械化生产黄酒酵母菌生物学特性的研究. 中国酿造，2008 (3)：29-32.

[24] 陈靖显编著. 黄酒品评与勾兑. 中国酿酒协会黄酒分会专刊.

[25] 刘屏亚. 多种生物酶酿造黄酒的研究与应用. 中国酿酒协会黄酒分会专刊.

[26] 刘屏亚. 关于机械化黄酒生产操作中的开耙技术. 湖南胜景山公司黄酒专刊.

[27] 李家寿，陈靖显主编. 黄酒酿造工艺. 大连轻工业学院主编1987年版《生物化学》.

[28] 陆正清，王艳. 浅析黄酒醪的酸败及防治. 酿酒科技，1999-6.

[29] 胡普信. 谈黄酒工业如何应用现代生化工程技术.《华夏酒报》专刊.

[30] 张秋汀，魏桃英. 黄酒改良工艺初探. 中国酿酒协会黄酒分会专刊.

[31] 高永强，徐大新. 黄酒酵母生产性状的探讨. 中国酿酒协会黄酒分会.

[32] 汪建国. 黄芪保健糯米黄酒的研制. 中国酿酒协会黄酒分会专刊.

[33] 高永强，李娜. 机械化黄酒米曲霉菌种的培养研究. 会稽山绍兴酒股份有限公司专刊.

[34] 毛青钟，宣营尧等. 不同种类黄酒发酵过程 pH 值动态变化的研究. 中国酿酒协会黄酒分会.

[35] 王丽华，王异静. GC-O 吸闻技术在黄酒风味分析中的开发应用. 中国食品发酵工业研究院.

[36] 汪建国. 果蔬汁型清醇营养低度黄酒的研究与开发. 华夏酒报.

[37] 毛健，姬中伟. 黄酒生麦曲的生化性能及在发酵过程中的研究. 江南大学食品科学与技术国家重点实验室，中国酿酒协会黄酒分会专刊.

[38] 居乃琥，黄曲霉毒素. 北京：中国轻工业出版社，1980；43-295.

[39] 郑国锋，钱和. 黄酒糟的成分分析和开发调味品可行性的研究. 江南大学食品学院，黄酒专刊.

[40] 张仕，钟辉. 利用酒糟高效养殖黄粉虫（江苏省滨海县特种养殖场）. 河南科技报第 A4 版：养殖技术 20100727 期.

[41] 涂向勇. 酿酒副产物的循环转化途径. 中国酿酒协会黄酒分会专刊.

[42] 潘兴祥，王阿牛. 调味在生产优质黄酒中的作用. 浙江塔牌绍兴酒有限公司，黄酒专刊.

[43] 祁传林. 瓶装黄酒"热浑浊"现象的预防和控制. 会稽山绍兴酒有限公司.

[44] 汪建国，黄酒酿造机理及微生物研究——试论传统生麦制曲特征与操作技艺. 黄酒专刊.

[45] 范洪，杨锦初. 浅谈黄酒热灌装技术. 张家港酿酒有限公司，黄酒专刊.

[46] 傅保卫，喻晓亮. 绍兴黄酒新容器灌装技术探索.《华夏酒报》及黄酒专刊.

[47] 高永强. 李娜. 机械化黄酒米曲霉菌种的培养研究. 会稽山绍兴酒股份有限公司，黄酒专刊.

[48] 徐银萍. 微生物检验中培养基的质量控制分析. 医学与法学，2013年第2期.

[49] 高永强. 植酸在黄酒酒母中的应用. 中国黄酒，2006

[50] 胡周祥，谢广发. 机械化酿造是绍兴黄酒发展的方向. 华夏酒报，2007.

[51] 李家寿. 黄酒色、香、味成分来源分析. 酿酒科技，2001，(3)：48—50.

[52] 汪建国. 黄酒中色、香、味、体的构成和来源浅析. 中国酿造，2004，(4)：6—10.

[53] 魏桃英，寿泉洪. 浅析黄酒的非生物性浑浊和沉淀. 会稽山绍兴酒股份有限公司，黄酒专刊.

[54] 刘剀. 营养型黄酒的发展优势. 山东兰陵美酒股份有限公司，黄酒专刊文献.

[55] 叶芙蓉. 黄酒中总酸的两种测定方法比较. 会稽山绍兴酒股份有限公司技术中心，黄酒专刊.

[56] 郑燕华. 浅谈黄酒新产品研发中调味技术的应用. 杭州下沙酒厂产品研发中心，黄酒专刊.

[57] 毛青钟，鲁瑞刚，陈宝良，俞关松，吴炳园. 传统黄酒发酵醪的酸败及防止措施. 黄酒专刊.

[58] 毛青钟，陈宝良，鲁瑞刚. 黄酒及其酿制过程安全性的分析和研究来源. 华夏酒报.

[59] 俞剑燊，束少琴，方逸群. 不同树脂在黄酒品质改良中的应用效果研究. 上海冠生园华光酿酒药业有限公司，华夏酒报.

[60] 汪建国.《齐民要术》所反映的制曲和酿酒工艺. 中国酿酒协会黄酒分会.

[61] 马洁. 浅谈黑糯米酒生产工艺. 江西省轻工业设计院，华夏酒报.

[62] 中国国家质量监督检验检疫总局，中国国家标准化管理委员会. GB/T 13662—2008 黄酒. 北京：中国标准出版社，2008.

[63] ［英］Brian J. B. Wood 主编. 发酵食品微生物学. 第二版. 徐岩译. 北京：中国轻工业出版社，2001.

[64] Grosch W. Trends in Food Science Technology，1993，4 (1)：68—73.

[65] Olfactory Port & Voice 操作手册.

[66] Schrauzer G N，De Vroey E. Biological Essentiality of Lithium and Its Health Effects in Humans. Biol Trace Elem Res. 1994，40：89—101.

[67] FANG Gui—zhen. Separation and purification of Arabinogalactan obtained from Larix gmelinii by macroporous resin adsorption. Journal of forestry Research. 2007，18 (1)：81—83.

[68] Toko K. Elec uonictongue. Biosonsors and Biceleelronics，1998，13 (6)：701—709.

[69] Liyama S，Suzuki Y，EzakJ S. Objective scaling oftaste ofsake using taste sensor and glucose sensor. Materials Science and Engineering，1996，C4 (1)：45—49.

[70] Arikawa Y，Toko K，Ikezaki H，et al. Analysis of sake taste using multielaclrode taste sensor. Sens Materials，1995. 7：261—270.